序

　　筆者畢業於交通大學應用數學研究所博士班，高中第一次數學段考只考了十幾分，班排名是最後一名，從成績吊車尾到拿到博士學位，關鍵的轉折是大三時期的一位教授，手把手教我怎麼學數學。回首求學路，有時會希望如果早點開竅便能少走很多的冤枉路，這本書花了約兩年的時間，將如何學數學的要領寫進書裡，希望學生們讀完這本書時不只學會了微積分也知道怎麼學數學。

　　微積分教科書應該具備什麼特色，從大綱是否能看出學習目標而不只是學習內容? 每個艱深的定義與定理之後，如果只有一兩題簡單範例展示說明，當困難的習題做不出來，是因為例題不夠多還是沒有掌握題型變化的緣故? 如果待會就要考試，合上手上的教材時還能夠記住多少內容? 本書有五個重點特色:

- 第一個特色是從大綱就能明白每個章節的學習目標，讓微積分初學者翻閱這本書時就能清楚整個脈絡。
- 第二個特色是每個章節在介紹範例之前，先展示說明共有幾種重要題型的變化並且每個題型用幾個步驟能夠完成解題，因此，當練習所有範例之後才能化繁為簡，透過題型的解題步驟掌握所有變化。
- 第三個特色是本書提供約兩千題的範例，每道範例的解題過程皆展示最詳細的解題步驟，因此不會出現跳幾個解題步驟困擾讀者的情況。
- 第四個特色是盡可能白話的介紹每章節的內容，希望讓讀者清楚整個全貌，以便了解哪些章節的內容有連動的關係以及哪些章節特別重要，例如羅比達法則在之後哪些章節的解題過程中還會用到。
- 第五個特色是有別於白話介紹書的內容，每道範例的解題過程需要絕對的嚴謹與精確，筆者於這兩千多道範例的解題過程只用了"令"、"則"、"因為"、"所以"、"導致" 做說明。期盼藉由這些特色能將微積分最細緻的內容呈現給讀者。

　　筆者在擔任實變函數論助教時，有位大學讀經濟系的外系同學來修課，剛開始寫證明很像在講故事，之後透過討論慢慢抓到精髓，目前已從約翰霍普金斯的數學與統計研究所拿到博士學位，舉這例子並不是想鼓勵每個人當數學家，是希望每個學生能找到自己感興趣的領域，學習永遠都不會太晚。期待這本書能讓唱歌唱通宵的學生們、忙於社團的學生們、練球練太晚的學生們、有男女朋友的學生們、學過微積分卻忘的一乾二淨的學生們在學習或複習上更有效率，科學的知識是寶貴的，每個人的時間也是寶貴!

代數符號

符號	符號說明	符號使用範例	符號使用範例說明
$\equiv$	$A \equiv B$， 表示 A 藉由 B 來作定義	$f(x) \equiv x^2$	$f(x)$藉由x^2來作定義
$:=$	$A := B$， 表示 A 藉由 B 來作定義	$f(x) := x^3$	$f(x)$藉由x^3來作定義
∞	無窮大	$\lim_{n \to \infty} n^2 = \infty$	當n趨近於無窮大時， n^2也趨近於無窮大
$\lfloor x \rfloor$	不大於x的最大整數	$\lfloor 2.3 \rfloor = 2$， $\lfloor -2.3 \rfloor = -3$	不大於 2.3 的最大整數 $= 2$， 不大於 -2.3 的最大整數 $= -3$
$\lfloor x \rfloor$	不大於x的最大整數	$\lfloor 2.7 \rfloor = 2$， $\lfloor -2.7 \rfloor = -3$	不大於 2.7 的最大整數 $= 2$ 不大於 -2.7 的最大整數 $= -3$
$\sum$	數列的總和(Sigma)	$\sum_{n=1}^{10} n = 55$	$1 + 2 + \cdots + 10 = 55$
$\prod$	數列的連乘(Pi)	$\prod_{n=1}^{5} n = 120$	$1 \times 2 \ldots \times 5 = 120$
e	$e := \sum_{n=0}^{\infty} \frac{1}{n!}$， (Euler's number)	$e^2 \cdot e^3 = e^5$	根據指數律$e^2 \cdot e^3 = e^5$
π	$\pi = 3.1415926 \ldots$ (圓周率,Pi, 圓的周長與直徑的比)	$\sin \frac{\pi}{2} = 1$	當θ角等於$\frac{\pi}{2}$時,$\sin$ 函數等於 1

排列組合符號

符號	符號說明	符號使用範例	符號使用範例說明
$!$	階乘 $n! = 1 \times 2 \times \ldots \times n$	$3!$	$3! = 1 \times 2 \times 3 = 6$
P_k^n	$P_k^n = \dfrac{n!}{(n-k)!}$	$P_2^5 = \dfrac{5!}{3!}$	$P_2^5 = \dfrac{5!}{3!} = 5 \times 4 = 20$
C_k^n	$C_k^n = \dfrac{n!}{k!\,(n-k)!}$	$C_2^5 = \dfrac{5!}{3!\,2!}$	$C_2^5 = \dfrac{5!}{3!\,2!} = 10$

集合符號

符號	符號說明	符號使用範例	符號使用範例說明
{ }	集合	$\{1,2,3,5\}$	集合裡有元素 1,2,3,5
$\cup$	聯集	$\{1,3\} \cup \{2,5\} = \{1,2,3,5\}$	$\{1,3\}$與$\{2,5\}$做聯集等於$\{1,2,3,5\}$
$\cap$	交集	$\{1,3,5\} \cap \{1,2,5,7\} = \{1,5\}$	$\{1,3,5\}$與$\{1,2,5,7\}$取交集等於$\{1,2,3,5\}$
$\subset$	子集合	$\{1,5\} \subset \{1,3,5\}$	$\{1,5\}$為$\{1,3,5\}$的子集合
$\not\subset$	非子集合	$\{1,3,5\} \not\subset \{1,5\}$	$\{1,3,5\}$並不是$\{1,5\}$的子集合
$\subseteq$	子集合或等於	$\{1,5\} \subseteq \{1,3,5\}$, $\{1,5\} \subseteq \{1,5\}$, $\{1,3,5\} \not\subseteq \{1,5\}$	$\{1,5\}$為$\{1,3,5\}$的子集合, 因為$\{1,5\} = \{1,5\}$,所以$\{1,5\} \subseteq \{1,5\}$, $\{1,3,5\}$並不是$\{1,5\}$的子集合,
A^c	A集合的補集	$\sqrt{3} \in Q^c$	$\sqrt{3}$無法表示成分數,因此為無理數
$A \backslash B$	A集合拿掉$A \cap B$的元素	$\{1,3,5\} \backslash \{5,7\} = \{1,3\}$	兩集合的交集為$\{5\}$,因此$\{1,3,5\}$拿掉$\{5\}$等於$\{1,3\}$
$\in$	屬於	$a \in \{a,b,c\}$	a元素屬於集合$\{a,b,c\}$
$\notin$	不屬於	$d \notin \{a,b,c\}$	d元素不屬於集合$\{a,b,c\}$
N	正整數	$N = \{1,2,3,\dots\}$, $3 \in N$	根據定義正整數集合$= \{1,2,3,\dots\}$, 3 屬於正整數集合
Z	整數	$Z = \{\dots,-2,-1,0,1,2,\dots\}$, $-2 \in Z$	根據定義 $Z = \{\dots,-2,-1,0,1,2,\dots\}$, -2 屬於整數集合
Q	有理數	$Q = \left\{\dfrac{m}{n} : m \in Z, n \in Z \backslash \{0\}\right\}$, $-\dfrac{4}{3} \in Q$	有理數集合包含所有分數型態的數, $-\dfrac{4}{3}$為有理數
Q^c	無理數	$\sqrt{3} \in Q^c$	$\sqrt{3}$無法表示成分數,因此為無理數
R	實數	$R = Q \cup Q^c$, $-\dfrac{4}{3} \in R, \sqrt{3} \in R$	實數為有理數與無理數兩集合聯集, $-\dfrac{4}{3}$為實數,$\sqrt{3}$為實數

邏輯符號

符號	符號說明	符號使用範例	符號使用範例說明
$\vee$	或	$x \in A \vee x \in B \Rightarrow x \in A \cup B$	如果x屬於A 或 B 則x屬於$A \cup B$
$\wedge$	且	$x < 1 \wedge x > 0 \Rightarrow 0 < x < 1$	如果x小於 1 且x大於 0 則 $0 < x < 1$
$\Rightarrow$	Implies	$x < 1 \Rightarrow x < 2$	如果x小於 1 則x小於 2
$\Leftrightarrow$	若且唯若	$\|x\| < 1 \Leftrightarrow -1 < x < 1$	如果$\|x\|$小於 1 則 $-1 < x < 1$, 反之,如果 $-1 < x < 1$ 則$\|x\|$小於 1
$\because$	因為	$\because x < 1 \quad \therefore x < 2$	因為$x < 1$ 所以$x < 2$
$\therefore$	所以	$\because x < 1 \quad \therefore x < 2$	因為$x < 1$ 所以$x < 2$
$\forall$	對每一個	$\forall x \in Q, \exists m \in Z, n \in Z \backslash \{0\}$ $s.t. x = \dfrac{m}{n}$	根據有理數的定義,對每一個有理數x, 存在$m \in Z, n \in Z \backslash \{0\}$使得$x = \dfrac{m}{n}$
$\exists$	存在	$\forall x \in Q, \exists m \in Z, n \in Z \backslash \{0\}$ $s.t. x = \dfrac{m}{n}$	根據有理數的定義,對每一個有理數x, 存在$m \in Z, n \in Z \backslash \{0\}$使得$x = \dfrac{m}{n}$

微積分符號

符號	符號說明	符號使用範例	符號使用範例說明
$\lim\limits_{x \to c} f(x) = L$	$\forall \varepsilon > 0, \exists \delta > 0$ such that $0 < \|x - c\| < \delta$ $\Rightarrow \|f(x) - L\| < \varepsilon$	$\lim\limits_{x \to 2} x^2 = 4$	當x趨近於 2 時,x^2的極限值等於 4
ε	epsilon	$\forall \varepsilon > 0$	對任意 $\varepsilon > 0$ 而言
δ	delta	$\forall \varepsilon > 0,$ $\exists \delta > 0 \, s.t. ...$	對任意 $\varepsilon > 0$ 而言, 存在$\delta > 0$ 使得 ....
e	$e := \sum\limits_{n=0}^{\infty} \dfrac{1}{n!},$ (Euler's number)	$\lim\limits_{x \to \infty} \left(1 + \dfrac{1}{x}\right)^x = e$	可藉由羅比達法則證明
$f'(x)$	微分與導數(derivative)	$(x^2)' = 2x$	x^2的微分等於 $2x$
$\dfrac{\partial f(x, y)}{\partial x}$	偏導數(partial derivative)	$\dfrac{\partial}{\partial x}(x^2 y) = 2xy$	$x^2 y$的偏導數等於 $2xy$
$\displaystyle\int$	積分(integral)	$\displaystyle\int 2x \, dx = x^2$	$2x$的不定積分為x^2

$\iint$	雙重積分(double integral)	求 $\iint_R ye^{xy}\,dA =?$	求 ye^{xy} 在區域R的雙重積分
$\iiint$	三重積分(triple integral)	求 $\iiint_V x^2\,dV =?$	求 x^2 在區域V的三重積分
$\oint$	封閉線積分(closed contour / line integral)	求 $\oint y^3\,dx + x^3\,dy =?$, $C: x^2 + y^2 = r^2$	求 $\vec{F} = (y^3, x^3)$ 在圓 $(半徑r)$ 的封閉線積分
$\oiint$	封閉曲面積分(closed surface integral)	求 $\oiint_S \vec{F}\cdot\vec{n}\,dA =?$, $\vec{F} = (x, y, z)$	求向量場$\vec{F} = (x, y, z)$ 流出 S 的通量 $=?$

第一章　　極限

　　極限為整個微積分的基礎並且每個章節幾乎都能看到它的身影，就考試而言不只需熟悉計算極限的方法與考試類型，也需了解哪些內容的定義、定理或解題流程使用了極限，底下盤點與極限有關的內容：單變數的微分、羅比達法則、求函數的遞增遞減區間與凹凸性、不定積分、定積分與黎曼可積分、數列的收斂與發散、無窮級數的收斂與發散、泰勒展開式、多變數的極限連續性與是否可微分、多變數函數求極值…等

　　下一章將介紹函數的微分，可由兩個宏觀角度(理論推導、函數圖形)理解函數的極限存在、連續函數與函數可微分三者的關係：從理論的推導能夠得知，任何可微分函數在其定義域上皆為連續函數且任何連續函數在其定義域上函數的極限值皆存在；在談及極限存在、連續、可微分三者時皆有相對應的函數圖形，需理解如何藉由函數的圖形，判斷函數的極限是否存在、在哪些點是否連續以及是否可微分，當函數於某點可微分則函數於此點連續且極限值存在，從圖形觀察出於某點極限不存在則不連續且不可微分

　　底下先介紹極限的定義與基本性質，接著為極限的考試類型與詳細解題流程，若不是使用 ε, δ 證明函數極限值的方法，則可歸類為較不嚴謹的類別，這類別過程中或最終都會用到直接帶入型；首先介紹消掉共同項的題型，消掉共同項的目的是希望將原函數轉為能直接帶入的形式；分子分母帶有根號且皆趨近於零時，通常藉由有理化分式消掉共同項後使用直接帶入法求極限值；當 x 趨近於 ∞ 而分子分母出現 $\frac{\infty}{\infty}$ 時，將分子分母同除最高次方項，使其出現 $\frac{1}{x}$ 再使用直接帶入法求極限值，當 x 趨近於 ∞ 而函數變成 $\infty - \infty$ 時，則需多花一道功先轉成分式型態；此外，也能藉由判斷左極限是否等於右極限說明極限值是否存在，在這情形下最終也會使用直接帶入法說明；接著介紹如何求函數的漸近線，包含：垂直漸近線、水平漸近線與斜漸近線，求斜漸近線相當於是當 x 趨近於 ∞ 出現 $\frac{\infty}{\infty}$ 的問題；當上述方法都無法求得極限值時，嘗試使用夾擠定理求極限值，找出兩個函數，一個大於等於原函數另一個恆小於等於原函數，若這兩者藉由直接帶入法後的極限值相等則原函數也收斂到相同值；最後，介紹三角函數與高斯函數求極限值的一些方法

　　接著討論如何使用 ε, δ 說明函數的極限存在，以及如何取出數列並嚴謹地證明函數的

極限值不存在; 接著介紹函數於某點連續與連續的性質, 從連續函數的定義能觀察出任何函數在某點連續時則於此點的極限值存在, 反之, 當於此點的極限值不存在時, 則函數於此點不連續, 此外, 使用 ε, δ 證明函數連續的方法與說明函數極限存在的極為類似, 必須掌握兩者相似之處; 最後介紹勘根定理與中間值定理

1.1 極限的定義

底下介紹極限的定義

【定義】函數極限的定義

Let $f(x)$ be defined in (a, b) containing c.

$$\lim_{x \to c} f(x) = L \iff \forall \varepsilon > 0, \exists \delta > 0 \text{ such that } 0 < |x - c| < \delta \Rightarrow |f(x) - L| < \varepsilon$$

【定義】函數右極限的定義

Let $f(x)$ be defined in (a, b) containing c.

$$\lim_{x \to c^+} f(x) = L \iff \forall \varepsilon > 0, \exists \delta > 0, \text{ such that } 0 < x - c < \delta \Rightarrow |f(x) - L| < \varepsilon$$

【定義】函數左極限的定義

Let $f(x)$ be defined in (a, b) containing c.

$$\lim_{x \to c^-} f(x) = L \iff \forall \varepsilon > 0, \exists \delta > 0, \text{ such that } -\delta < x - c < 0 \Rightarrow |f(x) - L| < \varepsilon$$

【定義】函數於某點極限趨近於無窮大的定義

Let $f(x)$ be defined in (a, b) containing c.

$$\lim_{x \to c} f(x) = +\infty \iff \forall M > 0, \exists \delta > 0, \text{ such that } 0 < |x - c| < \delta \Rightarrow f(x) > M$$

$$\lim_{x \to c^+} f(x) = +\infty \iff \forall M > 0, \exists \delta > 0, \text{ such that } 0 < x - c < \delta \Rightarrow f(x) > M$$

$$\lim_{x \to c^-} f(x) = +\infty \iff \forall M > 0, \exists \delta > 0, \text{ such that } -\delta < x - c < 0 \Rightarrow f(x) > M$$

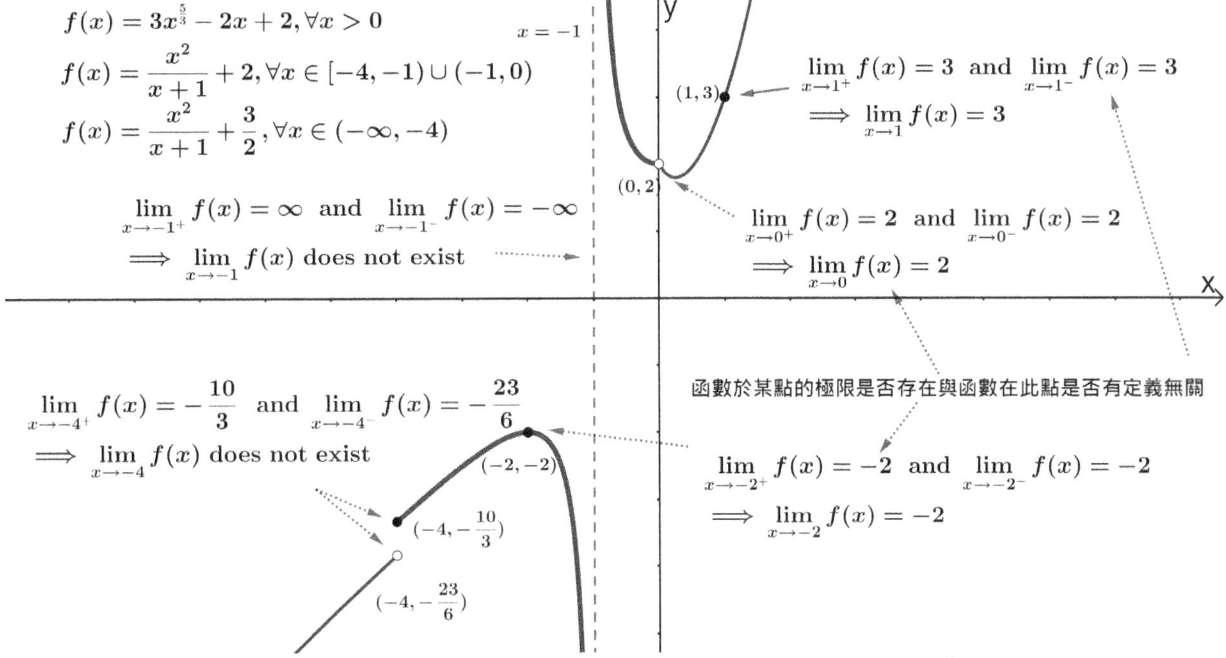

1.2 極限的性質

求極限值時常用到的極限基本性質如下

Assume $\lim\limits_{x \to c} f_1(x) = L_1$ and $\lim\limits_{x \to c} f_2(x) = L_2$, where c, L_1 and $L_2 \in R$. Then

(i) $\lim\limits_{x \to c} f_1(x) + f_2(x) = L_1 + L_2$

(ii) $\lim\limits_{x \to c} f_1(x) f_2(x) = L_1 L_2$

(iii) $\lim\limits_{x \to c} \dfrac{f_2(x)}{f_1(x)} = \dfrac{L_2}{L_1}$ (where $L_1 \neq 0$)

(iv) $\lim\limits_{x \to c} a f_1(x) = a L_1$, $\forall a \in R \backslash \{0\}$

Proof:

(i)

Let $\varepsilon > 0$

Choose $\delta_1 > 0$, such that $0 < |x - c| < \delta_1 \Rightarrow |f_1(x) - L_1| < \dfrac{\varepsilon}{2}$

Choose $\delta_2 > 0$, such that $0 < |x - c| < \delta_2 \Rightarrow |f_2(x) - L_2| < \dfrac{\varepsilon}{2}$

Choose $\delta = \min\{\delta_1, \delta_2\}$ s.t. $0 < |x - c| < \delta$ then $0 < |x - c| < \delta_1$ and $0 < |x - c| < \delta_2$

$\therefore |f_1(x) + f_2(x) - (L_1 + L_2)| \leq |f_1(x) - L_1| + |f_2(x) - L_2| < \varepsilon$

(ii)

$\because |f_1(x)f_2(x) - L_1L_2| = |f_1(x)f_2(x) - f_1(x)L_2 + f_1(x)L_2 - L_1L_2|$

$\leq |f_1(x)||f_2(x) - L_2| + |L_2||f_1(x) - L_1|$

Let $\varepsilon > 0$

Choose $\delta_1 > 0$, such that $0 < |x - c| < \delta_1 \Rightarrow |f_1(x) - L_1| < 1$

Choose $\delta_2 > 0$, such that $0 < |x - c| < \delta_2 \Rightarrow |f_1(x) - L_1| < \dfrac{\varepsilon}{2(1 + |L_2|)}$

Choose $\delta_3 > 0$, such that $0 < |x - c| < \delta_3 \Rightarrow |f_2(x) - L_2| < \dfrac{\varepsilon}{2(1 + |L_1|)}$

Choose $\delta = \min\{\delta_1, \delta_2, \delta_3\}$ such that $0 < |x - c| < \delta$ then

$0 < |x - c| < \delta_1, 0 < |x - c| < \delta_2$ and $0 < |x - c| < \delta_3$

$\therefore |f_1(x)f_2(x) - L_1L_2| \leq |f_1(x)||f_2(x) - L_2| + |L_2||f_1(x) - L_1|$

$\leq \dfrac{\varepsilon(1 + |L_1|)}{2(1 + |L_1|)} + |L_2|\dfrac{\varepsilon}{2(1 + |L_2|)} < \varepsilon$

(iii)

Claim: $\displaystyle\lim_{x \to c} \dfrac{1}{f_1(x)} = \dfrac{1}{L_1}$

Let $L_1 \neq 0$, $\because \left|\dfrac{1}{f_1(x)} - \dfrac{1}{L_1}\right| = \left|\dfrac{L_1 - f_1(x)}{f_1(x)L_1}\right|$

Choose $\delta_1 > 0$, such that $0 < |x - c| < \delta_1 \Rightarrow |f_1(x) - L_1| < \dfrac{|L_1|}{2}$

$\therefore 0 < |x - c| < \delta_1 \Rightarrow \dfrac{|L_1|}{2} < |f_1(x)| < \dfrac{3|L_1|}{2}$

$\therefore 0 < |x - c| < \delta_1 \Rightarrow \left|\dfrac{L_1 - f_1(x)}{f_1(x)L_1}\right| < \left|\dfrac{L_1 - f_1(x)}{L_1}\right|\dfrac{2}{|L_1|}$

Let $\varepsilon > 0$

Choose $\delta_2 > 0$, such that $0 < |x - c| < \delta_2 \Rightarrow |f_1(x) - L_1| < \dfrac{|L_1|^2\varepsilon}{2}$

Choose $\delta = \min\{\delta_1, \delta_2\}$ such that $0 < |x - c| < \delta$

then $0 < |x - c| < \delta \Rightarrow \left|\dfrac{L_1 - f_1(x)}{f_1(x)L_1}\right| < \left|\dfrac{L_1 - f_1(x)}{L_1}\right|\dfrac{2}{|L_1|} < \varepsilon \quad \therefore \displaystyle\lim_{x \to c} \dfrac{1}{f_1(x)} = \dfrac{1}{L_1}$

$$\because \frac{f_2(x)}{f_1(x)} = f_2(x) \cdot \frac{1}{f_1(x)} \quad \therefore \lim_{x \to c} \frac{f_2(x)}{f_1(x)} = \lim_{x \to c} f_2(x) \cdot \frac{1}{f_1(x)} = L_2 \cdot \frac{1}{L_1} = \frac{L_2}{L_1}$$

(iv)

Let $\varepsilon > 0$ and $a \in R \backslash \{0\}$. Choose $\delta > 0$, such that $0 < |x - c| < \delta \Rightarrow |f_1(x) - L_1| < \dfrac{\varepsilon}{|a|}$

$$\therefore |af_1(x) - aL_1| = |a||f_1(x) - L_1| < \frac{\varepsilon}{|a|} |a| = \varepsilon$$

1.3 極限的考試類型

極限的考試類型大致可分為底下這些類別，最簡單的為直接帶入型，能夠直接帶入通常代表可直接看出函數為連續函數；其他類型的解題要領，通常是將函數轉為可直接帶入的函數，例如：將函數的共同項消掉、透過有理化將其變成可直接帶入、透過計算左極限右極限以說明極限是否存在、x 趨近於無窮大時求函數極限、或利用夾擠定理透過左右兩邊容易計算出極限的函數來逼近原函數

1.3.1　連續函數型（直接帶入型）

範例 1.

$$求 \ \lim_{x \to 0} 2x + 5 = ?$$

【解】

$$\lim_{x \to 0} 2x + 5 = 5$$

範例 2.

$$求 \ \lim_{x \to 2} \frac{x^2 - 4}{x - 1} = ?$$

【解】

$$\lim_{x \to 2} \frac{x^2 - 4}{x - 1} = 0$$

範例 3.

$$\text{求 } \lim_{x \to a^+} \frac{2}{x-a} = ?, \quad \lim_{x \to a^-} \frac{2}{x-a} = ?$$

【解】

$$\lim_{x \to a^+} \frac{2}{x-a} = \infty, \qquad \lim_{x \to a^-} \frac{2}{x-a} = -\infty$$

範例 4.

$$\text{求 } \lim_{x \to 1} \frac{2x+5}{x^2+2x+3} = ?$$

【解】

$$\lim_{x \to 1} \frac{2x+5}{x^2+2x+3} = \frac{7}{6}$$

1.3.2　消掉共同項再取極限的有理式型

取極限之後出現 $\dfrac{0}{0}$，嘗試先找出導致 $\dfrac{0}{0}$ 的共同項，將其消掉取極限

考試類型:

題型 1.

$$\text{求 } \lim_{x \to x_0} \frac{x^2-(x_0+x_2)x+x_0 x_2}{x^2-(x_0+x_1)x+x_0 x_1} = ?, \quad \text{其中 } x_0 \neq x_1$$

解題流程:

$$\because \frac{x^2-(x_0+x_2)x+x_0 x_2}{x^2-(x_0+x_1)x+x_0 x_1} = \frac{(x-x_0)(x-x_2)}{(x-x_0)(x-x_1)} = \frac{(x-x_2)}{(x-x_1)}$$

$$\therefore \lim_{x \to x_0} \frac{x^2-(x_0+x_2)x+x_0 x_2}{x^2-(x_0+x_1)x+x_0 x_1} = \lim_{x \to x_0} \frac{(x-x_2)}{(x-x_1)} = \frac{(x_0-x_2)}{(x_0-x_1)}$$

題型 2.

$$\text{求 } \lim_{x \to x_0} \frac{P_1(x)}{Q_1(x)} = ?, \quad \text{其中 } x_0 \in R, \ P_1(x)=(x-x_0)P_2(x), \ Q_1(x)=(x-x_0)Q_2(x)$$

解題流程:

$$\because \frac{P_1(x)}{Q_1(x)} = \frac{(x-x_0)P_2(x)}{(x-x_0)Q_2(x)} = \frac{P_2(x)}{Q_2(x)} \quad \therefore \lim_{x \to x_0} \frac{P_1(x)}{Q_1(x)} = \lim_{x \to x_0} \frac{P_2(x)}{Q_2(x)}$$

題型 3.

$$求 \lim_{x \to 0} \frac{\sqrt[n]{a+bx} - \sqrt[n]{a+cx}}{x} = ?, \quad \forall n \in N\backslash\{1\}, \ a > 0 \text{ and } b \neq c$$

解題流程:

令 $N\backslash\{1\}, \ a > 0 \text{ and } b \neq c$

$$\because x = \frac{\sqrt[n]{a+bx} - \sqrt[n]{a+cx}}{b-c}\left((a+bx)^{\frac{n-1}{n}} + (a+bx)^{\frac{n-2}{n}}(a+cx)^{\frac{1}{n}} + \cdots\right.$$
$$\left. + (a+bx)^{\frac{1}{n}}(a+cx)^{\frac{n-2}{n}} + (a+cx)^{\frac{n-1}{n}}\right))$$

$$\therefore \frac{\sqrt[n]{a+bx} - \sqrt[n]{a+cx}}{x}$$

$$= \frac{b-c}{\left((a+bx)^{\frac{n-1}{n}} + (a+bx)^{\frac{n-2}{n}}(a+cx)^{\frac{1}{n}} + \cdots + (a+bx)^{\frac{1}{n}}(a+cx)^{\frac{n-2}{n}} + (a+cx)^{\frac{n-1}{n}}\right)}$$

$$\therefore \lim_{x \to 0} \frac{\sqrt[n]{a+bx} - \sqrt[n]{a+cx}}{x}$$

$$= \lim_{x \to 0} \frac{b-c}{\left((a+bx)^{\frac{n-1}{n}} + (a+bx)^{\frac{n-2}{n}}(a+cx)^{\frac{1}{n}} + \cdots + (a+bx)^{\frac{1}{n}}(a+cx)^{\frac{n-2}{n}} + (a+cx)^{\frac{n-1}{n}}\right)}$$

$$= \frac{b-c}{a^{\frac{n-1}{n}} n}$$

範例 1.

$$求 \ \lim_{x \to 1} \frac{x^3 - 1}{x - 1} = ?$$

【解】

$$\because \frac{x^3 - 1}{x - 1} = \frac{(x-1)(x^2 + x + 1)}{x - 1} = x^2 + x + 1 \quad \therefore \lim_{x \to 1} \frac{x^3 - 1}{x - 1} = \lim_{x \to 1} x^2 + x + 1 = 3$$

範例 2.

$$求 \ \lim_{x \to 2} \frac{x^4 - 16}{x - 2} = ?$$

【解】

$$\because \frac{x^4 - 16}{x - 2} = \frac{(x^2 - 4)(x^2 + 4)}{x - 2} = \frac{(x + 2)(x - 2)(x^2 + 4)}{x - 2} = (x + 2)(x^2 + 4)$$

$$\therefore \lim_{x \to 2} \frac{x^4 - 16}{x - 2} = \lim_{x \to 2}(x + 2)(x^2 + 4) = 32$$

範例 3.

$$求 \quad \lim_{x \to 1} \frac{\sqrt[3]{x} - 1}{\sqrt{x} - 1} = ?$$

【解】

$$\because \frac{\sqrt[3]{x} - 1}{\sqrt{x} - 1} = \frac{\dfrac{x - 1}{x^{\frac{2}{3}} + x^{\frac{1}{3}} + 1}}{\dfrac{x - 1}{\sqrt{x} + 1}} = \frac{\sqrt{x} + 1}{x^{\frac{2}{3}} + x^{\frac{1}{3}} + 1} \qquad \therefore \lim_{x \to 1} \frac{\sqrt[3]{x} - 1}{\sqrt{x} - 1} = \lim_{x \to 1} \frac{\sqrt{x} + 1}{x^{\frac{2}{3}} + x^{\frac{1}{3}} + 1} = \frac{2}{3}$$

範例 4.

$$求 \lim_{x \to 1}\left(\frac{x^{101} - 1}{x^{100} - 1} - \frac{x - \dfrac{1}{x}}{x - 1} \right) = ?$$

【解】

$$\because \frac{x^{101} - 1}{x^{100} - 1} - \frac{x - \dfrac{1}{x}}{x - 1} = \frac{(x - 1)(x^{100} + x^{99} + \cdots + 1)}{(x - 1)(x^{99} + x^{98} + \cdots + 1)} - \frac{\dfrac{x^2 - 1}{x}}{x - 1}$$

$$= \frac{x^{100} + x^{99} + \cdots + 1}{x^{99} + x^{98} + \cdots + 1} - \frac{\dfrac{(x + 1)(x - 1)}{x}}{x - 1} = \frac{x^{100} + x^{99} + \cdots + 1}{x^{99} + x^{98} + \cdots + 1} - \frac{x + 1}{x}$$

$$\therefore \lim_{x \to 1}\left(\frac{x^{101} - 1}{x^{100} - 1} - \frac{x - \dfrac{1}{x}}{x - 1} \right) = \lim_{x \to 1}\left(\frac{x^{100} + x^{99} + \cdots + 1}{x^{99} + x^{98} + \cdots + 1} - \frac{x + 1}{x} \right) = \frac{101}{100} - 2 = -\frac{99}{100}$$

範例 5.

$$求 \quad \lim_{x \to 3} \frac{x - 3}{\sqrt{x} - \sqrt{3}} = ?$$

【解】

$$\because \frac{x-3}{\sqrt{x}-\sqrt{3}} = \frac{(\sqrt{x}-\sqrt{3})(\sqrt{x}+\sqrt{3})}{\sqrt{x}-\sqrt{3}} = \sqrt{x}+\sqrt{3} \quad \therefore \lim_{x\to 3}\frac{x-3}{\sqrt{x}-\sqrt{3}} = \lim_{x\to 3}\sqrt{x}+\sqrt{3} = 2\sqrt{3}$$

範例 6.

$$求 \quad \lim_{x\to 0}\frac{\sqrt{x+a}-\sqrt{a}}{x} = ?,\, \forall a > 0$$

【解】

$$令\, a > 0, \quad \because \frac{\sqrt{x+a}-\sqrt{a}}{x} = \frac{\sqrt{x+a}-\sqrt{a}}{(\sqrt{x+a}+\sqrt{a})(\sqrt{x+a}-\sqrt{a})} = \frac{1}{\sqrt{x+a}+\sqrt{a}}$$

$$\therefore \lim_{x\to 0}\frac{\sqrt{x+a}-\sqrt{a}}{x} = \lim_{x\to 0}\frac{1}{\sqrt{x+a}+\sqrt{a}} = \frac{1}{2\sqrt{a}}$$

範例 7.

$$求 \quad \lim_{x\to -1}\frac{x^3+1}{x^2-2x-3} = ?$$

【解】

$$\because \frac{x^3+1}{x^2-2x-3} = \frac{(x+1)(x^2-x+1)}{(x+1)(x-3)} = \frac{x^2-x+1}{x-3}$$

$$\therefore \lim_{x\to -1}\frac{x^3+1}{x^2-2x-3} = \lim_{x\to -1}\frac{x^2-x+1}{x-3} = -\frac{3}{4}$$

範例 8.

$$求 \quad \lim_{x\to\infty}\frac{e^{3x}+e^{-3x}}{e^{3x}-e^{-3x}} = ?$$

【解】

$$\because \frac{e^{3x}+e^{-3x}}{e^{3x}-e^{-3x}} = \frac{e^{3x}(1+e^{-6x})}{e^{3x}(1-e^{-6x})} = \frac{1+e^{-6x}}{1-e^{-6x}} \quad \therefore \lim_{x\to\infty}\frac{e^{3x}+e^{-3x}}{e^{3x}-e^{-3x}} = \lim_{x\to\infty}\frac{1+e^{-6x}}{1-e^{-6x}} = 1$$

範例 9.

$$求 \quad \lim_{x\to 0}\frac{\tan x + \tan^2 x}{\tan x - \tan^3 x} = ?$$

【解】

$$\because \frac{\tan x + \tan^2 x}{\tan x - \tan^3 x} = \frac{\tan x\,(1 + \tan x)}{\tan x\,(1 - \tan^2 x)} = \frac{\tan x\,(1 + \tan x)}{\tan x\,(1 - \tan x)(1 + \tan x)} = \frac{1}{1 - \tan x}$$

$$\therefore \lim_{x \to 0} \frac{\tan x + \tan^2 x}{\tan x - \tan^3 x} = \lim_{x \to 0} \frac{1}{1 - \tan x} = 1$$

範例 10.

$$求\ \lim_{x \to 0} \frac{\sqrt[3]{a + x} - \sqrt[3]{a - x}}{x} =?,\ \ \forall a \in R$$

【解】

令 $a \in R$

$$\because \frac{\sqrt[3]{a + x} - \sqrt[3]{a - x}}{x} = \frac{\left((a + x)^{\frac{1}{3}} - (a - x)^{\frac{1}{3}}\right)}{\frac{1}{2}\left((a + x)^{\frac{1}{3}} - (a - x)^{\frac{1}{3}}\right)\left((a + x)^{\frac{2}{3}} + (a - x)^{\frac{1}{3}}(a + x)^{\frac{1}{3}} + (a - x)^{\frac{2}{3}}\right)}$$

$$= \frac{2}{(a + x)^{\frac{2}{3}} + (a - x)^{\frac{1}{3}}(a + x)^{\frac{1}{3}} + (a - x)^{\frac{2}{3}}}$$

$$\therefore \lim_{x \to 0} \frac{\sqrt[3]{a + x} - \sqrt[3]{a - x}}{x} = \lim_{x \to 0} \frac{2}{(a + x)^{\frac{2}{3}} + (a - x)^{\frac{1}{3}}(a + x)^{\frac{1}{3}} + (a - x)^{\frac{2}{3}}} = \frac{2}{3a^{\frac{2}{3}}}$$

範例 11.

$$求\ \lim_{x \to 6} \frac{2x - 17}{x^2 - 7x + 6} + \frac{x - 5}{x - 6} =?$$

【解】

$$\because \frac{2x - 17}{x^2 - 7x + 6} + \frac{x - 5}{x - 6} = \frac{2x - 17}{(x - 1)(x - 6)} + \frac{x - 5}{x - 6}$$

$$= \frac{2x - 17 + (x - 5)(x - 1)}{(x - 1)(x - 6)} = \frac{x^2 - 4x - 12}{(x - 1)(x - 6)} = \frac{(x + 2)(x - 6)}{(x - 1)(x - 6)} = \frac{x + 2}{x - 1}$$

$$\therefore \lim_{x \to 6} \frac{2x - 17}{x^2 - 7x + 6} + \frac{x - 5}{x - 6} = \lim_{x \to 6} \frac{x + 2}{x - 1} = \frac{8}{5}$$

範例 12.

$$求\ \lim_{x \to 0} \frac{\sqrt[3]{x + a^3} - a}{x} =?,\ \ \forall a \in R$$

【解】

令 $a \in R$

$$\because \frac{\sqrt[3]{x + a^3} - a}{x} = \frac{\sqrt[3]{x + a^3} - a}{\left(\sqrt[3]{x + a^3} - a\right)\left((x + a^3)^{\frac{2}{3}} + a(x + a^3)^{\frac{1}{3}} + a^2\right)}$$

$$= \frac{1}{(x + a^3)^{\frac{2}{3}} + a(x + a^3)^{\frac{1}{3}} + a^2}$$

$$\therefore \lim_{x \to 0} \frac{\sqrt[3]{x + a^3} - a}{x} = \lim_{x \to 0} \frac{1}{(x + a^3)^{\frac{2}{3}} + a(x + a^3)^{\frac{1}{3}} + a^2} = \frac{1}{3a^2}$$

範例 13.

$$求 \quad \lim_{x \to 1} \frac{x^7 - 1}{x^3 - 1} - \frac{x^4 - 1}{x^2 - 1} = ?$$

【解】

$$\because \frac{x^7 - 1}{x^3 - 1} - \frac{x^4 - 1}{x^2 - 1} = \frac{(x - 1)(x^6 + x^5 + x^4 + x^3 + x^2 + x + 1)}{(x - 1)(x^2 + x + 1)} - \frac{(x - 1)(x + 1)(x^2 + 1)}{(x - 1)(x + 1)}$$

$$= \frac{x^6 + x^5 + x^4 + x^3 + x^2 + x + 1}{x^2 + x + 1} - (x^2 + 1)$$

$$\therefore \lim_{x \to 1} \frac{x^7 - 1}{x^3 - 1} - \frac{x^4 - 1}{x^2 - 1} = \lim_{x \to 1} \frac{x^6 + x^5 + x^4 + x^3 + x^2 + x + 1}{x^2 + x + 1} - (x^2 + 1) = \frac{7}{3} - 2 = \frac{1}{3}$$

範例 14.

$$求 \quad \lim_{x \to a} \frac{1}{x - a} \left(\frac{x^3}{x + 1} - \frac{a^3}{a + 1}\right) = ?$$

【解】

$$\because \frac{1}{x - a} \left(\frac{x^3}{x + 1} - \frac{a^3}{a + 1}\right) = \frac{1}{x - a} \cdot \frac{x^3(a + 1) - a^3(x + 1)}{(x + 1)(a + 1)}$$

$$= \frac{1}{x - a} \cdot \frac{xa(x^2 - a^2) + x^3 - a^3}{(x + 1)(a + 1)} = \frac{xa(x + a) + (x^2 + xa + a^2)}{(x + 1)(a + 1)}$$

$$\therefore \lim_{x \to a} \frac{1}{x - a} \left(\frac{x^3}{x + 1} - \frac{a^3}{a + 1}\right) = \lim_{x \to a} \frac{xa(x + a) + (x^2 + xa + a^2)}{(x + 1)(a + 1)} = \frac{2a^3 + 3a^2}{(a + 1)^2}$$

範例 15.

求　$\displaystyle\lim_{x\to 1}\frac{x^3-3x+2}{x^3-x^2-x+1}=?$

【解】

$\because \dfrac{x^3-3x+2}{x^3-x^2-x+1}=\dfrac{(x-1)(x^2+x-2)}{(x-1)(x^2-1)}=\dfrac{(x-1)^2(x+2)}{(x-1)^2(x+1)}=\dfrac{x+2}{x+1}$

$\therefore \displaystyle\lim_{x\to 1}\frac{x^3-3x+2}{x^3-x^2-x+1}=\lim_{x\to 1}\frac{x+2}{x+1}=\frac{3}{2}$

範例 16.

求　$\displaystyle\lim_{x\to 2}\frac{2x^3-3x^2-3x+2}{x^2+x-6}=?$

【解】

$\because \dfrac{2x^3-3x^2-3x+2}{x^2+x-6}=\dfrac{(x-2)(2x^2+x-1)}{(x-2)(x+3)}=\dfrac{2x^2+x-1}{x+3}$

$\therefore \displaystyle\lim_{x\to 2}\frac{2x^3-3x^2-3x+2}{x^2+x-6}=\lim_{x\to 2}\frac{2x^2+x-1}{x+3}=\frac{9}{5}$

範例 17.

求　$\displaystyle\lim_{x\to 2}\frac{x^3-8}{x^2-4}=?$

【解】

$\because \dfrac{x^3-8}{x^2-4}=\dfrac{(x-2)(x^2+2x+4)}{(x+2)(x-2)}=\dfrac{x^2+2x+4}{x+2}$　$\therefore \displaystyle\lim_{x\to 2}\frac{x^3-8}{x^2-4}=\lim_{x\to 2}\frac{x^2+2x+4}{x+2}=\frac{12}{4}=3$

範例 18.

求　$\displaystyle\lim_{x\to 0}\frac{\sqrt{a+3x}-\sqrt{a-2x}}{x}=?,\ \ \forall a>0$

【解】

令 $a>0$

$\because \dfrac{\sqrt{a+3x}-\sqrt{a-2x}}{x}=\dfrac{(\sqrt{a+3x}-\sqrt{a-2x})}{\dfrac{1}{5}(\sqrt{a+3x}-\sqrt{a-2x})(\sqrt{a+3x}+\sqrt{a-2x})}=\dfrac{5}{\sqrt{a+3x}+\sqrt{a-2x}}$

$\therefore \displaystyle\lim_{x\to 0}\frac{\sqrt{a+3x}-\sqrt{a-2x}}{x}=\lim_{x\to 0}\frac{5}{\sqrt{a+3x}+\sqrt{a-2x}}=\frac{5}{2\sqrt{a}}$

1.3.3　把式子有理化再取極限

取極限之後出現 $\dfrac{0}{0}$，若無可消掉的共同項且帶有根號 $\sqrt{}$，嘗試作有理化使得分子分母產生共同項，消掉共同項接著再取極限

考試類型：

題型 1.

求 $\displaystyle\lim_{x\to 0}\dfrac{\sqrt{a+bx}-\sqrt{a+cx}}{x}=?,\ \ \forall a>0 \text{ and } b\neq c$

解題流程：

$$\because \frac{\sqrt{a+bx}-\sqrt{a+cx}}{x}=\frac{(\sqrt{a+bx}-\sqrt{a+cx})(\sqrt{a+bx}+\sqrt{a+cx})}{x(\sqrt{a+bx}+\sqrt{a+cx})}$$

$$=\frac{(b-c)x}{x(\sqrt{a+bx}+\sqrt{a+cx})}=\frac{b-c}{\sqrt{a+bx}+\sqrt{a+cx}}$$

$$\therefore \lim_{x\to 0}\frac{\sqrt{a+bx}-\sqrt{a+cx}}{x}=\lim_{x\to 0}\frac{b-c}{\sqrt{a+bx}+\sqrt{a+cx}}=\frac{b-c}{2\sqrt{a}}$$

題型 2.

求 $\displaystyle\lim_{x\to 0}\dfrac{\sqrt[n]{a+bx}-\sqrt[n]{a+cx}}{x}=?,\ \ \forall a>0 \text{ and } b\neq c,\ n\in N$

解題流程：

$$\because \frac{\sqrt[n]{a+bx}-\sqrt[n]{a+cx}}{x}$$

$$=\frac{(b-c)x}{x\left((a+bx)^{\frac{n-1}{n}}+(a+bx)^{\frac{n-2}{n}}(a+cx)^{\frac{1}{n}}+\cdots+(a+bx)^{\frac{1}{n}}(a+cx)^{\frac{n-2}{n}}+(a+cx)^{\frac{n-1}{n}}\right)}$$

$$=\frac{b-c}{\left((a+bx)^{\frac{n-1}{n}}+(a+bx)^{\frac{n-2}{n}}(a+cx)^{\frac{1}{n}}+\cdots+(a+bx)^{\frac{1}{n}}(a+cx)^{\frac{n-2}{n}}+(a+cx)^{\frac{n-1}{n}}\right)}$$

$$\therefore \lim_{x \to 0} \frac{\sqrt[n]{a + bx} - \sqrt[n]{a + cx}}{x}$$

$$= \lim_{x \to 0} \frac{b - c}{\left((a + bx)^{\frac{n-1}{n}} + (a + bx)^{\frac{n-2}{n}}(a + cx)^{\frac{1}{n}} + \cdots + (a + bx)^{\frac{1}{n}}(a + cx)^{\frac{n-2}{n}} + (a + cx)^{\frac{n-1}{n}}\right)}$$

$$= \frac{b - c}{a^{\frac{n-1}{n}} n}$$

題型 3.

Assume (i) $\exists\, f_3(x) > 0$ s.t. $f_1(x) - f_2(x) = (x - x_0)f_3(x)$ and $\exists\, g_3(x) > 0$ s.t. $g_1(x) - g_2(x) = (x - x_0)g_3(x)$ (ii) $\exists\, \delta > 0$ s.t. $f_1(x) > 0,\ f_2(x) > 0,\ g_1(x) > 0$

and $g_2(x) > 0,\ \forall x \in (x_0 - \delta, x_0 + \delta)$. 求 $\lim_{x \to x_0} \dfrac{\sqrt{f_1(x)} - \sqrt{f_2(x)}}{\sqrt{g_1(x)} - \sqrt{g_2(x)}} = ?$

解題流程:

$$\because \frac{\sqrt{f_1(x)} - \sqrt{f_2(x)}}{\sqrt{g_1(x)} - \sqrt{g_2(x)}} = \frac{\left(f_1(x) - f_2(x)\right)\left(\sqrt{g_1(x)} + \sqrt{g_2(x)}\right)}{\left(g_1(x) - g_2(x)\right)\left(\sqrt{f_1(x)} + \sqrt{f_2(x)}\right)}$$

$\because \exists\, f_3(x) > 0$ and $g_3(x) > 0$ such that $f_1(x) - f_2(x) = (x - x_0)f_3(x)$

and $g_1(x) - g_2(x) = (x - x_0)g_3(x)$

$$\therefore \frac{\left(f_1(x) - f_2(x)\right)\left(\sqrt{g_1(x)} + \sqrt{g_2(x)}\right)}{\left(g_1(x) - g_2(x)\right)\left(\sqrt{f_1(x)} + \sqrt{f_2(x)}\right)} = \frac{f_3(x)\left(\sqrt{g_1(x)} + \sqrt{g_2(x)}\right)}{g_3(x)\left(\sqrt{f_1(x)} + \sqrt{f_2(x)}\right)}$$

$$\therefore \lim_{x \to x_0} \frac{\sqrt{f_1(x)} - \sqrt{f_2(x)}}{\sqrt{g_1(x)} - \sqrt{g_2(x)}} = \lim_{x \to x_0} \frac{f_3(x)\left(\sqrt{g_1(x)} + \sqrt{g_2(x)}\right)}{g_3(x)\left(\sqrt{f_1(x)} + \sqrt{f_2(x)}\right)} = \frac{f_3(x_0)\left(\sqrt{g_1(x_0)} + \sqrt{g_2(x_0)}\right)}{g_3(x_0)\left(\sqrt{f_1(x_0)} + \sqrt{f_2(x_0)}\right)}$$

$$= \frac{f_3(x_0)\sqrt{g_1(x_0)}}{g_3(x_0)\sqrt{f_1(x_0)}}$$

範例 1.

$$求\ \lim_{x \to 0} \frac{\sqrt{x + 9} - 3}{x} = ?$$

【解】

$$\because \frac{\sqrt{x+9}-3}{x} = \frac{x}{x(\sqrt{x+9}+3)} = \frac{1}{\sqrt{x+9}+3} \quad \therefore \lim_{x\to 0}\frac{\sqrt{x+9}-3}{x} = \lim_{x\to 0}\frac{1}{\sqrt{x+9}+3} = \frac{1}{6}$$

範例 2.

$$求 \quad \lim_{x\to 0}\frac{\sqrt{x+a}-\sqrt{a}}{x} =?, \quad \forall a > 0$$

【解】

$$令\ a > 0\ 則\ \frac{\sqrt{x+a}-\sqrt{a}}{x} = \frac{x}{x(\sqrt{x+a}+\sqrt{a})} = \frac{1}{\sqrt{x+a}+\sqrt{a}}$$

$$\therefore \lim_{x\to 0}\frac{\sqrt{x+a}-\sqrt{a}}{x} = \lim_{x\to 0}\frac{1}{\sqrt{x+a}+\sqrt{a}} = \frac{1}{2\sqrt{a}}$$

範例 3.

$$求 \quad \lim_{x\to 0}\frac{\sqrt[3]{8+x}-\sqrt[3]{8-x}}{x} =?$$

【解】

$$\because \frac{\sqrt[3]{8+x}-\sqrt[3]{8-x}}{x} = \frac{\left((8+x)^{\frac{1}{3}}-(8-x)^{\frac{1}{3}}\right)\left((8+x)^{\frac{2}{3}}+(8-x)^{\frac{1}{3}}(8+x)^{\frac{1}{3}}+(8-x)^{\frac{2}{3}}\right)}{x\left((8+x)^{\frac{2}{3}}+(8-x)^{\frac{1}{3}}(8+x)^{\frac{1}{3}}+(8-x)^{\frac{2}{3}}\right)}$$

$$= \frac{2x}{x\left((8+x)^{\frac{2}{3}}+(8-x)^{\frac{1}{3}}(8+x)^{\frac{1}{3}}+(8-x)^{\frac{2}{3}}\right)} = \frac{2}{(8+x)^{\frac{2}{3}}+(8-x)^{\frac{1}{3}}(8+x)^{\frac{1}{3}}+(8-x)^{\frac{2}{3}}}$$

$$\therefore \lim_{x\to 0}\frac{\sqrt[3]{8+x}-\sqrt[3]{8-x}}{x} = \lim_{x\to 0}\frac{2}{(8+x)^{\frac{2}{3}}+(8-x)^{\frac{1}{3}}(8+x)^{\frac{1}{3}}+(8-x)^{\frac{2}{3}}} = \frac{2}{4+4+4} = \frac{1}{6}$$

範例 4.

$$求 \quad \lim_{x\to 0}\frac{\sqrt[3]{a+x}-\sqrt[3]{a-x}}{x} =?, \quad \forall a \in R$$

【解】

$$令\ a \in R$$

$$\because \frac{\sqrt[3]{a+x} - \sqrt[3]{a-x}}{x}$$

$$= \frac{\left((a+x)^{\frac{1}{3}} - (a-x)^{\frac{1}{3}}\right)\left((a+x)^{\frac{2}{3}} + (a-x)^{\frac{1}{3}}(a+x)^{\frac{1}{3}} + (a-x)^{\frac{2}{3}}\right)}{x\left((a+x)^{\frac{2}{3}} + (a-x)^{\frac{1}{3}}(a+x)^{\frac{1}{3}} + (a-x)^{\frac{2}{3}}\right)}$$

$$= \frac{2x}{x\left((a+x)^{\frac{2}{3}} + (a-x)^{\frac{1}{3}}(a+x)^{\frac{1}{3}} + (a-x)^{\frac{2}{3}}\right)} = \frac{2}{(a+x)^{\frac{2}{3}} + (a-x)^{\frac{1}{3}}(a+x)^{\frac{1}{3}} + (a-x)^{\frac{2}{3}}}$$

$$\therefore \lim_{x\to 0} \frac{\sqrt[3]{a+x} - \sqrt[3]{a-x}}{x} = \lim_{x\to 0} \frac{2}{(a+x)^{\frac{2}{3}} + (a-x)^{\frac{1}{3}}(a+x)^{\frac{1}{3}} + (a-x)^{\frac{2}{3}}} = \frac{2}{3a^{\frac{2}{3}}}$$

範例 5.

$$求\ \lim_{x\to 0} \frac{x}{\sqrt[3]{27+x} - \sqrt[3]{27+x^3}} = ?$$

【解】

$$\because \frac{x}{\sqrt[3]{27+x} - \sqrt[3]{27+x^3}}$$

$$= \frac{x\left((27+x)^{\frac{2}{3}} + (27+x)^{\frac{1}{3}}(27+x^3)^{\frac{1}{3}} + (27+x^3)^{\frac{2}{3}}\right)}{\left((27+x)^{\frac{1}{3}} - (27+x^3)^{\frac{1}{3}}\right)\left((27+x)^{\frac{2}{3}} + (27+x)^{\frac{1}{3}}(27+x^3)^{\frac{1}{3}} + (27+x^3)^{\frac{2}{3}}\right)}$$

$$= \frac{x\left((27+x)^{\frac{2}{3}} + (27+x)^{\frac{1}{3}}(27+x^3)^{\frac{1}{3}} + (27+x^3)^{\frac{2}{3}}\right)}{27+x - (27+x^3)}$$

$$= \frac{(27+x)^{\frac{2}{3}} + (27+x)^{\frac{1}{3}}(27+x^3)^{\frac{1}{3}} + (27+x^3)^{\frac{2}{3}}}{1-x^2}$$

$$\therefore \lim_{x\to 0} \frac{x}{\sqrt[3]{27+x} - \sqrt[3]{27+x^3}} = \lim_{x\to 0} \frac{(27+x)^{\frac{2}{3}} + (27+x)^{\frac{1}{3}}(27+x^3)^{\frac{1}{3}} + (27+x^3)^{\frac{2}{3}}}{1-x^2} = 27$$

範例 6.

求 $\displaystyle\lim_{x\to 0}\dfrac{\sqrt[3]{x+27}-3}{x}=?$

【解】

$$\because \frac{\sqrt[3]{x+27}-3}{x}=\frac{(\sqrt[3]{x+27}-3)\left((x+27)^{\frac{2}{3}}+3(x+27)^{\frac{1}{3}}+3^2\right)}{x\left((x+27)^{\frac{2}{3}}+3(x+27)^{\frac{1}{3}}+3^2\right)}$$

$$=\frac{x}{x\left((x+27)^{\frac{2}{3}}+3(x+27)^{\frac{1}{3}}+3^2\right)}=\frac{1}{(x+27)^{\frac{2}{3}}+3(x+27)^{\frac{1}{3}}+3^2}$$

$$\therefore \lim_{x\to 0}\frac{\sqrt[3]{x+27}-3}{x}=\lim_{x\to 0}\frac{1}{(x+27)^{\frac{2}{3}}+3(x+27)^{\frac{1}{3}}+3^2}=\frac{1}{27}$$

範例 7.

求 $\displaystyle\lim_{x\to 0}\dfrac{\sqrt{2+x}-\sqrt{2-x}}{\sqrt[3]{2+x}-\sqrt[3]{2-x}}=?$

【解】

$$\because \frac{\sqrt{2+x}-\sqrt{2-x}}{\sqrt[3]{2+x}-\sqrt[3]{2-x}}=\frac{\left((2+x)^{\frac{1}{2}}-(2-x)^{\frac{1}{2}}\right)\left((2+x)^{\frac{2}{3}}+(2+x)^{\frac{1}{3}}(2-x)^{\frac{1}{3}}+(2-x)^{\frac{2}{3}}\right)}{\left((2+x)^{\frac{1}{3}}-(2-x)^{\frac{1}{3}}\right)\left((2+x)^{\frac{2}{3}}+(2+x)^{\frac{1}{3}}(2-x)^{\frac{1}{3}}+(2-x)^{\frac{2}{3}}\right)}$$

$$=\frac{\left((2+x)^{\frac{1}{2}}-(2-x)^{\frac{1}{2}}\right)\left((2+x)^{\frac{2}{3}}+(2+x)^{\frac{1}{3}}(2-x)^{\frac{1}{3}}+(2-x)^{\frac{2}{3}}\right)}{2+x-(2-x)}$$

$$=\frac{(2+x-(2-x))\left((2+x)^{\frac{2}{3}}+(2+x)^{\frac{1}{3}}(2-x)^{\frac{1}{3}}+(2-x)^{\frac{2}{3}}\right)}{2x\left((2+x)^{\frac{1}{2}}+(2-x)^{\frac{1}{2}}\right)}$$

$$=\frac{(2+x)^{\frac{2}{3}}+(2+x)^{\frac{1}{3}}(2-x)^{\frac{1}{3}}+(2-x)^{\frac{2}{3}}}{(2+x)^{\frac{1}{2}}+(2-x)^{\frac{1}{2}}}$$

$$\therefore \lim_{x \to 0} \frac{\sqrt{2+x} - \sqrt{2-x}}{\sqrt[3]{2+x} - \sqrt[3]{2-x}} = \lim_{x \to 0} \frac{(2+x)^{\frac{2}{3}} + (2+x)^{\frac{1}{3}}(2-x)^{\frac{1}{3}} + (2-x)^{\frac{2}{3}}}{(2+x)^{\frac{1}{2}} + (2-x)^{\frac{1}{2}}} = \frac{3 \cdot 2^{\frac{2}{3}}}{2\sqrt{2}} = 3 \cdot 2^{-\frac{5}{6}}$$

範例 8.

$$假設 \ \lim_{x \to 0} \frac{\sqrt{1+x+x^2} - (1+ax)}{x^2} = b, \quad 求 \ a, b =?$$

【解】

$$\because \frac{\sqrt{1+x+x^2} - (1+ax)}{x^2} = \frac{1+x+x^2 - (1+ax)^2}{x^2(\sqrt{1+x+x^2} + (1+ax))} = \frac{1+x+x^2 - (1+2ax+a^2x^2)}{x^2(\sqrt{1+x+x^2} + (1+ax))}$$

$$= \frac{x + x^2 - (2ax + a^2x^2)}{x^2(\sqrt{1+x+x^2} + (1+ax))} = \frac{1 + x - (2a + a^2x)}{x(\sqrt{1+x+x^2} + (1+ax))}$$

$$\because \lim_{x \to 0} \frac{\sqrt{1+x+x^2} - (1+ax)}{x^2} = \lim_{x \to 0} \frac{1 + x - (2a + a^2x)}{x(\sqrt{1+x+x^2} + (1+ax))} \quad 存在$$

$$\therefore \lim_{x \to 0} 1 + x - (2a + a^2x) = 0 \ \Rightarrow a = \frac{1}{2}$$

$$\because \lim_{x \to 0} \frac{\sqrt{1+x+x^2} - (1+ax)}{x^2} = b$$

$$\therefore \lim_{x \to 0} \frac{1 + x - \left(1 + \frac{x}{4}\right)}{x(\sqrt{1+x+x^2} + (1+\frac{x}{2}))} = \lim_{x \to 0} \frac{\frac{3x}{4}}{x(\sqrt{1+x+x^2} + (1+\frac{x}{2}))}$$

$$= \lim_{x \to 0} \frac{\frac{3}{4}}{\sqrt{1+x+x^2} + 1 + \frac{x}{2}} = \frac{3}{8} \ \Rightarrow \ b = \frac{3}{8} \quad \therefore a = \frac{1}{2}, b = \frac{3}{8}$$

範例 9.

$$假設 \ \lim_{x \to 0} \frac{\sqrt{ax+b} - 2}{x} = 1, \quad 求 \ a, b =?$$

【解】

$$\because \frac{\sqrt{ax+b} - 2}{x} = \frac{ax+b-4}{x(\sqrt{ax+b} + 2)} \quad 且 \ \lim_{x \to 0} \frac{\sqrt{ax+b} - 2}{x} = \lim_{x \to 0} \frac{ax+b-4}{x(\sqrt{ax+b} + 2)} \quad 存在$$

$$\therefore \lim_{x \to 0} ax + b - 4 = 0 \Rightarrow \ b = 4$$

$$\because 1 = \lim_{x \to 0} \frac{\sqrt{ax+b}-2}{x} = \lim_{x \to 0} \frac{ax}{x(\sqrt{ax+4}+2)} = \lim_{x \to 0} \frac{a}{\sqrt{ax+4}+2} \quad \therefore a = 4 \ \Rightarrow a = 4, b = 4$$

範例 10.

$$求 \quad \lim_{x \to 0} \frac{\sqrt[3]{x+a^3}-a}{x} =?, \quad \forall a \in R$$

【解】

令 $a \in R$

$$\because \frac{\sqrt[3]{x+a^3}-a}{x} = \frac{(\sqrt[3]{x+a^3}-a)\left((x+a^3)^{\frac{2}{3}} + a(x+a^3)^{\frac{1}{3}} + a^2\right)}{x\left((x+a^3)^{\frac{2}{3}} + a(x+a^3)^{\frac{1}{3}} + a^2\right)}$$

$$= \frac{x}{x\left((x+a^3)^{\frac{2}{3}} + a(x+a^3)^{\frac{1}{3}} + a^2\right)} = \frac{1}{(x+a^3)^{\frac{2}{3}} + a(x+a^3)^{\frac{1}{3}} + a^2}$$

$$\therefore \lim_{x \to 0} \frac{\sqrt[3]{x+a^3}-a}{x} = \lim_{x \to 0} \frac{1}{(x+a^3)^{\frac{2}{3}} + a(x+a^3)^{\frac{1}{3}} + a^2} = \frac{1}{3a^2}$$

範例 11.

$$求 \ \lim_{x \to 2} \frac{\sqrt{x+3}-\sqrt{4x-3}}{\sqrt{5x-1}-\sqrt{4x+1}} =?$$

【解】

$$\because \frac{\sqrt{x+3}-\sqrt{4x-3}}{\sqrt{5x-1}-\sqrt{4x+1}} = \frac{(\sqrt{x+3}-\sqrt{4x-3})(\sqrt{x+3}+\sqrt{4x-3})(\sqrt{5x-1}+\sqrt{4x+1})}{(\sqrt{5x-1}-\sqrt{4x+1})(\sqrt{5x-1}+\sqrt{4x+1})(\sqrt{x+3}+\sqrt{4x-3})}$$

$$= \frac{(-3x+6)(\sqrt{5x-1}+\sqrt{4x+1})}{(x-2)(\sqrt{x+3}+\sqrt{4x-3})} = \frac{-3(\sqrt{5x-1}+\sqrt{4x+1})}{(\sqrt{x+3}+\sqrt{4x-3})}$$

$$\therefore \lim_{x \to 2} \frac{\sqrt{x+3}-\sqrt{4x-3}}{\sqrt{5x-1}-\sqrt{4x+1}} = \lim_{x \to 2} \frac{-3(\sqrt{5x-1}+\sqrt{4x+1})}{(\sqrt{x+3}+\sqrt{4x-3})} = (-3)(\frac{6}{2\sqrt{5}}) = -\frac{9}{\sqrt{5}}$$

範例 12.

$$求 \quad \lim_{x \to 0} \frac{\sqrt{x^2+x+4}-2}{\sqrt{4+x}-\sqrt{4-x}} =?$$

【解】

$$\because \frac{\sqrt{x^2+x+4}-2}{\sqrt{4+x}-\sqrt{4-x}} = \frac{(\sqrt{x^2+x+4}-2)(\sqrt{x^2+x+4}+2)(\sqrt{4+x}+\sqrt{4-x})}{(\sqrt{4+x}-\sqrt{4-x})(\sqrt{x^2+x+4}+2)(\sqrt{4+x}+\sqrt{4-x})}$$

$$= \frac{(x^2+x+4-4)(\sqrt{4+x}+\sqrt{4-x})}{(4+x-(4-x))(\sqrt{x^2+x+4}+2)} = \frac{x(x+1)(\sqrt{4+x}+\sqrt{4-x})}{2x(\sqrt{x^2+x+4}+2)}$$

$$= \frac{(x+1)(\sqrt{4+x}+\sqrt{4-x})}{2(\sqrt{x^2+x+4}+2)}$$

$$\therefore \lim_{x\to 0}\frac{\sqrt{x^2+x+4}-2}{\sqrt{4+x}-\sqrt{4-x}} = \lim_{x\to 0}\frac{(x+1)(\sqrt{4+x}+\sqrt{4-x})}{2(\sqrt{x^2+x+4}+2)} = \frac{1}{2}$$

範例 13.

$$求 \quad \lim_{x\to 0}\frac{\sqrt{x^2+x+a}-\sqrt{a}}{\sqrt{a+x}-\sqrt{a-x}} =?, \quad \forall a>0$$

【解】

令 $a>0$

$$\because \frac{\sqrt{x^2+x+a}-\sqrt{a}}{\sqrt{a+x}-\sqrt{a-x}} = \frac{(\sqrt{x^2+x+a}-\sqrt{a})(\sqrt{x^2+x+a}+\sqrt{a})(\sqrt{a+x}+\sqrt{a-x})}{(\sqrt{a+x}-\sqrt{a-x})(\sqrt{x^2+x+a}+\sqrt{a})(\sqrt{a+x}+\sqrt{a-x})}$$

$$= \frac{(x^2+x+a-a)(\sqrt{a+x}+\sqrt{a-x})}{(a+x-(a-x))(\sqrt{x^2+x+a}+\sqrt{a})} = \frac{x(x+1)(\sqrt{a+x}+\sqrt{a-x})}{2x(\sqrt{x^2+x+a}+\sqrt{a})}$$

$$= \frac{(x+1)(\sqrt{a+x}+\sqrt{a-x})}{2(\sqrt{x^2+x+a}+\sqrt{a})}$$

$$\therefore \lim_{x\to 0}\frac{\sqrt{x^2+x+a}-\sqrt{a}}{\sqrt{a+x}-\sqrt{a-x}} = \lim_{x\to 0}\frac{(x+1)(\sqrt{a+x}+\sqrt{a-x})}{2(\sqrt{x^2+x+a}+\sqrt{a})} = \frac{1}{2}$$

範例 14.

$$求 \quad \lim_{x\to 1}\frac{\sqrt{1+\sqrt[3]{x}}-\sqrt{2}}{x-1} =?$$

【解】

$$\because \frac{\sqrt{1+\sqrt[3]{x}}-\sqrt{2}}{x-1} = \frac{\left(\sqrt{1+\sqrt[3]{x}}-\sqrt{2}\right)\left(\sqrt{1+\sqrt[3]{x}}+\sqrt{2}\right)}{(x-1)\left(\sqrt{1+\sqrt[3]{x}}+\sqrt{2}\right)}$$

$$= \frac{1 + \sqrt[3]{x} - 2}{(x-1)\left(\sqrt{1+\sqrt[3]{x}} + \sqrt{2}\right)} = \frac{\left(\sqrt[3]{x} - 1\right)\left(x^{\frac{2}{3}} + x^{\frac{1}{3}} + 1\right)}{(x-1)\left(\sqrt{1+\sqrt[3]{x}} + \sqrt{2}\right)\left(x^{\frac{2}{3}} + x^{\frac{1}{3}} + 1\right)}$$

$$= \frac{x-1}{(x-1)\left(\sqrt{1+\sqrt[3]{x}} + \sqrt{2}\right)\left(x^{\frac{2}{3}} + x^{\frac{1}{3}} + 1\right)} = \frac{1}{\left(\sqrt{1+\sqrt[3]{x}} + \sqrt{2}\right)\left(x^{\frac{2}{3}} + x^{\frac{1}{3}} + 1\right)}$$

$$\therefore \lim_{x \to 1} \frac{\sqrt{1+\sqrt[3]{x}} - \sqrt{2}}{x-1} = \lim_{x \to 1} \frac{1}{\left(\sqrt{1+\sqrt[3]{x}} + \sqrt{2}\right)\left(x^{\frac{2}{3}} + x^{\frac{1}{3}} + 1\right)} = \frac{1}{6\sqrt{2}}$$

範例 15.

假設 $\lim\limits_{x \to 0} \dfrac{\sqrt[3]{ax+b} - 2}{x} = \dfrac{7}{12}$，　求 $a, b =?$

【解】

$$\because \frac{\sqrt[3]{ax+b} - 2}{x} = \frac{(ax+b-8)}{x\left((ax+b)^{\frac{2}{3}} + 2(ax+b)^{\frac{1}{3}} + 4\right)}$$

$$\because \lim_{x \to 0} \frac{\sqrt[3]{ax+b} - 2}{x} = \lim_{x \to 0} \frac{(ax+b-8)}{x\left((ax+b)^{\frac{2}{3}} + 2(ax+b)^{\frac{1}{3}} + 4\right)} \text{ 存在}$$

$$\therefore \lim_{x \to 0} x\left((ax+b)^{\frac{2}{3}} + 2(ax+b)^{\frac{1}{3}} + 4\right) = 0 \Rightarrow \lim_{x \to 0}(ax+b-8) = 0 \Rightarrow b = 8$$

$$\because \lim_{x \to 0} \frac{\sqrt[3]{ax+8} - 2}{x} = \frac{7}{12} \quad \text{且} \quad \frac{\sqrt[3]{ax+8} - 2}{x} = \frac{(ax+8-8)}{x\left((ax+8)^{\frac{2}{3}} + 2(ax+8)^{\frac{1}{3}} + 4\right)}$$

$$\therefore \lim_{x \to 0} \frac{ax}{x\left((ax+8)^{\frac{2}{3}} + 2(ax+8)^{\frac{1}{3}} + 4\right)} = \frac{7}{12} \Rightarrow a = 7, \quad \therefore a = 7, b = 8$$

範例 16.

求 $\lim\limits_{x \to 0} \dfrac{\sqrt{4+3x} - \sqrt{4-2x}}{x} =?$

【解】

$$\because \frac{\sqrt{4+3x}-\sqrt{4-2x}}{x} = \frac{(\sqrt{4+3x}-\sqrt{4-2x})(\sqrt{4+3x}+\sqrt{4-2x})}{x(\sqrt{4+3x}+\sqrt{4-2x})}$$

$$= \frac{5x}{x(\sqrt{4+3x}+\sqrt{4-2x})} = \frac{5}{(\sqrt{4+3x}+\sqrt{4-2x})}$$

$$\therefore \lim_{x\to 0} \frac{\sqrt{4+3x}-\sqrt{4-2x}}{x} = \lim_{x\to 0} \frac{5}{(\sqrt{4+3x}+\sqrt{4-2x})} = \frac{5}{4}$$

範例 17.

$$求 \quad \lim_{x\to 0} \frac{\sqrt{a+bx}-\sqrt{a-cx}}{x} =?, \quad \forall a>0, b,c \in R$$

【解】

令 $a>0, b,c \in R$

$$\because \frac{\sqrt{a+bx}-\sqrt{a-cx}}{x} = \frac{(\sqrt{a+bx}-\sqrt{a-cx})(\sqrt{a+bx}+\sqrt{a-cx})}{x(\sqrt{a+bx}+\sqrt{a-cx})}$$

$$= \frac{(b-c)x}{x(\sqrt{a+bx}+\sqrt{a-cx})} = \frac{b-c}{(\sqrt{a+bx}+\sqrt{a-cx})}$$

$$\therefore \lim_{x\to 0} \frac{\sqrt{a+bx}-\sqrt{a-cx}}{x} = \lim_{x\to 0} \frac{b-c}{(\sqrt{a+bx}+\sqrt{a-cx})} = \frac{b-c}{2\sqrt{a}}$$

範例 18.

$$求 \quad \lim_{x\to 1} \frac{\sqrt[3]{x}-1}{\sqrt[3]{7+x}-2} =?$$

【解】

$$\because \frac{\sqrt[3]{x}-1}{\sqrt[3]{7+x}-2} = \frac{\left(x^{\frac{1}{3}}-1\right)\left(x^{\frac{2}{3}}+x^{\frac{1}{3}}+1\right)\left((7+x)^{\frac{2}{3}}+2(7+x)^{\frac{1}{3}}+2^2\right)}{\left((7+x)^{\frac{1}{3}}-2\right)\left(x^{\frac{2}{3}}+x^{\frac{1}{3}}+1\right)\left((7+x)^{\frac{2}{3}}+2(7+x)^{\frac{1}{3}}+2^2\right)}$$

$$= \frac{(x-1)\left((7+x)^{\frac{2}{3}}+2(7+x)^{\frac{1}{3}}+2^2\right)}{(7+x-8)\left(x^{\frac{2}{3}}+x^{\frac{1}{3}}+1\right)} = \frac{(7+x)^{\frac{2}{3}}+2(7+x)^{\frac{1}{3}}+2^2}{x^{\frac{2}{3}}+x^{\frac{1}{3}}+1}$$

$$\therefore \lim_{x\to 1}\frac{\sqrt[3]{x}-1}{\sqrt[3]{7+x}-2}=\lim_{x\to 1}\frac{(7+x)^{\frac{2}{3}}+2(7+x)^{\frac{1}{3}}+2^2}{x^{\frac{2}{3}}+x^{\frac{1}{3}}+1}=4$$

範例 19.

$$\text{求}\quad \lim_{x\to 2}\frac{\sqrt{1+\sqrt{2+x}}-\sqrt{3}}{x-2}=?$$

【解】

$$\because \frac{\sqrt{1+\sqrt{2+x}}-\sqrt{3}}{x-2}=\frac{(\sqrt{1+\sqrt{2+x}}-\sqrt{3})(\sqrt{1+\sqrt{2+x}}+\sqrt{3})}{(x-2)(\sqrt{1+\sqrt{2+x}}+\sqrt{3})}$$

$$=\frac{(1+\sqrt{2+x}-3)}{(x-2)(\sqrt{1+\sqrt{2+x}}+\sqrt{3})}=\frac{(\sqrt{2+x}-2)(\sqrt{2+x}+2)}{(x-2)(\sqrt{1+\sqrt{2+x}}+\sqrt{3})(\sqrt{2+x}+2)}$$

$$=\frac{x-2}{(x-2)(\sqrt{1+\sqrt{2+x}}+\sqrt{3})(\sqrt{2+x}+2)}=\frac{1}{(\sqrt{1+\sqrt{2+x}}+\sqrt{3})(\sqrt{2+x}+2)}$$

$$\therefore \lim_{x\to 2}\frac{\sqrt{1+\sqrt{2+x}}-\sqrt{3}}{x-2}=\lim_{x\to 2}\frac{1}{(\sqrt{1+\sqrt{2+x}}+\sqrt{3})(\sqrt{2+x}+2)}=\frac{1}{8\sqrt{3}}$$

1.3.4　　x趨近於無窮大時求函數極限

取極限後出現$\dfrac{\infty}{\infty}$時，將分子分母同除最高次方項，使其出現$\dfrac{1}{x}$；取極限後出現$\infty-\infty$時，

嘗試將式子轉成分式型態，並讓分子分母同時出現$\dfrac{1}{x}$，使得 x 趨近於無窮大時，很多項皆趨近於零，此時只需比較分子分母的最高次方項的係數

考試類型：
題型 1.

$$\text{求}\ \lim_{x\to\infty}\frac{f(x)}{g(x)}=?,\ \text{where } a>0,\quad \lim_{x\to\infty}\frac{f(x)}{x^a}=A\ \text{ and }\ \lim_{x\to\infty}\frac{g(x)}{x^a}=B$$

解題流程：

$$\lim_{x \to \infty} \frac{f(x)}{g(x)} = \lim_{x \to \infty} \frac{\dfrac{f(x)}{x^a}}{\dfrac{g(x)}{x^a}} = \frac{A}{B}$$

題型 2.

求 $\displaystyle\lim_{x \to \infty} f(x) - g(x) =?$

where $a > 0$,　$\displaystyle\lim_{x \to \infty} \frac{f^2(x) - g^2(x)}{x^a} = A$ 且 $\displaystyle\lim_{x \to \infty} \frac{f(x) + g(x)}{x^a} = B$

解題流程:

$$\because f(x) - g(x) = \frac{f^2(x) - g^2(x)}{f(x) + g(x)}$$

$$則 \lim_{x \to \infty} f(x) - g(x) = \lim_{x \to \infty} \frac{f^2(x) - g^2(x)}{f(x) + g(x)} = \lim_{x \to \infty} \frac{\dfrac{f^2(x) - g^2(x)}{x^a}}{\dfrac{f(x) + g(x)}{x^a}} = \frac{A}{B}$$

題型 3.

求 $\displaystyle\lim_{x \to \infty} \sqrt{x^2 + ax + b} - \sqrt{x^2 + cx + d} =?,\ \ \forall a, b, c, d \in R$

解題流程:

令 $a, b, c, d \in R$ and $x > 0$

$$\because \sqrt{x^2 + ax + b} - \sqrt{x^2 + cx + d}$$

$$= \left(\sqrt{x^2 + ax + b} - \sqrt{x^2 + cx + d}\right) \cdot \frac{\sqrt{x^2 + ax + b} + \sqrt{x^2 + cx + d}}{\sqrt{x^2 + ax + b} + \sqrt{x^2 + cx + d}}$$

$$= \frac{(a - c)x + b - d}{\sqrt{x^2 + ax + b} + \sqrt{x^2 + cx + d}} = \frac{a - c + \dfrac{b - d}{x}}{\sqrt{1 + \dfrac{a}{x} + \dfrac{b}{x^2}} + \sqrt{1 + \dfrac{c}{x} + \dfrac{d}{x^2}}}$$

$$\therefore \lim_{x \to \infty} \sqrt{x^2 + ax + b} - \sqrt{x^2 + cx + d} = \frac{a - c}{2}$$

題型 4.

求 $\displaystyle\lim_{x \to -\infty} \sqrt{a^2 x^2 + bx + c} + ax =?,\ \ \forall a > 0, b, c \in R$

解題流程:

令 $x < 0$ and $x = -u, a > 0, b, c \in R$

則 $\sqrt{a^2 x^2 + bx + c} + ax = \dfrac{(\sqrt{a^2 x^2 + bx + c} + ax)(\sqrt{a^2 x^2 + bx + c} - ax)}{\sqrt{a^2 x^2 + bx + c} - ax}$

$= \dfrac{bx + c}{\sqrt{a^2 x^2 + bx + c} - ax} = \dfrac{-bu + c}{\sqrt{a^2 u^2 - bu + c} + au} = \dfrac{-b + \dfrac{c}{u}}{\sqrt{a^2 - \dfrac{bu}{u^2} + \dfrac{c}{u^2}} + a}$

$\therefore \lim\limits_{x \to -\infty} \sqrt{a^2 x^2 + bx + c} + ax = \lim\limits_{u \to \infty} \dfrac{-b + \dfrac{c}{u}}{\sqrt{a^2 - \dfrac{bu}{u^2} + \dfrac{c}{u^2}} + a} = -\dfrac{b}{2a}$

範例 1.

  求 $\lim\limits_{x \to \infty} \sqrt{x^2 + x + 2} - x = ?$

【解】

$\because \sqrt{x^2 + x + 2} - x = \dfrac{x^2 + x + 2 - x^2}{\sqrt{x^2 + x + 2} + x} = \dfrac{\dfrac{x + 2}{x}}{\sqrt{\dfrac{x^2 + x + 2}{x^2}} + 1}, \quad \forall x > 0$

$\therefore \lim\limits_{x \to \infty} \sqrt{x^2 + x + 2} - x = \lim\limits_{x \to \infty} \dfrac{\dfrac{x + 2}{x}}{\sqrt{\dfrac{x^2 + x + 2}{x^2}} + 1} = \dfrac{1}{2}$

範例 2.

  求 $\lim\limits_{x \to \infty} \sqrt{x^2 + x + a} - x = ?, \quad \forall a \in R$

【解】

令 $a \in R, \quad \because \sqrt{x^2 + x + a} - x = \dfrac{x^2 + x + a - x^2}{\sqrt{x^2 + x + a} + x} = \dfrac{\dfrac{x + a}{x}}{\sqrt{\dfrac{x^2 + x + a}{x^2}} + 1}, \quad \forall x > 0$

$$\therefore \lim_{x \to \infty} \sqrt{x^2 + x + a} - x = \lim_{x \to \infty} \frac{\dfrac{x + a}{x}}{\sqrt{\dfrac{x^2 + x + a}{x^2}} + 1} = \frac{1}{2}$$

範例 3.

$$求 \lim_{x \to \infty} \sqrt{x^2 + 13} - x =?$$

【解】

$$\because \sqrt{x^2 + 13} - x = \frac{(\sqrt{x^2 + 13} - x)(\sqrt{x^2 + 13} + x)}{\sqrt{x^2 + 13} + x} = \frac{x^2 + 13 - x^2}{\sqrt{x^2 + 13} + x} = \frac{13}{\sqrt{x^2 + 13} + x}$$

$$= \frac{\dfrac{13}{x}}{\sqrt{1 + \dfrac{13}{x^2}} + 1}, \quad \forall x > 0$$

$$\therefore \lim_{x \to \infty} \sqrt{x^2 + 13} - x = \lim_{x \to \infty} \frac{\dfrac{13}{x}}{\sqrt{1 + \dfrac{13}{x^2}} + 1} = 0$$

範例 4.

$$求 \lim_{x \to \infty} \sqrt{x^2 + a} - x =?, \quad \forall a \in R$$

【解】

令 $a \in R$

$$\because \sqrt{x^2 + a} - x = \frac{(\sqrt{x^2 + a} - x)(\sqrt{x^2 + a} + x)}{\sqrt{x^2 + a} + x} = \frac{(x^2 + a - x^2)}{\sqrt{x^2 + a} + x} = \frac{a}{\sqrt{x^2 + a} + x}$$

$$= \frac{\dfrac{a}{x}}{\sqrt{1 + \dfrac{a}{x^2}} + 1}, \quad \forall x > 0$$

$$\therefore \lim_{x \to \infty} \sqrt{x^2 + a} - x = \lim_{x \to \infty} \frac{\dfrac{a}{x}}{\sqrt{1 + \dfrac{a}{x^2}} + 1} = 0$$

範例 5.

$$\text{求} \lim_{x \to \infty} \sqrt{x^2 + 5x + 1} - \sqrt{x^2 - 5x + 1} = ?$$

【解】

$$\because \sqrt{x^2 + 5x + 1} - \sqrt{x^2 - 5x + 1}$$

$$= \frac{(\sqrt{x^2 + 5x + 1} - \sqrt{x^2 - 5x + 1})(\sqrt{x^2 + 5x + 1} + \sqrt{x^2 - 5x + 1})}{\sqrt{x^2 + 5x + 1} + \sqrt{x^2 - 5x + 1}}$$

$$= \frac{10x}{\sqrt{x^2 + 5x + 1} + \sqrt{x^2 - 5x + 1}} = \frac{10}{\sqrt{1 + \frac{5}{x} + \frac{1}{x^2}} + \sqrt{1 - \frac{5}{x} + \frac{1}{x^2}}}, \quad \forall x > 0$$

$$\therefore \lim_{x \to \infty} \sqrt{x^2 + 5x + 1} - \sqrt{x^2 - 5x + 1} = \lim_{x \to \infty} \frac{10}{\sqrt{1 + \frac{5}{x} + \frac{1}{x^2}} + \sqrt{1 - \frac{5}{x} + \frac{1}{x^2}}} = 5$$

範例 6.

$$\text{求} \lim_{x \to -\infty} \frac{\sqrt{16x^2 + 1}}{x + 4} = ?$$

【解】

$$\text{令 } x = -u \text{ and } u > 0 \text{ 則 } \frac{\sqrt{16x^2 + 1}}{x + 4} = \frac{\sqrt{16u^2 + 1}}{-u + 4} = \frac{\sqrt{16 + \frac{1}{u^2}}}{-1 + \frac{4}{u}}$$

$$\therefore \lim_{x \to -\infty} \frac{\sqrt{16x^2 + 1}}{x + 4} = \lim_{u \to \infty} \frac{\sqrt{16 + \frac{1}{u^2}}}{-1 + \frac{4}{u}} = -4$$

範例 7.

$$\text{求} \lim_{x \to -\infty} \frac{\sqrt{9x^2 + 7}}{-5x + 8} = ?$$

【解】

令 $x = -u$　and　$u > 0$ 則 $\dfrac{\sqrt{9x^2 + 7}}{-5x + 8} = \dfrac{\sqrt{9u^2 + 7}}{5u + 8} = \dfrac{\sqrt{9 + \dfrac{7}{u^2}}}{5 + \dfrac{8}{u}}$

$$\therefore \lim_{x \to -\infty} \frac{\sqrt{9x^2 + 7}}{-5x + 8} = \lim_{u \to \infty} \frac{\sqrt{9 + \dfrac{7}{u^2}}}{5 + \dfrac{8}{u}} = \frac{3}{5}$$

範例 8.

$$求 \lim_{x \to \infty} \sqrt{x^2 + ax + 1} - \sqrt{x^2 - ax + 1} =?, \quad \forall a \in R$$

【解】

令 $a \in R$

$\because \sqrt{x^2 + ax + 1} - \sqrt{x^2 - ax + 1}$

$= \dfrac{(\sqrt{x^2 + ax + 1} - \sqrt{x^2 - ax + 1})(\sqrt{x^2 + ax + 1} + \sqrt{x^2 - ax + 1})}{\sqrt{x^2 + ax + 1} + \sqrt{x^2 - ax + 1}}$

$= \dfrac{2ax}{\sqrt{x^2 + ax + 1} + \sqrt{x^2 - ax + 1}} = \dfrac{2a}{\sqrt{1 + \dfrac{a}{x} + \dfrac{1}{x^2}} + \sqrt{1 - \dfrac{a}{x} + \dfrac{1}{x^2}}}, \quad \forall x > 0$

$$\therefore \lim_{x \to \infty} \sqrt{x^2 + ax + 1} - \sqrt{x^2 - ax + 1} = \lim_{x \to \infty} \frac{2a}{\sqrt{1 + \dfrac{a}{x} + \dfrac{1}{x^2}} + \sqrt{1 - \dfrac{a}{x} + \dfrac{1}{x^2}}} = a$$

範例 9.

$$求 \lim_{x \to -\infty} \sqrt{x^2 + 5x + 1} - \sqrt{x^2 - 5x + 1} =?$$

【解】

$\because \sqrt{x^2 + 5x + 1} - \sqrt{x^2 - 5x + 1}$

$= \dfrac{(\sqrt{x^2 + 5x + 1} - \sqrt{x^2 - 5x + 1})(\sqrt{x^2 + 5x + 1} + \sqrt{x^2 - 5x + 1})}{\sqrt{x^2 + 5x + 1} + \sqrt{x^2 - 5x + 1}}$

$= \dfrac{10x}{\sqrt{x^2 + 5x + 1} + \sqrt{x^2 - 5x + 1}}$

令 $x = -u$ and $u > 0$

則 $\dfrac{10x}{\sqrt{x^2 + 5x + 1} + \sqrt{x^2 - 5x + 1}} = \dfrac{-10u}{\sqrt{u^2 - 5u + 1} + \sqrt{u^2 + 5u + 1}}$

$$= \dfrac{\dfrac{-10u}{u}}{\sqrt{1 - \dfrac{5}{u} + \dfrac{1}{u^2}} + \sqrt{1 + \dfrac{5}{u} + \dfrac{1}{u^2}}} = \dfrac{-10}{\sqrt{1 - \dfrac{5}{u} + \dfrac{1}{u^2}} + \sqrt{1 + \dfrac{5}{u} + \dfrac{1}{u^2}}}$$

$$\therefore \lim_{x \to -\infty} \sqrt{x^2 + 5x + 1} - \sqrt{x^2 - 5x + 1} = \lim_{u \to \infty} \dfrac{-10}{\sqrt{1 - \dfrac{5}{u} + \dfrac{1}{u^2}} + \sqrt{1 + \dfrac{5}{u} + \dfrac{1}{u^2}}} = -5$$

範例 10.

$$求 \lim_{x \to \infty} \sqrt{x^2 + ax + b} - \sqrt{x^2 + cx + d}, \quad \forall\, a, b, c, d \in R$$

【解】

Let $a, b, c, d \in R$

$\because \sqrt{x^2 + ax + b} - \sqrt{x^2 + cx + d} = \dfrac{x^2 + ax + b - (x^2 + cx + d)}{\sqrt{x^2 + ax + b} + \sqrt{x^2 + cx + d}}$

$$= \dfrac{(a - c)x + b - d}{\sqrt{x^2 + ax + b} + \sqrt{x^2 + cx + d}} = \dfrac{a - c + \dfrac{b - d}{x}}{\sqrt{1 + \dfrac{a}{x} + \dfrac{b}{x^2}} + \sqrt{1 + \dfrac{c}{x} + \dfrac{d}{x^2}}}, \quad \forall\, x > 0$$

$$\therefore \lim_{x \to \infty} \sqrt{x^2 + ax + b} - \sqrt{x^2 + cx + d} = \lim_{x \to \infty} \dfrac{a - c + \dfrac{b - d}{x}}{\sqrt{1 + \dfrac{a}{x} + \dfrac{b}{x^2}} + \sqrt{1 + \dfrac{c}{x} + \dfrac{d}{x^2}}} = \dfrac{a - c}{2}$$

範例 11.

$$求 \lim_{x \to \infty} \sqrt{x^2 + 3x + 7} - \sqrt{x^2 - 3x + 5} = ?$$

【解】

$\because \sqrt{x^2 + 3x + 7} - \sqrt{x^2 - 3x + 5} = \dfrac{x^2 + 3x + 7 - (x^2 - 3x + 5)}{\sqrt{x^2 + 3x + 7} + \sqrt{x^2 - 3x + 5}}$

$$= \frac{6x + 2}{\sqrt{x^2 + 3x + 7} + \sqrt{x^2 - 3x + 5}} = \frac{6 + \dfrac{2}{x}}{\sqrt{1 + \dfrac{3}{x} + \dfrac{7}{x^2}} + \sqrt{1 - \dfrac{3}{x} + \dfrac{5}{x^2}}}, \forall x > 0$$

$$\therefore \lim_{x \to \infty} \sqrt{x^2 + 3x + 7} - \sqrt{x^2 - 3x + 5} = \lim_{x \to \infty} \frac{6 + \dfrac{2}{x}}{\sqrt{1 + \dfrac{3}{x} + \dfrac{7}{x^2}} + \sqrt{1 - \dfrac{3}{x} + \dfrac{5}{x^2}}} = 3$$

範例 12.

$$求 \ \lim_{x \to \infty} \sqrt{x + 1}\left(\sqrt{3x} - \sqrt{3x - 1}\right) = ?$$

【解】

$$\because \sqrt{x + 1}\left(\sqrt{3x} - \sqrt{3x - 1}\right) = \frac{\sqrt{x + 1}\big(3x - (3x - 1)\big)}{\sqrt{3x} + \sqrt{3x - 1}} = \frac{\sqrt{x + 1}}{\sqrt{3x} + \sqrt{3x - 1}}$$

$$= \frac{\sqrt{1 + \dfrac{1}{x}}}{\sqrt{3} + \sqrt{3 - \dfrac{1}{x}}}, \ \ \forall x > 0$$

$$\therefore \lim_{x \to \infty} \sqrt{x + 1}\left(\sqrt{3x} - \sqrt{3x - 1}\right) = \lim_{x \to \infty} \frac{\sqrt{1 + \dfrac{1}{x}}}{\sqrt{3} + \sqrt{3 - \dfrac{1}{x}}} = \frac{1}{2\sqrt{3}}$$

範例 13.

$$求 \ \lim_{x \to \infty} \sqrt[3]{x^3 + x^2 + 1} - x = ?$$

【解】

$$\because \sqrt[3]{x^3 + x^2 + 1} - x = \frac{x^3 + x^2 + 1 - x^3}{(x^3 + x^2 + 1)^{\frac{2}{3}} + x(x^3 + x^2 + 1)^{\frac{1}{3}} + x^2}$$

$$= \cfrac{\cfrac{x^2+1}{x^2}}{\cfrac{(x^3+x^2+1)^{\frac{2}{3}}+x(x^3+x^2+1)^{\frac{1}{3}}+x^2}{x^2}}$$

$$= \cfrac{1+\cfrac{1}{x^2}}{\left(\cfrac{x^3+x^2+1}{x^3}\right)^{\frac{2}{3}}+\left(\cfrac{x^3+x^2+1}{x^3}\right)^{\frac{1}{3}}+1}, \quad \forall x > 0$$

$$\therefore \lim_{x\to\infty}\sqrt[3]{x^3+x^2+1}-x = \lim_{x\to\infty}\cfrac{1+\cfrac{1}{x^2}}{\left(\cfrac{x^3+x^2+1}{x^3}\right)^{\frac{2}{3}}+\left(\cfrac{x^3+x^2+1}{x^3}\right)^{\frac{1}{3}}+1}=\frac{1}{3}$$

範例 14.

$$求\ \lim_{x\to\infty}\sqrt{x^2+9x}-x =?$$

【解】

$$\because \sqrt{x^2+9x}-x = \frac{\left(\sqrt{x^2+9x}-x\right)\left(\sqrt{x^2+9x}+x\right)}{\sqrt{x^2+9x}+x} = \frac{(x^2+9x-x^2)}{\sqrt{x^2+9x}+x}$$

$$= \frac{9x}{\sqrt{x^2+9x}+x} = \frac{9}{\sqrt{1+\cfrac{9}{x}}+1}, \quad \forall x > 0$$

$$\therefore \lim_{x\to\infty}\sqrt{x^2+9x}-x = \lim_{x\to\infty}\frac{9}{\sqrt{1+\cfrac{9}{x}}+1}=\frac{9}{2}$$

範例 15.

$$求\ \lim_{x\to\infty}\sqrt{x^2+ax}-x =?,\ \ \forall a \in R$$

【解】

令 $a \in R$

$$\because \sqrt{x^2+ax}-x = \frac{\left(\sqrt{x^2+ax}-x\right)\left(\sqrt{x^2+ax}+x\right)}{\sqrt{x^2+ax}+x} = \frac{(x^2+ax-x^2)}{\sqrt{x^2+ax}+x} = \frac{ax}{\sqrt{x^2+ax}+x}$$

$$= \frac{a}{\sqrt{1 + \dfrac{a}{x}} + 1}, \quad \forall x > 0$$

$$\therefore \lim_{x \to \infty} \sqrt{x^2 + ax} - x = \lim_{x \to \infty} \frac{a}{\sqrt{1 + \dfrac{a}{x}} + 1} = \frac{a}{2}$$

範例 16.

$$求 \lim_{x \to \infty} \left((x+2)^{\frac{1}{3}} - x^{\frac{1}{3}} \right) x^{\frac{2}{3}} = ?$$

【解】

$$\because (x+2)^{\frac{1}{3}} - x^{\frac{1}{3}} = \frac{\left((x+2)^{\frac{1}{3}} - x^{\frac{1}{3}} \right)\left((x+2)^{\frac{2}{3}} + (x+2)^{\frac{1}{3}}x^{\frac{1}{3}} + x^{\frac{2}{3}} \right)}{(x+2)^{\frac{2}{3}} + (x+2)^{\frac{1}{3}}x^{\frac{1}{3}} + x^{\frac{2}{3}}}$$

$$= \frac{x + 2 - x}{(x+2)^{\frac{2}{3}} + (x+2)^{\frac{1}{3}}x^{\frac{1}{3}} + x^{\frac{2}{3}}} = \frac{2}{(x+2)^{\frac{2}{3}} + (x+2)^{\frac{1}{3}}x^{\frac{1}{3}} + x^{\frac{2}{3}}}$$

$$\therefore \lim_{x \to \infty} \left((x+2)^{\frac{1}{3}} - x^{\frac{1}{3}} \right) x^{\frac{2}{3}} = \lim_{x \to \infty} \frac{2}{(\frac{x+2}{x})^{\frac{2}{3}} + (\frac{x+2}{x})^{\frac{1}{3}} + 1} = \frac{2}{3}$$

範例 17.

$$求 \lim_{x \to \infty} \sqrt{x + \sqrt{x + \sqrt{x}} - \sqrt{x}} = ?$$

【解】

$$\because \sqrt{x + \sqrt{x + \sqrt{x}} - \sqrt{x}} = \frac{\left(\left(x + \left(x + x^{\frac{1}{2}} \right)^{\frac{1}{2}} \right)^{\frac{1}{2}} - x^{\frac{1}{2}} \right)\left(\left(x + \left(x + x^{\frac{1}{2}} \right)^{\frac{1}{2}} \right)^{\frac{1}{2}} + x^{\frac{1}{2}} \right)}{\left(x + \left(x + x^{\frac{1}{2}} \right)^{\frac{1}{2}} \right)^{\frac{1}{2}} + x^{\frac{1}{2}}}$$

$$= \frac{x + \left(x + x^{\frac{1}{2}}\right)^{\frac{1}{2}} - x}{\left(x + \left(x + x^{\frac{1}{2}}\right)^{\frac{1}{2}}\right)^{\frac{1}{2}} + x^{\frac{1}{2}}} = \frac{\left(1 + \frac{1}{x^{\frac{1}{2}}}\right)^{\frac{1}{2}}}{\left(1 + \left(\frac{1}{x} + \frac{1}{x^{\frac{3}{2}}}\right)^{\frac{1}{2}}\right)^{\frac{1}{2}} + 1}, \quad \forall x > 0$$

$$\therefore \lim_{x \to \infty} \sqrt{x + \sqrt{x + \sqrt{x}}} - \sqrt{x} = \lim_{x \to \infty} \frac{\left(1 + \frac{1}{x^{\frac{1}{2}}}\right)^{\frac{1}{2}}}{\left(1 + \left(\frac{1}{x} + \frac{1}{x^{\frac{3}{2}}}\right)^{\frac{1}{2}}\right)^{\frac{1}{2}} + 1} = \frac{1}{2}$$

範例 18.

求 $\displaystyle\lim_{x \to -\infty} \sqrt{4x^2 + 7x + 2} + 2x =?$

【解】

令 $x = -u$ and $u > 0$

則 $\displaystyle \sqrt{4x^2 + 7x + 2} + 2x = \frac{(\sqrt{4x^2 + 7x + 2} + 2x)(\sqrt{4x^2 + 7x + 2} - 2x)}{\sqrt{4x^2 + 7x + 2} - 2x}$

$$= \frac{7x + 2}{\sqrt{4x^2 + 7x + 2} - 2x} = \frac{-7u + 2}{\sqrt{4u^2 - 7u + 2} + 2u} = \frac{-7 + \frac{2}{u}}{\sqrt{4 - \frac{7u}{u^2} + \frac{2}{u^2}} + 2}$$

$$\therefore \lim_{x \to -\infty} \sqrt{4x^2 + 7x + 2} + 2x = \lim_{u \to \infty} \frac{-7 + \frac{2}{u}}{\sqrt{4 - \frac{7u}{u^2} + \frac{2}{u^2}} + 2} = -\frac{7}{4}$$

範例 19.

假設 $f(x) = \dfrac{a\sqrt{x^2 + 5} - b}{x - 2}$, $\displaystyle\lim_{x \to \infty} f(x) = 1$ and $\displaystyle\lim_{x \to 2} f(x)$ 存在

(1) 求 $a, b = ?$ (2) 求 $\displaystyle\lim_{x \to 2} f(x) =?$

【解】

(1)

$$\because \frac{a\sqrt{x^2+5}-b}{x-2} = \frac{a\sqrt{1+\dfrac{5}{x^2}}-\dfrac{b}{x}}{1-\dfrac{2}{x}}, \ \forall x > 0 \quad \therefore \lim_{x\to\infty} f(x) = a$$

$$\because \lim_{x\to\infty} f(x) = 1 \quad \therefore a = 1 \quad \because \lim_{x\to 2}\frac{\sqrt{x^2+5}-b}{x-2} \text{ 存在} \quad \therefore \lim_{x\to 2}\sqrt{x^2+5}-b = 0 \ \Rightarrow b = 3$$

(2)

$$\because f(x) = \frac{\sqrt{x^2+5}-3}{x-2} = \frac{\left(\sqrt{x^2+5}-3\right)\left(\sqrt{x^2+5}+3\right)}{(x-2)\left(\sqrt{x^2+5}+3\right)} = \frac{x^2-4}{(x-2)\left(\sqrt{x^2+5}+3\right)}$$

$$= \frac{x+2}{\sqrt{x^2+5}+3}$$

$$\therefore \lim_{x\to 2} f(x) = \lim_{x\to 2}\frac{x+2}{\sqrt{x^2+5}+3} = \frac{2}{3}$$

範例 20.

$$求 \lim_{n\to\infty}\frac{1-a^{2n}}{1+a^{2n}} =?, \ \forall a \in R$$

【解】

(1)As $|a| > 1$,

$$\because \frac{1-a^{2n}}{1+a^{2n}} = \frac{\dfrac{1}{a^{2n}}-1}{\dfrac{1}{a^{2n}}+1} \quad \therefore \lim_{n\to\infty}\frac{1-a^{2n}}{1+a^{2n}} = \lim_{n\to\infty}\frac{\dfrac{1}{a^{2n}}-1}{\dfrac{1}{a^{2n}}+1} = -1$$

(2)As $|a| < 1$,

$$\because \lim_{n\to\infty} a^{2n} = 0 \quad \therefore \lim_{n\to\infty}\frac{1-a^{2n}}{1+a^{2n}} = 1$$

(3)As $a = 1$,

$$\because \frac{1-a^{2n}}{1+a^{2n}} = 0, \forall n \in N \quad \therefore \lim_{n\to\infty}\frac{1-a^{2n}}{1+a^{2n}} = 0$$

範例 21.

求 $\displaystyle\lim_{x\to-\infty} x + \sqrt{x^2 + 3x} =?$

【解】

令 $x = -u$ and $u > 0$

則 $x + \sqrt{x^2 + 3x} = \dfrac{(x + \sqrt{x^2 + 3x})(x - \sqrt{x^2 + 3x})}{x - \sqrt{x^2 + 3x}} = \dfrac{x^2 - (x^2 + 3x)}{x - \sqrt{x^2 + 3x}}$

$= \dfrac{-3x}{x - \sqrt{x^2 + 3x}} = \dfrac{3u}{-u - \sqrt{u^2 - 3u}} = \dfrac{3}{-1 - \sqrt{1 - \dfrac{3}{u}}}$

$\therefore \displaystyle\lim_{x\to-\infty} x + \sqrt{x^2 + 3x} = \lim_{u\to\infty} \dfrac{3}{-1 - \sqrt{1 - \dfrac{3}{u}}} = -\dfrac{3}{2}$

範例 22.

假設 $f(x) = \dfrac{ax^3 + bx^2 + cx + d}{x^2 + x - 2}$, $\displaystyle\lim_{x\to\infty} f(x) = 1$ and $\displaystyle\lim_{x\to 1} f(x) = 2$

求 $a, b, c, d = ?$

【解】

$\because f(x) = \dfrac{ax^3 + bx^2 + cx + d}{x^2 + x - 2} = \dfrac{ax + b + \dfrac{c}{x} + \dfrac{d}{x^2}}{1 + \dfrac{1}{x} - \dfrac{2}{x^2}}$

$\therefore \displaystyle\lim_{x\to\infty} f(x) = \lim_{x\to\infty} \dfrac{ax + b + \dfrac{c}{x} + \dfrac{d}{x^2}}{1 + \dfrac{1}{x} - \dfrac{2}{x^2}} = \lim_{x\to\infty} \dfrac{ax + b + \dfrac{c}{x} + \dfrac{d}{x^2}}{1 + \dfrac{1}{x} - \dfrac{2}{x^2}} = ax + b$

$\because \displaystyle\lim_{x\to\infty} f(x) = 1 \quad \therefore a = 0, \ b = 1$

$\because f(x) = \dfrac{ax^3 + bx^2 + cx + d}{x^2 + x - 2} = \dfrac{x^2 + cx + d}{(x + 2)(x - 1)}$

$\because \displaystyle\lim_{x\to 1} f(x) = \lim_{x\to 1} \dfrac{x^2 + cx + d}{(x + 2)(x - 1)}$ and $\displaystyle\lim_{x\to 1} f(x)$存在 $\quad \therefore \lim_{x\to 1} x^2 + cx + d = 0 \Rightarrow d = -c - 1$

$\because \dfrac{x^2 + cx + d}{(x + 2)(x - 1)} = \dfrac{x^2 + cx - c - 1}{(x + 2)(x - 1)} = \dfrac{(x - 1)(x + c + 1)}{(x + 2)(x - 1)} = \dfrac{x + c + 1}{x + 2}$ 且 $\displaystyle\lim_{x\to 1} f(x) = 2$

$\therefore \displaystyle\lim_{x\to 1} f(x) = \lim_{x\to 1} \dfrac{x + c + 1}{x + 2} = \dfrac{2 + c}{3} = 2 \Rightarrow c = 4 \Rightarrow d = -5$

$$\therefore a = 0, b = 1, c = 4, d = -5$$

1.3.5　計算左、右極限得極限值或極限不存在

由極限的唯一性定理得知 $\lim\limits_{x \to a} f(x) = L \Leftrightarrow \lim\limits_{x \to a^+} f(x) = L$ 且 $\lim\limits_{x \to a^-} f(x) = L$，因此，可藉由先計算左極限與右極限的值，如果這兩者的極限值相等則函數 $f(x)$ 的極限存在並且函數 $f(x)$ 的極限值等於左極限與右極限的極限值，此外，也能藉由說明左極限不等於右極限，證明極限值不存在

考試類型：

題型 1.

Assume $f(x) = \begin{cases} g(x) & \text{if } x \le a, \\ h(x) & \text{if } x > a. \end{cases}$　求 $\lim\limits_{x \to a} f(x) = ?$

解題流程：

$\because \lim\limits_{x \to a^+} f(x) = \lim\limits_{x \to a^+} h(x)$ 且 $\lim\limits_{x \to a^-} f(x) = \lim\limits_{x \to a^-} g(x)$

判斷是否 $\lim\limits_{x \to a^+} h(x) = \lim\limits_{x \to a^-} g(x)$?

如果 $\lim\limits_{x \to a^+} h(x) = \lim\limits_{x \to a^-} g(x) = L$ 則 $\lim\limits_{x \to a} f(x) = L$

如果 $\lim\limits_{x \to a^+} h(x) \ne \lim\limits_{x \to a^-} g(x)$ 則 $\lim\limits_{x \to a} f(x)$ 不存在

題型 2.

求 $\lim\limits_{x \to x_0} \dfrac{f(x)}{g(x)} = ?$　其中 $\lim\limits_{x \to x_0} f(x) = \lim\limits_{x \to x_0} g(x) = 0$

解題流程：

判斷是否 $\lim\limits_{x \to x_0^+} \dfrac{f(x)}{g(x)} = \lim\limits_{x \to x_0^-} \dfrac{f(x)}{g(x)}$?

如果 $\lim\limits_{x \to x_0^+} \dfrac{f(x)}{g(x)} = \lim\limits_{x \to x_0^-} \dfrac{f(x)}{g(x)} = L$ 則 $\lim\limits_{x \to x_0} \dfrac{f(x)}{g(x)} = L$

如果 $\lim\limits_{x \to x_0^+} \dfrac{f(x)}{g(x)} \neq \lim\limits_{x \to x_0^-} \dfrac{f(x)}{g(x)}$ 則 $\lim\limits_{x \to x_0} \dfrac{f(x)}{g(x)}$ 不存在

題型 3.

Assume $f(x) = \dfrac{g(x)}{b + a^{\frac{1}{x}}}$ and $\lim\limits_{x \to 0} g(x) = L \neq 0$, 求 $\lim\limits_{x \to 0} f(x) =?$

解題流程:

$\because \lim\limits_{x \to 0^-} f(x) = \lim\limits_{x \to 0^-} \dfrac{g(x)}{b + a^{\frac{1}{x}}} = \lim\limits_{x \to 0^-} \dfrac{g(x)}{b} = \dfrac{L}{b}$ and $\lim\limits_{x \to 0^+} f(x) = \lim\limits_{x \to 0^+} \dfrac{g(x)}{b + a^{\frac{1}{x}}} = 0$

$\therefore \lim\limits_{x \to 0^-} f(x) \neq \lim\limits_{x \to 0^+} f(x) \Rightarrow \lim\limits_{x \to 0} f(x)$ 不存在

題型 4.

求 $\lim\limits_{x \to 0} \sqrt{\dfrac{a}{x^2} + \dfrac{b}{x}} - \sqrt{\dfrac{a}{x^2} - \dfrac{b}{x}} =?$, $\forall a > 0$ and $b \neq 0$

解題流程:

令 $a > 0$ and $b \neq 0$

Claim: $\lim\limits_{x \to 0^+} \sqrt{\dfrac{a}{x^2} + \dfrac{b}{x}} - \sqrt{\dfrac{a}{x^2} - \dfrac{b}{x}} = \dfrac{b}{\sqrt{a}} \neq \lim\limits_{x \to 0^-} \sqrt{\dfrac{a}{x^2} + \dfrac{b}{x}} - \sqrt{\dfrac{a}{x^2} - \dfrac{b}{x}} = \dfrac{-b}{\sqrt{a}}$

Claim: $\lim\limits_{x \to 0^+} \sqrt{\dfrac{a}{x^2} + \dfrac{b}{x}} - \sqrt{\dfrac{a}{x^2} - \dfrac{b}{x}} = \dfrac{b}{\sqrt{a}}$

$\because \sqrt{\dfrac{a}{x^2} + \dfrac{b}{x}} - \sqrt{\dfrac{a}{x^2} - \dfrac{b}{x}} = \dfrac{\sqrt{a + bx} - \left(\sqrt{a - bx}\right)}{x} = \dfrac{2bx}{x\left(\sqrt{a + bx} + \sqrt{a - bx}\right)}$

$\therefore \lim\limits_{x \to 0^+} \sqrt{\dfrac{a}{x^2} + \dfrac{b}{x}} - \sqrt{\dfrac{a}{x^2} - \dfrac{b}{x}} = \lim\limits_{x \to 0^+} \dfrac{2bx}{x\left(\sqrt{a + bx} + \sqrt{a - bx}\right)} = \dfrac{b}{\sqrt{a}}$

Claim: $\lim\limits_{x \to 0^-} \sqrt{\dfrac{a}{x^2} + \dfrac{b}{x}} - \sqrt{\dfrac{a}{x^2} - \dfrac{b}{x}} = \dfrac{-b}{\sqrt{a}}$

令 $x < 0$ and $x = -u$ 則 $\sqrt{\dfrac{a}{x^2} + \dfrac{b}{x}} - \sqrt{\dfrac{a}{x^2} - \dfrac{b}{x}} = \sqrt{\dfrac{a}{u^2} - \dfrac{b}{u}} - \sqrt{\dfrac{a}{u^2} + \dfrac{b}{u}}$

$$= \frac{1}{u}\left(\sqrt{a - bu} - \sqrt{a + bu}\right) = \frac{-2bu}{u\left(\sqrt{a - bu} + \sqrt{a + bu}\right)} = \frac{-2b}{\sqrt{a - bu} + \sqrt{a + bu}}$$

$$\therefore \lim_{x \to 0^-} \sqrt{\frac{a}{x^2} + \frac{b}{x}} - \sqrt{\frac{a}{x^2} - \frac{b}{x}} = \lim_{u \to 0^+} \frac{-2b}{\sqrt{a - bu} + \sqrt{a + bu}} = \frac{-b}{\sqrt{a}}$$

$$\because \lim_{x \to 0^+} \sqrt{\frac{a}{x^2} + \frac{b}{x}} - \sqrt{\frac{a}{x^2} - \frac{b}{x}} \neq \lim_{x \to 0^-} \sqrt{\frac{a}{x^2} + \frac{b}{x}} - \sqrt{\frac{a}{x^2} - \frac{b}{x}}$$

$$\therefore \lim_{x \to 0} \sqrt{\frac{a}{x^2} + \frac{b}{x}} - \sqrt{\frac{a}{x^2} - \frac{b}{x}} \quad \text{不存在}, \ \forall a > 0 \text{ and } b \neq 0$$

範例 1.

假設 $f(x) = \begin{cases} 3 - x^2, & \text{if } x > 1 \\ 1 + x^2, & \text{if } x < 1 \end{cases}$,

求 $\lim\limits_{x \to 1^+} f(x) = ?$, $\lim\limits_{x \to 1^-} f(x) = ?$ and $\lim\limits_{x \to 1} f(x) = ?$

【解】

$\because \lim\limits_{x \to 1^+} f(x) = \lim\limits_{x \to 1^+} 3 - x^2 = 2$ and $\lim\limits_{x \to 1^-} f(x) = \lim\limits_{x \to 1^-} 1 + x^2 = 2$

$\therefore \lim\limits_{x \to 1^+} f(x) = \lim\limits_{x \to 1^-} f(x) = 2 \ \Rightarrow \lim\limits_{x \to 1} f(x) = 2$

範例 2.

假設 $f(x) = \begin{cases} x + 4, & \text{if } x < -3 \\ \sqrt{9 - x^2} - 1, & \text{if } -3 \leq x \leq 3 \\ 4 - x, & \text{if } x > 3 \end{cases}$

求 $\lim\limits_{x \to -3^+} f(x) = ?$, $\lim\limits_{x \to -3^-} f(x) = ?$, $\lim\limits_{x \to 3^-} f(x) = ?$ and $\lim\limits_{x \to 3^+} f(x) = ?$

【解】

$$\lim_{x\to -3^+} f(x) = \lim_{x\to -3^+} \sqrt{9-x^2} - 1 = -1 \ \text{ and } \ \lim_{x\to -3^-} f(x) = \lim_{x\to -3^-} x + 4 = 1$$

$$\lim_{x\to 3^-} f(x) = \lim_{x\to 3^-} \sqrt{9-x^2} - 1 = -1 \ \text{ and } \ \lim_{x\to 3^+} f(x) = \lim_{x\to 3^+} 4 - x = 1$$

範例 3.

$$\text{求} \ \lim_{x\to 0} \sqrt{\frac{2}{x^2}+\frac{1}{x}} - \sqrt{\frac{2}{x^2}-\frac{1}{x}} = ?$$

【解】

$$\text{Claim: } \lim_{x\to 0^+} \sqrt{\frac{2}{x^2}+\frac{1}{x}} - \sqrt{\frac{2}{x^2}-\frac{1}{x}} \neq \lim_{x\to 0^-} \sqrt{\frac{2}{x^2}+\frac{1}{x}} - \sqrt{\frac{2}{x^2}-\frac{1}{x}}$$

$$\lim_{x\to 0^+} \sqrt{\frac{2}{x^2}+\frac{1}{x}} - \sqrt{\frac{2}{x^2}-\frac{1}{x}} = \lim_{x\to 0^+} \frac{1}{x}\left(\sqrt{2+x} - (\sqrt{2-x})\right)$$

$$= \lim_{x\to 0^+} \frac{2x}{x(\sqrt{2+x}+\sqrt{2-x})} = \lim_{x\to 0^+} \frac{2}{(\sqrt{2+x}+\sqrt{2-x})} = \frac{1}{\sqrt{2}}$$

$$\text{令 } x = -u \ \text{ and } u > 0 \ \text{則} \ \sqrt{\frac{2}{x^2}+\frac{1}{x}} - \sqrt{\frac{2}{x^2}-\frac{1}{x}} = \sqrt{\frac{2}{u^2}-\frac{1}{u}} - \sqrt{\frac{2}{u^2}+\frac{1}{u}}$$

$$= \frac{1}{u}\left(\sqrt{2-u} - \sqrt{2+u}\right) = \frac{-2u}{u(\sqrt{2-u}+\sqrt{2+u})} = \frac{-2}{\sqrt{2-u}+\sqrt{2+u}}$$

$$\therefore \lim_{x\to 0^-} \sqrt{\frac{2}{x^2}+\frac{1}{x}} - \sqrt{\frac{2}{x^2}-\frac{1}{x}} = \lim_{u\to 0^+} \frac{-2}{(\sqrt{2-u}+\sqrt{2+u})} = \frac{-1}{\sqrt{2}}$$

$$\because \lim_{x\to 0^+} \sqrt{\frac{2}{x^2}+\frac{1}{x}} - \sqrt{\frac{2}{x^2}-\frac{1}{x}} \neq \lim_{x\to 0^-} \sqrt{\frac{2}{x^2}+\frac{1}{x}} - \sqrt{\frac{2}{x^2}-\frac{1}{x}} \ \ \therefore \lim_{x\to 0} \sqrt{\frac{2}{x^2}+\frac{1}{x}} - \sqrt{\frac{2}{x^2}-\frac{1}{x}} \ \text{不存在}$$

範例 4.

$$求 \lim_{x \to 0} \sqrt{\frac{a}{x^2} + \frac{1}{x}} - \sqrt{\frac{a}{x^2} - \frac{1}{x}} = ?, \quad \forall a > 0$$

【解】

Claim: $\displaystyle\lim_{x \to 0^+} \sqrt{\frac{a}{x^2} + \frac{1}{x}} - \sqrt{\frac{a}{x^2} - \frac{1}{x}} \neq \lim_{x \to 0^-} \sqrt{\frac{a}{x^2} + \frac{1}{x}} - \sqrt{\frac{a}{x^2} - \frac{1}{x}}$

令 $a > 0$

則 $\displaystyle\lim_{x \to 0^+} \sqrt{\frac{a}{x^2} + \frac{1}{x}} - \sqrt{\frac{a}{x^2} - \frac{1}{x}} = \lim_{x \to 0^+} \frac{1}{x}\left(\sqrt{a+x} - \left(\sqrt{a-x}\right)\right)$

$$= \lim_{x \to 0^+} \frac{2x}{x\left(\sqrt{a+x} + \sqrt{a-x}\right)} = \lim_{x \to 0^+} \frac{2}{\sqrt{a+x} + \sqrt{a-x}} = \frac{1}{\sqrt{a}}$$

令 $x = -u$ and $u > 0$ 則 $\displaystyle\sqrt{\frac{a}{x^2} + \frac{1}{x}} - \sqrt{\frac{a}{x^2} - \frac{1}{x}} = \sqrt{\frac{a}{u^2} - \frac{1}{u}} - \sqrt{\frac{a}{u^2} + \frac{1}{u}}$

$$= \frac{1}{u}\left(\sqrt{a-u} - \sqrt{a+u}\right) = \frac{-2u}{u\left(\sqrt{a-u} + \sqrt{a+u}\right)} = \frac{-2}{\left(\sqrt{a-u} + \sqrt{a+u}\right)}$$

$$\therefore \lim_{x \to 0^-} \sqrt{\frac{a}{x^2} + \frac{1}{x}} - \sqrt{\frac{a}{x^2} - \frac{1}{x}} = \lim_{u \to 0^+} \frac{-2}{\left(\sqrt{a-u} + \sqrt{a+u}\right)} = \frac{-1}{\sqrt{a}}$$

$\because \displaystyle\lim_{x \to 0^+} \sqrt{\frac{a}{x^2} + \frac{1}{x}} - \sqrt{\frac{a}{x^2} - \frac{1}{x}} \neq \lim_{x \to 0^-} \sqrt{\frac{a}{x^2} + \frac{1}{x}} - \sqrt{\frac{a}{x^2} - \frac{1}{x}}$ $\therefore \displaystyle\lim_{x \to 0} \sqrt{\frac{a}{x^2} + \frac{1}{x}} - \sqrt{\frac{a}{x^2} - \frac{1}{x}}$ 不存在

範例 5.

$$求 \lim_{x \to 0} \frac{1 + 3^{\frac{1}{x}}}{7 + 3^{\frac{1}{x}}} = ?$$

【解】

$\because \dfrac{1 + 3^{\frac{1}{x}}}{7 + 3^{\frac{1}{x}}} = \dfrac{\dfrac{1}{3^{\frac{1}{x}}} + 1}{\dfrac{7}{3^{\frac{1}{x}}} + 1}$ $\qquad \therefore \displaystyle\lim_{x \to 0^+} \frac{1 + 3^{\frac{1}{x}}}{7 + 3^{\frac{1}{x}}} = \lim_{x \to 0^+} \dfrac{\dfrac{1}{3^{\frac{1}{x}}} + 1}{\dfrac{7}{3^{\frac{1}{x}}} + 1} = 1$

$$\because \lim_{x \to 0^-} \frac{1 + 3^{\frac{1}{x}}}{7 + 3^{\frac{1}{x}}} = \frac{1}{7} \quad \therefore \lim_{x \to 0^-} \frac{1 + 3^{\frac{1}{x}}}{7 + 3^{\frac{1}{x}}} \neq \lim_{x \to 0^+} \frac{1 + 3^{\frac{1}{x}}}{7 + 3^{\frac{1}{x}}} \quad \Rightarrow \quad \lim_{x \to 0} \frac{1 + 3^{\frac{1}{x}}}{7 + 3^{\frac{1}{x}}} \text{ 不存在}$$

範例 6.

$$求 \ \lim_{x \to 0} \frac{|x - 2| - 2}{3x} = ?$$

【解】

$$\lim_{x \to 0} \frac{|x - 2| - 2}{3x} = \lim_{x \to 0} \frac{(2 - x) - 2}{3x} = \lim_{x \to 0} \frac{-x}{3x} = -\frac{1}{3}$$

範例 7.

$$求 \ \lim_{x \to 0} \frac{|x| + 5x}{2x} = ?$$

【解】

$$\because \lim_{x \to 0^+} \frac{|x| + 5x}{2x} = \lim_{x \to 0^+} \frac{x + 5x}{2x} = 3 \ \text{且} \ \lim_{x \to 0^-} \frac{|x| + 5x}{2x} = \lim_{x \to 0^-} \frac{-x + 5x}{2x} = 2$$

$$\therefore \lim_{x \to 0} \frac{|x| + 5x}{2x} \text{ 不存在}$$

範例 8.

$$求 \ \lim_{x \to \frac{\pi}{2}} \frac{1 - 5^{\tan x}}{1 + 5^{\tan x}} = ?$$

【解】

$$\because \lim_{x \to \frac{\pi}{2}^-} \tan x = \infty \ \text{且} \ \lim_{x \to \frac{\pi}{2}^+} \tan x = -\infty \quad \therefore \lim_{x \to \frac{\pi}{2}^-} 5^{\tan x} = \infty \ \text{且} \ \lim_{x \to \frac{\pi}{2}^+} 5^{\tan x} = 0$$

$$\therefore \lim_{x \to \frac{\pi}{2}^-} \frac{1 - 5^{\tan x}}{1 + 5^{\tan x}} = \lim_{x \to \frac{\pi}{2}^-} \frac{\frac{1}{5^{\tan x}} - 1}{\frac{1}{5^{\tan x}} + 1} = -1 \ \text{且} \ \lim_{x \to \frac{\pi}{2}^+} \frac{1 - 5^{\tan x}}{1 + 5^{\tan x}} = 1 \quad \therefore \lim_{x \to \frac{\pi}{2}} \frac{1 - 5^{\tan x}}{1 + 5^{\tan x}} \text{ 不存在}$$

範例 9.

$$求 \ \lim_{x \to 0} \frac{|x|^5 + x^5}{x} = ?$$

【解】

$$\because \lim_{x \to 0^+} \frac{|x|^5 + x^5}{x} = \lim_{x \to 0^+} \frac{x^5 + x^5}{x} = \lim_{x \to 0^+} x^4 + x^4 = 0$$

$$\text{且} \lim_{x \to 0^-} \frac{|x|^5 + x^5}{x} = \lim_{x \to 0^-} \frac{-x^5 + x^5}{x} = 0 \quad \therefore \lim_{x \to 0} \frac{|x|^5 + x^5}{x} = 0$$

範例 10.

$$\text{求} \lim_{x \to 0} \frac{|x|}{x} + x^3 = ?$$

【解】

$$\because \lim_{x \to 0^+} \frac{|x|}{x} + x^3 = \lim_{x \to 0^+} \frac{x}{x} + x^3 = 1 \ \text{且} \ \lim_{x \to 0^-} \frac{|x|}{x} + x^3 = \lim_{x \to 0^-} \frac{-x}{x} + x^3 = -1$$

$$\therefore \lim_{x \to 0^+} \frac{|x|}{x} + x^3 \neq \lim_{x \to 0^-} \frac{|x|}{x} + x^3 \Rightarrow \lim_{x \to 0} \frac{|x|}{x} + x^3 \ \text{不存在}$$

範例 11.

$$\text{求} \lim_{x \to 4} \frac{|5 - 2x| - |x - 1|}{|x - 5| - |3x - 11|} = ?$$

【解】

$$\lim_{x \to 4} \frac{|5 - 2x| - |x - 1|}{|x - 5| - |3x - 11|} = \lim_{x \to 4} \frac{2x - 5 - (x - 1)}{(5 - x) - (3x - 11)} = \lim_{x \to 4} \frac{x - 4}{-4x + 16}$$

$$= \lim_{x \to 4} \frac{x - 4}{-4(x - 4)} = -\frac{1}{4}$$

範例 12.

$$\text{求} \lim_{x \to 0} \frac{|2x - 5| - |2x + 5|}{x} = ?$$

【解】

$$\lim_{x \to 0} \frac{|2x - 5| - |2x + 5|}{x} = \lim_{x \to 0} \frac{5 - 2x - (2x + 5)}{x} = \lim_{x \to 0} \frac{-4x}{x} = -4$$

範例 13.

$$\text{求} \lim_{x \to 0} \frac{|x| - x}{|x| - x^5} = ?$$

【解】

$$\because \lim_{x \to 0^+} \frac{|x| - x}{|x| - x^5} = \lim_{x \to 0^+} \frac{x - x}{x - x^5} = 0 \quad \text{且} \quad \lim_{x \to 0^-} \frac{|x| - x}{|x| - x^5} = \lim_{x \to 0^-} \frac{-x - x}{-x - x^5} = \lim_{x \to 0^-} \frac{-2}{-1 - x^4} = 2$$

$$\therefore \lim_{x \to 0^+} \frac{|x| - x}{|x| - x^5} \neq \lim_{x \to 0^-} \frac{|x| - x}{|x| - x^5} \Rightarrow \lim_{x \to 0} \frac{|x| - x}{|x| - x^5} \text{ 不存在}$$

範例 14.

$$求 \lim_{x \to 0} \frac{1}{1 + 5^{\frac{1}{x}}} = ?$$

【解】

$$\because \lim_{x \to 0^+} \frac{1}{1 + 5^{\frac{1}{x}}} = 0 \quad \text{且} \quad \lim_{x \to 0^-} \frac{1}{1 + 5^{\frac{1}{x}}} = 1 \quad \therefore \lim_{x \to 0} \frac{1}{1 + 5^{\frac{1}{x}}} \text{ 不存在}$$

範例 15.

$$求 \lim_{x \to 0} \frac{1}{1 + a^{\frac{1}{x}}} = ?, \quad \forall a > 0$$

【解】

$$令 \ a > 0, \quad \because \lim_{x \to 0^+} \frac{1}{1 + a^{\frac{1}{x}}} = 0 \quad \text{且} \quad \lim_{x \to 0^-} \frac{1}{1 + a^{\frac{1}{x}}} = 1 \quad \therefore \lim_{x \to 0} \frac{1}{1 + a^{\frac{1}{x}}} \text{ 不存在}, \forall a > 0$$

範例 16.

$$求 \lim_{x \to 0^+} \sqrt{\frac{1}{x(x - 1)} + \frac{1}{4x^2}} - \frac{1}{2x} = ?$$

【解】

$$\because \sqrt{\frac{1}{x(x - 1)} + \frac{1}{4x^2}} - \frac{1}{2x} = \frac{\frac{1}{x(x - 1)}}{\sqrt{\frac{1}{x(x - 1)} + \frac{1}{4x^2}} + \frac{1}{2x}} = \frac{\frac{1}{(x - 1)}}{\sqrt{\frac{x}{x - 1} + \frac{1}{4}} + \frac{1}{2}}, \quad \forall x > 0$$

$$\therefore \lim_{x \to 0^+} \sqrt{\frac{1}{x(x - 1)} + \frac{1}{4x^2}} - \frac{1}{2x} = \lim_{x \to 0^+} \frac{\frac{1}{(x - 1)}}{\sqrt{\frac{x}{x - 1} + \frac{1}{4}} + \frac{1}{2}} = -1$$

範例 17.

$$求\ \lim_{x \to 0^+} \sqrt{\frac{1}{x(x-1)} + \frac{1}{(ax)^2}} - \frac{1}{ax} = ?, \quad \forall a > 0$$

【解】

Let $a > 0$ and $x > 0$

$$\because \sqrt{\frac{1}{x(x-1)} + \frac{1}{(ax)^2}} - \frac{1}{ax} = \frac{\dfrac{1}{x(x-1)}}{\sqrt{\dfrac{1}{x(x-1)} + \dfrac{1}{(ax)^2}} + \dfrac{1}{ax}} = \frac{\dfrac{1}{(x-1)}}{\sqrt{\dfrac{x}{(x-1)} + \dfrac{1}{a^2}} + \dfrac{1}{a}}$$

$$\therefore \lim_{x \to 0^+} \sqrt{\frac{1}{x(x-1)} + \frac{1}{(ax)^2}} - \frac{1}{ax} = \lim_{x \to 0^+} \frac{\dfrac{1}{(x-1)}}{\sqrt{\dfrac{x}{(x-1)} + \dfrac{1}{a^2}} + \dfrac{1}{a}} = \frac{-a}{2}$$

範例 18.

$$求\ \lim_{x \to 0} \sqrt{\frac{1}{x^6} + \frac{1}{x^3}} - \sqrt{\frac{1}{x^6} - \frac{1}{x^3}} = ?$$

【解】

$$\text{Claim: } \lim_{x \to 0^+} \sqrt{\frac{1}{x^6} + \frac{1}{x^3}} - \sqrt{\frac{1}{x^6} - \frac{1}{x^3}} \neq \lim_{x \to 0^-} \sqrt{\frac{1}{x^6} + \frac{1}{x^3}} - \sqrt{\frac{1}{x^6} - \frac{1}{x^3}}$$

$$\because \sqrt{\frac{1}{x^6} + \frac{1}{x^3}} - \sqrt{\frac{1}{x^6} - \frac{1}{x^3}} = \frac{\left(\sqrt{\dfrac{1}{x^6} + \dfrac{1}{x^3}} - \sqrt{\dfrac{1}{x^6} - \dfrac{1}{x^3}}\right)\left(\sqrt{\dfrac{1}{x^6} + \dfrac{1}{x^3}} + \sqrt{\dfrac{1}{x^6} - \dfrac{1}{x^3}}\right)}{\sqrt{\dfrac{1}{x^6} + \dfrac{1}{x^3}} + \sqrt{\dfrac{1}{x^6} - \dfrac{1}{x^3}}}$$

$$= \frac{\dfrac{2}{x^3}}{\sqrt{\dfrac{1}{x^6} + \dfrac{1}{x^3}} + \sqrt{\dfrac{1}{x^6} - \dfrac{1}{x^3}}} = \frac{2}{\sqrt{1 + x^3} + \sqrt{1 - x^3}}, \quad \forall x > 0$$

$$\therefore \lim_{x \to 0^+} \sqrt{\frac{1}{x^6} + \frac{1}{x^3}} - \sqrt{\frac{1}{x^6} - \frac{1}{x^3}} = \lim_{x \to 0^+} \frac{2}{\sqrt{1 + x^3} + \sqrt{1 - x^3}} = 1$$

Let $x = -u$ and $u > 0$ then

$$\sqrt{\frac{1}{x^6} + \frac{1}{x^3}} - \sqrt{\frac{1}{x^6} - \frac{1}{x^3}} = \sqrt{\frac{1}{u^6} - \frac{1}{u^3}} - \sqrt{\frac{1}{u^6} + \frac{1}{u^3}}$$

$$= \frac{\left(\sqrt{\frac{1}{u^6} - \frac{1}{u^3}} - \sqrt{\frac{1}{u^6} + \frac{1}{u^3}}\right)\left(\sqrt{\frac{1}{u^6} - \frac{1}{u^3}} + \sqrt{\frac{1}{u^6} + \frac{1}{u^3}}\right)}{\sqrt{\frac{1}{u^6} - \frac{1}{u^3}} + \sqrt{\frac{1}{u^6} + \frac{1}{u^3}}}$$

$$= \frac{\frac{-2}{u^3}}{\sqrt{\frac{1}{u^6} - \frac{1}{u^3}} + \sqrt{\frac{1}{u^6} + \frac{1}{u^3}}} = \frac{-2}{\sqrt{1 - u^3} + \sqrt{1 + u^3}}$$

$$\therefore \lim_{x \to 0^-} \sqrt{\frac{1}{x^6} + \frac{1}{x^3}} - \sqrt{\frac{1}{x^6} - \frac{1}{x^3}} = \lim_{u \to 0^+} \frac{-2}{\sqrt{1 - u^3} + \sqrt{1 + u^3}} = -1$$

$$\because \lim_{x \to 0^+} \sqrt{\frac{1}{x^6} + \frac{1}{x^3}} - \sqrt{\frac{1}{x^6} - \frac{1}{x^3}} \neq \lim_{x \to 0^-} \sqrt{\frac{1}{x^6} + \frac{1}{x^3}} - \sqrt{\frac{1}{x^6} - \frac{1}{x^3}}$$

$$\therefore \lim_{x \to 0} \sqrt{\frac{1}{x^6} + \frac{1}{x^3}} - \sqrt{\frac{1}{x^6} - \frac{1}{x^3}} \quad 不存在$$

1.3.6　求漸進線

漸進線共有三種類型包含: 垂直漸近線、水平漸近線、斜漸近線, 相較於垂直與水平漸近線, 求斜漸近線的過程較為複雜, 請多加利用例題練習

【定義】垂直漸進線的定義
$x = a$ 為 $f(x)$ 的垂直漸進線 $\Leftrightarrow$ any of the following hold:

(i)$\exists a \in R$ s.t. $\lim\limits_{x \to a^+} f(x) = \infty$, (ii)$\exists a \in R$ s.t. $\lim\limits_{x \to a^+} f(x) = -\infty$,

(iii)$\exists a \in R$ s.t. $\lim\limits_{x \to a^-} f(x) = \infty$, (iv)$\exists a \in R$ s.t. $\lim\limits_{x \to a^-} f(x) = -\infty$,

(v)$\exists a \in R$ s.t. $\lim\limits_{x \to a} f(x) = \infty$,   (vi)$\exists a \in R$ s.t. $\lim\limits_{x \to a} f(x) = -\infty$.

【定義】 水平漸進線的定義

$\exists L \in R$ s.t. $\lim\limits_{x \to \infty} f(x) = L < \infty$ $\vee$ $\lim\limits_{x \to -\infty} f(x) = L < \infty$ $\Leftrightarrow$ $y = L$ 為 $f(x)$的水平漸進線

【定義】 斜漸進線的定義

$\exists m \neq 0$ and $b \in R$ s.t. $\lim\limits_{x \to \infty} f(x) = mx + b$ $\vee$ $\lim\limits_{x \to -\infty} f(x) = mx + b$

$\Leftrightarrow y = mx + b$ 為 $f(x)$的斜漸進線

考試類型:
題型 1.
求垂直漸近線
解題流程:
求垂直漸近線時則找a使得下列一項成立:

(i)choose $a \in R$ s.t. $\lim\limits_{x \to a^+} f(x) = \infty$, (ii)choose $a \in R$ s.t. $\lim\limits_{x \to a^+} f(x) = -\infty$,

(iii)choose $a \in R$ s.t. $\lim\limits_{x \to a^-} f(x) = \infty$, (iv)choose $a \in R$ s.t. $\lim\limits_{x \to a^-} f(x) = -\infty$,

(v)choose $a \in R$ s.t. $\lim\limits_{x \to a} f(x) = \infty$,   (vi)choose $a \in R$ s.t. $\lim\limits_{x \to a} f(x) = -\infty$.

題型 2.
求水平漸近線
解題流程:

求水平漸近線時則判斷是否存在 $L \in R$ 使得 $\lim\limits_{x \to \infty} f(x) = L$ $\vee$ $\lim\limits_{x \to -\infty} f(x) = L$

題型 3.

求斜漸進線

解題流程:

令 $y = mx + b$ 為斜漸進線則 $\lim\limits_{x \to \infty} f(x) = mx + b$ ∨ $\lim\limits_{x \to -\infty} f(x) = mx + b$

$$\Rightarrow \left(\lim_{x \to \infty} \frac{f(x)}{mx + b} = 1 \text{ 且 } \lim_{x \to \infty} f(x) - mx = b \right)$$

$$\vee \left(\lim_{x \to -\infty} \frac{f(x)}{mx + b} = 1 \text{ 且 } \lim_{x \to -\infty} f(x) - mx = b \right)$$

Step1. 使用 $\lim\limits_{x \to \infty} \dfrac{f(x)}{mx + b} = 1$ 得 m 值,再使用 $\lim\limits_{x \to \infty} f(x) - mx = b$ 求得 b 值

Step2. 使用 $\lim\limits_{x \to -\infty} \dfrac{f(x)}{mx + b} = 1$ 得 m 值,再使用 $\lim\limits_{x \to -\infty} f(x) - mx = b$ 求得 b 值

令 $x = -u$ 則 $\lim\limits_{u \to \infty} \dfrac{f(-u)}{-mu + b} = 1$ 且 $\lim\limits_{u \to \infty} f(-u) + mu = b$

使用 $\lim\limits_{u \to \infty} \dfrac{f(-u)}{-mu + b} = 1$ 得 m 值 再使用 $\lim\limits_{u \to \infty} f(-u) + mu = b$ 求得 b 值

【記】求斜漸進線相當於 x 趨近於無窮大時求函數的極限問題

範例 1.

　　求 $f(x) = e^{2x}$ 的漸進線

【解】

$\because \lim\limits_{x \to -\infty} e^{2x} = 0$ 　$\therefore y = 0$ 為水平漸進線

範例 2.

　　求 $f(x) = \dfrac{1}{x(x + 2)}$ 的漸進線

【解】

$\because \lim\limits_{x \to \infty} \dfrac{1}{x(x + 2)} = 0$ 　$\therefore y = 0$ 為水平漸進線

$$\because \lim_{x \to 0^+} \frac{1}{x(x+2)} = \infty \quad \therefore x = 0 \ 為垂直漸進線$$

$$\because \lim_{x \to -2^+} \frac{1}{x(x+2)} = -\infty \quad \therefore x = -2 \ 為垂直漸進線$$

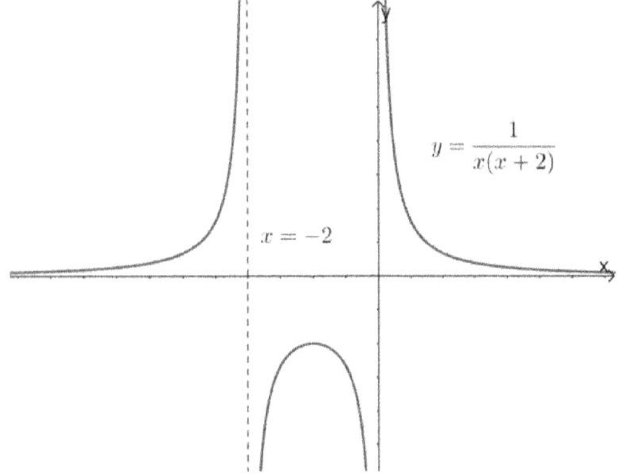

範例 3.

$$求 \ f(x) = \frac{x^3 + 1}{x^2 - 2x - 3} \ 的漸進線$$

【解】

$$\because \frac{x^3 + 1}{x^2 - 2x - 3} = \frac{(x+1)(x^2 - x + 1)}{(x-3)(x+1)} = \frac{x^2 - x + 1}{x - 3} = \frac{1 - \frac{1}{x} + \frac{1}{x^2}}{\frac{1}{x} - \frac{3}{x^2}}$$

$$\therefore \lim_{x \to \infty} \frac{x^3 + 1}{x^2 - 2x - 3} = \lim_{x \to \infty} \frac{1 - \frac{1}{x} + \frac{1}{x^2}}{\frac{1}{x} - \frac{3}{x^2}} = \infty \quad \therefore f(x) 無水平漸進線$$

$$\because \lim_{x \to 3^-} \frac{x^3 + 1}{x^2 - 2x - 3} = \lim_{x \to 3^-} \frac{x^2 + x + 1}{x - 3} = -\infty \quad \therefore x = 3 \ 為垂直漸進線$$

令 $y = mx + b$ 為斜漸進線

令 $\lim_{x \to \infty} f(x) - (mx + b) = 0$ 則 $\lim_{x \to \infty} \frac{f(x)}{mx + b} = 1$ 且 $\lim_{x \to \infty} f(x) - mx = b$

$$\therefore \frac{f(x)}{mx + b} = \frac{\frac{x^3 + 1}{x^2 - 2x - 3}}{mx + b} \quad 且 \ \lim_{x \to \infty} \frac{f(x)}{mx + b} = \frac{1}{m} \quad \therefore m = 1$$

$$\Rightarrow b = \lim_{x \to \infty} f(x) - x = \lim_{x \to \infty} \frac{x^3 + 1 - x(x^2 - 2x - 3)}{x^2 - 2x - 3} = 2 \ \therefore y = x + 2 \ 為斜漸進線$$

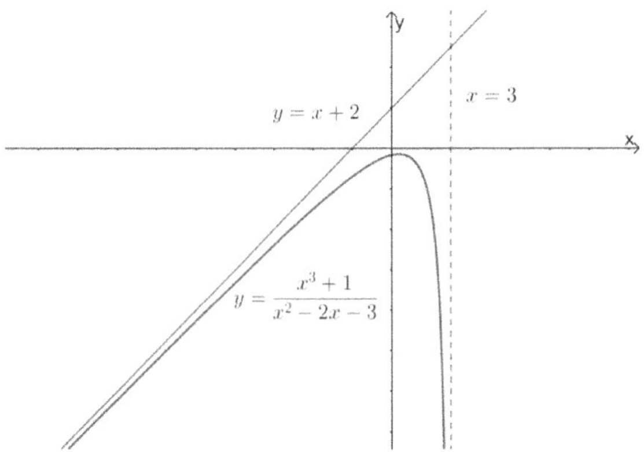

範例 4.

$$求 \ f(x) = \frac{x^2 - x}{x^2 - x - 2} \ 的漸進線$$

【解】

$$\because \frac{x^2 - x}{x^2 - x - 2} = \frac{x(x - 1)}{(x - 2)(x + 1)} = \frac{1 - \dfrac{1}{x}}{1 - \dfrac{1}{x} - \dfrac{2}{x^2}}$$

$$\because \lim_{x \to \infty} \frac{x^2 - x}{x^2 - x - 2} = \lim_{x \to \infty} \frac{1 - \dfrac{1}{x}}{1 - \dfrac{1}{x} - \dfrac{2}{x^2}} = 1 \quad \therefore y = 1 \ 為水平漸進線$$

$$\because \lim_{x \to 2^+} \frac{x^2 - x}{x^2 - x - 2} = \lim_{x \to 2^+} \frac{x(x - 1)}{(x - 2)(x + 1)} = \infty \quad \therefore x = 2 \ 為垂直漸進線$$

$$\because \lim_{x \to -1^-} \frac{x^2 - x}{x^2 - x - 2} = \lim_{x \to -1^-} \frac{x(x - 1)}{(x - 2)(x + 1)} = \infty \quad \therefore x = -1 \ 為垂直漸進線$$

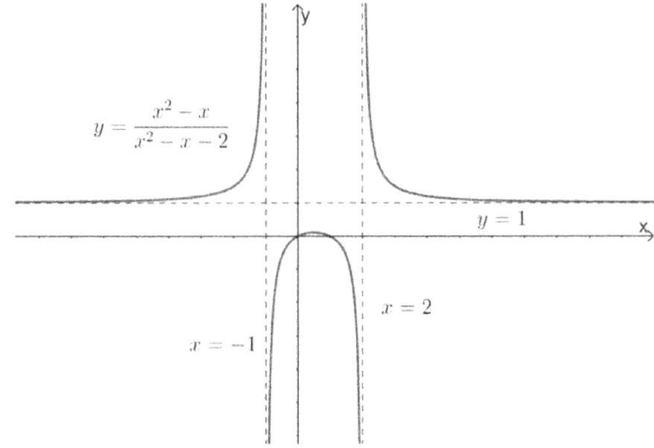

範例 5.

　　求曲線 $x = \dfrac{6at}{t^3 + 1}$, $y = \dfrac{6at^2}{t^3 + 1}$ 的斜漸進線, $\forall a > 0$

【解】

令 $\lim\limits_{x \to -\infty} f(x) - (mx + b) = 0$ 則 $\lim\limits_{x \to -\infty} \dfrac{f(x)}{mx + b} = 1$ 且 $\lim\limits_{x \to -\infty} f(x) - mx = b$

$\because \lim\limits_{x \to -\infty} \dfrac{f(x)}{mx + b} = \lim\limits_{t \to -1^+} \dfrac{\dfrac{6at^2}{t^3 + 1}}{m\left(\dfrac{6at}{t^3 + 1}\right) + b} = \lim\limits_{t \to -1^+} \dfrac{6at^2}{6mat + b(t^3 + 1)} = \dfrac{-1}{m}$　$\therefore m = -1$

$\therefore b = \lim\limits_{x \to -\infty} f(x) - mx = \lim\limits_{t \to -1^+} \dfrac{6at(t + 1)}{(t + 1)(t^2 - t + 1)} = \lim\limits_{t \to -1^+} \dfrac{6at}{t^2 - t + 1} = -2a$

因此斜漸進線為 $y = -x - 2a$

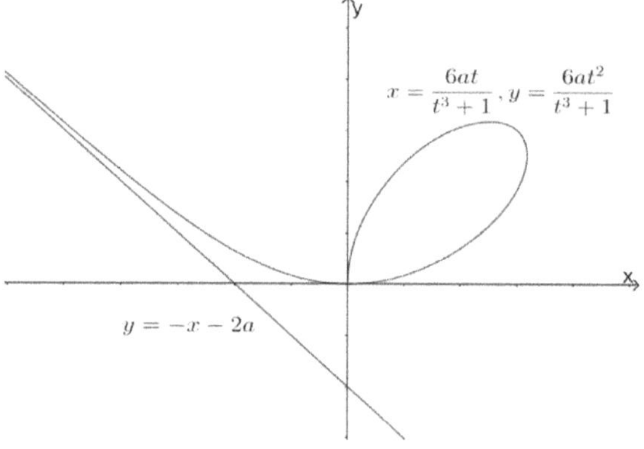

範例 6.

　　求 $f(x) = 5x + \tan^{-1} x$ 的斜漸進線

【解】

令 $y = mx + b$ 為漸進線

令 $\lim\limits_{x \to \infty} f(x) - (mx + b) = 0$ 則 $\lim\limits_{x \to \infty} \dfrac{f(x)}{mx + b} = 1$ 且 $\lim\limits_{x \to \infty} f(x) - mx = b$

$\because \lim\limits_{x \to \infty} \dfrac{f(x)}{mx + b} = \lim\limits_{x \to \infty} \dfrac{5x + \tan^{-1} x}{mx + b} = \lim\limits_{x \to \infty} \dfrac{5 + \dfrac{\tan^{-1} x}{x}}{m + \dfrac{b}{x}} = \dfrac{5}{m}$　$\therefore m = 5$

$\because \lim\limits_{x \to \infty} f(x) - 5x = \lim\limits_{x \to \infty} \tan^{-1} x = \dfrac{\pi}{2}$　$\therefore b = \dfrac{\pi}{2}$ 因此斜漸進線為 $y = 5x + \dfrac{\pi}{2}$

令 $\lim\limits_{x \to -\infty} f(x) - (mx + b) = 0$ 則 $\lim\limits_{x \to -\infty} \dfrac{f(x)}{mx + b} = 1$ 且 $\lim\limits_{x \to -\infty} f(x) - mx = b$

$$\because \lim_{x \to -\infty} \frac{f(x)}{mx+b} = \lim_{x \to -\infty} \frac{5x + \tan^{-1} x}{mx+b} = \lim_{x \to -\infty} \frac{5 + \dfrac{\tan^{-1} x}{x}}{m + \dfrac{b}{x}} = \frac{5}{m} \quad \therefore m = 5$$

$$\because \lim_{x \to -\infty} f(x) - 5x = \lim_{x \to -\infty} \tan^{-1} x = -\frac{\pi}{2} \quad \therefore b = -\frac{\pi}{2} \quad \Rightarrow \text{斜漸進線為 } y = 5x - \frac{\pi}{2}$$

範例 7.

求 $f(x) = \ln(1 + e^{2x})$ 的漸進線

【解】

令 $y = mx + b$ 為斜漸進線

令 $\lim\limits_{x \to \infty} f(x) - (mx + b) = 0$ 則 $\lim\limits_{x \to \infty} \dfrac{f(x)}{mx+b} = 1$ 且 $\lim\limits_{x \to \infty} f(x) - mx = \mathrm{b}$

$$\because \lim_{x \to \infty} \frac{f(x)}{mx+b} = \lim_{x \to \infty} \frac{\dfrac{\ln(1 + e^{2x})}{x}}{m + \dfrac{b}{x}} = \frac{2}{m} \quad \therefore m = 2$$

$$\therefore \mathrm{b} = \lim_{x \to \infty} f(x) - 2x = \lim_{x \to \infty} \ln(1 + e^{2x}) - \ln(e^{2x}) = 0 \quad \text{因此漸進線為 } y = 2x$$

$$\because \lim_{x \to -\infty} f(x) = \lim_{x \to -\infty} \ln(1 + e^{2x}) = 0 \quad \therefore y = 0 \text{ 為水平漸進線}$$

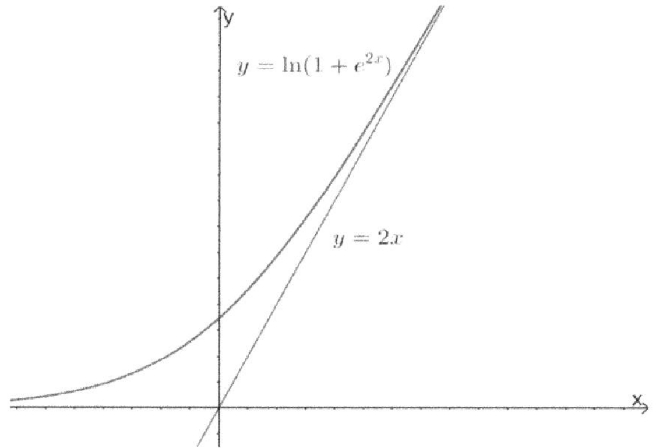

範例 8.

求 $f(x) = \dfrac{x^2}{x-2}$ 的漸進線

【解】

$$\because \lim_{x \to 2^+} \frac{x^2}{x-2} = \infty \quad \therefore x = 2 \text{ 為垂直漸進線}$$

令 $y = mx + b$ 為斜漸進線

令 $\lim\limits_{x \to \infty} f(x) - (mx + b) = 0$ 則 $\lim\limits_{x \to \infty} \dfrac{f(x)}{mx + b} = 1$ 且 $\lim\limits_{x \to \infty} f(x) - mx = b$

$\because \dfrac{f(x)}{mx + b} = \dfrac{\frac{x^2}{x - 2}}{mx + b}$ 且 $\lim\limits_{x \to \infty} \dfrac{f(x)}{mx + b} = \dfrac{1}{m}$ $\quad \therefore m = 1$

$\therefore b = \lim\limits_{x \to \infty} f(x) - x = \lim\limits_{x \to \infty} \dfrac{x^2 - x(x - 2)}{x - 2} = 2$ $\quad \therefore y = x + 2$ 為斜漸進線

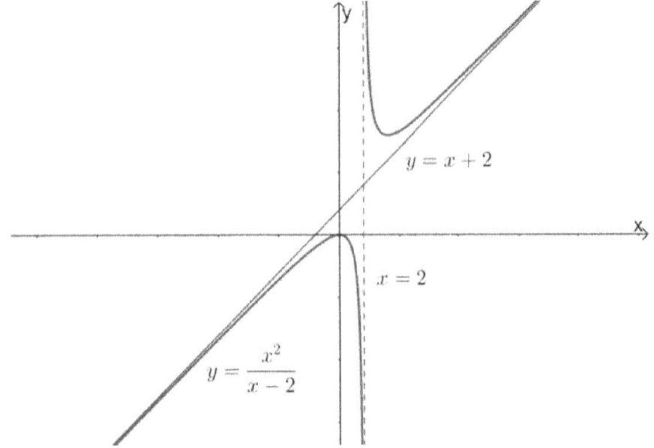

範例 9.

求 $f(x) = \dfrac{x^2 + 1}{x - 2}$ 的漸進線

【解】

$\because \lim\limits_{x \to 2^+} \dfrac{x^2 + 1}{x - 2} = \infty$ $\quad \therefore x = 2$ 為垂直漸進線

令 $y = mx + b$ 為斜漸進線

令 $\lim\limits_{x \to \infty} f(x) - (mx + b) = 0$ 則 $\lim\limits_{x \to \infty} \dfrac{f(x)}{mx + b} = 1$ 且 $\lim\limits_{x \to \infty} f(x) - mx = b$

$\therefore \dfrac{f(x)}{mx + b} = \dfrac{\frac{x^2 + 1}{x - 2}}{mx + b}$ 且 $\lim\limits_{x \to \infty} \dfrac{f(x)}{mx + b} = \dfrac{1}{m}$ $\quad \therefore m = 1$

$\therefore b = \lim\limits_{x \to \infty} f(x) - x = \lim\limits_{x \to \infty} \dfrac{x^2 + 1 - x(x - 2)}{x - 2} = 2$ $\quad \therefore y = x + 2$ 為斜漸進線

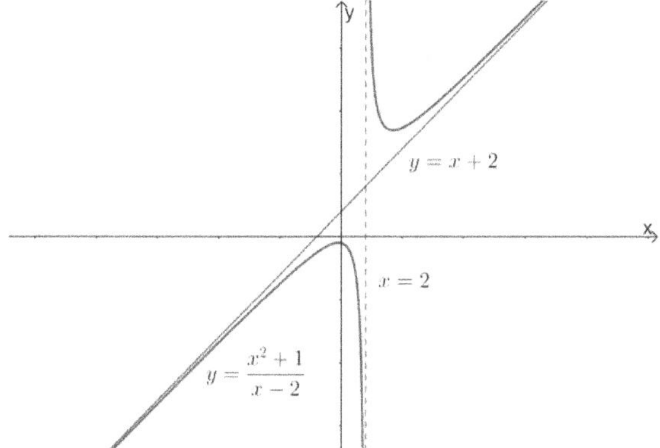

範例 10.

$$求\ f(x) = x^{\frac{1}{3}}(x + 2)^{\frac{2}{3}}\ 的斜漸進線$$

【解】

令 $y = mx + b$ 為斜漸進線

令 $\displaystyle\lim_{x\to\infty} f(x) - (mx + b) = 0$ 則 $\displaystyle\lim_{x\to\infty} \frac{f(x)}{mx + b} = 1$ 且 $\displaystyle\lim_{x\to\infty} f(x) - mx = b$

$$\because \frac{f(x)}{mx + b} = \frac{x^{\frac{1}{3}}(x + 2)^{\frac{2}{3}}}{mx + b} = \frac{(1 + \frac{2}{x})^{\frac{2}{3}}}{m + \frac{b}{x}} \quad 且\ \lim_{x\to\infty} \frac{f(x)}{mx + b} = \frac{1}{m} \quad \therefore m = 1$$

$$\because f(x) - x = x^{\frac{1}{3}}(x + 2)^{\frac{2}{3}} - x$$

$$= x^{\frac{1}{3}}\left((x + 2)^{\frac{2}{3}} - x^{\frac{2}{3}}\right) = \frac{x^{\frac{1}{3}}\left((x + 2)^{\frac{2}{3}} - x^{\frac{2}{3}}\right)\left((x + 2)^{\frac{4}{3}} + \left((x + 2)^{\frac{2}{3}} \cdot x^{\frac{2}{3}}\right) + x^{\frac{4}{3}}\right)}{(x + 2)^{\frac{4}{3}} + \left((x + 2)^{\frac{2}{3}} \cdot x^{\frac{2}{3}}\right) + x^{\frac{4}{3}}}$$

$$= \frac{x^{\frac{1}{3}}(x^2 + 4x + 4 - x^2)}{(x + 2)^{\frac{4}{3}} + \left((x + 2)^{\frac{2}{3}} \cdot x^{\frac{2}{3}}\right) + x^{\frac{4}{3}}}$$

$$\therefore \lim_{x\to\infty} f(x) - x = \frac{4}{3} \Rightarrow b = \frac{4}{3} \qquad \therefore y = x + \frac{4}{3}\ 為斜漸進線$$

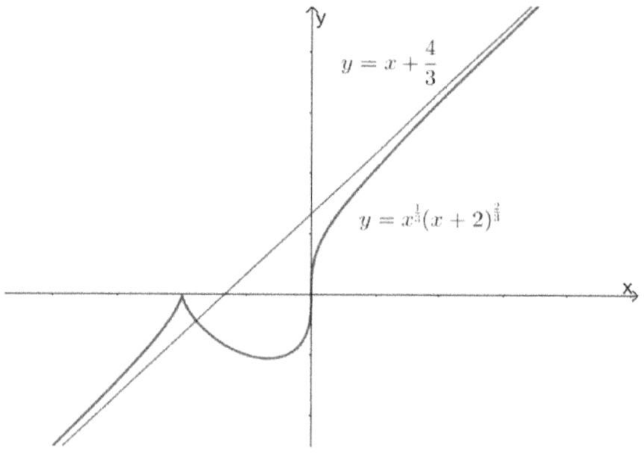

範例 11.

$$求曲線\, x = \frac{3e^t}{t-1}, \quad y = \frac{te^t}{t-1}\,(t > 1)\ 的斜漸進線$$

【解】

$$令 \lim_{x \to \infty} f(x) - (mx + b) = 0\ 則\ \lim_{x \to \infty} \frac{f(x)}{mx+b} = 1\ 且\ \lim_{x \to \infty} f(x) - mx = b$$

$$\because \lim_{x \to \infty} \frac{f(x)}{mx+b} = \lim_{t \to 1^+} \frac{\dfrac{te^t}{t-1}}{m\left(\dfrac{3e^t}{t-1}\right) + b} = \lim_{t \to 1^+} \frac{te^t}{3me^t + b(t-1)} = \frac{1}{3m} \quad \therefore m = \frac{1}{3}$$

$$\therefore b = \lim_{x \to \infty} f(x) - mx = \lim_{t \to 1^+} \left(\frac{te^t}{t-1} - \frac{e^t}{t-1}\right) = \lim_{t \to 1^+} e^t = e \ \Rightarrow\ b = e$$

$$因此斜漸進線為 y = \frac{1}{3}x + e$$

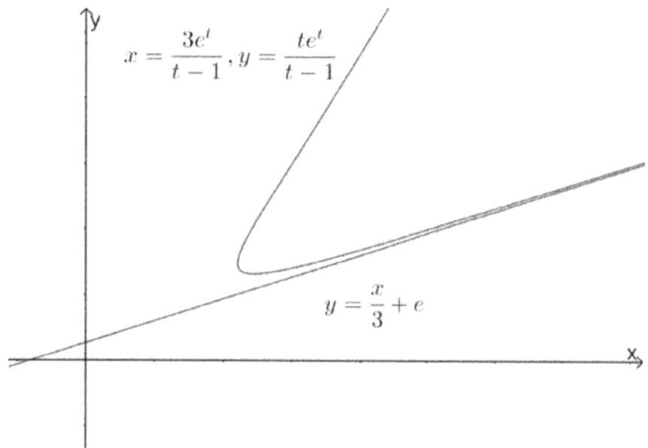

範例 12.

$$求\, f(x) = \frac{5x^3 - 5x + 1}{x^2 + 1}\ 的斜漸進線$$

【解】

令 $y = mx + b$ 為斜漸進線

令 $\lim\limits_{x\to\infty} f(x) - (mx + b) = 0$ 則 $\lim\limits_{x\to\infty} \dfrac{f(x)}{mx + b} = 1$ 且 $\lim\limits_{x\to\infty} f(x) - mx = b$

$$\because \frac{f(x)}{mx + b} = \frac{\dfrac{5x^3 - 5x + 1}{x^2 + 1}}{mx + b} = \frac{\dfrac{5 - \dfrac{5}{x^2} + \dfrac{1}{x^3}}{1 + \dfrac{1}{x^2}}}{m + \dfrac{b}{x}} \ \text{且} \ \lim_{x\to\infty} \frac{f(x)}{mx + b} = \frac{5}{m} \quad \therefore m = 5$$

$$\therefore b = \lim_{x\to\infty} f(x) - 5x = \lim_{x\to\infty} \frac{5x^3 - 5x + 1 - 5x(x^2 + 1)}{x^2 + 1} = 0 \quad \therefore y = 5x \ \text{為斜漸進線}$$

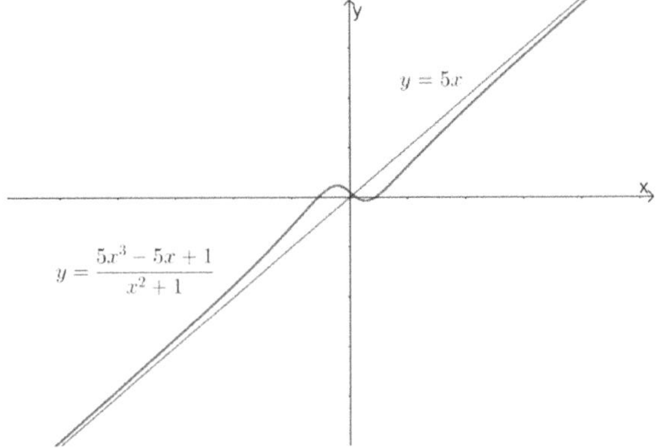

範例 13.

$$\text{求 } f(x) = \frac{ax^3 - 5x + 1}{x^2 + 1} \ \text{的斜漸進線, } \forall a \in R\backslash\{0\}$$

【解】

令 $a \in R\backslash\{0\}$ 且 $y = mx + b$ 為斜漸進線

令 $\lim\limits_{x\to\infty} f(x) - (mx + b) = 0$ 則 $\lim\limits_{x\to\infty} \dfrac{f(x)}{mx + b} = 1$ 且 $\lim\limits_{x\to\infty} f(x) - mx = b$

$$\because \frac{f(x)}{mx + b} = \frac{\dfrac{ax^3 - 5x + 1}{x^2 + 1}}{mx + b} = \frac{\dfrac{a - \dfrac{5}{x^2} + \dfrac{1}{x^3}}{1 + \dfrac{1}{x^2}}}{m + \dfrac{b}{x}} \ \text{且} \ \lim_{x\to\infty} \frac{f(x)}{mx + b} = \frac{a}{m} \quad \therefore m = a$$

$$\therefore b = \lim_{x\to\infty} f(x) - ax = \lim_{x\to\infty} \frac{ax^3 - 5x + 1 - ax(x^2 + 1)}{x^2 + 1} = 0 \quad \therefore y = ax \ \text{為斜漸進線}$$

範例 14.

$$求\ f(x) = x^2 \sin\frac{2}{x}\ \text{的斜漸進線}$$

【解】

令 $y = mx + b$ 為斜漸進線

令 $\displaystyle\lim_{x\to\infty} f(x) - (mx + b) = 0$ 則 $\displaystyle\lim_{x\to\infty}\frac{f(x)}{mx + b} = 1$ 且 $\displaystyle\lim_{x\to\infty} f(x) - mx = b$

$$\because \frac{f(x)}{mx+b} = \frac{x^2\sin\frac{2}{x}}{mx+b} = \frac{\sin\frac{2}{x}}{\frac{m}{x}+\frac{b}{x^2}}\ \text{且}\ \lim_{x\to\infty}\frac{f(x)}{mx+b} = \frac{2}{m}\quad \therefore m = 2$$

$$\therefore b = \lim_{x\to\infty} f(x) - 2x = \lim_{x\to\infty} x^2\sin\frac{2}{x} - 2x$$

Claim: $\displaystyle\lim_{x\to\infty} x^2\sin\frac{2}{x} - 2x = 0$

$$\because \lim_{x\to\infty} x^2\sin\frac{2}{x} - 2x = \lim_{x\to\infty}\frac{\left(\dfrac{2\sin\frac{2}{x}}{\frac{2}{x}} - 2\right)}{\frac{1}{x}} = \lim_{x\to\infty}\frac{4\left(\dfrac{\sin\frac{2}{x}}{\frac{2}{x}} - 1\right)}{\frac{2}{x}}$$

$$= \lim_{t\to 0}\frac{4\left(\dfrac{\sin t}{t} - 1\right)}{t} = 4\lim_{t\to 0}\frac{\sin t - t}{t^3}\cdot t\quad \text{且}\ \lim_{t\to 0}\frac{\sin t - t}{t^3} = \frac{1}{6}$$

$$\therefore \lim_{x\to\infty} x^2\sin\frac{2}{x} - 2x = 0 \Rightarrow b = 0\quad \therefore y = 2x\ \text{為斜漸進線}$$

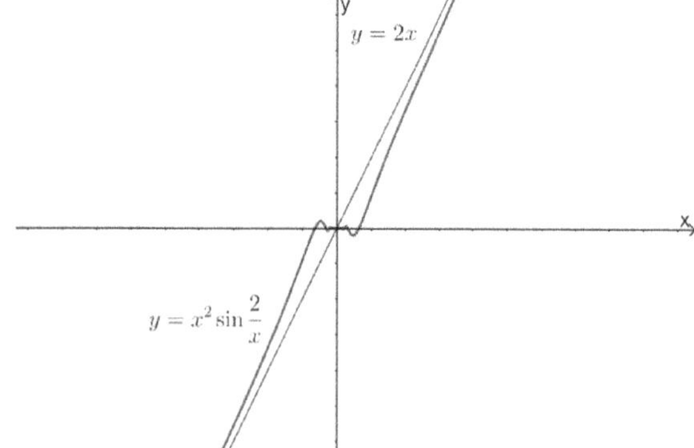

範例 15.

$$求\ f(x) = \frac{2x^3 + x^2 + x}{x^2 - 1}\ 的斜漸進線$$

【解】

令 $y = mx + b$ 為斜漸進線

令 $\lim\limits_{x \to \infty} f(x) - (mx + b) = 0$　則 $\lim\limits_{x \to \infty} \dfrac{f(x)}{mx + b} = 1$ 且 $\lim\limits_{x \to \infty} f(x) - mx = b$

$$\because \frac{f(x)}{mx + b} = \frac{\frac{2x^3 + x^2 + x}{x^2 - 1}}{mx + b} = \frac{\frac{2 + \frac{1}{x} + \frac{1}{x^2}}{1 - \frac{1}{x^2}}}{m + \frac{b}{x}}\ 且\ \lim_{x \to \infty} \frac{f(x)}{mx + b} = \frac{2}{m}\ \ \therefore m = 2$$

$$\therefore b = \lim_{x \to \infty} f(x) - 2x = \lim_{x \to \infty} \frac{2x^3 + x^2 + x - 2x(x^2 - 1)}{x^2 - 1} = 1\ \ \therefore y = 2x + 1\ 為斜漸進線$$

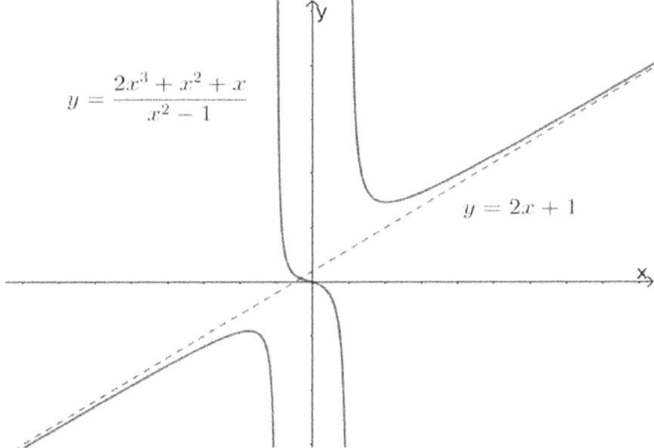

範例 16.

$$求\ f(x) = \sqrt{x^2 + 2} + \sqrt{x^2 - 2}\ 的漸進線$$

【解】

令 $y = mx + b$ 為斜漸進線

令 $\lim\limits_{x \to \infty} f(x) - (mx + b) = 0$　則 $\lim\limits_{x \to \infty} \dfrac{f(x)}{mx + b} = 1$ 且 $\lim\limits_{x \to \infty} f(x) - mx = b$

$$\therefore \frac{f(x)}{mx + b} = \frac{\sqrt{x^2 + 2} + \sqrt{x^2 - 2}}{mx + b} = \frac{\sqrt{1 + \frac{2}{x^2}} + \sqrt{1 - \frac{2}{x^2}}}{m + \frac{b}{x}}\ 且\ \lim_{x \to \infty} \frac{f(x)}{mx + b} = \frac{2}{m}\ \ \therefore m = 2$$

$$\therefore b = \lim_{x \to \infty} f(x) - 2x = \lim_{x \to \infty} \sqrt{x^2 + 2} - x + \sqrt{x^2 - 2} - x$$

$$= \lim_{x \to \infty} \frac{2}{\sqrt{x^2 + 2} + x} + \lim_{x \to \infty} \frac{2}{\sqrt{x^2 - 2} + x} = 0$$

$\therefore y = 2x$ 為斜漸進線

令 $\lim_{x \to -\infty} f(x) - (mx + b) = 0$ 則 $\lim_{x \to -\infty} \dfrac{f(x)}{mx + b} = 1$ 且 $\lim_{x \to -\infty} f(x) - mx = b$

令 $x = -u$ 則 $\lim_{u \to \infty} \dfrac{f(-u)}{-mu + b} = 1$ 且 $\lim_{u \to \infty} f(-u) + mu = b$

$\because \dfrac{f(-u)}{-mu + b} = \dfrac{\sqrt{u^2 + 2} + \sqrt{u^2 - 2}}{-mu + b}$ 且 $\lim_{u \to \infty} \dfrac{f(-u)}{-mu + b} = 1$ $\therefore m = -2$

$$\therefore b = \lim_{u \to \infty} f(-u) - 2u = \lim_{u \to \infty} \sqrt{u^2 + 2} + \sqrt{u^2 - 2} - 2u$$

$$= \lim_{u \to \infty} \sqrt{u^2 + 2} - u + \sqrt{u^2 - 2} - u = \lim_{u \to \infty} \frac{2}{\sqrt{u^2 + 2} + u} + \lim_{u \to \infty} \frac{2}{\sqrt{u^2 - 2} + u} = 0$$

$\therefore y = -2x$ 為斜漸進線

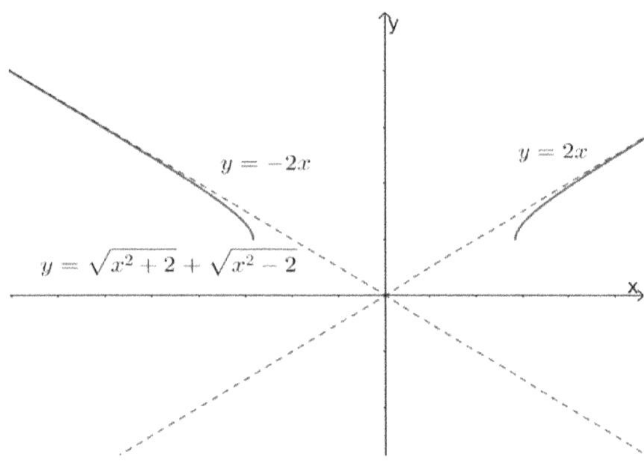

範例 17.

$$求 f(x) = \frac{x(|x| + 3)}{\sqrt{x^2 - 1}} \text{ 的斜漸進線}$$

【解】

(1)

As $x > 0$, $\dfrac{x(|x| + 3)}{\sqrt{x^2 - 1}} = \dfrac{x(x + 3)}{\sqrt{x^2 - 1}}$, 令 $y = mx + b$ 為斜漸進線

令 $\lim\limits_{x\to\infty} f(x)-(mx+b)=0$ 則 $\lim\limits_{x\to\infty}\dfrac{f(x)}{mx+b}=1$ 且 $\lim\limits_{x\to\infty} f(x)-mx=\text{b}$

$$\because \frac{f(x)}{mx+b}=\frac{\dfrac{x(x+3)}{\sqrt{x^2-1}}}{mx+b}=\frac{\dfrac{1+\dfrac{3}{x}}{\sqrt{1-\dfrac{1}{x^2}}}}{m+\dfrac{b}{x}} \quad\text{且}\quad \lim_{x\to\infty}\frac{f(x)}{mx+b}=\frac{1}{m} \qquad \therefore m=1$$

$$\therefore b=\lim_{x\to\infty} f(x)-x=\lim_{x\to\infty}\frac{x(x+3)-x(\sqrt{x^2-1})}{\sqrt{x^2-1}}=\lim_{x\to\infty}\frac{(x+3)-(\sqrt{x^2-1})}{\sqrt{1-\dfrac{1}{x^2}}}$$

$$=\lim_{x\to\infty}(x+3)-(\sqrt{x^2-1})=\lim_{x\to\infty}\frac{(x+3)^2-(x^2-1)}{(x+3)+(\sqrt{x^2-1})}=\lim_{x\to\infty}\frac{6x+10}{(x+3)+(\sqrt{x^2-1})}=3$$

$\therefore y=x+3$ 為斜漸進線

(2)

As $x<0$, $\quad \dfrac{x(|x|+3)}{\sqrt{x^2-1}}=\dfrac{x(-x+3)}{\sqrt{x^2-1}}=\dfrac{-x(x-3)}{\sqrt{x^2-1}}$, $\quad$ 令 $y=mx+b$ 為斜漸進線

令 $\lim\limits_{x\to-\infty} f(x)-(mx+b)=0$ 且 $u=-x$ 則 $\lim\limits_{x\to-\infty}\dfrac{f(x)}{mx+b}=1$ 且 $\lim\limits_{x\to-\infty} f(x)-mx=\text{b}$

$$\Rightarrow \lim_{u\to\infty}\frac{f(-u)}{-mu+b}=1 \quad\text{且}\quad \lim_{u\to\infty} f(-u)+mu=\text{b}$$

$$\because \frac{f(-u)}{-mu+b}=\frac{\dfrac{u(-u-3)}{\sqrt{u^2-1}}}{-mu+b}=\frac{\dfrac{-1-\dfrac{3}{u}}{\sqrt{1-\dfrac{1}{u^2}}}}{-m+\dfrac{b}{u}} \quad\text{且}\quad \lim_{u\to\infty}\frac{f(-u)}{-mu+b}=\frac{1}{m} \qquad \therefore m=1$$

$$\therefore b=\lim_{u\to\infty} f(-u)+u=\lim_{u\to\infty}\frac{u(-u-3)+u(\sqrt{u^2-1})}{\sqrt{u^2-1}}=\lim_{u-\infty}\frac{(-u-3)+(\sqrt{u^2-1})}{\sqrt{1-\dfrac{1}{u^2}}}$$

$$=\lim_{u\to\infty}(-u-3)+\left(\sqrt{u^2-1}\right)=\lim_{u\to\infty}\frac{(u+3)^2-(u^2-1)}{(-u-3)-(\sqrt{u^2-1})}=\lim_{u\to\infty}\frac{6u+10}{(-u-3)-(\sqrt{u^2-1})}$$

$$=-3$$

$\therefore y=x-3$ 為斜漸進線

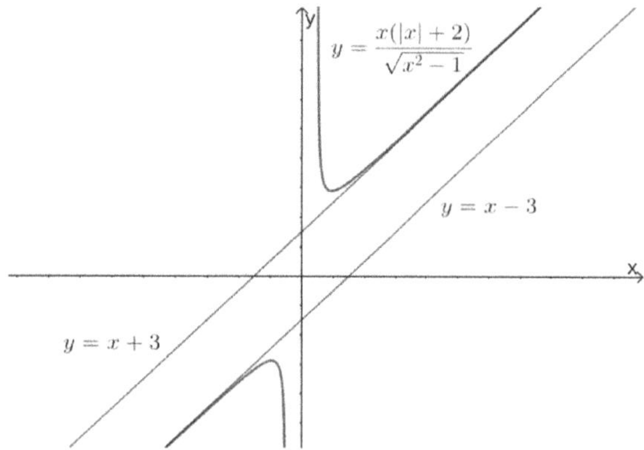

範例 18.

求 $y^2(x^2-9) = x^4$ 的斜漸進線

【解】

$$\because y = \pm \frac{x^2}{\sqrt{x^2-9}}$$

(1) As $y = \dfrac{x^2}{\sqrt{x^2-9}}$

令 $y = mx + b$ 為斜漸進線

令 $\displaystyle\lim_{x\to\infty} f(x) - (mx+b) = 0$ 則 $\displaystyle\lim_{x\to\infty} \frac{f(x)}{mx+b} = 1$ 且 $\displaystyle\lim_{x\to\infty} f(x) - mx = b$

$$\because \frac{f(x)}{mx+b} = \frac{\dfrac{x^2}{\sqrt{x^2-9}}}{mx+b} = \frac{\dfrac{x}{\sqrt{x^2-9}}}{m+\dfrac{b}{x}} \text{ 且 } \lim_{x\to\infty} \frac{f(x)}{mx+b} = \frac{1}{m} \qquad \therefore m = 1$$

$$\therefore b = \lim_{x\to\infty} f(x) - x = \lim_{x\to\infty} \frac{x^2 - x\sqrt{x^2-9}}{\sqrt{x^2-9}} = \lim_{x\to\infty} \frac{1 - \sqrt{1 - \dfrac{9}{x^2}}}{\sqrt{1 - \dfrac{9}{x^2}}} = 0$$

$\therefore y = x$ 為斜漸進線

令 $\displaystyle\lim_{x\to-\infty} f(x) - (mx+b) = 0$ 則 $\displaystyle\lim_{x\to-\infty} \frac{f(x)}{mx+b} = 1$ 且 $\displaystyle\lim_{x\to-\infty} f(x) - mx = b$

令 $x = -u$ 則 $\displaystyle\lim_{u\to\infty} \frac{f(-u)}{-mu+b} = 1$ 且 $\displaystyle\lim_{u\to\infty} f(-u) + mu = b$

$$\because \frac{f(-u)}{-mu+b} = \frac{\dfrac{u^2}{\sqrt{u^2-9}}}{-mu+b} = \frac{\dfrac{u^2}{\sqrt{u^2-9}}}{-m+\dfrac{b}{u}} \quad 且 \quad \lim_{u\to\infty}\frac{f(-u)}{-mu+b}=1 \quad \therefore m=-1$$

$$\therefore b = \lim_{u\to\infty} f(-u) - u = \lim_{u\to\infty}\frac{u^2 - u\sqrt{u^2-9}}{\sqrt{u^2-9}} = 0 \quad \therefore y = -x \text{ 為斜漸進線}$$

$$\therefore y = \pm x \text{ 為 } y = \frac{x^2}{\sqrt{x^2-9}} \text{ 斜漸進線}$$

(2) As $y = -\dfrac{x^2}{\sqrt{x^2-9}}$

藉由對稱性，$y = \pm x$ 為 $y = -\dfrac{x^2}{\sqrt{x^2-9}}$ 斜漸進線

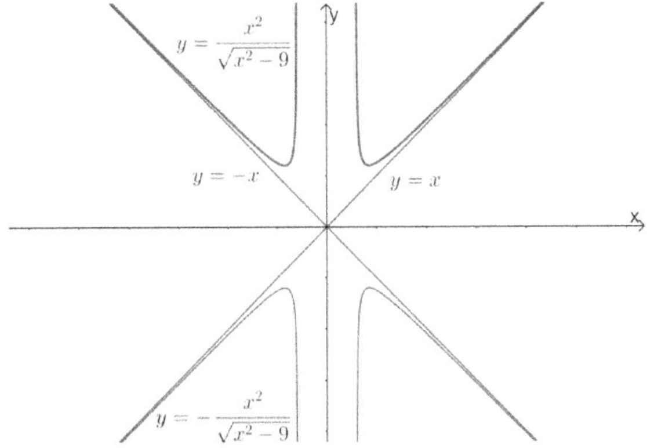

範例 19.

　　求 $3x^4 - x^3y + 3x^2 - 3x + y - 7 = 0$ 的漸進線

【解】

$\because y(-x^3+1) = -3x^4 - 3x^2 + 3x + 7$

$$\therefore y = \frac{-3x^4 - 3x^2 + 3x + 7}{-x^3+1} = \frac{(-x^3+1)3x - 3x^2 + 7}{-x^3+1} = 3x + \frac{-3x^2+7}{-x^3+1}$$

$$\Rightarrow \lim_{x\to\infty}\frac{-3x^4 - 3x^2 + 3x + 7}{-x^3+1} = \lim_{x\to\infty} 3x + \frac{-3x^2+7}{-x^3+1} = \lim_{x\to\infty} 3x$$

$\therefore y = 3x$ 為斜漸進線

$$\because \lim_{x\to 1^-}\frac{-3x^4 - 3x^2 + 3x + 7}{-x^3+1} = \lim_{x\to 1^-} 3x + \frac{-3x^2+7}{-x^3+1} = \infty \quad \therefore x = 1 \text{ 為垂直漸進線}$$

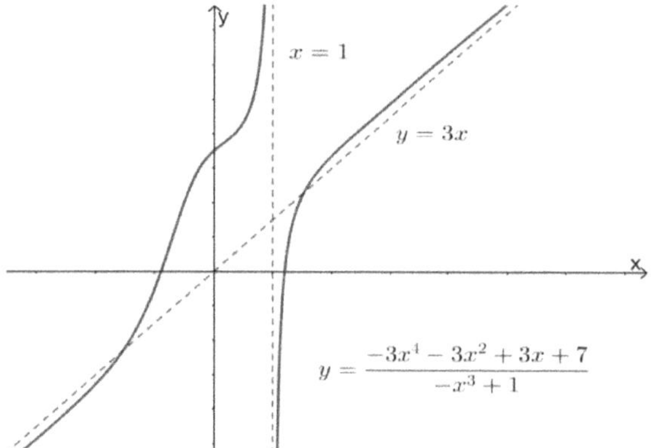

範例 20.

$$求 f(x) = \frac{\sqrt{x^6 + 3} - x^3 - x^2}{x^2 - x} \text{ 的漸進線}$$

【解】

$$\because \lim_{x \to \infty} \frac{\sqrt{x^6 + 3} - x^3 - x^2}{x^2 - x} = -1 \quad \therefore y = -1 \text{ 為水平漸進線}$$

$$\because \lim_{x \to 0^+} \frac{\sqrt{x^6 + 3} - x^3 - x^2}{x^2 - x} = -\infty \quad \therefore x = 0 \text{ 為垂直漸進線}$$

$$令 \lim_{x \to -\infty} f(x) - (mx + b) = 0 \text{ 則 } \lim_{x \to -\infty} \frac{f(x)}{mx + b} = 1 \text{ 且 } \lim_{x \to -\infty} f(x) - mx = b$$

$$令 x = -u \text{ 則 } \lim_{u \to \infty} \frac{f(-u)}{-mu + b} = 1 \text{ 且 } \lim_{u \to \infty} f(-u) + mu = b$$

$$\because \frac{f(-u)}{-mu + b} = \frac{\dfrac{\sqrt{u^6 + 3} + u^3 - u^2}{u^2 + u}}{-mu + b} \quad \text{且 } \lim_{u \to \infty} \frac{f(-u)}{-mu + b} = 1 \quad \therefore m = -2$$

$$\therefore b = \lim_{u \to \infty} f(-u) - 2u = \lim_{u \to \infty} \frac{\sqrt{u^6 + 3} + u^3 - u^2 - 2u(u^2 + u)}{u^2 + u} = -3$$

因此 $y = -2x - 3$ 為斜漸進線

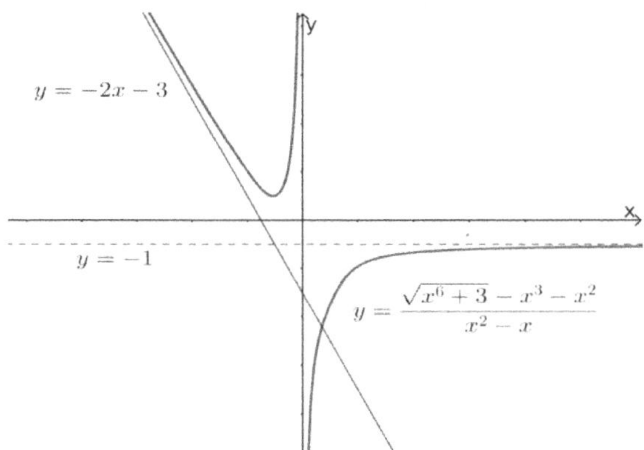

範例 21.

$$求 \ f(x) = \frac{-4x^2 + 5x + 1}{x - 1} \ 的斜漸進線$$

【解】

令 $y = mx + b$ 為斜漸進線

令 $\lim\limits_{x \to \infty} f(x) - (mx + b) = 0$　則　$\lim\limits_{x \to \infty} \dfrac{f(x)}{mx + b} = 1$ 且 $\lim\limits_{x \to \infty} f(x) - mx = \text{b}$

$$\because \frac{f(x)}{mx + b} = \frac{\dfrac{-4x^2 + 5x + 1}{x - 1}}{mx + b} = \frac{-4 + \dfrac{5}{x} + \dfrac{1}{x^2}}{m + \dfrac{b}{x}} \ 且 \ \lim_{x \to \infty} \frac{f(x)}{mx + b} = \frac{-4}{m} \quad \therefore m = -4$$

$$\therefore b = \lim_{x \to \infty} f(x) + 4x = \lim_{x \to \infty} \frac{-4x^2 + 5x + 1 + 4x(x - 1)}{x - 1} = 1 \quad \therefore y = -4x + 1 \ 為斜漸進線$$

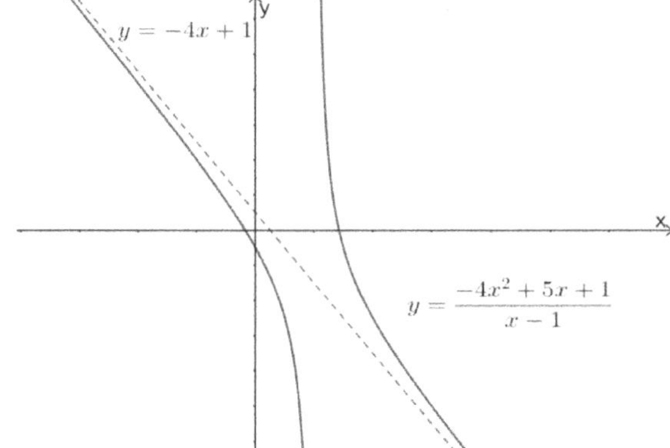

1.3.7 Squeeze Theorem（夾擠定理）

給函數 $f(x)$如果無法直接求得極限值時, 可利用夾擠定理找出較易計算極限的上下界函數逼近原函數, 換句話說, 藉由夾擠定理, 若找到$g(x)$、$h(x)$使得 $g(x) \leq f(x) \leq h(x)$ 且

$$\lim_{x \to a} g(x) = \lim_{x \to a} h(x) = L < \infty \ \ 則 \ \lim_{x \to a} f(x) = L$$

考試類型:

題型 1.

求 $\lim_{x \to a} f(x)g(x) = ?$, where $\lim_{x \to a} f(x) = 0$ 且 $|g(x)| \leq M, \ \forall x \in R$

解題流程:

$\because |f(x)g(x)| \leq M|f(x)|$ 且 $\lim_{x \to a} f(x) = 0 \quad \therefore \lim_{x \to a} f(x)g(x) = 0$

題型 2.

試證 $\lim_{n \to \infty} \dfrac{k^n}{n!} = 0, \ \forall k \in N$

解題流程:

令 $n > k$ 且 $n \in N$ 則 $0 < a_n = \dfrac{k^n}{n!} = \dfrac{k^k}{k!} \cdot \dfrac{k}{k+1} \cdot \dfrac{k}{k+2} \cdots \dfrac{k}{n} < \dfrac{k^k}{k!} \cdot \dfrac{k}{n}$

$\because \lim_{n \to \infty} \dfrac{k^k}{k!} \cdot \dfrac{k}{n} = 0 \quad \therefore \lim_{n \to \infty} \dfrac{k^n}{n!} = 0$

題型 3.

試證 $\lim_{x \to \infty} (a_1^x + a_2^x + \cdots + a_n^x)^{\frac{1}{x}} = a_n, \ \forall 0 < a_1 < a_2 < \cdots < a_n$

解題流程:

Let $x > 0, \ 0 < a_1 < a_2 < \cdots < a_n$ then $a_n^x \leq a_1^x + a_2^x + \cdots + a_n^x \leq n \cdot a_n^x$

$\therefore a_n \leq (a_1^x + a_2^x + \cdots + a_n^x)^{\frac{1}{x}} \leq (n \cdot a_n^x)^{\frac{1}{x}} = n^{\frac{1}{x}} \cdot a_n, \ \ \forall x > 0$

$\because \lim_{x \to \infty} n^{\frac{1}{x}} = 1 \quad \therefore \lim_{u \to \infty} (a_1^x + a_2^x + \cdots + a_n^x)^{\frac{1}{x}} = a_n$

題型 4.

試證 $\displaystyle\lim_{x\to-\infty}(a_1^x + a_2^x + \cdots + a_n^x)^{\frac{1}{x}} = a_1,\ \forall 0 < a_1 < a_2 < \cdots < a_n$

解題流程

令 $x = -t,\ x < 0\ \text{and}\ 0 < a_1 < a_2 < \cdots < a_n$

則 $(a_1^x + a_2^x + \cdots + a_n^x)^{\frac{1}{x}} = (a_1^{-t} + a_2^{-t} + \cdots + a_n^{-t})^{\frac{-1}{t}} = \left(\left(\left(\frac{1}{a_1}\right)^t + \left(\frac{1}{a_2}\right)^t + \cdots + \left(\frac{1}{a_n}\right)^t\right)^{\frac{1}{t}}\right)^{-1}$

$\because \left(\frac{1}{a_1}\right)^t \leq \left(\frac{1}{a_1}\right)^t + \left(\frac{1}{a_2}\right)^t + \cdots + \left(\frac{1}{a_n}\right)^t \leq n\cdot\left(\frac{1}{a_1}\right)^t,\ \forall t > 0$

$\therefore \frac{1}{a_1} \leq \left(\left(\frac{1}{a_1}\right)^t + \left(\frac{1}{a_2}\right)^t + \cdots + \left(\frac{1}{a_n}\right)^t\right)^{\frac{1}{t}} \leq \frac{1}{a_1}\cdot n^{\frac{1}{t}},\ \forall t > 0$

$\because \displaystyle\lim_{t\to\infty} n^{\frac{1}{t}} = 1 \quad \therefore \displaystyle\lim_{t\to\infty}\left(\left(\frac{1}{a_1}\right)^t + \left(\frac{1}{a_2}\right)^t + \cdots + \left(\frac{1}{a_n}\right)^t\right)^{\frac{1}{t}} = \frac{1}{a_1}$

$\therefore \displaystyle\lim_{x\to-\infty}(a_1^x + a_2^x + \cdots + a_n^x)^{\frac{1}{x}} = \lim_{t\to\infty}\left(\left(\left(\frac{1}{a_1}\right)^t + \left(\frac{1}{a_2}\right)^t + \cdots + \left(\frac{1}{a_n}\right)^t\right)^{\frac{1}{t}}\right)^{-1} = a_1$

題型 5.

求 $\displaystyle\lim_{n\to\infty}\sum_{k=1}^{n}\frac{1}{\sqrt{n^{p+1} + \alpha\cdot k^p}} = ?,\ \forall p \geq 1,\ \alpha > 0$

解題流程:

當 $p = 1,\quad \because \dfrac{n}{\sqrt{n^2 + \alpha n}} \leq \displaystyle\sum_{k=1}^{n}\frac{1}{\sqrt{n^2 + \alpha k}} \leq \dfrac{n}{\sqrt{n^2 + \alpha}}$

$\therefore \displaystyle\lim_{n\to\infty}\frac{n}{\sqrt{n^2 + \alpha n}} = \lim_{n\to\infty}\frac{1}{\sqrt{1 + \dfrac{\alpha}{n}}} = 1 \ \text{且}\ \lim_{n\to\infty}\frac{n}{\sqrt{n^2 + \alpha}} = \lim_{n\to\infty}\frac{1}{\sqrt{1 + \dfrac{\alpha}{n^2}}} = 1$

$\therefore \displaystyle\lim_{n\to\infty}\sum_{k=1}^{n}\frac{1}{\sqrt{n^2 + \alpha k}} = 1$

當 $p > 1$，$\quad \because \dfrac{n}{\sqrt{n^{p+1} + \alpha \cdot n^p}} \le \displaystyle\sum_{k=1}^{n} \dfrac{1}{\sqrt{n^{p+1} + \alpha \cdot k^p}} \le \dfrac{n}{\sqrt{n^{p+1} + \alpha}}$

$\therefore \displaystyle\lim_{n \to \infty} \dfrac{n}{\sqrt{n^{p+1} + \alpha \cdot n^p}} = \lim_{n \to \infty} \dfrac{n}{\sqrt{n^{p+1} + \alpha}} = 0 \qquad \therefore \displaystyle\lim_{n \to \infty} \sum_{k=1}^{n} \dfrac{1}{\sqrt{n^{p+1} + \alpha \cdot k^p}} = 0$

範例 1.

$\quad$ 求 $\displaystyle\lim_{x \to \infty} \dfrac{\cos x}{x} = ?$

【解】

$\because 0 \le \left|\dfrac{\cos x}{x}\right| \le \dfrac{1}{x}$，$\forall x > 0$ 且 $\displaystyle\lim_{x \to \infty} \dfrac{1}{x} = 0 \quad \therefore \displaystyle\lim_{x \to \infty} \left|\dfrac{\cos x}{x}\right| = 0 \Rightarrow \displaystyle\lim_{x \to \infty} \dfrac{\cos x}{x} = 0$

範例 2.

$\quad$ 求 $\displaystyle\lim_{x \to 0} x\cos\dfrac{1}{x} = ?$

【解】

$\because 0 \le \left|x\cos\dfrac{1}{x}\right| \le |x|$，$\forall x \in R$ 且 $\displaystyle\lim_{x \to 0} |x| = 0 \quad \therefore \displaystyle\lim_{x \to 0} \left|x\cos\dfrac{1}{x}\right| = 0 \Rightarrow \displaystyle\lim_{x \to 0} x\cos\dfrac{1}{x} = 0$

範例 3.

$\quad$ 假設 $a_n = \dfrac{1000^n}{n!}$，求 $\displaystyle\lim_{n \to \infty} a_n = ?$

【解】

令 $n > 1000$ 且 $n \in N$

則 $0 < a_n = \dfrac{1000^n}{n!} = \dfrac{1000^{1000}}{1000!} \cdot \dfrac{1000}{1001} \cdot \dfrac{1000}{1002} \cdots \dfrac{1000}{n} < \dfrac{1000^{1000}}{1000!} \cdot \dfrac{1000}{n}$

$\because \displaystyle\lim_{n \to \infty} \dfrac{1000^{1000}}{1000!} \cdot \dfrac{1000}{n} = 0 \qquad \therefore \displaystyle\lim_{n \to \infty} a_n = 0$

範例 4.

$$求\ \lim_{x \to \infty} \frac{x^2 - \sin^2 x}{x^3} = ?$$

【解】

$$\because \frac{x^2 - 1}{x^3} \leq \frac{x^2 - \sin^2 x}{x^3} \leq \frac{x^2}{x^3} = \frac{1}{x}, \quad \forall x > 0 \ \ 且\ \lim_{x \to \infty} \frac{x^2 - 1}{x^3} = \lim_{x \to \infty} \frac{1}{x} = 0$$

$$\therefore \lim_{x \to \infty} \frac{x^2 - \sin^2 x}{x^3} = 0$$

範例 5.

$$假設\ a_n = \frac{n!}{n^n}, \quad 求\ \lim_{x \to 0} a_n = ?$$

【解】

$$令\ n \in N\ 則\ 0 < a_n = \frac{n!}{n^n} = \frac{1}{n} \cdot \frac{2}{n} \cdot \frac{3}{n} \cdots \frac{n}{n} < \frac{1}{n} \quad \because \lim_{x \to 0} \frac{1}{n} = 0 \qquad \therefore \lim_{x \to 0} a_n = 0$$

範例 6.

$$求\ \lim_{x \to \infty} \frac{2 \sin x + 3 \cos x}{x} = ?$$

【解】

$$\because \frac{-5}{x} \leq \frac{2 \sin x + 3 \cos x}{x} \leq \frac{5}{x}, \quad \forall x > 0 \ \ 且\ \lim_{x \to \infty} \frac{-5}{x} = \lim_{x \to \infty} \frac{5}{x} = 0 \ \ \therefore \lim_{x \to \infty} \frac{2 \sin x + 3 \cos x}{x} = 0$$

範例 7.

$$求\ \lim_{x \to \infty} \frac{[2x]}{x} = ?$$

【解】

$$\because \frac{2x - 1}{x} < \frac{[2x]}{x} \leq \frac{2x}{x} = 2, \quad \forall x > 0 \ \ 且\ \lim_{x \to \infty} \frac{2x - 1}{x} = 2 \qquad \therefore \lim_{x \to \infty} \frac{[2x]}{x} = 2$$

範例 8.

$$求\ \lim_{x \to 0^+} x^2 \left[\frac{1}{x} + \frac{2}{x^2} \right] = ?$$

【解】

$$\because \frac{1}{x} + \frac{2}{x^2} - 1 < \left[\frac{1}{x} + \frac{2}{x^2}\right] \le \frac{1}{x} + \frac{2}{x^2}, \ \ \forall x > 0$$

$$\therefore x^2\left(\frac{1}{x} + \frac{2}{x^2} - 1\right) < x^2\left[\frac{1}{x} + \frac{2}{x^2}\right] \le x^2\left(\frac{1}{x} + \frac{2}{x^2}\right), \ \ \forall x > 0$$

$$\because \lim_{x \to 0^+} x^2\left(\frac{1}{x} + \frac{2}{x^2} - 1\right) = 2 \ \ \text{and} \ \ \lim_{x \to 0^+} x^2\left(\frac{1}{x} + \frac{2}{x^2}\right) = 2 \quad \therefore \lim_{x \to 0^+} x^2\left[\frac{1}{x} + \frac{2}{x^2}\right] = 2$$

範例 9.

$$求 \ \lim_{x \to \infty} \sin^{-1} x \left(\sin\frac{1}{x}\right) = ?$$

【解】

$$\because 0 \le \sin^{-1} x \le 2\pi \quad \therefore \ 0 \le \left|\sin^{-1} x \left(\sin\frac{1}{x}\right)\right| \le 2\pi \left|\sin\frac{1}{x}\right|$$

$$\because \lim_{x \to \infty} \left|\sin\frac{1}{x}\right| = 0 \quad \therefore \lim_{x \to \infty} \sin^{-1} x \left(\sin\frac{1}{x}\right) = 0$$

範例 10.

$$假設存在 M > 0, c \in R \ 使得 \left|\frac{f(x) - f(c)}{x - c}\right| \le M, \ \forall x \ne c, \ 求 \ \lim_{x \to c} f(x) = ?$$

【解】

$$\because \left|\frac{f(x) - f(c)}{x - c}\right| \le M, \forall \, x \ne c \quad \therefore |f(x) - f(c)| \le M|x - c|, \ \forall \, x \ne c$$

$$\because \lim_{x \to c} M|x - c| = 0 \quad \therefore \lim_{x \to c}|f(x) - f(c)| = 0 \ \Rightarrow \lim_{x \to c} f(x) = f(c)$$

範例 11.

$$假設存在 M > 0 \ 使得 |f(x)| \le M, \ \forall \, x \in R, \ 求 \ \lim_{x \to 0} x^4 f(x) = ?$$

【解】

$$\because |f(x)| \le M, \forall \, x \in R \quad \therefore |x^4 f(x)| \le M x^4, \ \forall \, x \in R$$

$$\because \lim_{x \to 0} M x^4 = 0 \quad \therefore \lim_{x \to 0} x^4 f(x) = 0$$

範例 12.

$$求\ \lim_{n\to\infty}\sum_{k=1}^{n}\frac{1}{\sqrt{n^2+2k}}=?$$

【解】

$$\because \frac{n}{\sqrt{n^2+2n}}\le \sum_{k=1}^{n}\frac{1}{\sqrt{n^2+2k}}\le \frac{n}{\sqrt{n^2+2}}$$

$$\because \lim_{n\to\infty}\frac{n}{\sqrt{n^2+2n}}=\lim_{n\to\infty}\frac{1}{\sqrt{1+\dfrac{2}{n}}}=1\ \ 且\ \lim_{n\to\infty}\frac{n}{\sqrt{n^2+2}}=\lim_{n\to\infty}\frac{1}{\sqrt{1+\dfrac{2}{n^2}}}=1$$

$$\therefore \lim_{n\to\infty}\sum_{k=1}^{n}\frac{1}{\sqrt{n^2+2k}}=1$$

範例 13.

$$求\ \lim_{x\to\infty}\cos\sqrt{x+5}-\cos\sqrt{x}=?$$

【解】

$$\because \cos\sqrt{x+5}-\cos\sqrt{x}=-2\sin\left(\frac{\sqrt{x+5}+\sqrt{x}}{2}\right)\sin\left(\frac{\sqrt{x+5}-\sqrt{x}}{2}\right)$$

$$\because 0\le\left|\sin\left(\frac{\sqrt{x+5}+\sqrt{x}}{2}\right)\right|\le 1\ 且\ \sin\left(\frac{\sqrt{x+5}-\sqrt{x}}{2}\right)=\sin\frac{5}{2(\sqrt{x+5}+\sqrt{x})}$$

$$\therefore \left|\cos\sqrt{x+5}-\cos\sqrt{x}\right|=2\left|\sin\left(\frac{\sqrt{x+5}+\sqrt{x}}{2}\right)\sin\left(\frac{\sqrt{x+5}-\sqrt{x}}{2}\right)\right|$$

$$\le 2\left|\sin\frac{5}{2(\sqrt{x+5}+\sqrt{x})}\right|$$

$$\because \lim_{x\to\infty}\left|\sin\frac{5}{2(\sqrt{x+5}+\sqrt{x})}\right|=0\ \ \therefore \lim_{x\to\infty}\cos\sqrt{x+5}-\cos\sqrt{x}=0$$

範例 14.

$$求\ \lim_{n\to\infty}\sum_{k=1}^{n}\frac{1}{\sqrt{n^3+3k^2}}=?$$

【解】

$$\because \frac{n}{\sqrt{n^3 + 3n^2}} \le \sum_{k=1}^{n} \frac{1}{\sqrt{n^3 + 3k^2}} \le \frac{n}{\sqrt{n^3 + 3}}$$

$$\because \lim_{n \to \infty} \frac{n}{\sqrt{n^3 + 3n^2}} = \lim_{n \to \infty} \frac{1}{\sqrt{n + 3}} = 0 \ \ \text{且} \ \lim_{n \to \infty} \frac{n}{\sqrt{n^3 + 3}} = \lim_{n \to \infty} \frac{1}{\sqrt{n + \dfrac{3}{n^2}}} = 0$$

$$\therefore \lim_{n \to \infty} \sum_{k=1}^{n} \frac{1}{\sqrt{n^3 + 3k^2}} = 0$$

範例 15.

$$\text{求} \lim_{u \to \infty} (2^u + 3^u + 5^u + 7^u)^{\frac{1}{u}} = ?$$

【解】

$$\because 7^u \le 2^u + 3^u + 5^u + 7^u \le 4 \cdot 7^u, \ \ \forall u > 0$$

$$\therefore 7 \le (2^u + 3^u + 5^u + 7^u)^{\frac{1}{u}} \le (4 \cdot 7^u)^{\frac{1}{u}} = 4^{\frac{1}{u}} \cdot 7, \ \ \forall u > 0$$

$$\because \lim_{u \to \infty} 4^{\frac{1}{u}} = 1 \quad \therefore \lim_{u \to \infty} (2^u + 3^u + 5^u + 7^u)^{\frac{1}{u}} = 7$$

範例 16.

$$\text{求} \lim_{u \to \infty} (3^u + 5^u + 8^u)^{\frac{1}{u}} = ?$$

【解】

$$\because 8^u \le 3^u + 5^u + 8^u \le 3 \cdot 8^u, \ \ \forall u > 0 \quad \therefore 8 \le (3^u + 5^u + 8^u)^{\frac{1}{u}} \le (3 \cdot 8^u)^{\frac{1}{u}} = 3^{\frac{1}{u}} \cdot 8, \ \ \forall u > 0$$

$$\because \lim_{u \to \infty} 3^{\frac{1}{u}} = 1 \quad \therefore \lim_{u \to \infty} (3^u + 5^u + 8^u)^{\frac{1}{u}} = 8$$

範例 17.

$$\text{求} \lim_{u \to -\infty} (3^u + 5^u + 8^u)^{\frac{1}{u}} = ?$$

【解】

Let $u = -t$ and $t > 0$

$$\because (3^u+5^u + 8^u)^{\frac{1}{u}} = (3^{-t}+5^{-t} + 8^{-t})^{\frac{-1}{t}} = \left(\left(\left(\frac{1}{3}\right)^t + \left(\frac{1}{5}\right)^t + \left(\frac{1}{8}\right)^t\right)^{\frac{1}{t}}\right)^{-1}$$

$$\because \left(\frac{1}{3}\right)^t \leq \left(\frac{1}{3}\right)^t + \left(\frac{1}{5}\right)^t + \left(\frac{1}{8}\right)^t \leq 3 \cdot \left(\frac{1}{3}\right)^t, \forall t > 0 \quad \therefore \frac{1}{3} \leq \left(\left(\frac{1}{3}\right)^t + \left(\frac{1}{5}\right)^t + \left(\frac{1}{8}\right)^t\right)^{\frac{1}{t}} \leq \frac{3^{\frac{1}{t}}}{3}, \forall t > 0$$

$$\because \lim_{t \to \infty} 3^{\frac{1}{t}} = 1 \quad \therefore \lim_{t \to \infty} \left(\left(\frac{1}{3}\right)^t + \left(\frac{1}{5}\right)^t + \left(\frac{1}{8}\right)^t\right)^{\frac{1}{t}} = \frac{1}{3}$$

$$\therefore \lim_{u \to -\infty} (3^u+5^u + 8^u)^{\frac{1}{u}} = \lim_{t \to \infty} \left(\left(\left(\frac{1}{3}\right)^t + \left(\frac{1}{5}\right)^t + \left(\frac{1}{8}\right)^t\right)^{\frac{1}{t}}\right)^{-1} = 3$$

範例 18.

$$求 \lim_{u \to \infty} (a^u+b^u + c^u)^{\frac{1}{u}} = ?, \quad \forall 0 < a < b < c$$

【解】

$$\because c^u \leq a^u+b^u + c^u \leq 3 \cdot c^u, \quad \forall u > 0 \quad \therefore c \leq (a^u+b^u + c^u)^{\frac{1}{u}} \leq (3 \cdot c^u)^{\frac{1}{u}} = 3^{\frac{1}{u}} \cdot c, \quad \forall u > 0$$

$$\because \lim_{u \to \infty} 3^{\frac{1}{u}} = 1 \quad \therefore \lim_{u \to \infty} (a^u+b^u + c^u)^{\frac{1}{u}} = c$$

範例 19.

$$求 \lim_{n \to 0} \sum_{k=1}^{n} \frac{1}{n^2 + kn} = ?$$

【解】

$$\because \frac{1}{n+n} = \frac{n}{n^2 + n^2} \leq \sum_{k=1}^{n} \frac{1}{n^2 + kn} \leq \frac{1}{n+1} \quad 且 \quad \lim_{n \to 0} \frac{1}{n+n} = \lim_{n \to 0} \frac{1}{n+1} = 0$$

$$\therefore \lim_{n \to 0} \sum_{k=1}^{n} \frac{1}{n^2 + kn} = 0$$

1.3.8　　三角函數的極限

讀者需能自行推導底下五個與三角函數有關的極限, 並能搭配使用極限的性質計算較複雜的題型

考試類型:

題型 1.

假設 $f(x_1, x_2, x_3, x_4, x_5) = g_1(x_1)g_2(x_2)g_3(x_3)g_4(x_4)g_5(x_5)$

則 $\displaystyle \lim_{x \to 0} f\left(\frac{\sin x}{x}, \frac{1 - \cos x}{x^2}, \frac{\tan x}{x}, \frac{\sin^{-1} x}{x}, \frac{\tan^{-1} x}{x}\right)$

$= g_1(1)g_2\left(\dfrac{1}{2}\right)g_3(1)g_4(1)g_5(1)$, 其中 $g_1, .., g_5$ 為連續函數

解題流程:

$$\because f\left(\frac{\sin x}{x}, \frac{1 - \cos x}{x^2}, \frac{\tan x}{x}, \frac{\sin^{-1} x}{x}, \frac{\tan^{-1} x}{x}\right)$$

$$= g_1\left(\frac{\sin x}{x}\right) g_2\left(\frac{1 - \cos x}{x^2}\right) g_3\left(\frac{\tan x}{x}\right) g_4\left(\frac{\sin^{-1} x}{x}\right) g_5\left(\frac{\tan^{-1} x}{x}\right)$$

$$\therefore \lim_{x \to 0} f\left(\frac{\sin x}{x}, \frac{1 - \cos x}{x^2}, \frac{\tan x}{x}, \frac{\sin^{-1} x}{x}, \frac{\tan^{-1} x}{x}\right)$$

$$= \lim_{x \to 0} g_1\left(\frac{\sin x}{x}\right) g_2\left(\frac{1 - \cos x}{x^2}\right) g_3\left(\frac{\tan x}{x}\right) g_4\left(\frac{\sin^{-1} x}{x}\right) g_5\left(\frac{\tan^{-1} x}{x}\right)$$

$$= g_1\left(\lim_{x \to 0} \frac{\sin x}{x}\right) g_2\left(\lim_{x \to 0} \frac{1 - \cos x}{x^2}\right) g_3\left(\lim_{x \to 0} \frac{\tan x}{x}\right) g_4\left(\lim_{x \to 0} \frac{\sin^{-1} x}{x}\right) g_5\left(\lim_{x \to 0} \frac{\tan^{-1} x}{x}\right)$$

$$= g_1(1)g_2\left(\frac{1}{2}\right)g_3(1)g_4(1)g_5(1)$$

範例 1.

$$\text{求} \quad \lim_{x \to 0} \frac{\sin x}{x} = ?$$

【解】

$$\because \sin x < x < \tan x = \frac{\sin x}{\cos x}, \quad \forall 0 < x < \frac{\pi}{2} \quad \therefore \cos x < \frac{\sin x}{x} < 1$$

$$\because \lim_{x \to 0} \cos x = 1 \quad \therefore \lim_{x \to 0} \frac{\sin x}{x} = 1$$

範例 2.

$$\text{求} \quad \lim_{x \to 0} \frac{1 - \cos x}{x^2} = ?$$

【解】

$$\because \frac{1 - \cos x}{x^2} = \frac{(1 - \cos x)(1 + \cos x)}{x^2(1 + \cos x)} = \frac{(1 - \cos^2 x)}{x^2(1 + \cos x)} = \frac{\sin^2 x}{x^2(1 + \cos x)} = \frac{\sin^2 x}{x^2} \cdot \frac{1}{1 + \cos x}$$

$$\because \lim_{x \to 0} \frac{\sin x}{x} = 1 \quad \therefore \lim_{x \to 0} \frac{1 - \cos x}{x^2} = \lim_{x \to 0} \frac{\sin^2 x}{x^2} \cdot \frac{1}{1 + \cos x} = \frac{1}{2}$$

範例 3.

$$\text{求} \quad \lim_{x \to 0} \frac{\tan x}{x} = ?$$

【解】

$$\because \frac{\tan x}{x} = \frac{\frac{\sin x}{\cos x}}{x} = \frac{\sin x}{x} \cdot \frac{1}{\cos x} \quad \therefore \lim_{x \to 0} \frac{\tan x}{x} = \lim_{x \to 0} \frac{\sin x}{x} \cdot \frac{1}{\cos x} = 1$$

範例 4.

$$\text{求} \quad \lim_{x \to 0} \frac{\sin^{-1} x}{x} = ?$$

【解】

$$\text{令 } y = \sin^{-1} x \text{ 則 } \sin y = x \quad \therefore \frac{\sin^{-1} x}{x} = \frac{y}{\sin y} \Rightarrow \lim_{x \to 0} \frac{\sin^{-1} x}{x} = \lim_{y \to 0} \frac{y}{\sin y} = 1$$

範例 5.

求 $\displaystyle\lim_{x\to 0}\frac{\tan^{-1}x}{x}=?$

【解】

令 $y=\tan^{-1}x$ 則 $\tan y=x$ $\quad\therefore\dfrac{\tan^{-1}x}{x}=\dfrac{y}{\tan y}\Rightarrow\displaystyle\lim_{x\to 0}\frac{\tan^{-1}x}{x}=\lim_{y\to 0}\frac{y}{\tan y}=1$

範例 6.

求 $\displaystyle\lim_{x\to 0}\frac{\tan^{-1}x\cdot\tan x+\sin^2 x}{x^2\cos\left(x+\frac{\pi}{4}\right)}=?$

【解】

$\because\dfrac{\tan^{-1}x\cdot\tan x+\sin^2 x}{x^2\cos\left(x+\frac{\pi}{4}\right)}=\dfrac{1}{\cos\left(x+\frac{\pi}{4}\right)}\left(\dfrac{\tan^{-1}x}{x}\cdot\dfrac{\tan x}{x}+\dfrac{\sin^2 x}{x^2}\right)$

$\therefore\displaystyle\lim_{x\to 0}\frac{\tan^{-1}x\cdot\tan x+\sin^2 x}{x^2\cos\left(x+\frac{\pi}{4}\right)}=\sqrt{2}\cdot(1\cdot 1+1^2)=2\sqrt{2}$

範例 7.

求 $\displaystyle\lim_{x\to 0}\frac{\ln(1+2x)}{\sin(e^{2x}-1)}=?$

【解】

$\because\dfrac{\ln(1+2x)}{\sin(e^{2x}-1)}=\dfrac{e^{2x}-1}{\sin(e^{2x}-1)}\cdot\dfrac{x}{e^{2x}-1}\cdot\dfrac{\ln(1+2x)}{x}$

$\therefore\displaystyle\lim_{x\to 0}\frac{\ln(1+2x)}{\sin(e^{2x}-1)}=\lim_{x\to 0}\frac{e^{2x}-1}{\sin(e^{2x}-1)}\cdot\frac{2x}{e^{2x}-1}\cdot\frac{\ln(1+2x)}{2x}$

$\because\displaystyle\lim_{x\to 0}\frac{e^{2x}-1}{\sin(e^{2x}-1)}=1,\ \lim_{x\to 0}\frac{2x}{e^{2x}-1}=1$ 且 $\displaystyle\lim_{x\to 0}\frac{\ln(1+2x)}{2x}=1\quad\therefore\displaystyle\lim_{x\to 0}\frac{\ln(1+2x)}{\sin(e^{2x}-1)}=1$

範例 8.

求 $\displaystyle\lim_{x\to 0}\frac{\tan 3x-\sin 3x}{x^3}=?$

【解】

$$\because \frac{\tan 3x - \sin 3x}{x^3} = \frac{\frac{\sin 3x}{\cos 3x} - \sin 3x}{x^3} = \frac{\sin 3x - \sin 3x \cos 3x}{x^3 \cos 3x}$$

$$= \frac{\sin 3x\,(1 - \cos 3x)}{x^3 \cos 3x} = 27\left(\frac{1}{\cos 3x} \cdot \frac{\sin 3x}{3x} \cdot \frac{1 - \cos 3x}{9x^2}\right)$$

$$\because \lim_{x \to 0} \frac{\sin 3x}{3x} = 1 \ \ \text{且} \ \ \lim_{x \to 0} \frac{1 - \cos 3x}{9x^2} = \frac{1}{2}$$

$$\therefore \lim_{x \to 0} \frac{\tan 3x - \sin 3x}{x^3} = 27\left(\lim_{x \to 0} \frac{1}{\cos 3x} \cdot \frac{\sin 3x}{3x} \cdot \frac{1 - \cos 3x}{9x^2}\right) = \frac{27}{2}$$

範例 9.

$$求 \ \ \lim_{x \to 0} \frac{\sin(3 \sin x)}{\sin x} = ?$$

【解】

$$令 \ 3 \sin x = t \ \ 則 \ \ \lim_{x \to 0} \frac{\sin(3 \sin x)}{\sin x} = 3 \lim_{t \to 0} \frac{\sin t}{t} = 3$$

範例 10.

$$求 \ \ \lim_{x \to 0} \frac{\sec^2 x - \tan^2 x \cos x - 1}{x^4} = ?$$

【解】

$$\because \frac{\sec^2 x - \tan^2 x \cos x - 1}{x^4} = \frac{1 - \sin^2 x \cos x - \cos^2 x}{x^4 \cos^2 x}$$

$$= \frac{\sin^2 x - \sin^2 x \cos x}{x^4 \cos^2 x} = \frac{\sin^2 x\,(1 - \cos x)}{x^4 \cos^2 x} = \frac{1}{\cos^2 x}\left(\frac{\sin^2 x}{x^2} \cdot \frac{1 - \cos x}{x^2}\right)$$

$$\because \lim_{x \to 0} \frac{\sin^2 x}{x^2} = 1 \ \ \text{且} \ \ \lim_{x \to 0} \frac{1 - \cos x}{x^2} = \frac{1}{2}$$

$$\therefore \lim_{x \to 0} \frac{\sec^2 x - \tan^2 x \cos x - 1}{x^4} = \lim_{x \to 0} \frac{1}{\cos^2 x}\left(\frac{\sin^2 x}{x^2} \cdot \frac{1 - \cos x}{x^2}\right) = \frac{1}{2}$$

範例 11.

$$求 \ \ \lim_{x \to 0} \frac{\cos 2x - 4 \cos x + 3}{x^4} = ?$$

【解】

$$\because \frac{\cos 2x - 4\cos x + 3}{x^4} = \frac{2\cos^2 x - 1 - 4\cos x + 3}{x^4}$$

$$= \frac{2(\cos^2 x - 2\cos x + 1)}{x^4} = \frac{2(\cos x - 1)^2}{x^4} = 2\left(\frac{\cos x - 1}{x^2}\right)^2$$

$$\because \lim_{x \to 0} \frac{1 - \cos x}{x^2} = \frac{1}{2} \qquad \therefore \lim_{x \to 0} \frac{\cos 2x - 4\cos x + 3}{x^4} = \lim_{x \to 0} 2\left(\frac{\cos x - 1}{x^2}\right)^2 = 2\left(\frac{1}{2}\right)^2 = \frac{1}{2}$$

範例 12.

$$\text{求} \quad \lim_{x \to 0} \frac{\sin(1 - \cos x)}{x^2} = ?$$

【解】

$$\because \frac{\sin(1 - \cos x)}{x^2} = \frac{\sin(1 - \cos x)}{1 - \cos x} \cdot \frac{1 - \cos x}{x^2}$$

$$\because \lim_{x \to 0} \frac{\sin(1 - \cos x)}{1 - \cos x} = 1 \text{ 且 } \lim_{x \to 0} \frac{1 - \cos x}{x^2} = \frac{1}{2} \qquad \therefore \lim_{x \to 0} \frac{\sin(1 - \cos x)}{x^2} = \frac{1}{2}$$

範例 13.

$$\text{求} \quad \lim_{x \to 0} \frac{x^2}{\tan 3x} \cdot \sin \frac{1}{x} = ?$$

【解】

$$\because \frac{x^2}{\tan 3x} \cdot \sin \frac{1}{x} = \frac{1}{3}\left(\frac{3x}{\tan 3x} \cdot x \sin \frac{1}{x}\right) \quad \text{且 } \lim_{x \to 0} \frac{3x}{\tan 3x} = 1, \quad \lim_{x \to 0} x \sin \frac{1}{x} = 0$$

$$\therefore \lim_{x \to 0} \frac{x^2}{\tan 3x} \cdot \sin \frac{1}{x} = \frac{1}{3} \lim_{x \to 0} \frac{3x}{\tan 3x} \cdot x \sin \frac{1}{x} = 0$$

範例 14.

$$\text{求} \quad \lim_{x \to 0} \frac{\sin(\sin 5x)}{x} = ?$$

【解】

$$\because \frac{\sin(\sin 5x)}{x} = 5\left(\frac{\sin(\sin 5x)}{\sin 5x} \cdot \frac{\sin 5x}{5x}\right)$$

$$\text{令 } \sin 5x = t \text{ 則 } \lim_{x \to 0} \frac{\sin(\sin 5x)}{\sin 5x} = \lim_{t \to 0} \frac{\sin t}{t} = 1$$

$$\because \lim_{x \to 0} \frac{\sin 5x}{5x} = 1 \quad \therefore \lim_{x \to 0} \frac{\sin(\sin x)}{x} = \lim_{x \to 0} 5 \left(\frac{\sin(\sin 5x)}{\sin 5x} \cdot \frac{\sin 5x}{5x} \right) = 5$$

範例 15.

$$求 \quad \lim_{x \to 2} \frac{\sin \pi x}{x - 2} = ?$$

【解】

令 $x - 2 = t$

$$則 \ \frac{\sin \pi x}{x - 2} = \frac{\sin(t\pi + 2\pi)}{t} = \frac{\sin t\pi \cos 2\pi + \cos t\pi \sin 2\pi}{t} = \frac{\sin t\pi}{t} = \pi \left(\frac{\sin t\pi}{t\pi} \right)$$

$$\therefore \lim_{x \to 2} \frac{\sin \pi x}{x - 2} = \lim_{t \to 0} \pi \left(\frac{\sin t\pi}{t\pi} \right) = \pi$$

範例 16.

$$求 \quad \lim_{x \to 0} \frac{(1 - \cos x)^2}{5x^4} = ?$$

【解】

$$\because \frac{(1 - \cos x)^2}{5x^4} = \frac{1}{5} \cdot \left(\frac{1 - \cos x}{x^2} \right)^2 \quad 且 \quad \lim_{x \to 0} \frac{1 - \cos x}{x^2} = \frac{1}{2}$$

$$\therefore \lim_{x \to 0} \frac{(1 - \cos x)^2}{5x^4} = \lim_{x \to 0} \frac{1}{5} \cdot \left(\frac{1 - \cos x}{x^2} \right)^2 = \frac{1}{5} \cdot \left(\frac{1}{2} \right)^2 = \frac{1}{20}$$

範例 17.

$$求 \quad \lim_{x \to 0^+} \frac{1 - \cos x^{\frac{1}{3}}}{x^{\frac{2}{3}}} = ?$$

【解】

$$令 \ x^{\frac{1}{3}} = t \ 則 \ \frac{1 - \cos x^{\frac{1}{3}}}{x^{\frac{2}{3}}} = \frac{1 - \cos t}{t^2} \quad \therefore \lim_{x \to 0^+} \frac{1 - \cos x^{\frac{1}{3}}}{x^{\frac{2}{3}}} = \lim_{t \to 0^+} \frac{1 - \cos t}{t^2} = \frac{1}{2}$$

範例 18.

$$求 \quad \lim_{x \to 0} \frac{x^2}{\sqrt{1 + x \sin x} - \sqrt{\cos x}} = ?$$

【解】

$$\because \frac{x^2}{\sqrt{1+x\sin x}-\sqrt{\cos x}} = \frac{x^2\left(\sqrt{1+x\sin x}+\sqrt{\cos x}\right)}{1+x\sin x-\cos x}$$

$$= \frac{\sqrt{1+x\sin x}+\sqrt{\cos x}}{\dfrac{1+x\sin x-\cos x}{x^2}} = \frac{\sqrt{1+x\sin x}+\sqrt{\cos x}}{\dfrac{1-\cos x}{x^2}+\dfrac{\sin x}{x}},\ \forall 0<x<\frac{\pi}{2}$$

$$\because \lim_{x\to 0}\frac{\sin x}{x}=1 \ \text{且}\ \lim_{x\to 0}\frac{1-\cos x}{x^2}=\frac{1}{2}$$

$$\therefore \lim_{x\to 0}\frac{x^2}{\sqrt{1+x\sin x}-\sqrt{\cos x}} = \lim_{x\to 0}\frac{\left(\sqrt{1+x\sin x}+\sqrt{\cos x}\right)}{\dfrac{1-\cos x}{x^2}+\dfrac{\sin x}{x}} = \frac{2}{\dfrac{3}{2}} = \frac{4}{3}$$

範例 19.

$$求\ \lim_{x\to 0}\frac{\tan 2x-\sin 2x}{x}=?$$

【解】

$$\because \frac{\tan 2x-\sin 2x}{x} = \frac{\dfrac{\sin 2x}{\cos 2x}-\sin 2x}{x} = \frac{\sin 2x-\sin 2x\cos 2x}{x\cos 2x}$$

$$= \frac{\sin 2x\,(1-\cos 2x)}{x\cos 2x} = 2\left(\frac{1}{\cos 2x}\cdot\frac{\sin 2x}{2x}\cdot(1-\cos 2x)\right)$$

$$\because \lim_{x\to 0}\frac{\sin 2x}{2x}=1 \ \text{且}\ \lim_{x\to 0}1-\cos 2x=0$$

$$\therefore \lim_{x\to 0}\frac{\tan 2x-\sin 2x}{x} = 2\lim_{x\to 0}\frac{1}{\cos 2x}\cdot\frac{\sin 2x}{2x}\cdot(1-\cos 2x)=0$$

範例 20.

$$求\ \lim_{x\to 0}\frac{x+\tan x-x\cos x-\sin x}{x^3}=?$$

【解】

$$\because \frac{x+\tan x-x\cos x-\sin x}{x^3} = \frac{x+\dfrac{\sin x}{\cos x}-x\cos x-\sin x}{x^3}$$

$$= \frac{x\cos x - x\cos^2 x + \sin x - \sin x\cos x}{x^3\cos x} = \frac{1}{\cos x}\left(\frac{\cos x\,(1-\cos x)}{x^2} + \frac{\sin x}{x}\cdot\frac{1-\cos x}{x^2}\right)$$

$$\because \lim_{x\to 0}\frac{\sin x}{x} = 1 \ \text{且} \ \lim_{x\to 0}\frac{1-\cos x}{x^2} = \frac{1}{2}$$

$$\therefore \lim_{x\to 0}\frac{x+\tan x - x\cos x - \sin x}{x^3} = \lim_{x\to 0}\frac{1}{\cos x}\left(\frac{\cos x\,(1-\cos x)}{x^2} + \frac{\sin x}{x}\cdot\frac{1-\cos x}{x^2}\right) = 1$$

1.3.9　高斯函數的極限

【定義】

[x] 代表不大於 x 的最大整數, 稱 [ ] 為高斯函數

由定義可知 $n \le x < n+1 \Leftrightarrow [x] = n$, 因此 $[x] \le x < [x]+1 \Rightarrow x-1 < [x] \le x$, 計算高斯函數的極限, 可藉由此不等式搭配夾擠定理求得, 再者也可嘗試計算高斯函數的左極限與右極限是否相等, 相等時其等於極限值, 反之則極限不存在

考試類型:

題型 1.

Assume $f(x) > 0$ and $g(x) > 0$, $\forall x > 0$　求 $\lim\limits_{x\to n} f(x)[g(x)] =?$, $\forall n \in N$

解題流程:

$$\because g(x)-1 < [g(x)] \le g(x) \quad \therefore f(x)(g(x)-1) < f(x)[g(x)] \le f(x)g(x)$$

如果 $\lim\limits_{x\to n} f(x)(g(x)-1) = \lim\limits_{x\to n} f(x)g(x) = L$ 則 $\lim\limits_{x\to n} f(x)[g(x)] = L$

範例 1.

(1) 求 $\lim\limits_{x\to 0^+} \dfrac{[2x]}{x} =?$　　　　(2) 求 $\lim\limits_{x\to 0} \left[\dfrac{2}{x}\right] x =?$

(3) 求 $\lim\limits_{x\to n}[x - [x]] =?$　　(4) 求 $\lim\limits_{x\to n}[[x] - x] =?$

(5) 求 $\lim\limits_{x\to 1} 2 - x + [x] + [1-x] =?$

【解】

(1)

Let $\varepsilon > 0$, choose $\delta = \dfrac{1}{3}$ s.t. $0 < x < \delta \Rightarrow [2x] = 0$ $\therefore 0 < x < \delta \Rightarrow \left| \dfrac{[2x]}{x} \right| < \varepsilon$

$\Rightarrow \lim\limits_{x \to 0^+} \dfrac{[2x]}{x} = 0$

(2)

$\because \dfrac{2}{x} - 1 < \left[\dfrac{2}{x}\right] \le \dfrac{2}{x}$ $\therefore \lim\limits_{x \to 0^+} 2 - x < \lim\limits_{x \to 0^+} \left[\dfrac{2}{x}\right] x \le \lim\limits_{x \to 0^+} \dfrac{2x}{x} \Rightarrow \lim\limits_{x \to 0^+} \left[\dfrac{2}{x}\right] x = 2$

$\therefore \lim\limits_{x \to 0^-} 2 - x > \lim\limits_{x \to 0^-} \left[\dfrac{2}{x}\right] x \ge \lim\limits_{x \to 0^-} \dfrac{2x}{x} \Rightarrow \lim\limits_{x \to 0^-} \left[\dfrac{2}{x}\right] x = 2$ $\Rightarrow \lim\limits_{x \to 0} \left[\dfrac{2}{x}\right] x = 0$

(3)

$\because \lim\limits_{x \to n^+} \big[x - [x]\big] = \lim\limits_{x \to n^+} [x - n] = \lim\limits_{\varepsilon \to 0^+} [\varepsilon] = 0$

$\because \lim\limits_{x \to n^-} \big[x - [x]\big] = \lim\limits_{\varepsilon \to 0^+} [n - \varepsilon - (n - 1)] = \lim\limits_{\varepsilon \to 0^+} [1 - \varepsilon] = 0$ $\therefore \lim\limits_{x \to n} \big[x - [x]\big] = 0$

(4)

$\because \lim\limits_{x \to n^+} \big[[x] - x\big] = \lim\limits_{x \to n^+} [n - x] = \lim\limits_{\varepsilon \to 0^-} [\varepsilon] = -1$

$\because \lim\limits_{x \to n^-} \big[[x] - x\big] = \lim\limits_{\varepsilon \to 0^+} [(n - 1) - (n - \varepsilon)] = \lim\limits_{\varepsilon \to 0^+} [-1 + \varepsilon] = -1$ $\therefore \lim\limits_{x \to n} \big[[x] - x\big] = -1$

(5)

$\because \lim\limits_{x \to 1^+} 2 - x + [x] + [1 - x] = \lim\limits_{\varepsilon \to 0^+} 2 - 1 + 1 + [-\varepsilon] = 1$

$\because \lim\limits_{x \to 1^-} 2 - x + [x] + [1 - x] = \lim\limits_{\varepsilon \to 0^+} 2 - 1 + 0 + [\varepsilon] = 1$ $\therefore \lim\limits_{x \to 1} 2 - x + [x] + [1 - x] = 1$

範例 2.

$$\text{求} \quad \lim\limits_{x \to 2^-} \left(\dfrac{[x] - 1}{[x^2] - 4} + \dfrac{x + 4}{[x]^2 - 4} \right) = ?$$

【解】

$$\lim\limits_{x \to 2^-} \left(\dfrac{[x] - 1}{[x^2] - 4} + \dfrac{x + 4}{[x]^2 - 4} \right) = \dfrac{1 - 1}{3 - 4} + \dfrac{2 + 4}{1 - 4} = 0 - 2 = -2$$

範例 3.

$$\text{求} \quad \lim_{x \to 0^+} x^2 \left[\frac{1}{x} - \frac{2}{x^2}\right] = ?$$

【解】

$$\because \frac{1}{x} - \frac{2}{x^2} - 1 < \left[\frac{1}{x} - \frac{2}{x^2}\right] \le \frac{1}{x} - \frac{2}{x^2} \quad \therefore \frac{x^2}{x} - \frac{2x^2}{x^2} - x^2 < x^2 \left[\frac{1}{x} - \frac{2}{x^2}\right] \le \frac{x^2}{x} - \frac{2x^2}{x^2}, \quad \forall x > 0$$

$$\because \lim_{x \to 0^+} \frac{x^2}{x} - \frac{2x^2}{x^2} = \lim_{x \to 0^+} x - 2 = -2$$

$$\because \lim_{x \to 0^+} \frac{x^2}{x} - \frac{2x^2}{x^2} - x^2 = \lim_{x \to 0^+} x - 2 - x^2 = -2 \quad \therefore \lim_{x \to 0^+} x^2 \left[\frac{1}{x} - \frac{2}{x^2}\right] = -2$$

範例 4.

$$\text{求} \quad \lim_{x \to \infty} \frac{5x + 2}{[x] + 3} = ?$$

【解】

$$\because x - 1 < [x] \le x \quad \therefore x + 2 < [x] + 3 \le x + 3, \quad \forall x > 0 \Rightarrow \frac{5x + 2}{x + 3} \le \frac{5x + 2}{[x] + 3} < \frac{5x + 2}{x + 2}$$

$$\because \lim_{x \to \infty} \frac{5x + 2}{x + 2} = \lim_{x \to \infty} \frac{5x + 2}{x + 3} = 5 \quad \therefore \lim_{x \to \infty} \frac{5x + 2}{[x] + 3} = 5$$

範例 5.

$$\text{求} \quad \lim_{x \to \infty} \frac{[x] - 3}{2x + 1} = ?$$

【解】

$$\because x - 1 < [x] \le x \quad \therefore x - 4 < [x] - 3 \le x - 3, \quad \forall x > 0 \Rightarrow \frac{x - 4}{2x + 1} \le \frac{[x] - 3}{2x + 1} < \frac{x - 3}{2x + 1}$$

$$\because \lim_{x \to \infty} \frac{x - 4}{2x + 1} = \lim_{x \to \infty} \frac{x - 3}{2x + 1} = \frac{1}{2} \quad \therefore \lim_{x \to \infty} \frac{[x] - 3}{2x + 1} = \frac{1}{2}$$

範例 6.

$$\text{求} \quad \lim_{x \to 10^-} \frac{[x^k] - x^k}{[x] - x} = ?, \quad \forall k \in N$$

【解】

Let $k \in N$ then $\displaystyle\lim_{x\to 10^-} \frac{[x^k] - x^k}{[x] - x} = \lim_{x\to 10^-} \frac{(10^k - 1) - 10^k}{9 - 10} = 1$

範例 7.

$$求 \quad \lim_{x\to 1^+} \frac{\left[[x^2] - [x]^2\right]}{x^2 - 1} = ?$$

【解】

Let $\varepsilon > 0$, choose $\delta = \dfrac{6}{5}$ s.t. $1 < x < \delta \Rightarrow [x^2] = [x]^2 = 1$

$\therefore 1 < x < \delta \Rightarrow \left|\dfrac{\left[[x^2] - [x]^2\right]}{x^2 - 1}\right| = 0 < \varepsilon \quad \therefore \lim_{x\to 1^+} \dfrac{\left[[x^2] - [x]^2\right]}{x^2 - 1} = 0$

範例 8.

$$求 \quad \lim_{x\to \frac{\pi}{2}}[\sin 2x] = ?$$

【解】

$\because \lim_{x\to \frac{\pi}{2}^+}[\sin 2x] = -1$ and $\lim_{x\to \frac{\pi}{2}^-}[\sin 2x] = 0$

$\therefore \lim_{x\to \frac{\pi}{2}^+}[\sin 2x] \neq \lim_{x\to \frac{\pi}{2}^-}[\sin 2x] \Rightarrow \lim_{x\to \frac{\pi}{2}}[\sin 2x]$ 不存在

範例 9.

$$求 \quad \lim_{x\to \frac{\pi}{2}}[\cos x] = ?$$

【解】

$\because \lim_{x\to \frac{\pi}{2}^+}[\cos x] = -1$ and $\lim_{x\to \frac{\pi}{2}^-}[\cos x] = 0 \quad \therefore \lim_{x\to 0}[\cos x]$ 不存在

範例 10.

$$求 \quad \lim_{x\to \frac{\pi}{4}}[\tan x] = ?$$

【解】

$$\because \lim_{x\to\frac{\pi}{4}^+}[\tan x]=1 \ \text{ and } \ \lim_{x\to\frac{\pi}{4}^-}[\tan x]=0 \ \ \therefore \lim_{x\to\frac{\pi}{4}^+}[\tan x]\neq \lim_{x\to\frac{\pi}{4}^-}[\tan x] \ \Rightarrow \ \lim_{x\to\frac{\pi}{4}}[\tan x] \ 不存在$$

範例 11.

$$求 \ \lim_{x\to 0}\lvert[x]\rvert=?$$

【解】

$$\because \lim_{x\to 0^+}\lvert[x]\rvert=\lim_{x\to 0^+}\lvert 0\rvert=0 \ \text{ and } \ \lim_{x\to 0^-}\lvert[x]\rvert=\lvert -1\rvert=1$$

$$\therefore \lim_{x\to 0^+}\lvert[x]\rvert\neq \lim_{x\to 0^-}\lvert[x]\rvert \ \Rightarrow \ \lim_{x\to 0}\lvert[x]\rvert \ 不存在$$

範例 12.

$$求 \ \lim_{x\to 0^-}\frac{[x+1]-\lvert x\rvert}{x}=?$$

【解】

$$\lim_{x\to 0^-}\frac{[x+1]-\lvert x\rvert}{x}=\lim_{x\to 0^-}\frac{0+x}{x}=1$$

範例 13.

$$求 \ \lim_{x\to 3}[6x-x^2]=?$$

【解】

$$\because 6x-x^2=-(x-3)^2+9 \ \ \therefore \lim_{x\to 3^+}[6x-x^2]=\lim_{x\to 3^+}[-(x-3)^2+9]=8$$

$$\therefore \lim_{x\to 3^-}[6x-x^2]=\lim_{x\to 3^-}[-(x-3)^2+9]=8 \ \Rightarrow \ \lim_{x\to 3}[6x-x^2]=8$$

範例 14.

$$求 \ \lim_{x\to a}\big[x-[x-2]\big]=?, \ \ \forall a\in R$$

【解】

$$\because x-3<[x-2]\leq x-2 \ \ \therefore x-(x-2)\leq x-[x-2]<x-(x-3)$$

$$\Rightarrow 2=x-(x-2)\leq x-[x-2]<x-(x-3)=3$$

$$\Rightarrow \big[x - [x-2]\big] = 2, \ \forall x \in R \qquad \therefore \lim_{x \to a}\big[x - [x-2]\big] = 2, \ \forall a \in R$$

範例 15.

$$\text{假設 } f(x) = \begin{cases} x[x], & x < 2 \\ 3x - 4, & x \geq 2 \end{cases}, \ \text{求 } \lim_{x \to 2^-} f(x) =?, \ \lim_{x \to 2^+} f(x) =?$$

【解】

$$\lim_{x \to 2^-} f(x) = \lim_{x \to 2^-} x[x] = 2 \cdot 1 = 2 \quad \text{and} \quad \lim_{x \to 2^+} f(x) = \lim_{x \to 2^+} 3x - 4 = 2$$

範例 16.

$$\text{求 } \lim_{x \to 0}[|x|] = ?$$

【解】

$$\because \lim_{x \to 0^+}[|x|] = \lim_{x \to 0^+}[x] = 0 \quad \text{and} \quad \lim_{x \to 0^-}[|x|] = \lim_{x \to 0^-}[-x] = 0 \quad \therefore \lim_{x \to 0}[|x|] = 0$$

範例 17.

$$\text{假設 } \lim_{x \to 0}\left[\frac{f(x)}{x}\right] \text{ 存在, 求 } \lim_{x \to 0} f(x) = ?$$

【解】

$$\because \frac{f(x)}{x} - 1 < \left[\frac{f(x)}{x}\right] \leq \frac{f(x)}{x} < \left[\frac{f(x)}{x}\right] + 1, \ \forall x \in R$$

$$\therefore x\left[\frac{f(x)}{x}\right] \leq f(x) < x\left[\frac{f(x)}{x}\right] + x, \ \forall x > 0 \ \text{and} \ x\left[\frac{f(x)}{x}\right] \geq f(x) > x\left[\frac{f(x)}{x}\right] + x, \ \forall x < 0$$

$$\because \lim_{x \to 0}\left[\frac{f(x)}{x}\right] \text{ 存在}$$

$$\therefore \lim_{x \to 0^+} x\left[\frac{f(x)}{x}\right] = \lim_{x \to 0^+} x\left[\frac{f(x)}{x}\right] + x = \lim_{x \to 0^-} x\left[\frac{f(x)}{x}\right] = \lim_{x \to 0^-} x\left[\frac{f(x)}{x}\right] + x = 0$$

$$\Rightarrow \lim_{x \to 0} f(x) = 0$$

範例 18.

求 $\displaystyle\lim_{x \to 0^+} x^3 \left[\frac{1}{x^2}\right] = ?$

【解】

$\because \dfrac{1}{x^2} - 1 < \left[\dfrac{1}{x^2}\right] \leq \dfrac{1}{x^2} \quad \therefore \dfrac{x^3}{x^2} - x^3 < x^3 \left[\dfrac{1}{x^2}\right] \leq \dfrac{x^3}{x^2}, \ \ \forall x > 0$

$\because \displaystyle\lim_{x \to 0^+} \dfrac{x^3}{x^2} = \lim_{x \to 0^+} \dfrac{x^3}{x^2} - x^3 = 0 \quad \therefore \displaystyle\lim_{x \to 0^+} x^3 \left[\dfrac{1}{x^2}\right] = 0$

範例 19.

求 $\displaystyle\lim_{x \to 0^+} x^{k+1} \left[\frac{1}{x^k}\right] = ?, \ \ \forall k \in N$

【解】

令 $k \in N, \ \because \dfrac{1}{x^k} - 1 < \left[\dfrac{1}{x^k}\right] \leq \dfrac{1}{x^k} \quad \therefore \dfrac{x^{k+1}}{x^k} - x^{k+1} < x^{k+1} \left[\dfrac{1}{x^k}\right] \leq \dfrac{x^{k+1}}{x^k}, \ \ \forall 0 < x < 1$

$\because \displaystyle\lim_{x \to 0^+} \dfrac{x^{k+1}}{x^k} - x^{k+1} = \lim_{x \to 0^+} \dfrac{x^{k+1}}{x^k} = 0 \quad \therefore \displaystyle\lim_{x \to 0^+} x^{k+1} \left[\dfrac{1}{x^k}\right] = 0$

1.3.10　使用 ε、δ 證明收斂的極限值

之前求極限值皆是將各個題型轉為直接帶入型, 此節介紹如何藉由 ε, δ 證明函數的極限, 以及如何造出數列說明函數的極限不存在

考試類型:

題型 1.

使用 ε, δ 說明 $\displaystyle\lim_{x \to c} f(x) = a, \ \ \forall n \in N$

解題流程:

令 $\varepsilon > 0, \ $ 找 $g(x)$ 使得 $|f(x) - a| < \varepsilon \Leftrightarrow \ |x - c| < g(\varepsilon)$

Choose $\delta = g(\varepsilon)$ 使得 $0 < |x - c| < \ \delta = g(\varepsilon)$ 則 $\ |f(x) - a| < \varepsilon$

題型 2.

假設 $f(x) = \begin{cases} f_1(x), & x \in 有理數 \\ f_2(x), & x \in 無理數 \end{cases}$ ， 求 $\lim\limits_{x \to c} f(x) = ?$

解題流程:

(i)說明極限存在時

Claim: $\lim\limits_{x \to c} f(x)$ 存在且 $\lim\limits_{x \to c} f(x) = a$

令 $\varepsilon > 0$, 找 $g_1(x)$, $g_2(x)$使得

$|f_1(x) - a| < \varepsilon \Leftrightarrow |x - c| < g_1(\varepsilon), \ \forall x \in 有理數$

$|f_2(x) - a| < \varepsilon \Leftrightarrow |x - c| < g_2(\varepsilon), \ \forall x \in 無理數$

choose $\delta = \min\{g_1(\varepsilon), g_2(\varepsilon)\}$

使得 $0 < |x - c| < \delta = \min\{g_1(\varepsilon), g_2(\varepsilon)\}$ 則 $|f(x) - a| < \varepsilon$

(ii)說明極限不存在時

Claim: $\lim\limits_{x \to c} f(x)$ 不存在

找 $\{x_n\}_{n=1}^{\infty} \in 有理數$、$\{y_n\}_{n=1}^{\infty} \in 無理數$ 且 $\lim\limits_{n \to \infty} x_n = \lim\limits_{n \to \infty} y_n = c$

使得 $\lim\limits_{x_n \to c} f(x_n) = \lim\limits_{x_n \to c} f_1(x_n) \neq \lim\limits_{y_n \to c} f(y_n) = \lim\limits_{y_n \to c} f_2(y_n)$ $\quad \therefore \lim\limits_{x \to c} f(x)$ 不存在

範例 1.

  使用極限定義, 試證 $\lim\limits_{x \to 1} 2x + 5 = 7$

【解】

令 $\varepsilon > 0$, $\quad \because |2x + 5 - 7| < \varepsilon \Leftrightarrow |2x - 2| < \varepsilon \Leftrightarrow 2|x - 1| < \varepsilon \Leftrightarrow |x - 1| < \dfrac{\varepsilon}{2}$

取 $\delta = \dfrac{\varepsilon}{2}$ 使得 若 $|x - 1| < \delta$ 則 $|x - 1| < \dfrac{\varepsilon}{2}$ $\quad \therefore |2x + 5 - 7| < \varepsilon \Rightarrow \lim\limits_{x \to 1} 2x + 5 = 7$

範例 2.

  使用極限定義, 試證 $\lim\limits_{x \to 3} \sqrt{x} = \sqrt{3}$

【解】

令 $\varepsilon > 0$, $\because \left|\sqrt{x} - \sqrt{3}\right| < \varepsilon \Leftrightarrow \dfrac{|x - 3|}{\left|\sqrt{x} + \sqrt{3}\right|} < \varepsilon$, $\forall x > 0$

取 $\delta = \min\{1, \sqrt{3}\varepsilon\}$ 使得 若 $|x - 3| < \delta$ 則 $2 < x < 4$

$\therefore \dfrac{|x - 3|}{\left|\sqrt{x} + \sqrt{3}\right|} < \dfrac{\delta}{\left|\sqrt{x} + 3\right|} < \dfrac{\delta}{\sqrt{3}} \leq \varepsilon$ $\therefore \left|\sqrt{x} - \sqrt{3}\right| < \varepsilon \Rightarrow \lim_{x \to 3} \sqrt{x} = \sqrt{3}$

範例 3.

使用極限定義, 試證 $\lim_{x \to 3} x^2 = 9$

【解】

令 $\varepsilon > 0$, $\because |x^2 - 9| < \varepsilon \Leftrightarrow |(x - 3)(x + 3)| < \varepsilon$

取 $\delta = \min\left\{1, \dfrac{\varepsilon}{7}\right\}$ 使得 若 $|x - 3| < \delta$ 則 $|x - 3| \leq 1 \Rightarrow |x + 3| < 7$

$\therefore |x^2 - 9| = |(x - 3)(x + 3)| < 7\delta < \varepsilon \Rightarrow \lim_{x \to 3} x^2 = 9$

範例 4.

使用極限定義, 試證 $\lim_{x \to 2} \cos x = \cos 2$

【解】

令 $\varepsilon > 0$, $\because |\cos x - \cos 2| < \varepsilon \Leftrightarrow \left|2 \sin \dfrac{x + 2}{2} \sin \dfrac{x - 2}{2}\right| < \varepsilon$

$\because \left|2 \sin \dfrac{x + 2}{2} \sin \dfrac{x - 2}{2}\right| < \left|2 \sin \dfrac{x - 2}{2}\right| < 2 \cdot \left|\dfrac{x - 2}{2}\right| = |x - 2|$, $\forall 0 < x - 2 < \pi$

取 $\delta = \min\{\varepsilon, 2 + \pi\}$ 使得 若 $|x - 2| < \delta$

則 $|\cos x - \cos 2| = \left|2 \sin \dfrac{x + 2}{2} \sin \dfrac{x - 2}{2}\right| < |x - 2| < \delta \leq \varepsilon$ $\therefore \lim_{x \to 2} \cos x = \cos 2$

範例 5.

使用極限定義, 試證 $\lim_{x \to \infty} \dfrac{2}{x} = 0$

【解】

令 $\varepsilon > 0$, 取 $M \in N$ 使得 $\dfrac{2}{M} < \varepsilon$ 則 $x > M \Rightarrow \left|\dfrac{2}{x}\right| < \dfrac{2}{M} < \varepsilon$　　$\therefore \lim\limits_{x \to \infty} \dfrac{2}{x} = 0$

範例 6.

　　使用極限定義, 試證 $\lim\limits_{x \to 0^+} \dfrac{2}{x} = \infty$

【解】

令 $M \in N$, 取 $\delta = \dfrac{2}{M}$ 使得 $0 < x < \delta$ 則 $\left|\dfrac{2}{x}\right| > \dfrac{2}{\delta} = M \Rightarrow \lim\limits_{x \to 0^+} \dfrac{2}{x} = \infty$

範例 7.

　　使用極限定義, 試證 $\lim\limits_{u \to \infty} \dfrac{\sqrt{u^2 + 1}}{u} = 1$

【解】

令 $u = \dfrac{1}{x}$ 則 $\dfrac{\sqrt{u^2 + 1}}{u} = \dfrac{\sqrt{\dfrac{1}{x^2} + 1}}{\dfrac{1}{x}} = \sqrt{x^2 + 1}$

$\therefore \lim\limits_{u \to \infty} \dfrac{\sqrt{u^2 + 1}}{u} = 1 \Leftrightarrow \lim\limits_{x \to 0} \sqrt{x^2 + 1} = 1$

令 $\varepsilon > 0$,　$\because \left|\sqrt{x^2 + 1} - 1\right| < \varepsilon \Leftrightarrow \left|\dfrac{x^2}{\sqrt{x^2 + 1} + 1}\right| < \varepsilon$

取 $\delta = \sqrt{\varepsilon}$ 使得 若 $|x| < \delta$ 則 $\left|\dfrac{x^2}{\sqrt{x^2 + 1} + 1}\right| < \left|\dfrac{x^2}{2}\right| < \dfrac{\delta^2}{2} < \varepsilon$　　$\therefore \left|\sqrt{x^2 + 1} - 1\right| < \varepsilon$

範例 8.

　　使用極限定義, 試證 $\lim\limits_{x \to 4} 3x - 3 = 9$

【解】

令 $\varepsilon > 0$,　$\because |3x - 3 - 9| < \varepsilon \Leftrightarrow |3x - 12| < \varepsilon \Leftrightarrow 3|x - 4| < \varepsilon \Leftrightarrow |x - 4| < \dfrac{\varepsilon}{3}$

取 $\delta = \dfrac{\varepsilon}{3}$ 使得 若 $|x - 4| < \delta$ 則 $|x - 4| < \dfrac{\varepsilon}{3}$　$\therefore |3x - 3 - 9| < \varepsilon \Rightarrow \lim\limits_{x \to 4} 3x - 3 = 9$

範例 9.

使用極限定義，試證 $\displaystyle\lim_{x\to 2}\frac{2x^2 - x - 6}{x - 2} = 7$

【解】

令 $\varepsilon > 0$

$\because \left|\dfrac{2x^2 - x - 6}{x - 2} - 7\right| < \varepsilon \Leftrightarrow \left|\dfrac{2x^2 - x - 6 - 7x + 14}{x - 2}\right| < \varepsilon$

$\Leftrightarrow 2\left|\dfrac{(x-2)^2}{x - 2}\right| < \varepsilon \Leftrightarrow 2|x - 2| < \varepsilon$

取 $\delta = \dfrac{\varepsilon}{2}$ 使得若 $|x - 2| < \delta$ 則 $|x - 2| < \dfrac{\varepsilon}{2}$ $\therefore \left|\dfrac{2x^2 - x - 6}{x - 2} - 7\right| < \varepsilon \Rightarrow \displaystyle\lim_{x\to 2}\frac{2x^2 - x - 6}{x - 2} = 7$

範例 10.

使用極限定義，試證 $\displaystyle\lim_{x\to a} mx + b = ma + b$

【解】

令 $\varepsilon > 0$, $\because |mx + b - (ma + b)| < \varepsilon \Leftrightarrow |m||x - a| < \varepsilon$

取 $\delta = \dfrac{\varepsilon}{|m|}$ 使得 若 $|x - a| < \delta$ 則 $|x - a| < \dfrac{\varepsilon}{|m|}$

$\therefore |mx + b - (ma + b)| < \varepsilon$ $\quad \therefore \displaystyle\lim_{x\to a} mx + b = ma + b$

範例 11.

使用極限定義，試證 $\displaystyle\lim_{x\to a} \sqrt{x} = \sqrt{a},\ \forall a > 0$

【解】

令 $\varepsilon > 0, a > 0$, $\because \left|\sqrt{x} - \sqrt{a}\right| < \varepsilon \Leftrightarrow \dfrac{|x - a|}{|\sqrt{x} + \sqrt{a}|} < \varepsilon,\ \forall x > 0$

取 $\delta = \min\left\{\dfrac{a}{2}, \sqrt{a}\varepsilon\right\}$ 使得 若 $|x - a| < \delta$

則 $\left|\sqrt{x} - \sqrt{a}\right| = \dfrac{|x - a|}{|\sqrt{x} + \sqrt{a}|} < \dfrac{\delta}{|\sqrt{a}|} \leq \dfrac{\sqrt{a}\varepsilon}{|\sqrt{a}|} = \varepsilon$ $\quad \therefore \left|\sqrt{x} - \sqrt{a}\right| < \varepsilon \Rightarrow \displaystyle\lim_{x\to a} \sqrt{x} = \sqrt{a}$

範例 12.

使用極限定義，試證 $\lim\limits_{x \to a} x^2 = a^2$, $\forall a > 0$

【解】

令 $\varepsilon > 0, a > 0$, $\because |x^2 - a^2| < \varepsilon \Leftrightarrow |(x-a)(x+a)| < \varepsilon$

取 $\delta = \min\left\{a, \dfrac{\varepsilon}{3a}\right\}$ 使得若 $|x - a| < \delta$ 則 $|x - a| < a \Rightarrow |x + a| < 3a$

$\therefore |x^2 - a^2| = |(x-a)(x+a)| < 3a\delta \leq \varepsilon \Rightarrow \lim\limits_{x \to a} x^2 = a^2$

範例 13.

使用極限定義，試證 $\lim\limits_{x \to a} \dfrac{1}{x} = \dfrac{1}{a}$, $\forall a > 0$

【解】

令 $\varepsilon, a > 0$, $\because \left|\dfrac{1}{x} - \dfrac{1}{a}\right| < \varepsilon \Leftrightarrow \left|\dfrac{x-a}{xa}\right| < \varepsilon$

取 $\delta = \min\left\{\dfrac{a^2\varepsilon}{2}, \dfrac{a}{2}\right\}$ 使得若 $|x - a| < \delta$ 則 $\dfrac{a}{2} < x < \dfrac{3a}{2}$

$\therefore \left|\dfrac{1}{x} - \dfrac{1}{a}\right| = \left|\dfrac{x-a}{xa}\right| < \left|\dfrac{x-a}{a}\right|\dfrac{2}{a} < \dfrac{2\delta}{a^2} \leq \epsilon \Rightarrow \lim\limits_{x \to a}\dfrac{1}{x} = \dfrac{1}{a}$, $\forall a > 0$

範例 14.

使用極限定義，試證 $\lim\limits_{x \to a} \cos x = \cos a$

【解】

令 $\varepsilon > 0$, $\because |\cos x - \cos a| < \varepsilon \Leftrightarrow \left|2\sin\dfrac{x+a}{2}\sin\dfrac{x-a}{2}\right| < \varepsilon$

$\because \left|2\sin\dfrac{x+a}{2}\sin\dfrac{x-a}{2}\right| < \left|2\sin\dfrac{x-a}{2}\right| < 2\cdot\left|\dfrac{x-a}{2}\right| = |x - a|$, $\forall 0 < |x - a| < \pi$

取 $\delta = \min\{\varepsilon, \pi\}$ 使得若 $|x - a| < \delta$

則 $|\cos x - \cos a| = \left|2\sin\dfrac{x+a}{2}\sin\dfrac{x-a}{2}\right| < |x - a| < \delta \leq \varepsilon$ $\therefore \lim\limits_{x \to a}\cos x = \cos a$

範例 15.

使用極限定義, 試證 $\displaystyle\lim_{x \to a} \sin x = \sin a$

【解】

令 $\varepsilon > 0$, $\because |\sin x - \sin a| < \varepsilon \Leftrightarrow \left|2\cos\dfrac{x+a}{2}\sin\dfrac{x-a}{2}\right| < \varepsilon$

$\because \left|2\cos\dfrac{x+a}{2}\sin\dfrac{x-a}{2}\right| < \left|2\sin\dfrac{x-a}{2}\right| < 2 \cdot \left|\dfrac{x-a}{2}\right| = |x-a|, \ \forall 0 < |x-a| < \pi$

取 $\delta = \min\{\varepsilon, \pi\}$ 使得 若 $|x-a| < \delta$

則 $|\sin x - \sin a| = \left|2\cos\dfrac{x+a}{2}\sin\dfrac{x-a}{2}\right| < |x-a| < \delta \leq \varepsilon$ $\quad \therefore \displaystyle\lim_{x \to a} \sin x = \sin a$

範例 16.

使用極限定義, 試證 $\displaystyle\lim_{x \to 3^+} \dfrac{2}{\sqrt{x-3}} = \infty$

【解】

令 $M \in N$, $\because \left|\dfrac{2}{\sqrt{x-3}}\right| > M \Leftrightarrow \left|\dfrac{4}{x-3}\right| > M^2 \Leftrightarrow |x-3| < \dfrac{4}{M^2}$

取 $\delta = \dfrac{4}{M^2}$ 使得 $|x-3| < \delta$ 則 $|x-3| < \dfrac{4}{M^2}$ $\quad \therefore \left|\dfrac{2}{\sqrt{x-3}}\right| > M \Rightarrow \displaystyle\lim_{x \to 3^+} \dfrac{2}{\sqrt{x-3}} = \infty$

範例 17.

找出最大的 δ 使得如果 $0 < |x| < \delta$ 則 $|e^{-x} - 1| < \dfrac{1}{3}$

【解】

$\because |e^{-x} - 1| < \dfrac{1}{3} \Leftrightarrow \dfrac{2}{3} < e^{-x} < \dfrac{4}{3} \Leftrightarrow \ln\dfrac{2}{3} < -x < \ln\dfrac{4}{3} \Leftrightarrow -\ln\dfrac{4}{3} < x < \ln\dfrac{3}{2}$

取 $\delta = \ln\dfrac{4}{3}$ 使得若 $0 < |x| < \delta$ 則 $-\ln\dfrac{4}{3} < x < \ln\dfrac{4}{3}$

$\therefore -\ln\dfrac{4}{3} < x < \ln\dfrac{3}{2} \Rightarrow |e^{-x} - 1| < \dfrac{1}{3}$

範例 18.

   使用極限定義, 試證 $\lim\limits_{x \to 1} x^3 + 3x^2 - 3x + 4 = 5$

【解】

令 $\varepsilon > 0$

$\because |x^3 + 3x^2 - 3x + 4 - 5| < \varepsilon \Leftrightarrow |x^3 + 3x^2 - 3x - 1| < \varepsilon \Leftrightarrow |x - 1||x^2 + 4x + 1| < \varepsilon$

取 $\delta = \min\{\dfrac{\varepsilon}{13}, 1\}$ 使得 若 $|x - 1| < \delta$ 則 $0 < x < 2$

$\therefore |x - 1||x^2 + 4x + 1| < 13|x - 1| < 13\,\delta \le \varepsilon \quad \therefore |x^3 + 3x^2 - 3x + 4 - 5| < \varepsilon$

$\therefore \lim\limits_{x \to 1} x^3 + 3x^2 - 3x + 4 = 5$

範例 19.

   找出最大的 δ 使得如果 $0 < |x - 4| < \delta$ 則 $\left|\sqrt{x} - 2\right| < 0.3$

【解】

$\because \left|\sqrt{x} - 2\right| < 0.3 \Leftrightarrow 1.7 < \sqrt{x} < 2.3 \Leftrightarrow (1.7)^2 < x < (2.3)^2$

$\Leftrightarrow (1.7)^2 - 4 < x - 4 < (2.3)^2 - 4 \Leftrightarrow -(4 - (1.7)^2) < x - 4 < (2.3)^2 - 4$

$\Leftrightarrow -1.11 < x - 4 < 1.29$

取 $\delta = 1.11$ 則 若 $0 < |x - 4| < \delta$ 則 $-1.11 < x - 4 < 1.11$

$\therefore -1.11 < x - 4 < 1.29 \Rightarrow \left|\sqrt{x} - 2\right| < 0.3$

範例 20.

   找出最大的 δ 使得如果 $0 < |x - 1| < \delta$ 則 $\left|\sqrt{x} - 2\right| < 2$

【解】

$\because \left|\sqrt{x} - 2\right| < 2 \Leftrightarrow 0 < \sqrt{x} < 4 \Leftrightarrow 0 < x < 16 \Leftrightarrow -1 < x - 1 < 15$

取 $\delta = 1$ 使得若 $0 < |x - 1| < \delta$ 則 $0 < x < 2 \quad \therefore -1 < x - 1 < 1 \Rightarrow \left|\sqrt{x} - 2\right| < 2$

範例 21.

   使用極限定義, 試證 $\lim\limits_{x \to 2} x^2 - x + 2 = 4$

【解】

令 $\varepsilon > 0, \quad \because |x^2 - x + 2 - 4| < \varepsilon \Leftrightarrow |(x - 2)(x + 1)| < \varepsilon$

取 $\delta = \min\left\{\dfrac{\varepsilon}{4}, 1\right\}$ 使得 若 $|x - 2| < \delta \le 1$ 則 $|x + 1| < 4$

$$\therefore |(x-2)(x+1)| < 4|(x-2)| < 4\delta \leq \varepsilon \quad \therefore |x^2 - x + 2 - 4| < \varepsilon \Rightarrow \lim_{x \to 2} x^2 - x + 2 = 4$$

範例 22.

使用極限定義, 試證 $\displaystyle\lim_{x \to 2}\frac{x^2 - 4}{x - 2} = 4$

【解】

令 $\varepsilon > 0$, $\because \left|\dfrac{x^2-4}{x-2} - 4\right| < \varepsilon \Leftrightarrow |x+2-4| < \varepsilon \Leftrightarrow |x-2| < \varepsilon$

取 $\delta = \varepsilon$ 使得 若 $|x-2| < \delta$ 則 $|x-2| < \varepsilon$ $\therefore \left|\dfrac{x^2-4}{x-2} - 4\right| < \varepsilon \Rightarrow \displaystyle\lim_{x \to 2}\frac{x^2-4}{x-2} = 4$

範例 23.

使用極限定義, 試證 $\displaystyle\lim_{x \to 1} x^2 + x + 2 = 4$

【解】

令 $\varepsilon > 0$, $\because |x^2 + x + 2 - 4| < \varepsilon \Leftrightarrow |x^2 + x - 2| < \varepsilon \Leftrightarrow |(x+2)(x-1)| < \varepsilon$

取 $\delta = \min\left\{\dfrac{\varepsilon}{4}, 1\right\}$ 使得 若 $|x-1| < \delta \leq 1$ 則 $|x+2| < 4$

$\therefore |(x+2)(x-1)| < 4\delta \leq \varepsilon \quad \therefore |x^2 + x + 2 - 4| < \varepsilon \Rightarrow \displaystyle\lim_{x \to 1} x^2 + x + 2 = 4$

範例 24.

使用極限定義, 試證 $\displaystyle\lim_{x \to 0} x^n \sin\left(\dfrac{1}{x}\right) = 0, \ \forall n \in N$

【解】

令 $\varepsilon > 0$ 且 $n \in N$ 取 $\delta = \varepsilon^{\frac{1}{n}}$ 使得 若 $|x - 0| < \delta$ 則 $\left|x^n \sin\left(\dfrac{1}{x}\right)\right| < |x^n| < \delta^n = \varepsilon$

$\therefore \displaystyle\lim_{x \to 0} x^n \sin\left(\dfrac{1}{x}\right) = 0, \forall n \in N$

範例 25.

使用極限定義, 試證 $\displaystyle\lim_{x \to 3} 2x + 3 = 9$

【解】

令 $\varepsilon > 0$, $\because |2x + 3 - 9| < \varepsilon \Leftrightarrow |2x - 6| < \varepsilon \Leftrightarrow 2|x - 3| < \varepsilon$

取 $\delta = \dfrac{\varepsilon}{2}$ 使得 若 $|x - 3| < \delta$ 則 $|x - 3| < \dfrac{\varepsilon}{2}$ $\therefore |2x + 3 - 9| < \varepsilon \Rightarrow \lim\limits_{x \to 3} 2x + 3 = 9$

範例 26.

使用極限定義, 試證 $\lim\limits_{x \to 2} \dfrac{x}{2} + 3 = 4$

【解】

令 $\varepsilon > 0$, $\because \left|\dfrac{x}{2} + 3 - 4\right| < \varepsilon \Leftrightarrow \left|\dfrac{x}{2} - 1\right| < \varepsilon \Leftrightarrow \left|\dfrac{x - 2}{2}\right| < \varepsilon \Leftrightarrow |x - 2| < 2\varepsilon$

取 $\delta = 2\varepsilon$ 使得 若 $|x - 2| < \delta$ 則 $|x - 2| < 2\varepsilon$ $\therefore \left|\dfrac{x}{2} + 3 - 4\right| < \varepsilon \Rightarrow \lim\limits_{x \to 2} \dfrac{x}{2} + 3 = 4$

範例 27.

使用極限定義, 試證 $\lim\limits_{x \to a} \sqrt{ax} = a,\ \forall a > 0$

【解】

令 $a > \dfrac{\varepsilon}{2} > 0$

$\because \left|\sqrt{ax} - a\right| < \varepsilon \Leftrightarrow a - \varepsilon < \left|\sqrt{ax}\right| < a + \varepsilon$

$\Leftrightarrow a^2 - 2a\varepsilon + \varepsilon^2 < ax < a^2 + 2a\varepsilon + \varepsilon^2 \Leftrightarrow a - 2\varepsilon + \dfrac{\varepsilon^2}{a} < x < a + 2\varepsilon + \dfrac{\varepsilon^2}{a}$

$\Leftrightarrow -2\varepsilon + \dfrac{\varepsilon^2}{a} < x - a < 2\varepsilon + \dfrac{\varepsilon^2}{a} \Leftrightarrow -\left(2\varepsilon - \dfrac{\varepsilon^2}{a}\right) < x - a < 2\varepsilon + \dfrac{\varepsilon^2}{a}$

取 $\delta = 2\varepsilon - \dfrac{\varepsilon^2}{a}$ 使得 若 $|x - a| < \delta$ 則 $|x - a| < 2\varepsilon - \dfrac{\varepsilon^2}{a}$

$\therefore \left|\sqrt{ax} - a\right| < \varepsilon \Rightarrow \lim\limits_{x \to a} \sqrt{ax} = a,\ \forall a > 0$

範例 28.

使用極限定義, 試證 $\lim\limits_{x \to 1} \dfrac{2x}{2x + 3} = \dfrac{2}{5}$

【解】

令 $\varepsilon > 0$, $\because \left| \dfrac{2x}{2x+3} - \dfrac{2}{5} \right| < \varepsilon \Leftrightarrow \left| \dfrac{10x - 2(2x+3)}{5(2x+3)} \right| < \varepsilon \Leftrightarrow \dfrac{6}{5}\left| \dfrac{x-1}{2x+3} \right| < \varepsilon$

取 $\delta = \min\{\dfrac{5\varepsilon}{2}, 1\}$ 使得 若 $|x-1| < \delta$ 則 $0 < x < 2$

$\therefore 2x+3 > 3 \Rightarrow \dfrac{6}{5}\left| \dfrac{x-1}{2x+3} \right| < \dfrac{6}{5}\left| \dfrac{x-1}{3} \right| < \dfrac{2}{5}|x-1| < \dfrac{2\delta}{5} \leq \varepsilon$

$\therefore \left| \dfrac{2x}{2x+3} - \dfrac{2}{5} \right| < \varepsilon \Rightarrow \lim\limits_{x \to 1} \dfrac{2x}{2x+3} = \dfrac{2}{5}$

範例 29.

使用極限定義, 試證 $\lim\limits_{x \to 3} \dfrac{x-1}{4(x+1)} = \dfrac{1}{8}$

【解】

令 $\varepsilon > 0$, $\because \left| \dfrac{x-1}{4(x+1)} - \dfrac{1}{8} \right| < \varepsilon \Leftrightarrow \left| \dfrac{2(x-1) - (x+1)}{8(x+1)} \right| < \varepsilon \Leftrightarrow \left| \dfrac{x-3}{8(x+1)} \right| < \varepsilon$

取 $\delta = \min\{24\varepsilon, 1\}$ 使得 若 $|x-3| < \delta$ 則 $2 < x < 4$

$\therefore x+1 > 3 \Rightarrow \left| \dfrac{x-3}{8(x+1)} \right| < \dfrac{1}{8}\left| \dfrac{x-3}{3} \right| < \left| \dfrac{x-3}{24} \right| < \dfrac{\delta}{24} \leq \varepsilon$

範例 30.

假設 $f(x) = \begin{cases} 2, & x \in 有理數 \\ 0, & x \in 無理數 \end{cases}$, 試證 $\lim\limits_{x \to 1} f(x)$ 不存在

【解】

Claim: $\lim\limits_{x \to 1} f(x)$ 不存在

令 $\{x_n\}_{n=1}^{\infty} \in 有理數$、$\{y_n\}_{n=1}^{\infty} \in 無理數$ 且 $\lim\limits_{n \to \infty} x_n = \lim\limits_{n \to \infty} y_n = 1$

$\because \lim\limits_{x_n \to 1} f(x_n) = 2$ 且 $\lim\limits_{y_n \to 1} f(y_n) = 0$

$\therefore \exists \{x_n\}_{n=1}^{\infty}, \{y_n\}_{n=1}^{\infty}$ 使得 $\lim\limits_{n \to \infty} x_n = \lim\limits_{n \to \infty} y_n = 1$ 且 $\lim\limits_{x_n \to 1} f(x_n) \neq \lim\limits_{y_n \to 1} f(y_n)$

$\therefore \lim\limits_{x \to 1} f(x)$ 不存在

範例 31.

假設 $f(x) = \begin{cases} 2, & x \in 有理數 \\ x, & x \in 無理數 \end{cases}$，求 $\lim\limits_{x \to 2} f(x) = ?$ and $\lim\limits_{x \to 4} f(x) = ?$

【解】

Claim: $\lim\limits_{x \to 2} f(x) = 2$

令 $\varepsilon > 0$ 取 $\delta = \varepsilon$ 則 若 $|x - 2| < \delta$ 則

$|f(x) - 2| = |x - 2| < \delta = \varepsilon, \ \forall x \in 無理數$

$|f(x) - 2| = |2 - 2| = 0 < \delta = \varepsilon, \ \forall x \in 有理數 \quad \therefore \lim\limits_{x \to 2} f(x) = 2$

Claim: $\lim\limits_{x \to 4} f(x)$ 不存在

令 $\{x_n\}_{n=1}^{\infty} \in 有理數$、$\{y_n\}_{n=1}^{\infty} \in 無理數$ 且 $\lim\limits_{n \to \infty} x_n = \lim\limits_{n \to \infty} y_n = 4$

$\lim\limits_{x_n \to 4} f(x_n) = 2$ 且 $\lim\limits_{y_n \to 4} f(y_n) = \lim\limits_{y_n \to 4} y_n = 4$

$\therefore \exists \{x_n\}_{n=1}^{\infty}, \{y_n\}_{n=1}^{\infty}$ 使得 $\lim\limits_{n \to \infty} x_n = \lim\limits_{n \to \infty} y_n = 4$ 且 $\lim\limits_{x_n \to 4} f(x_n) \neq \lim\limits_{y_n \to 4} f(y_n)$

$\therefore \lim\limits_{x \to 4} f(x)$ 不存在

範例 32.

假設 $f(x) = \begin{cases} x, & x \in 有理數 \\ -x, & x \in 無理數 \end{cases}$，求 $\lim\limits_{x \to 0} f(x) = ?$ and $\lim\limits_{x \to 4} f(x) = ?$

【解】

Claim: $\lim\limits_{x \to 0} f(x) = 0$

令 $\varepsilon > 0$ 取 $\delta = \varepsilon$ 則 若 $|x - 0| < \delta$ 則

$|f(x) - 0| = |-x - 0| < \delta = \varepsilon, \forall x \in 無理數$

$|f(x) - 0| = |x - 0| = 0 < \delta = \varepsilon, \forall x \in 有理數 \quad \therefore \lim_{x \to 0} f(x) = 0$

Claim: $\lim_{x \to 4} f(x)$ 不存在

令 $\{x_n\}_{n=1}^{\infty} \in 有理數 、 \{y_n\}_{n=1}^{\infty} \in 無理數$ 且 $\lim_{n \to \infty} x_n = \lim_{n \to \infty} y_n = 4$

$\lim_{x_n \to 4} f(x_n) = \lim_{x_n \to 4} x_n = 4$ 且 $\lim_{y_n \to 4} f(y_n) = \lim_{y_n \to 4} -y_n = -4$

$\therefore \exists \{x_n\}_{n=1}^{\infty}, \{y_n\}_{n=1}^{\infty}$ 使得 $\lim_{n \to \infty} x_n = \lim_{n \to \infty} y_n = 4$ 且 $\lim_{x_n \to 4} f(x_n) \neq \lim_{y_n \to 4} f(y_n)$

$\therefore \lim_{x \to 4} f(x)$ 不存在

範例 33.

$$假設 f(x) = \begin{cases} x, & x \in 有理數 \\ 1 - 2x, & x \in 無理數 \end{cases}, \quad 求 \lim_{x \to \frac{1}{3}} f(x) = ? \text{ and } \lim_{x \to 0} f(x) = ?$$

【解】

Claim: $\lim_{x \to \frac{1}{3}} f(x) = \frac{1}{3}$

令 $\varepsilon > 0$ 取 $\delta = \frac{\varepsilon}{2}$ 則 若 $\left| x - \frac{1}{3} \right| < \delta$ 則

$\left| f(x) - \frac{1}{3} \right| = \left| 1 - 2x - \frac{1}{3} \right| = 2 \left| x - \frac{1}{3} \right| < 2\delta = \varepsilon, \forall x \in 無理數$

$\left| f(x) - \frac{1}{3} \right| = \left| x - \frac{1}{3} \right| = 0 < \delta = \frac{\varepsilon}{2} < \varepsilon, \forall x \in 有理數$

$\therefore \lim_{x \to \frac{1}{3}} f(x) = \frac{1}{3}$

Claim: $\lim_{x \to 0} f(x)$ 不存在

令 $\{x_n\}_{n=1}^{\infty} \in 有理數 、 \{y_n\}_{n=1}^{\infty} \in 無理數$ 且 $\lim_{n \to \infty} x_n = \lim_{n \to \infty} y_n = 0$

$$\lim_{x_n \to 0} f(x_n) = \lim_{x_n \to 0} x_n = 0 \text{ 且 } \lim_{y_n \to 0} f(y_n) = \lim_{y_n \to 0} 1 - 2y_n = 1$$

$$\therefore \exists \{x_n\}_{n=1}^{\infty}, \{y_n\}_{n=1}^{\infty} \text{ 使得 } \lim_{n \to \infty} x_n = \lim_{n \to \infty} y_n = 0 \text{ 且 } \lim_{x_n \to 0} f(x_n) \neq \lim_{y_n \to 0} f(y_n)$$

$$\therefore \lim_{x \to 0} f(x) \text{ 不存在}$$

範例 34.

$$假設 f(x) = \begin{cases} x, & x \in 有理數 \\ x^2, & x \in 無理數 \end{cases},$$

$$求 \ \lim_{x \to 0} f(x) =?, \ \lim_{x \to 1} f(x) =? \ \text{ and } \ \lim_{x \to 2} f(x) =?$$

【解】

Claim: $\displaystyle\lim_{x \to 0} f(x) = 0$

令 $\varepsilon > 0$ 取 $\delta = \min\{\varepsilon, 1\}$ 則 若 $|x - 0| < \delta \leq 1$ 則

$|f(x) - 0| = |x^2 - 0| \leq |x| < \delta = \varepsilon, \forall x \in 無理數$

$|f(x) - 0| = |x - 0| = 0 < \delta = \varepsilon, \forall x \in 有理數$

$\therefore \displaystyle\lim_{x \to 0} f(x) = 0$

Claim: $\displaystyle\lim_{x \to 1} f(x) = 1$

令 $\varepsilon > 0$ 取 $\delta = \min\{\dfrac{\varepsilon}{3}, 1\}$ 則 若 $|x - 1| < \delta \leq 1$ 則 $1 < |x + 1| < 3$

$|f(x) - 1| = |x^2 - 1| = |x + 1||x - 1| < 3\delta \leq \varepsilon, \forall x \in 無理數$

$|f(x) - 1| = |x - 1| < \delta \leq \dfrac{\varepsilon}{3} < \varepsilon, \forall x \in 有理數$

$\therefore \displaystyle\lim_{x \to 1} f(x) = 1$

Claim: $\displaystyle\lim_{x \to 2} f(x) \text{ 不存在}$

令 $\{x_n\}_{n=1}^{\infty} \in 有理數$、$\{y_n\}_{n=1}^{\infty} \in 無理數$ 且 $\displaystyle\lim_{n \to \infty} x_n = \lim_{n \to \infty} y_n = 2$

$$\lim_{x_n \to 2} f(x_n) = \lim_{x_n \to 2} x_n = 2 \text{ 且 } \lim_{y_n \to 2} f(y_n) = \lim_{y_n \to 2} (y_n)^2 = 4$$

$$\therefore \exists \{x_n\}_{n=1}^{\infty}, \{y_n\}_{n=1}^{\infty} \text{ 使得 } \lim_{n \to \infty} x_n = \lim_{n \to \infty} y_n = 2 \text{ 且 } \lim_{x_n \to 2} f(x_n) \neq \lim_{y_n \to 2} f(y_n)$$

$$\therefore \lim_{x \to 2} f(x) \text{ 不存在}$$

1.4 函數的連續與相關定理

1.4.1　函數於某點連續與連續的性質

【定義】函數 $f(x)$ 於某點是否連續的定義

$$\lim_{x \to c} f(x) = f(c) \Leftrightarrow f(x) \text{ 於 } x = c \text{ 連續}$$

$$\Leftrightarrow \forall \varepsilon > 0,\ \exists \delta > 0,\ \text{such that } 0 < |x - c| < \delta \Rightarrow |f(x) - f(c)| < \varepsilon$$

考試類型:
題型 1.

假設 $f(x) = \begin{cases} g(x), & x \neq c \\ a, & x = c \end{cases}$，判斷 $f(x)$ 於 $x = c$ 是否連續

$$\because \lim_{x \to c} f(x) = \lim_{x \to c} g(x)$$

如果 $\lim_{x \to c} g(x) = a$ 則 $f(x)$ 於 $x = c$ 連續, 如果 $\lim_{x \to c} g(x) \neq a$ 則 $f(x)$ 於 $x = c$ 不連續

判斷是否 $\lim_{x \to c} g(x) = a$ 時, 使用方法包含：消掉共同項再取極限、式子有理化再取極限、

夾擠定理、左右極限是否相等

題型 2.　連續函數的基本性質
假設 $f_1(x)$、$f_2(x)$ 於 $x = c$ 連續 則
(i) $\alpha f_1(x) \pm \beta f_2(x)$ 於 $x = c$ 連續, $\forall \alpha、\beta \in R$
(ii) $f_1(x) f_2(x)$ 於 $x = c$ 連續

(iii) $\dfrac{f_2(x)}{f_1(x)}$ 於 $x = c$ 連續 if $f_1(c) \neq 0$

<u>Proof:</u>

(i)

Let $\varepsilon > 0$ and $\alpha \cdot \beta \in R$

Choose $\delta_1 > 0$, such that $0 < |x - c| < \delta_1 \Rightarrow |f_1(x) - f_1(c)| < \dfrac{\varepsilon}{2|\alpha|}$

Choose $\delta_2 > 0$, such that $0 < |x - c| < \delta_2 \Rightarrow |f_2(x) - f_2(c)| < \dfrac{\varepsilon}{2|\beta|}$

Choose $\delta = \min\{\delta_1, \delta_2\}$ s.t. $0 < |x - c| < \delta$ then $0 < |x - c| < \delta_1$ and $0 < |x - c| < \delta_2$

$\therefore |\alpha f_1(x) + \beta f_2(x) - (\alpha f_1(c) + \beta f_2(c))| \leq |\alpha||f_1(x) - f_1(c)| + |\beta||f_2(x) - f_2(c)| < \varepsilon$

(ii)

$\because |f_1(x)f_2(x) - f_1(c)f_2(c)| = |f_1(x)f_2(x) - f_1(x)f_2(c) + f_1(x)f_2(c) - f_1(c)f_2(c)|$

$\leq |f_1(x)||f_2(x) - f_2(c)| + |f_2(c)||f_1(x) - f_1(c)|$

Let $\varepsilon > 0$, Choose $\delta_1 > 0$, such that $0 < |x - c| < \delta_1 \Rightarrow |f_1(x) - f_1(c)| < 1$

Choose $\delta_2 > 0$, such that $0 < |x - c| < \delta_2 \Rightarrow |f_1(x) - f_1(c)| < \dfrac{\varepsilon}{2(1 + |f_2(c)|)}$

Choose $\delta_3 > 0$, such that $0 < |x - c| < \delta_3 \Rightarrow |f_2(x) - f_2(c)| < \dfrac{\varepsilon}{2(1 + |f_1(c)|)}$

Choose $\delta = \min\{\delta_1, \delta_2, \delta_3\}$ such that $0 < |x - c| < \delta$

then $|f_1(x)f_2(x) - f_1(c)f_2(c)| \leq |f_1(x)||f_2(x) - f_2(c)| + |f_2(c)||f_1(x) - f_1(c)|$

$\leq \dfrac{\varepsilon(1 + |f_1(c)|)}{2(1 + |f_1(c)|)} + |f_2(c)|\dfrac{\varepsilon}{2(1 + |f_2(c)|)} < \varepsilon$

(iii)

Claim: $\lim\limits_{x \to c} \dfrac{1}{f_1(x)} = \dfrac{1}{f_1(c)}$

Let $L_1 \neq 0$, $\because \left| \dfrac{1}{f_1(x)} - \dfrac{1}{f_1(c)} \right| = \left| \dfrac{f_1(c) - f_1(x)}{f_1(x)f_1(c)} \right|$

Choose $\delta_1 > 0$, such that $0 < |x - c| < \delta_1 \Rightarrow |f_1(x) - f_1(c)| < \dfrac{|f_1(c)|}{2}$

$\therefore 0 < |x - c| < \delta_1 \Rightarrow \dfrac{|f_1(c)|}{2} < |f_1(x)| < \dfrac{3|f_1(c)|}{2}$

$\therefore 0 < |x - c| < \delta_1 \Rightarrow \left| \dfrac{f_1(c) - f_1(x)}{f_1(x)f_1(c)} \right| < \left| \dfrac{f_1(c) - f_1(x)}{f_1(c)} \right| \dfrac{2}{|f_1(c)|}$

Let $\varepsilon > 0$

Choose $\delta_2 > 0$, such that $0 < |x - c| < \delta_2 \Rightarrow |f_1(x) - f_1(c)| < \dfrac{|f_1(c)|^2 \varepsilon}{2}$

Choose $\delta = \min\{\delta_1, \delta_2\}$ such that $0 < |x - c| < \delta$

then $0 < |x - c| < \delta \Rightarrow \left|\dfrac{f_1(c) - f_1(x)}{f_1(x)f_1(c)}\right| < \left|\dfrac{f_1(c) - f_1(x)}{f_1(c)}\right|\dfrac{2}{|f_1(c)|} < \varepsilon \quad \therefore \lim_{x \to c}\dfrac{1}{f_1(x)} = \dfrac{1}{f_1(c)}$

$\because \dfrac{f_2(x)}{f_1(x)} = f_2(x) \cdot \dfrac{1}{f_1(x)} \qquad \therefore \lim_{x \to c}\dfrac{f_2(x)}{f_1(x)} = \lim_{x \to c} f_2(x) \cdot \dfrac{1}{f_1(x)} = f_2(c) \cdot \dfrac{1}{f_1(c)} = \dfrac{f_2(c)}{f_1(c)}$

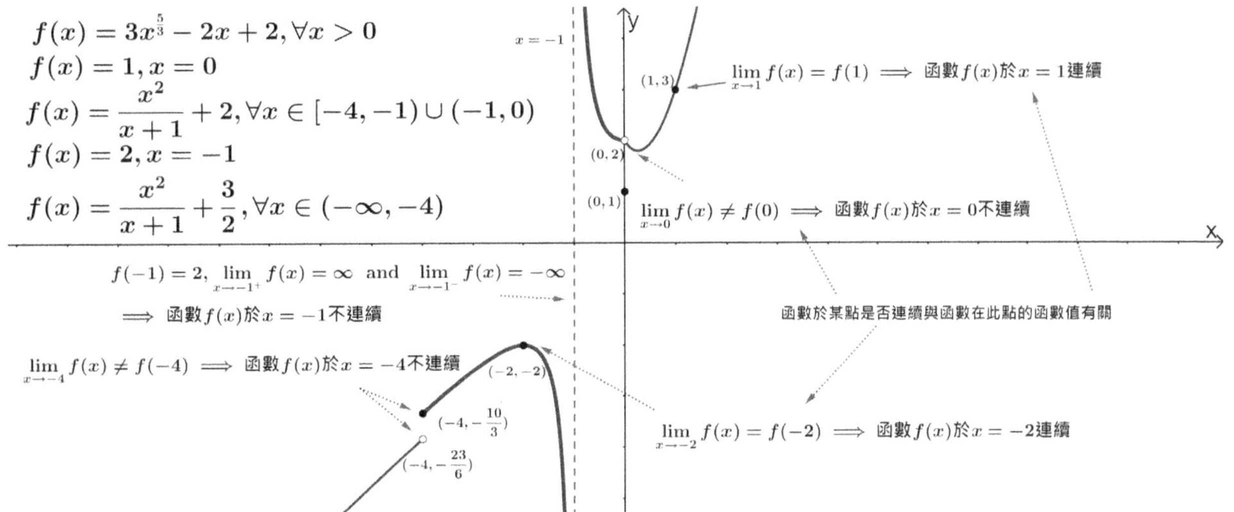

範例 1.

假設 $f(x) = \begin{cases} \dfrac{x^2 - 4}{x - 2}, & x \neq 2 \\ 4, & x = 2 \end{cases}$，判斷 $f(x)$ 於 $x = 2$ 是否連續

【解】

$\because \dfrac{x^2 - 4}{x - 2} = x + 2 \qquad \therefore \lim_{x \to 2} f(x) = \lim_{x \to 2} x + 2 = 4$

$\therefore \lim_{x \to 2} f(x) = 4 = f(2) \Rightarrow f(x)$ 於 $x = 2$ 連續

範例 2.

假設 $f(x) = \begin{cases} \dfrac{x^2 - a^2}{x - a}, & x \neq a \\ 2a, & x = a \end{cases}$，判斷 $f(x)$ 於 $x = a$ 是否連續

【解】

$\because \dfrac{x^2 - a^2}{x - a} = x + a \quad \therefore \lim\limits_{x \to a} f(x) = \lim\limits_{x \to a} x + a = 2a$

$\therefore \lim\limits_{x \to a} f(x) = 2a = f(a) \Rightarrow f(x)$ 於 $x = a$ 連續

範例 3.

假設 $f(x) = \begin{cases} x^2 + 2, & x \geq 0 \\ 2x + 2, & x < 0 \end{cases}$，判斷 $f(x)$ 於 $x = 0$ 是否連續

【解】

$\because \lim\limits_{x \to 0^+} f(x) = \lim\limits_{x \to 0^+} x^2 + 2 = 2 = f(0)$ 且 $\lim\limits_{x \to 0^-} f(x) = \lim\limits_{x \to 0^-} 2x + 2 = 2 = f(0)$

$\therefore f(x)$ 於 $x = 0$ 連續

範例 4.

假設 $f(x) = \begin{cases} \dfrac{\tan x + \sin x}{\tan x}, & -\dfrac{\pi}{2} < x < \dfrac{\pi}{2} \text{ 且 } x \neq 0 \\ 4, & x = 0 \end{cases}$

(1) 試證 $f(x)$ 於 $x = 0$ 不連續

(2) 重新定義 $f(x)$ 使其於 $x = 0$ 連續

【解】

$\because \dfrac{\tan x + \sin x}{\tan x} = \dfrac{\dfrac{\sin x + \sin x \cos x}{\cos x}}{\dfrac{\sin x}{\cos x}} = 1 + \cos x$

$\therefore \lim\limits_{x \to 0} f(x) = \lim\limits_{x \to 0} 1 + \cos x = 2 \neq f(0) = 4 \Rightarrow f(x)$ 於 $x = 0$ 不連續

令 $f(x) = \begin{cases} \dfrac{\tan x + \sin x}{\tan x}, & -\dfrac{\pi}{2} < x < \dfrac{\pi}{2} \text{ 且 } x \neq 0 \\ 2, & x = 0 \end{cases}$ 則 $f(x)$ 於 $x = 0$ 連續

範例 5.

假設 $f(x) = \begin{cases} kx + 1, & x \le 3 \\ 3 - kx, & x > 3 \end{cases}$，試求 k 使得 $f(x)$ 於 $x = 3$ 連續

【解】

令 $\lim\limits_{x \to 3^+} f(x) = \lim\limits_{x \to 3^-} f(x) = f(3)$

$\because \lim\limits_{x \to 3^-} f(x) = \lim\limits_{x \to 3^-} kx + 1 = 3k + 1 = f(3)$ 且 $\lim\limits_{x \to 3^+} f(x) = \lim\limits_{x \to 3^+} 3 - kx = 3 - 3k$

令 $3k + 1 = 3 - 3k$ 則 $k = \dfrac{1}{3}$

因此取 $k = \dfrac{1}{3}$ 則 $\lim\limits_{x \to 3^-} f(x) = \lim\limits_{x \to 3^+} f(x) = f(3) \Rightarrow f(x)$ 於 $x = 3$ 連續

範例 6.

試求 c 使得 $f(x) = \begin{cases} \sin x \sin \dfrac{1}{x^2}, & x \ne 0 \\ c, & x = 0 \end{cases}$ 於 $x = 0$ 連續

【解】

$\because 0 \le \left| \sin x \sin \dfrac{1}{x^2} \right| \le |\sin x|$ 且 $\lim\limits_{x \to 0} |\sin x| = 0$ $\quad \therefore \lim\limits_{x \to 0} \sin x \sin \dfrac{1}{x^2} = 0$

令 $c = 0$ 則 $\lim\limits_{x \to 0} f(x) = \lim\limits_{x \to 0} \sin x \sin \dfrac{1}{x^2} = c = f(0)$

$\therefore c = 0 \Leftrightarrow f(x)$ 於 $x = 0$ 連續

範例 7.

試求 c 使得 $f(x) = \begin{cases} x\sin \dfrac{1}{x^2}, & x \ne 0 \\ c, & x = 0 \end{cases}$ 於 $x = 0$ 連續

【解】

$\because 0 \le \left| x\sin \dfrac{1}{x^2} \right| \le |x|$ 且 $\lim\limits_{x \to 0} |x| = 0$ $\quad \therefore \lim\limits_{x \to 0} x\sin \dfrac{1}{x^2} = 0$

令 $c = 0$ 則 $\lim\limits_{x \to 0} x\sin \dfrac{1}{x^2} = f(0)$ $\quad \therefore c = 0 \Leftrightarrow f(x)$ 於 $x = 0$ 連續

範例 8.

試求 c 使得 $f(x) = \begin{cases} x^n\sin\dfrac{1}{x^3}, & x \neq 0 \\ c, & x = 0 \end{cases}$ 於 $x = 0$ 連續, $\forall n \in N$

【解】

$\because 0 \leq \left|x^n\sin\dfrac{1}{x^3}\right| \leq |x^n|$ 且 $\lim\limits_{x\to 0}|x^n| = 0$ $\quad \therefore \lim\limits_{x\to 0} x^n\sin\dfrac{1}{x^3} = 0$

令 $c = 0$ 則 $\lim\limits_{x\to 0} x^n\sin\dfrac{1}{x^3} = f(0)$ $\quad \therefore c = 0 \Leftrightarrow f(x)$ 於 $x = 0$ 連續

範例 9.

假設 $f(x) = \dfrac{5x}{1 - \dfrac{2x-1}{x-1}}$, 求 $f(x)$ 於何點不連續, 如何修正 $f(x)$ 使其連續

【解】

$f(x)$ 於 $x = 1,0$ 不連續

$\because \dfrac{5x}{1 - \dfrac{2x-1}{x-1}} = \dfrac{5x(x-1)}{x-1-(2x-1)} = \dfrac{5x(x-1)}{-x} = -5(x-1)$

$\therefore \lim\limits_{x\to 1} f(x) = \lim\limits_{x\to 1} -5(x-1) = 0$ and $\lim\limits_{x\to 0} f(x) = \lim\limits_{x\to 0} -5(x-1) = 5$

令 $f(1) = 0$ 且 $f(0) = 5$

因此 Let $f(x) = \begin{cases} \dfrac{5x}{1 - \dfrac{2x-1}{x-1}}, & x \neq 0,1 \\ 5, & x = 0 \\ 0, & x = 1 \end{cases}$ then $f(x)$ 為連續函數

範例 10.

假設 $f(x) = \begin{cases} \cos x, & x < 0 \\ a + 3x^2, & 0 \leq x < 1 \\ bx, & x \geq 1 \end{cases}$ 為連續函數, 試求 $a = ?$, $b = ?$

【解】

$\because f(x)$ 於 $x = 0$ 連續 $\quad \therefore \lim\limits_{x\to 0^-} f(x) = f(0) \Rightarrow \lim\limits_{x\to 0^-} \cos x = a \Rightarrow a = 1$

$\because f(x)$ 於 $x = 1$ 連續　$\therefore \lim\limits_{x \to 1^-} f(x) = f(1) \Rightarrow \lim\limits_{x \to 1^-} 1 + 3x^2 = b \Rightarrow b = 4$

範例 11.

$$假設 f(x) = \begin{cases} x^3 - 6x + 1, & x < 1 \\ -x^2 - 3, & 1 \le x \le 10 \\ 3x^2 + 45, & x > 10 \end{cases} \quad 試判斷 f(x) 的連續性$$

【解】

$\because \lim\limits_{x \to 1^-} f(x) = \lim\limits_{x \to 1^-} x^3 - 6x + 1 = -4$ 且 $\lim\limits_{x \to 1^+} f(x) = \lim\limits_{x \to 1^+} -x^2 - 3 = f(1) = -4$

$\therefore f(x)$ 於 $x = 1$ 連續

$\because \lim\limits_{x \to 10^-} f(x) = \lim\limits_{x \to 10^-} -x^2 - 3 = -103 = f(10)$ 且 $\lim\limits_{x \to 10^+} f(x) = \lim\limits_{x \to 10^+} 3x^2 + 45 = 345$

$\because \lim\limits_{x \to 10^-} f(x) \ne \lim\limits_{x \to 10^+} f(x)$　$\therefore \lim\limits_{x \to 10} f(x)$ 不存在

$\therefore f(x)$ 於 $x = 10$ 不連續　　$\therefore f(x)$ 於 $(-\infty, 10) \cup (10, \infty)$ 連續

範例 12.

$\quad$ 假設 $f(x) = [k + \cos^2 x]$,　試判斷 $f(x)$ 的連續性,　$\forall k \in Z$

【解】

令 $k \in Z$, $\because \cos^2 x = 1$,　$\forall x = n\pi, n \in Z$ 且 $0 < \cos^2 x < 1$,　$\forall x \ne n\pi, n \in Z$

$\therefore k + \cos^2 x = k + 1, \forall x = n\pi, n \in Z$ 且 $k < k + \cos^2 x < k + 1, \forall x \ne n\pi, n \in Z$

$\therefore [k + \cos^2 x] = k + 1$,　$\forall x = n\pi, n \in Z$ 且 $[k + \cos^2 x] = k$,　$\forall x \ne n\pi, n \in Z$

$\therefore \lim\limits_{x \to n\pi} f(x) = \lim\limits_{x \to n\pi} [k + \cos^2 x] = k \ne k + 1 = f(n\pi)$

$\therefore f(x)$ 於 $x = n\pi$ 不連續, $\forall n \in Z$ 且 $f(x)$ 於 $x \ne n\pi$ 連續, $\forall n \in Z$

範例 13.

$\quad$ 假設 $f(x) = [\sin^2 x]$,　試判斷 $f(x)$ 的連續性

【解】

$\because \sin^2 x = 1$,　$\forall x = n\pi + \dfrac{\pi}{2}, n \in Z$ 且 $\sin^2 x < 1$,　$\forall x \ne n\pi + \dfrac{\pi}{2}, n \in Z$

$\therefore [\sin^2 x] = 1$,　$\forall x = n\pi + \dfrac{\pi}{2}, n \in Z$ 且 $[\sin^2 x] = 0$,　$\forall x \ne n\pi + \dfrac{\pi}{2}, n \in Z$

$$\therefore \lim_{x \to n\pi + \frac{\pi}{2}} f(x) = \lim_{x \to n\pi + \frac{\pi}{2}} [\sin^2 x] = 0 \neq 1 = f(n\pi + \frac{\pi}{2})$$

$$\therefore f(x) \text{於} x = n\pi + \frac{\pi}{2} \text{ 不連續}, \ \forall n \in Z \text{ 且 } f(x) \text{於} x \neq n\pi + \frac{\pi}{2} \text{ 連續}, \ \forall n \in Z$$

1.4.2　函數於區間連續

【定義】函數 $f(x)$ 於 $[a, b]$ 連續

$f(x)$ 於 c 連續 $\forall c \in [a, b] \Leftrightarrow f(x)$ 於 $[a, b]$ 連續

考試類型:

題型 1.

假設 $f(x) = [x]g(x)$ 且 $g(x)$ 為連續函數，求 $f(x)$ 於哪些區間連續

解題流程:

$\because [x] = n, \forall x \in [n, n+1), n \in Z \quad \therefore f(x) = ng(x), \ \forall x \in [n, n+1)$

$\because \lim_{x \to n^-} f(x) = \lim_{x \to n^-} (n-1)g(x)$

$\therefore$ 如果 $\lim_{x \to n^-} (n-1)g(x) = ng(n)$ 則 $f(x)$ 於 $[n, n+1)$ 連續

題型 2.

假設 $f(x) = \lim_{n \to \infty} \dfrac{x^{2kn} - b}{x^{2kn} + a}$ and $a \in R \backslash \{0, -1\}$，說明 $f(x)$ 的連續性，$\forall k \in N$

解題流程:

Let $a \in R \backslash \{0, -1\}$

令 $x \in (-1, 1)$ 則 $\lim_{n \to \infty} \dfrac{x^{2kn} - b}{x^{2kn} + a} = -\dfrac{b}{a} \Rightarrow f(x) = -1, \ \forall x \in (-1, 1)$

令 $x = 1$ 則 $\lim_{n \to \infty} \dfrac{x^{2kn} - b}{x^{2kn} + a} = \dfrac{1-b}{a+1} \Rightarrow f(1) = \dfrac{1-b}{a+1}$

令 $x = -1$ 則 $\lim_{n \to \infty} \dfrac{x^{2kn} - b}{x^{2kn} + a} = \dfrac{1-b}{a+1} \Rightarrow f(-1) = \dfrac{1-b}{a+1}$

令 $x \in (1, \infty) \cup (-\infty, -1)$ 則 $\lim_{n \to \infty} \dfrac{x^{2kn} - b}{x^{2kn} + a} = \lim_{n \to \infty} \dfrac{1 - \dfrac{b}{x^{2kn}}}{1 + \dfrac{a}{x^{2kn}}} = 1$

$\therefore f(x)$ 於 $(1,\infty) \cup (-\infty,-1) \cup (-1,1)$ 連續

範例 1.

假設 $f(x) = [x]\sin 2x$，說明 $f(x)$ 的連續性，$\forall x \in [-1,1]$

【解】

令 $x \in [0,1)$ 則 $[x] = 0 \Rightarrow f(x) = 0$

令 $x \in [-1,0)$ 則 $[x] = -1 \Rightarrow f(x) = -\sin 2x$

$\because \lim\limits_{x \to 1^-} f(x) = \lim\limits_{x \to 1^-} 0 = 0 \neq f(1) = \sin 2 \qquad \therefore f(x)$ 於 $x = 1$ 不連續

$\because \lim\limits_{x \to 0^-} f(x) = \lim\limits_{x \to 0^+} f(x) = f(0) = 0 \qquad \therefore f(x)$ 於 $x = 0$ 連續 $\therefore f(x)$ 於 $[-1,1)$ 連續

範例 2.

假設 $f(x) = \lim\limits_{n \to \infty} \dfrac{x^3 + 1}{x^{2n} + 1}$，說明 $f(x)$ 的連續性

【解】

令 $x \in (-1,1)$ 則 $f(x) = \lim\limits_{n \to \infty} \dfrac{x^3 + 1}{x^{2n} + 1} = x^3 + 1 \Rightarrow f(x) = x^3 + 1, \ \forall x \in (-1,1)$

令 $x = 1$ 則 $\lim\limits_{n \to \infty} \dfrac{x^3 + 1}{x^{2n} + 1} = 1 \Rightarrow f(1) = 1$

令 $x = -1$ 則 $\lim\limits_{n \to \infty} \dfrac{x^3 + 1}{x^{2n} + 1} = 0 \Rightarrow f(-1) = 0$

令 $x \in (1,\infty) \cup (-\infty,-1)$ 則 $\lim\limits_{n \to \infty} \dfrac{x^3 + 1}{x^{2n} + 1} = \lim\limits_{n \to \infty} \dfrac{\dfrac{1}{x^{2n-3}} - \dfrac{1}{x^{2n}}}{1 + \dfrac{1}{x^{2n}}} = 0$

$\because \lim\limits_{x \to 1^-} f(x) = \lim\limits_{x \to 1^-} x^3 + 1 = 2 \neq f(1) = 1 \quad \therefore f(x)$ 於 $x = 1$ 不連續

$\because \lim\limits_{x \to -1} f(x) = f(-1) \qquad \therefore f(x)$ 於 $x = -1$ 連續 $\therefore f(x)$ 於 $(-\infty,1) \cup (1,\infty)$ 連續

範例 3.

假設 $f(x) = [x]\cos x$，說明 $f(x)$ 的連續性，$\forall x \in [-1,1]$

【解】

令 $x \in [0,1)$ 則 $[x] = 0 \Rightarrow f(x) = 0$

令 $x \in [-1,0)$ 則 $[x] = -1 \Rightarrow f(x) = -\cos x$

$\because \lim\limits_{x \to 1^-} f(x) = \lim\limits_{x \to 1^-} 0 = 0 \neq f(1) = \cos 1 \quad \therefore f(x)$ 於 $x = 1$ 不連續

$\because \lim\limits_{x \to 0^-} f(x) = \lim\limits_{x \to 0^-} -\cos x = -1 \neq \lim\limits_{x \to 0^+} f(x) = f(0) = 0 \therefore f(x)$ 於 $x = 0$ 不連續

$\therefore f(x)$ 於 $[-1,0) \cup (0,1)$ 連續

範例 4.

假設 $f(x) = [x] \tan^{-1} x$, 說明 $f(x)$ 的連續性, $\forall x \in (-1,2)$

【解】

令 $x \in [1,2)$ 則 $[x] = 1 \Rightarrow f(x) = \tan^{-1} x, \ \forall x \in [1,2)$

令 $x \in [0,1)$ 則 $[x] = 0 \Rightarrow f(x) = 0, \ \forall x \in [0,1)$

令 $x \in (-1,0)$ 則 $[x] = -1 \Rightarrow f(x) = -\tan^{-1} x \ \forall x \in (-1,0)$

$\because \lim\limits_{x \to 1^-} f(x) = \lim\limits_{x \to 1^-} 0 = 0 \neq f(1) = \dfrac{\pi}{4} \quad \therefore f(x)$ 於 $x = 1$ 不連續

$\because \lim\limits_{x \to 0} f(x) = f(0) \quad \therefore f(x)$ 於 $x = 0$ 連續 $\therefore f(x)$ 於 $(-1,1) \cup (1,2)$ 連續

範例 5.

假設 $f(x) = \lim\limits_{n \to \infty} \dfrac{x^{2n} - 2}{x^{2n} + 2}$, 說明 $f(x)$ 的連續性

【解】

令 $x \in (-1,1)$ 則 $\lim\limits_{n \to \infty} \dfrac{x^{2n} - 2}{x^{2n} + 2} = -1 \Rightarrow f(x) = -1, \ \forall x \in (-1,1)$

令 $x = 1$ 則 $\lim\limits_{n \to \infty} \dfrac{x^{2n} - 2}{x^{2n} + 2} = -\dfrac{1}{3} \Rightarrow f(1) = -\dfrac{1}{3}$

令 $x = -1$ 則 $\lim\limits_{n \to \infty} \dfrac{x^{2n} - 2}{x^{2n} + 2} = -\dfrac{1}{3} \Rightarrow f(-1) = -\dfrac{1}{3}$

令 $x \in (1,\infty) \cup (-\infty,-1)$ 則 $\lim\limits_{n \to \infty} \dfrac{x^{2n} - 2}{x^{2n} + 2} = \lim\limits_{n \to \infty} \dfrac{1 - \dfrac{2}{x^{2n}}}{1 + \dfrac{2}{x^{2n}}} = 1$

$\therefore f(x)$ 於 $(1, \infty) \cup (-\infty, -1) \cup (-1, 1)$ 連續

範例 6.

假設 $f(x) = \begin{cases} 1, & x > 0 \\ 0, & x < 0 \end{cases}$ 且 $g(x) = f(x^3 - 1)$

(1)說明 $\lim\limits_{x \to 1} g(x)$ 是否存在　(2)說明 $g(x)$ 於 $x = 0$ 是否連續

【解】

(1)

$\because \lim\limits_{x \to 1} g(x) = \lim\limits_{x \to 1} f(x^3 - 1)$

$\because \lim\limits_{x \to 1^+} f(x^3 - 1) = \lim\limits_{x \to 1^+} 1 = 1$ 且 $\lim\limits_{x \to 1^-} f(x^3 - 1) = \lim\limits_{x \to 1^-} 0 = 0$

$\therefore \lim\limits_{x \to 1^+} f(x^3 - 1) \neq \lim\limits_{x \to 1^-} f(x^3 - 1)$　$\therefore \lim\limits_{x \to 1} f(x^3 - 1)$ 不存在 $\Rightarrow \lim\limits_{x \to 1} g(x)$ 不存在

(2)

$\because g(0) = f(-1) = 0$ 且 $\lim\limits_{x \to 0} g(x) = \lim\limits_{x \to 0} f(x^3 - 1) = 0$　$\therefore g(x)$ 於 $x = 0$ 連續

範例 7.

假設 $f(x) = x - [x]$，說明 $f(x)$ 的連續性

【解】

令 $x \in [n, n+1)$ 且 $n \in Z$ 則 $[x] = n \Rightarrow f(x) = x - n, \ \forall x \in [n, n+1)$

$\because \lim\limits_{x \to n^-} f(x) = \lim\limits_{x \to n^-} x - (n-1) = 1 \neq f(n) = 0$　$\therefore f(x)$ 於 $x = n$ 不連續, $\forall n \in Z$

$\therefore f(x)$ 於 $(n, n+1)$ 連續, $\forall n \in Z$ and $f(x)$ 於 $x = n$ 不連續, $\forall n \in Z$

1.4.3　使用 ε、δ 證明函數連續

底下介紹如何使用 ε, δ 證明函數的連續以及如何造出數列說明函數於某點不連續

考試類型:

題型 1.

給定 $f(x)$ 使用定義證明 $f(x)$ 於 $x = c$ 連續

解題流程:

找 $g(x)$ 使得 $|f(x) - f(c)| < \varepsilon \Leftrightarrow |x - c| < g(\varepsilon)$

取 $\delta = g(\varepsilon)$ 使得 若 $|x - c| < \delta = g(\varepsilon)$ 則 $|f(x) - f(c)| < \varepsilon$ $\quad \therefore f(x)$ 於 $x = c$ 連續

題型 2.

假設 $f(x) = \begin{cases} g(x), & x \neq c \\ a, & x = c \end{cases}$, 判斷 $f(x)$ 於 $x = c$ 是否連續

解題流程:

(i) 說明 $f(x)$ 於 $x = c$ 連續時

Claim: $f(x)$ 於 $x = c$ 連續

令 $\varepsilon > 0$, $\quad \because |f(x) - f(c)| < \varepsilon \Leftrightarrow |g(x) - a| < \varepsilon$

找 $h(x)$ 使得 $|g(x) - a| < \varepsilon \Leftrightarrow |x - c| < h(\varepsilon)$

取 $\delta = h(\varepsilon)$ 使得 若 $|x - c| < \delta = h(\varepsilon)$ 則 $|g(x) - a| < \varepsilon \Rightarrow |f(x) - f(c)| < \varepsilon$

$\therefore f(x)$ 於 $x = c$ 連續

(ii) 說明 $f(x)$ 於 $x = c$ 不連續

Claim: 說明 $f(x)$ 於 $x = c$ 不連續

取 $\{x_n\}_{n=1}^{\infty}$ 使得 $\lim_{n \to \infty} x_n = c$ 且 $\lim_{n \to \infty} |g(x_n) - a| \neq 0$

$\therefore \lim_{n \to \infty} |f(x_n) - f(c)| \neq 0 \Rightarrow f(x)$ 於 $x = c$ 不連續

題型 3.

假設 $f(x) = \begin{cases} f_1(x), & x \in 有理數 \\ f_2(x), & x \in 無理數 \end{cases}$, 判斷 $f(x)$ 於 $x = c$ 是否連續

解題流程:

(i) Claim: $f(x)$ 於 $x = c$ 連續時

令 $\varepsilon > 0$, 找 $g_1(x), g_2(x)$ 使得

$|f_1(x) - f(c)| < \varepsilon \Leftrightarrow |x - c| < g_1(\varepsilon), \ \forall x \in 有理數$

$|f_2(x) - f(c)| < \varepsilon \Leftrightarrow |x - c| < g_2(\varepsilon), \ \forall x \in 無理數$

choose $\delta = \min\{g_1(\varepsilon), g_2(\varepsilon)\}$ 使得 $|x - c| < \delta = \min\{g_1(\varepsilon), g_2(\varepsilon)\}$ 則 $f(x)$ 於 $x = c$ 連續

(ii) Assume $c \in 有理數$, 說明 $f(x)$ 於 $x = c$ 不連續時

令 $\{x_n\}_{n=1}^{\infty} \in$ 無理數 且 $\lim\limits_{n\to\infty} x_n = c$

Claim: $\lim\limits_{n\to\infty} |f(x_n) - f(c)| \neq 0$

$\because \lim\limits_{x_n \to c} f(x_n) = \lim\limits_{x_n \to c} f_2(x_n) \quad \therefore$ Claim: $\lim\limits_{n\to\infty} |f_2(x_n) - f(c)| \neq 0$

(iii)Assume $c \in$ 無理數，說明 $f(x)$ 於 $x = c$ 不連續時

令 $\{x_n\}_{n=1}^{\infty} \in$ 有理數 且 $\lim\limits_{n\to\infty} x_n = c$

Claim: $\lim\limits_{n\to\infty} |f(x_n) - f(c)| \neq 0$

$\because \lim\limits_{x_n \to c} f(x_n) = \lim\limits_{x_n \to c} f_1(x_n) \quad \therefore$ Claim: $\lim\limits_{n\to\infty} |f_1(x_n) - f(c)| \neq 0$

範例 1.

$$假設 f(x) = \begin{cases} x^2 \sin \dfrac{1}{x^2}, & x \neq 0 \\ 0, & x = 0 \end{cases}, \quad 判斷 f(x) 於 x = 0 是否連續$$

【解】

令 $\varepsilon > 0$，$\because |f(x) - f(0)| < \varepsilon \Leftrightarrow \left| x^2 \sin \dfrac{1}{x^2} \right| < \varepsilon$

取 $\delta = \min\{1, \sqrt{\varepsilon}\}$ 使得 若 $|x - 0| < \delta$ 則 $\left| x^2 \sin \dfrac{1}{x^2} \right| < |x^2| < \delta^2 \leq \varepsilon$

$\therefore |f(x) - f(0)| < \varepsilon \quad \therefore f(x)$ 於 $x = 0$ 連續

範例 2.

$$假設 f(x) = \begin{cases} \dfrac{x^2 - a^2}{x - a}, & x \neq a \\ 2a, & x = a \end{cases}, \quad 判斷 f(x) 於 x = a 是否連續$$

【解】

令 $\varepsilon > 0$，$\because |f(x) - f(a)| < \varepsilon \Leftrightarrow \left| \dfrac{x^2 - a^2}{x - a} - 2a \right| < \varepsilon \Leftrightarrow |x - a| < \varepsilon$

取 $\delta = \varepsilon$ 使得 若 $|x - a| < \delta$ 則 $|x - a| < \varepsilon \quad \therefore |f(x) - f(a)| < \varepsilon \quad \therefore f(x)$ 於 $x = a$ 連續

範例 3.

$$假設 f(x) = \begin{cases} x^2 + 2, & x \geq 0 \\ 2x + 2, & x < 0 \end{cases}, \quad 判斷 f(x) \text{ 於 } x = 0 \text{ 是否連續}$$

【解】

令 $\varepsilon > 0$，取 $\delta = \min\left\{\sqrt{\varepsilon}, \dfrac{\varepsilon}{2}\right\}$ 使得 若 $|x - 0| < \delta$

則 $|f(x) - f(0)| = |x^2 + 2 - 2| < \delta^2 \leq \varepsilon, \forall x \geq 0$

$\quad |f(x) - f(0)| = |2x + 2 - 2| < 2\delta \leq \varepsilon, \forall x < 0$

$\therefore f(x)$ 於 $x = 0$ 連續

範例 4.

$$假設 f(x) = \begin{cases} \dfrac{\tan x + \sin x}{\tan x}, & -\dfrac{\pi}{2} < x < \dfrac{\pi}{2} \text{ 且 } x \neq 0 \\ 2, & x = 0 \end{cases}, \quad 試證 f(x) \text{ 於 } x = 0 \text{ 連續}$$

【解】

$$\because \frac{\tan x + \sin x}{\tan x} = \frac{\dfrac{\sin x + \sin x \cos x}{\cos x}}{\dfrac{\sin x}{\cos x}} = 1 + \cos x$$

令 $\varepsilon > 0$

$\because |f(x) - f(0)| < \varepsilon \Leftrightarrow |1 + \cos x - 2| < \varepsilon \Leftrightarrow |\cos x - \cos 0| < \varepsilon$

$\Leftrightarrow \left| -2 \sin\dfrac{x+0}{2} \sin\dfrac{x-0}{2} \right| < \varepsilon$

取 $\delta = \min\left\{\varepsilon, \dfrac{\pi}{2}\right\}$ 使得 若 $|x - 0| < \delta$ 則 $\left| -2\sin^2\dfrac{x}{2} \right| < \left| 2\sin\dfrac{x}{2} \right| < 2\left|\dfrac{x}{2}\right| = |x| < \delta \leq \varepsilon$

$\therefore |f(x) - f(0)| < \varepsilon \quad \therefore f(x)$ 於 $x = 0$ 連續

範例 5.

$$假設 f(x) = \begin{cases} \sin x \sin\dfrac{1}{x^2}, & x \neq 0 \\ 0, & x = 0 \end{cases}, \quad 試證 f(x) \text{ 於 } x = 0 \text{ 連續}$$

【解】

令 $\varepsilon > 0$, $\because |f(x) - f(0)| < \varepsilon \Leftrightarrow \left| \sin x \sin\dfrac{1}{x^2} \right| < \varepsilon$

取 $\delta = \min\{\varepsilon, \dfrac{\pi}{2}\}$ 使得 若 $|x - 0| < \delta$ 則 $\left|\sin x \sin \dfrac{1}{x^2}\right| < |\sin x| < |x| < \delta \leq \varepsilon$

$\therefore |f(x) - f(0)| < \varepsilon$ $\quad \therefore f(x)$ 於 $x = 0$ 連續

範例 6.

$\quad$ 假設 $f(x) = \begin{cases} x\sin\dfrac{1}{x^2}, & x \neq 0 \\ 0, & x = 0 \end{cases}$, 試證 $f(x)$ 於 $x = 0$ 連續

【解】

令 $\varepsilon > 0$, $\quad \because |f(x) - f(0)| < \varepsilon \Leftrightarrow \left|x\sin\dfrac{1}{x^2}\right| < \varepsilon$

取 $\delta = \varepsilon$ 使得 若 $|x - 0| < \delta$ 則 $\left|x\sin\dfrac{1}{x^2}\right| < |x| < \delta = \varepsilon$

$\therefore |f(x) - f(0)| < \varepsilon$ $\quad \therefore f(x)$ 於 $x = 0$ 連續

範例 7.

$\quad$ 假設 $f(x) = \begin{cases} x^n\sin\dfrac{1}{x^2}, & x \neq 0 \\ 0, & x = 0 \end{cases}$, 試證 $f(x)$ 於 $x = 0$ 連續, $\forall n \in N$

【解】

令 $\varepsilon > 0, n \in N$, $\quad \because |f(x) - f(0)| < \varepsilon \Leftrightarrow \left|x^n\sin\dfrac{1}{x^2}\right| < \varepsilon$

取 $\delta = \sqrt[n]{\varepsilon}$ 使得 若 $|x - 0| < \delta$ 則 $\left|x^n\sin\dfrac{1}{x^2}\right| < |x^n| < \delta^n = \varepsilon$

$\therefore |f(x) - f(0)| < \varepsilon$ $\quad \therefore f(x)$ 於 $x = 0$ 連續, $\forall n \in N$

範例 8.

$\quad$ 假設 $f(x) = 2x + 5$, 使用定義證明 $f(x)$ 於 $x = 1$ 連續

【解】

令 $\varepsilon > 0$

$\because |f(x) - f(1)| < \varepsilon \Leftrightarrow |2x + 5 - 7| < \varepsilon \Leftrightarrow |2x - 2| < \varepsilon \Leftrightarrow 2|x - 1| < \varepsilon \Leftrightarrow |x - 1| < \dfrac{\varepsilon}{2}$

取 $\delta = \dfrac{\varepsilon}{2}$ 使得 若 $|x - 1| < \delta$ 則 $|x - 1| < \dfrac{\varepsilon}{2}$ $\quad \therefore |f(x) - f(1)| < \varepsilon$ $\quad \therefore f(x)$ 於 $x = 1$ 連續

範例 9.

假設 $f(x) = \sqrt{x}$, 使用定義證明 $f(x)$ 於 $x = 3$ 連續

【解】

令 $\varepsilon > 0$, $\because |f(x) - f(3)| < \varepsilon \Leftrightarrow |\sqrt{x} - \sqrt{3}| < \varepsilon \Leftrightarrow \dfrac{|x-3|}{|\sqrt{x}+\sqrt{3}|} < \varepsilon, \ \forall x > 0$

取 $\delta = \min\{1, \sqrt{3}\varepsilon\}$ 使得若 $|x-3| < \delta$ 則 $2 < x < 4$

$\therefore \dfrac{|x-3|}{|\sqrt{x}+\sqrt{3}|} < \dfrac{\delta}{|\sqrt{x}+3|} < \dfrac{\delta}{\sqrt{3}} \leq \varepsilon \quad \therefore |f(x) - f(3)| < \varepsilon \quad \therefore f(x)$ 於 $x = 3$ 連續

範例 10.

假設 $f(x) = x^2$, 使用定義證明 $f(x)$ 於 $x = 3$ 連續

【解】

令 $\varepsilon > 0$, $\because |f(x) - f(3)| < \varepsilon \Leftrightarrow |x^2 - 9| < \varepsilon \Leftrightarrow |(x-3)(x+3)| < \varepsilon$

取 $\delta = \min\left\{1, \dfrac{\varepsilon}{7}\right\}$ 使得若 $|x-3| < \delta$ 則 $|x-3| \leq 1 \Rightarrow |x+3| < 7$

$\therefore |f(x) - f(3)| = |(x-3)(x+3)| < 7\delta \leq \varepsilon \quad \therefore f(x)$ 於 $x = 3$ 連續

範例 11.

假設 $f(x) = \cos x$, 使用定義證明 $f(x)$ 於 $x = 2$ 連續

【解】

令 $\varepsilon > 0$,

$\because |f(x) - f(2)| < \varepsilon \Leftrightarrow |\cos x - \cos 2| < \varepsilon \Leftrightarrow \left|2\sin\dfrac{x+2}{2}\sin\dfrac{x-2}{2}\right| < \varepsilon$

$\because \left|2\sin\dfrac{x+2}{2}\sin\dfrac{x-2}{2}\right| < \left|2\sin\dfrac{x-2}{2}\right| < 2 \cdot \left|\dfrac{x-2}{2}\right| = |x-2|, \ \forall |x| < \dfrac{\pi}{2}$

取 $\delta = \min\{\varepsilon, \dfrac{\pi}{2}\}$ 使得 若 $|x-2| < \delta$

則 $|f(x) - f(2)| = \left|2\sin\dfrac{x+2}{2}\sin\dfrac{x-2}{2}\right| < |x-2| < \delta \leq \varepsilon \quad \therefore f(x)$ 於 $x = 2$ 連續

範例 12.

假設 $f(x) = 3x - 3$, 使用定義證明 $f(x)$ 於 $x = 4$ 連續

【解】

令 $\varepsilon > 0$, $\because |f(x) - f(4)| < \varepsilon \Leftrightarrow |3x - 3 - 9| < \varepsilon \Leftrightarrow |x - 4| < \dfrac{\varepsilon}{3}$

取 $\delta = \dfrac{\varepsilon}{3}$ 使得 若 $|x - 4| < \delta$ 則 $|x - 4| < \dfrac{\varepsilon}{3}$ $\therefore |f(x) - f(4)| < \varepsilon$ $\therefore f(x)$ 於 $x = 4$ 連續

範例 13.

假設 $f(x) = \dfrac{2x^2 - 3x - 2}{x - 2}$, 使用定義證明 $f(x)$ 於 $x = 2$ 連續

【解】

令 $\varepsilon > 0$

$\because |f(x) - f(2)| < \varepsilon \Leftrightarrow \left| \dfrac{2x^2 - 3x - 2}{x - 2} - 5 \right| < \varepsilon \Leftrightarrow \left| \dfrac{2x^2 - 3x - 2 - 5x + 10}{x - 2} \right| < \varepsilon$

$\Leftrightarrow 2 \left| \dfrac{(x - 2)^2}{x - 2} \right| < \varepsilon \Leftrightarrow 2|x - 2| < \varepsilon$

取 $\delta = \dfrac{\varepsilon}{2}$ 使得 若 $|x - 2| < \delta$ 則 $|x - 2| < \dfrac{\varepsilon}{2}$ $\therefore |f(x) - f(2)| < \varepsilon$ $\therefore f(x)$ 於 $x = 2$ 連續

範例 14.

假設 $f(x) = mx + b$, $\forall m \neq 0$, 使用定義證明 $f(x)$ 於 $x = a$ 連續

【解】

令 $\varepsilon > 0$, $m \neq 0$ $\because |f(x) - f(a)| < \varepsilon \Leftrightarrow |mx + b - (ma + b)| < \varepsilon \Leftrightarrow |m||x - a| < \varepsilon$

取 $\delta = \dfrac{\varepsilon}{|m|}$ 使得 若 $|x - a| < \delta$ 則 $|x - a| < \dfrac{\varepsilon}{|m|}$

$\therefore |f(x) - f(a)| = |mx + b - (ma + b)| < \varepsilon$ $\therefore f(x)$ 於 $x = a$ 連續

範例 15.

假設 $f(x) = \sqrt{x}$, 使用定義證明 $f(x)$ 於 $x = a$ 連續, $\forall a > 0$

【解】

令 $\varepsilon > 0, a > 0$, $\because |f(x) - f(a)| < \varepsilon \Leftrightarrow \left| \sqrt{x} - \sqrt{a} \right| < \varepsilon \Leftrightarrow \dfrac{|x - a|}{|\sqrt{x} + \sqrt{a}|} < \varepsilon$, $\forall x > 0$

取 $\delta = \min \left\{ \dfrac{a}{2}, \sqrt{a}\varepsilon \right\}$ 使得 若 $|x - a| < \delta$

則 $|f(x) - f(a)| = \left|\sqrt{x} - \sqrt{a}\right| = \dfrac{|x-a|}{|\sqrt{x} + \sqrt{a}|} < \dfrac{\delta}{|\sqrt{a}|} \leq \dfrac{\sqrt{a}\varepsilon}{|\sqrt{a}|} = \varepsilon \quad \therefore f(x)$ 於 $x = a$ 連續

範例 16.

假設 $f(x) = x^2$，使用定義證明 $f(x)$ 於 $x = a$ 連續，$\forall a \neq 0$

【解】

令 $\varepsilon > 0, a \neq 0$，$\because |f(x) - f(a)| < \varepsilon \Leftrightarrow |x^2 - a^2| < \varepsilon \Leftrightarrow |(x-a)(x+a)| < \varepsilon$

取 $\delta = \min\left\{|a|, \dfrac{\varepsilon}{3|a|}\right\}$ 使得 若 $|x - a| < \delta$ 則 $|x - a| < |a| \Rightarrow |x + a| < 3|a|$

$\therefore |f(x) - f(a)| = |x^2 - a^2| = |(x-a)(x+a)| < 3|a|\delta \leq \varepsilon \quad \therefore f(x)$ 於 $x = a$ 連續

範例 17.

假設 $f(x) = \dfrac{1}{x}$，使用定義證明 $f(x)$ 於 $x = a$ 連續，$\forall a \neq 0$

【解】

令 $\varepsilon > 0, a \neq 0$，$\because |f(x) - f(a)| < \varepsilon \Leftrightarrow \left|\dfrac{1}{x} - \dfrac{1}{a}\right| < \varepsilon \Leftrightarrow \left|\dfrac{x-a}{xa}\right| < \varepsilon$

取 $\delta = \min\left\{\dfrac{a^2\varepsilon}{2}, \dfrac{|a|}{2}\right\}$ 使得 若 $|x - a| < \delta$ 則 $\dfrac{|a|}{2} < x < \dfrac{3|a|}{2}$

$\therefore |f(x) - f(a)| = \left|\dfrac{1}{x} - \dfrac{1}{a}\right| = \left|\dfrac{x-a}{xa}\right| < \left|\dfrac{x-a}{a}\right|\dfrac{2}{|a|} < \dfrac{2\delta}{a^2} \leq \epsilon \quad \therefore f(x)$ 於 $x = a$ 連續，$\forall a \neq 0$

範例 18.

假設 $f(x) = \cos x$，使用定義證明 $f(x)$ 於 $x = a$ 連續，$\forall a \in \mathrm{R}$

【解】

令 $\varepsilon > 0, a \in \mathrm{R}$，$\because |f(x) - f(a)| < \varepsilon \Leftrightarrow |\cos x - \cos a| < \varepsilon \Leftrightarrow \left|2\sin\dfrac{x+a}{2}\sin\dfrac{x-a}{2}\right| < \varepsilon$

$\because \left|2\sin\dfrac{x+a}{2}\sin\dfrac{x-a}{2}\right| < \left|2\sin\dfrac{x-a}{2}\right| < 2 \cdot \left|\dfrac{x-a}{2}\right| = |x - a|, \ \forall |x - a| < \pi$

取 $\delta = \min\{\varepsilon, \pi\}$ 使得 若 $|x - a| < \delta$

則 $|f(x) - f(a)| = |\cos x - \cos a| = \left|2\sin\dfrac{x+a}{2}\sin\dfrac{x-a}{2}\right| < |x - a| < \delta \leq \varepsilon$

$\therefore f(x)$ 於 $x = a$ 連續，$\forall a \in \mathrm{R}$

範例 19.

假設 $f(x) = \sin x$，使用定義證明 $f(x)$ 於 $x = a$ 連續, $\forall a \in \mathrm{R}$

【解】

令 $\varepsilon > 0, a \in \mathrm{R}$

$\because |f(x) - f(a)| < \varepsilon \Leftrightarrow |\sin x - \sin a| < \varepsilon \Leftrightarrow \left| 2\cos\dfrac{x+a}{2}\sin\dfrac{x-a}{2} \right| < \varepsilon$

$\because \left| 2\cos\dfrac{x+a}{2}\sin\dfrac{x-a}{2} \right| < \left| 2\sin\dfrac{x-a}{2} \right| < 2 \cdot \left| \dfrac{x-a}{2} \right| = |x-a|, \ \forall |x-a| < \pi$

取 $\delta = \min\{\varepsilon, \pi\}$ 使得 若 $|x-a| < \delta$

則 $|f(x) - f(a)| = |\sin x - \sin a| = \left| 2\cos\dfrac{x+a}{2}\sin\dfrac{x-a}{2} \right| < |x-a| < \delta = \varepsilon$

$\therefore f(x)$ 於 $x = a$ 連續, $\forall a \in \mathrm{R}$

範例 20.

假設 $f(x) = x^2 - x + 2$，使用定義證明 $f(x)$ 於 $x = 2$ 連續

【解】

令 $\varepsilon > 0, \ \because |f(x) - f(2)| < \varepsilon \Leftrightarrow |x^2 - x + 2 - 4| < \varepsilon \Leftrightarrow |(x-2)(x+1)| < \varepsilon$

取 $\delta = \min\left\{\dfrac{\varepsilon}{4}, 1\right\}$ 使得 若 $|x-2| < \delta < 1$ 則 $|x+1| < 4$

$\because |(x-2)(x+1)| < 4|(x-2)| < 4\,\delta \leq \varepsilon$

$\because |f(x) - f(2)| = |x^2 - x + 2 - 4| < \varepsilon \quad \therefore f(x)$ 於 $x = 2$ 連續

範例 21.

假設 $f(x) = \dfrac{x^2 - 4}{x - 2}$，使用定義證明 $f(x)$ 於 $x = 2$ 連續

【解】

令 $\varepsilon > 0, \ \because |f(x) - f(2)| < \varepsilon \Leftrightarrow \left| \dfrac{x^2 - 4}{x - 2} - 4 \right| < \varepsilon \Leftrightarrow |x - 2| < \varepsilon$

取 $\delta = \varepsilon$ 使得 若 $|x - 2| < \delta$ 則 $|x - 2| < \varepsilon$

$\because |f(x) - f(2)| < \varepsilon \quad \therefore f(x)$ 於 $x = 2$ 連續

範例 22.

假設 $f(x) = x^2 + x + 2$, 使用定義證明 $f(x)$ 於 $x = 1$ 連續

【解】

令 $\varepsilon > 0$, $\because |f(x) - f(1)| < \varepsilon \Leftrightarrow |x^2 + x + 2 - 4| < \varepsilon \Leftrightarrow |(x + 2)(x - 1)| < \varepsilon$

取 $\delta = \min\left\{\dfrac{\varepsilon}{4}, 1\right\}$ 使得 若 $|x - 1| < \delta \le 1$ 則 $|x + 2| < 4$

$\therefore |(x + 2)(x - 1)| < 4\delta \le \varepsilon$ $\quad$ $\therefore |f(x) - f(1)| < \varepsilon$ $\Rightarrow f(x)$ 於 $x = 1$ 連續

範例 23.

假設 $f(x) = x^n \sin\left(\dfrac{1}{x}\right)$, 使用定義證明 $f(x)$ 於 $x = 0$ 連續, $\forall n \in N$

【解】

令 $\varepsilon > 0$ 且 $n \in N$ 取 $\delta = \varepsilon^{\frac{1}{n}}$ 使得 若 $|x - 0| < \delta$

則 $|f(x) - f(0)| = \left|x^n \sin\left(\dfrac{1}{x}\right)\right| < |x^n| < \delta^n < \varepsilon$ $\quad \therefore f(x)$ 於 $x = 0$ 連續, $\forall n \in N$

範例 24.

假設 $f(x) = 2x + 3$, 使用定義證明 $f(x)$ 於 $x = 3$ 連續

【解】

令 $\varepsilon > 0$, $\because |f(x) - f(3)| < \varepsilon \Leftrightarrow |2x + 3 - 9| < \varepsilon \Leftrightarrow 2|x - 3| < \varepsilon$

取 $\delta = \dfrac{\varepsilon}{2}$ 使得 若 $|x - 3| < \delta$ 則 $|x - 3| < \dfrac{\varepsilon}{2}$ $\quad \therefore |f(x) - f(3)| < \varepsilon$ $\quad \therefore f(x)$ 於 $x = 3$ 連續

範例 25.

假設 $f(x) = \dfrac{x}{2} + 3$, 使用定義證明 $f(x)$ 於 $x = 2$ 連續

【解】

令 $\varepsilon > 0$, $\because |f(x) - f(2)| < \varepsilon \Leftrightarrow \left|\dfrac{x}{2} + 3 - 4\right| < \varepsilon \Leftrightarrow \left|\dfrac{x}{2} - 1\right| < \varepsilon \Leftrightarrow |x - 2| < 2\varepsilon$

取 $\delta = 2\varepsilon$ 使得 若 $|x - 2| < \delta$ 則 $|x - 2| < 2\varepsilon$

$\therefore |f(x) - f(2)| = \left|\dfrac{x}{2} + 3 - 4\right| < \varepsilon$ $\quad \therefore f(x)$ 於 $x = 2$ 連續

範例 26.

　　假設 $f(x) = \sqrt{ax}$, 使用定義證明 $f(x)$ 於 $x = a$ 連續, $\forall a > 0$

【解】

令 $a > \dfrac{\varepsilon}{2} > 0$

$\because |f(x) - f(a)| < \varepsilon \Leftrightarrow |\sqrt{ax} - a| < \varepsilon \Leftrightarrow a - \varepsilon < |\sqrt{ax}| < a + \varepsilon$

$\Leftrightarrow a^2 - 2a\varepsilon + \varepsilon^2 < ax < a^2 + 2a\varepsilon + \varepsilon^2$

$\Leftrightarrow a - 2\varepsilon + \dfrac{\varepsilon^2}{a} < x < a + 2\varepsilon + \dfrac{\varepsilon^2}{a} \quad \Leftrightarrow -2\varepsilon + \dfrac{\varepsilon^2}{a} < x - a < 2\varepsilon + \dfrac{\varepsilon^2}{a}$

$\Leftrightarrow -\left(2\varepsilon - \dfrac{\varepsilon^2}{a}\right) < x - a < 2\varepsilon + \dfrac{\varepsilon^2}{a}$

取 $\delta = 2\varepsilon - \dfrac{\varepsilon^2}{a}$ 使得 若 $|x - a| < \delta$ 則 $|x - a| < 2\varepsilon - \dfrac{\varepsilon^2}{a}$

$\therefore |f(x) - f(a)| = |\sqrt{ax} - a| < \varepsilon \quad \therefore f(x)$ 於 $x = a$ 連續, $\forall a > 0$

範例 27.

　　假設 $f(x) = \dfrac{2x}{2x + 3}$, 使用定義證明 $f(x)$ 於 $x = 1$ 連續

【解】

令 $\varepsilon > 0$, $\because |f(x) - f(1)| < \varepsilon \Leftrightarrow \left|\dfrac{2x}{2x + 3} - \dfrac{2}{5}\right| < \varepsilon \Leftrightarrow \dfrac{6}{5}\left|\dfrac{x - 1}{2x + 3}\right| < \varepsilon$

取 $\delta = \min\{\dfrac{5\varepsilon}{2}, 1\}$ 使得 若 $|x - 1| < \delta$ 則 $0 < x < 2$

$\therefore 2x + 3 > 3 \Rightarrow \dfrac{6}{5}\left|\dfrac{x - 1}{2x + 3}\right| < \dfrac{6}{5}\left|\dfrac{x - 1}{3}\right| < \dfrac{2}{5}|x - 1| < \dfrac{2\delta}{5} \leq \varepsilon$

$\therefore |f(x) - f(1)| = \left|\dfrac{2x}{2x + 3} - \dfrac{2}{5}\right| < \varepsilon \quad \therefore f(x)$ 於 $x = 1$ 連續

範例 28.

　　假設 $f(x) = \dfrac{x - 1}{4(x + 1)}$, 使用定義證明 $f(x)$ 於 $x = 3$ 連續

【解】

令 $\varepsilon > 0$

$\because |f(x) - f(3)| < \varepsilon \Leftrightarrow \left| \dfrac{x-1}{4(x+1)} - \dfrac{1}{8} \right| < \varepsilon \Leftrightarrow \left| \dfrac{2(x-1)-(x+1)}{8(x+1)} \right| < \varepsilon \Leftrightarrow \left| \dfrac{x-3}{8(x+1)} \right| < \varepsilon$

取 $\delta = \min\{24\varepsilon, 1\}$ 使得 若 $|x-3| < \delta$ 則 $2 < x < 4$

$\therefore x+1 > 3 \Rightarrow |f(x) - f(3)| = \left| \dfrac{x-3}{8(x+1)} \right| < \dfrac{1}{8}\left| \dfrac{x-3}{3} \right| = \left| \dfrac{x-3}{24} \right| < \dfrac{\delta}{24} \leq \varepsilon$

$\therefore f(x)$ 於 $x = 3$ 連續

範例 29.

　　假設 $f(x) = x^3 + 3x^2 - 3x + 4$, 使用定義證明 $f(x)$ 於 $x = 1$ 連續

【解】

令 $\varepsilon > 0$

$\because |f(x) - f(1)| < \varepsilon \Leftrightarrow |x^3 + 3x^2 - 3x + 4 - 5| < \varepsilon \Leftrightarrow |x-1||x^2 + 4x + 1| < \varepsilon$

取 $\delta = \min\{\dfrac{\varepsilon}{13}, 1\}$ 使得 若 $|x-1| < \delta$ 則 $0 < x < 2$

$\therefore |x-1||x^2 + 4x + 1| < 13|x-1| < 13\,\delta \leq \varepsilon$

$\therefore |f(x) - f(1)| < \varepsilon \quad \therefore f(x)$ 於 $x = 1$ 連續

範例 30.

　　假設 $f(x) = \begin{cases} 2, & x \in 有理數 \\ 0, & x \in 無理數 \end{cases}$, 試證 $f(x)$ 於 $x = 1$ 不連續

【解】

Claim: $f(x)$ 於 $x = 1$ 不連續

令 $\{y_n\}_{n=1}^{\infty} \in 無理數$ 且 $\lim\limits_{n \to \infty} y_n = 1$ 則 $f(y_n) = 0, \forall n \in N$

取 $\varepsilon = 1$ 則 $\lim\limits_{n \to \infty} y_n = 1$ 且 $|f(y_n) - f(1)| = |0 - 2| > 1 = \varepsilon, \forall n \in N$

$\therefore \lim\limits_{x \to 1} f(y_n) = 0 \neq 2 = f(1) \quad \therefore f(x)$ 於 $x = 1$ 不連續

範例 31.

　　假設 $f(x) = \begin{cases} 2, & x \in 有理數 \\ x, & x \in 無理數 \end{cases}$, 試證 $f(x)$ 於 $x = 2$ 連續且 $f(x)$ 於 $x = 4$ 不連續

【解】

Claim: $\lim\limits_{x \to 2} f(x) = f(2)$

令 $\varepsilon > 0$, 取 $\delta = \varepsilon$ 使得 若 $|x - 2| < \delta$ 則
$|f(x) - f(2)| = |f(x) - 2| = |x - 2| < \delta = \varepsilon, \ \forall x \in$ 無理數
$|f(x) - f(2)| = |f(x) - 2| = |2 - 2| = 0 < \delta = \varepsilon, \ \forall x \in$ 有理數

$\therefore \lim\limits_{x \to 2} f(x) = f(2)$

Claim: $f(x)$ 於 $x = 4$ 不連續

令 $\{y_n\}_{n=1}^{\infty} \in$ 無理數 且 $\lim\limits_{n \to \infty} y_n = 4$ 則 $\lim\limits_{n \to \infty} f(y_n) = \lim\limits_{n \to \infty} y_n = 4, \forall n \in N$

取 $\varepsilon = 1$, $\because \lim\limits_{n \to \infty} y_n = 4$ $\therefore \lim\limits_{n \to \infty} |f(y_n) - f(4)| = \lim\limits_{n \to \infty} |f(y_n) - 2| = 2 > 1 = \varepsilon$

$\therefore f(x)$ 於 $x = 4$ 不連續

範例 32.

$$假設 f(x) = \begin{cases} x, & x \in 有理數 \\ -x, & x \in 無理數 \end{cases}, 試證 f(x) 於 x = 0 連續且於 x = 4 不連續$$

【解】

Claim: $\lim\limits_{x \to 0} f(x) = f(0)$

令 $\varepsilon > 0$, 取 $\delta = \varepsilon$ 使得 若 $|x - 0| < \delta$ 則
$|f(x) - f(0)| = |f(x) - 0| = |-x - 0| < \delta = \varepsilon, \ \forall x \in$ 無理數
$|f(x) - f(0)| = |f(x) - 0| = |x - 0| = 0 < \delta = \varepsilon, \ \forall x \in$ 有理數

$\therefore \lim\limits_{x \to 0} f(x) = f(0)$

Claim: $f(x)$ 於 $x = 4$ 不連續

令 $\{y_n\}_{n=1}^{\infty} \in$ 無理數 且 $\lim\limits_{n \to \infty} y_n = 4$ 則 $\lim\limits_{n \to \infty} f(y_n) = -\lim\limits_{n \to \infty} y_n = -4$

取 $\varepsilon = 1$, $\because \lim\limits_{n \to \infty} y_n = 4$ $\therefore \lim\limits_{n \to \infty} |f(y_n) - f(4)| = \lim\limits_{n \to \infty} |f(y_n) - 4| = 8 > 1 = \varepsilon$

$\therefore f(x)$ 於 $x = 4$ 不連續

範例 33.

$$\text{假設}\, f(x) = \begin{cases} x, & x \in \text{有理數} \\ 1 - 2x, & x \in \text{無理數} \end{cases},$$

$$\text{試證}\, f(x)\, \text{於}\, x = \frac{1}{3}\, \text{連續且}\, f(x)\, \text{於}\, x = 0\, \text{不連續}$$

【解】

Claim: $\lim\limits_{x \to \frac{1}{3}} f(x) = f(\frac{1}{3})$

令 $\varepsilon > 0$, 取 $\delta = \dfrac{\varepsilon}{2}$ 使得若 $\left| x - \dfrac{1}{3} \right| < \delta$ 則

$$\left| f(x) - f(\tfrac{1}{3}) \right| = \left| f(x) - \tfrac{1}{3} \right| = \left| 1 - 2x - \tfrac{1}{3} \right| = 2\left| x - \tfrac{1}{3} \right| < 2\delta = \varepsilon, \ \forall x \in \text{無理數}$$

$$\left| f(x) - f(\tfrac{1}{3}) \right| = \left| f(x) - \tfrac{1}{3} \right| = \left| x - \tfrac{1}{3} \right| < \delta = \frac{\varepsilon}{2} < \varepsilon, \ \forall x \in \text{有理數}$$

$$\therefore \lim\limits_{x \to \frac{1}{3}} f(x) = f(\tfrac{1}{3})$$

Claim: $f(x)$ 於 $x = 0$ 不連續

令 $\{y_n\}_{n=1}^{\infty} \in \text{無理數}$ 且 $\lim\limits_{n \to \infty} y_n = 0$ 則 $\lim\limits_{n \to \infty} f(y_n) = \lim\limits_{n \to \infty} 1 - 2y_n = 1$

取 $\varepsilon = \dfrac{1}{2}$, $\because \lim\limits_{n \to \infty} y_n = 0$ $\quad \therefore \lim\limits_{n \to \infty} |f(y_n) - f(0)| = \lim\limits_{n \to \infty} |f(y_n) - 0| = 1 > \dfrac{1}{2} = \varepsilon$

$\therefore f(x)$ 於 $x = 0$ 不連續

範例 34.

$$\text{假設}\, f(x) = \begin{cases} x, & x \in \text{有理數} \\ x^2, & x \in \text{無理數} \end{cases},$$

$$\text{試證}\, f(x)\, \text{於}\, x = 0,1\, \text{連續且}\, f(x)\, \text{於}\, x = 2\, \text{不連續}$$

【解】

Claim: $\lim\limits_{x \to 0} f(x) = f(0)$

令 $\varepsilon > 0$, 取 $\delta = \min\{\varepsilon, 1\}$ 使得 若 $|x - 0| < \delta \le 1$ 則

$|f(x) - f(0)| = |f(x) - 0| = |x^2 - 0| \le |x| < \delta = \varepsilon, \ \forall x \in$ 無理數

$|f(x) - f(0)| = |f(x) - 0| = |x - 0| = 0 < \delta = \varepsilon, \ \forall x \in$ 有理數

$\therefore \lim\limits_{x \to 0} f(x) = f(0)$

Claim: $\lim\limits_{x \to 1} f(x) = f(1)$

令 $\varepsilon > 0$, 取 $\delta = \min\{\dfrac{\varepsilon}{3}, 1\}$ 使得 若 $|x - 1| < \delta \le 1$ 則 $1 < |x + 1| < 3$

$\therefore \ |f(x) - f(1)| = |x^2 - 1| = |x + 1||x - 1| < 3\,\delta \le \varepsilon, \ \forall x \in$ 無理數

$\therefore \ |f(x) - f(1)| = |f(x) - 1| = |x - 1| < \delta \le \dfrac{\varepsilon}{3} < \varepsilon, \ \forall x \in$ 有理數

$\therefore \lim\limits_{x \to 1} f(x) = f(1)$

Claim: $f(x)$ 於 $x = 2$ 不連續

令 $\{y_n\}_{n=1}^{\infty} \in$ 無理數 且 $\lim\limits_{n \to \infty} y_n = 2$ 則 $\lim\limits_{n \to \infty} f(y_n) = \lim\limits_{n \to \infty} (y_n)^2 = 4$

取 $\varepsilon = 1$, $\ \because \lim\limits_{n \to \infty} y_n = 2 \ \ \therefore \lim\limits_{n \to \infty} |f(y_n) - f(2)| = \lim\limits_{n \to \infty} |(y_n)^2 - 2| = 2 > 1 = \varepsilon$,

$\therefore f(x)$ 於 $x = 2$ 不連續

1.4.4　勘根定理

【定理】勘根定理

假設 $f(x)$ 於 $[a, b]$ 連續且 $f(a)f(b) < 0$ 則 $\exists c \in (a, b)$ such that $f(c) = 0$

Proof:

Assume $f(a) > 0$ and $f(b) < 0$. Let $S = \{x : x \in [a, b] \text{ and } f(x) \ge 0\}$.

$\because a \in S \ \ \therefore S$ is nonempty and bounded by b.

Let $s = \sup S$ and claim $f(s) = 0$

Assume $f(s) > 0$, choose $\delta_1 > 0$ s.t. $s < x < s + \delta_1 \Rightarrow f(x) > 0$

then $s \ne \sup S$, a contradiction.

Assume $f(s) < 0$, choose $\delta_2 > 0$ s.t. $s - \delta_2 < x < s + \delta_2 \Rightarrow f(x) < 0$

then $s - \delta_2$ is an upper bound of S, a contradiction. $\therefore f(s) = 0$

考試類型:

題型 1.

試證 $f(x)$ 於 $[a,b]$ 有實根

解題流程:

說明 $f(a)f(b) < 0$, 藉由勘根定理 則存在 $c \in [a,b]$ 使得 $f(c) = 0$

範例 1.

　　試證 $f(x) = 3x^7 - 2 + x$ 於 $(0,1)$ 有實根

【解】

$\because f(0) = -2$ 且 $f(1) = 2$　$\therefore f(0)f(1) < 0$

$\because f(x)$ 於 $[0,1]$ 連續, 藉由勘根定理則 $\exists c \in (0,1)$ such that $f(c) = 0$

$\therefore f(x) = 3x^7 - 2 + x$ 於 $(0,1)$ 有實根

範例 2.

　　試證 $f(x) = 6x^5 + 13x + 5$ 於 $(-1,0)$ 有實根

【解】

$\because f(-1) = -14$ 且 $f(0) = 5$　$\therefore f(-1)f(0) < 0$

$\because f(x)$ 於 $[-1,0]$ 連續, 藉由勘根定理則 $\exists c \in (-1,0)$ such that $f(c) = 0$

$\therefore f(x) = 6x^5 + 13x + 5$ 於 $(-1,0)$ 有實根

範例 3.

　　試證 $f(x) = x^3 + 3x + 2$ 於 $(-1,0)$ 有實根

【解】

$\because f(-1) = -2$ 且 $f(0) = 2$　　$\therefore f(-1)f(0) < 0$

$\because f(x)$ 於 $[-1,0]$ 連續, 藉由勘根定理則 $\exists c \in (-1,0)$ such that $f(c) = 0$

$\therefore f(x) = x^3 + 3x + 2$ 於 $(-1,0)$ 有實根

1.4.5　中間值定理

【**定理**】中間值定理

假設 $f(x)$ 於 $[a,b]$ 連續且 $\forall C \in [f(a), f(b)]$ 則 $\exists c \in [a,b]$ such that $f(c) = C$

<u>Proof:</u>

Let $g(x) = f(x) - C$ then $g(a)g(b) < 0$

By 勘根定理，$\exists c \in [a,b]$ such that $g(c) = 0$　$\therefore \exists c \in [a,b]$ such that $f(c) = C$

範例 1.

　　試證 $f(x) = 3x^7 - 2 + x$ 於 $(0,1)$ 有實根

【解】

$\because f(0) = -2$ 且 $f(1) = 2$　$\therefore f(0)f(1) < 0$

$\because f(x)$ 於 $[0,1]$ 連續，藉由中間值定理則 $\exists c \in (0,1)$ such that $f(c) = 0$

$\therefore f(x) = 3x^7 - 2 + x$ 於 $(0,1)$ 有實根

範例 2.

　　試證 $f(x) = 6x^5 + 13x + 5$ 於 $(-1,0)$ 有實根

【解】

$\because f(-1) = -14$ 且 $f(0) = 5$　$\therefore f(-1)f(0) < 0$

$\because f(x)$ 於 $[-1,0]$ 連續，藉由中間值定理則 $\exists c \in (-1,0)$ such that $f(c) = 0$

$\therefore f(x) = 6x^5 + 13x + 5$ 於 $(-1,0)$ 有實根

範例 3.

　　試證 $f(x) = x^3 + 3x + 2$ 於 $(-1,0)$ 有實根

【解】

$\because f(-1) = -2$ 且 $f(0) = 2$　$\therefore f(-1)f(0) < 0$

$\because f(x)$ 於 $[-1,0]$ 連續，藉由中間值定理則 $\exists c \in (-1,0)$ such that $f(c) = 0$

$\therefore f(x) = x^3 + 3x + 2$ 於 $(-1,0)$ 有實根

第二章　　微分

　　微分在微積分的重要性僅次於極限，以考試而言，不只需熟悉求微分的各種方法與考試類型，也應了解後續哪些內容使用了微分，底下盤點與微分有關的內容，包含：羅比達法則、使用微分繪出函數圖形(求極值、遞增遞減區域、凹向上與凹向下區域、反曲點)、積分(定義、變數代換法、分部積分法、無理式的積分、半角代換法；這裡指的積分橫跨數種積分：不定積分、定積分與瑕積分)、重積分、線積分、曲面積分、Green Theorem、Stoke's Theorem、Divergence Theorem、Leibniz 微分公式、判斷正項級數是否收斂的積分檢驗法、多變數函數的偏導數與可微分…等

　　底下先介紹微分的定義與基本性質，接著為微分的考試類型與詳細解題流程，類型依序包含：常見函數的微分(三角函數、指數函數、對數函數的微分)、合成函數的微分(Chain Rule)、反函數的微分、隱函數的微分、雙曲線的微分..等；使用微分定義解題的方法中，有些也是類似求極限的手法，包含：藉由消掉共同項求微分、使用夾擠定理求微分、左導數與右導數關係應用..等；介紹了基本性質之後，我們介紹如何使用加一項減一項的方法求微分；接著介紹常見函數如三角函數、指數函數、對數函數結合微分基本性質後的微分式

　　本章的內容以合成函數的微分(Chain Rule)最為重要，以考試而言，除了可能會出現於其它幾個微分考試類型中，也會應用於上述談及的各個章節的當中(羅比達法則、…、多變數函數的偏導數與可微分)；為了能在之後運用微分或 Chain Rule 能夠得心應手，需多加練習此節的精選範例；此節提供常見函數的合成函數如何藉由 Chain Rule 求微分後的一般式，讀者掌握基本變化之後也需能掌握複雜的題型

　　反函數的微分定理描述反函數的微分式與原函數微分後的關係，能觀察出如果原函數為合成函數時，求反函數的微分則需要用到 Chain Rule，因此如果要掌握反函數微分的各題型解法，熟悉 Chain Rule 的變化是相當關鍵；隱函數微分、雙曲線與反雙曲線的微分也常結合 Chain Rule 解題；最後討論如何藉由數學歸納法證明函數高階導數的樣貌

2.1 微分的定義

【定義】微分的定義

Let $f(x)$ be a function defined in (a, b) containing c. The derivative of function $f(x)$ at c, denoted by $f'(c)$, is defined by

$$f'(c) = \lim_{x \to c} \frac{f(x) - f(c)}{x - c}$$

provided the limit exists. Moreover, the derivative of $f(x)$ at c is also defined by

$$f'(c) = \lim_{h \to 0} \frac{f(c + h) - f(c)}{h}$$

函數$f(x)$於c點可微分則函數$f(x)$於c點連續,請練習證明;判斷函數是否可微分,相當於計算上述極限是否存在,因此計算微分的方法包含: 消掉共同項再取極限、式子有理化再取極限、夾擠定理、左右極限是否相等

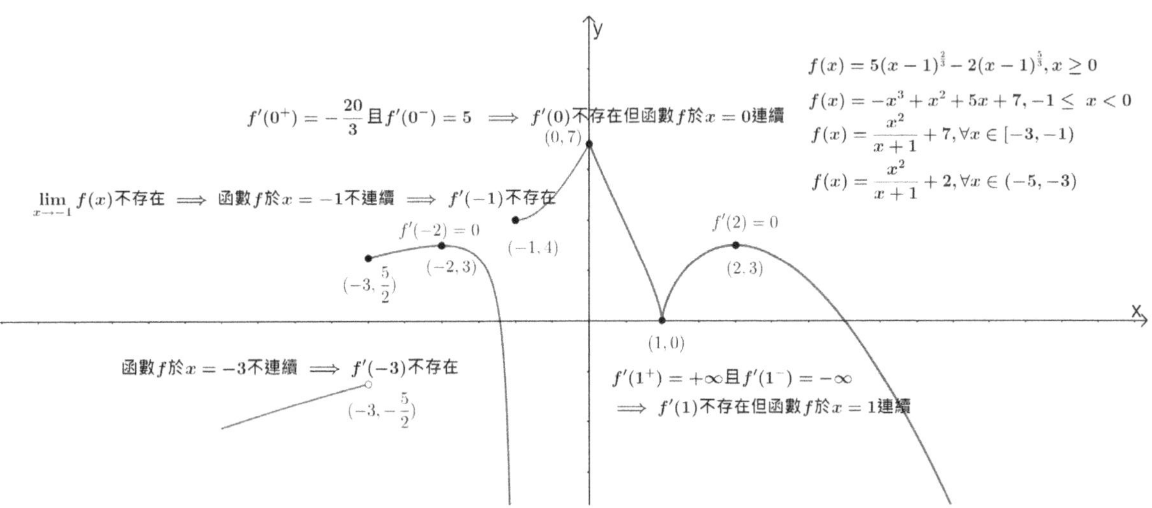

考試類型:

題型 1. 給定函數$f(x)$, 求微分式$f'(x) =$?

給函數$f(x)$, 使用定義求$f'(x) =$?

解題流程:

$$\because f'(x) = \lim_{h \to 0} \frac{f(x + h) - f(x)}{h} \qquad \therefore 求 \lim_{h \to 0} \frac{f(x + h) - f(x)}{h} = ?$$

題型 2.　給函數 $f(x)$, 求函數於c點的微分值 $f'(c) =$?

假設 $f(x) = \begin{cases} g(x), & x \neq c \\ a, & x = c \end{cases}$, 判斷 $f'(c)$是否存在

解題流程:

$$f'(c) = \lim_{x \to c} \frac{f(x) - f(c)}{x - c} = \lim_{x \to c} \frac{g(x) - a}{x - c}$$

如果 $\lim\limits_{x \to c} \dfrac{g(x) - a}{x - c} = L$ 則 $f'(c) = L$,　如果 $\lim\limits_{x \to c} \dfrac{g(x) - a}{x - c}$ 不存在 則 $f'(c)$不存在

題型 3.　藉由消掉共同項求 $f'(c)$

假設 $f(x) = (x - c)g(x)$ 且 $g(x)$為連續函數,　求 $f'(c) =$?

解題流程:

$$f'(c) = \lim_{x \to c} \frac{f(x) - f(c)}{x - c} = \lim_{x \to c} \frac{(x - c)g(x)}{x - c} = g(c)$$

題型 4.　使用夾擠定理求 $f'(c)$

假設 $f(x)$ 滿足 $e^{ax} \leq f(x) \leq e^{ax} + \sum_{i=1}^{n} b_i x^i,\ \forall |x| < 1,\ a \neq 0,\ b_i \in \mathrm{R},\ i = 1..n$

求 $f'(0) =$?

解題流程:

$$\because e^{ax} \leq f(x) \leq e^{ax} + \sum_{i=1}^{n} b_i x^i, \forall |x| < 1 \ \therefore 1 = e^0 \leq f(0) \leq e^0 + \sum_{i=1}^{n} b_i 0^i \Rightarrow f(0) = 1$$

Claim: $f'(0^+) = f'(0^-) = a$

Claim: $f'(0^+) = a$

$$\because f'(0^+) = \lim_{h \to 0^+} \frac{f(h) - f(0)}{h} = \lim_{h \to 0^+} \frac{f(h) - 1}{h}$$

$$且 \ \frac{e^{ah} - 1}{h} \leq \frac{f(h) - 1}{h} \leq \frac{e^{ah} + \sum_{i=1}^{n} b_i h^i - 1}{h}, \forall h > 0$$

$$\therefore a = \lim_{h \to 0^+} \frac{e^{ah} - 1}{h} \leq \lim_{h \to 0^+} \frac{f(h) - 1}{h} \leq \lim_{h \to 0^+} \frac{e^{ah} + \sum_{i=1}^{n} b_i h^i - 1}{h} = a \Rightarrow f'(0^+) = a$$

Claim: $f'(0^-) = a$

$$\because f'(0^-) = \lim_{h \to 0^-} \frac{f(h) - f(0)}{h} = \lim_{h \to 0^-} \frac{f(h) - 1}{h}$$

$$\text{且 } \frac{e^{ah} - 1}{h} \geq \frac{f(h) - 1}{h} \geq \frac{e^{ah} + \sum_{i=1}^{n} b_i h^i - 1}{h}, \forall h < 0$$

$$\therefore a = \lim_{h \to 0^-} \frac{e^{ah} - 1}{h} \geq \lim_{h \to 0^-} \frac{f(h) - 1}{h} \geq \lim_{h \to 0^-} \frac{e^{ah} + \sum_{i=1}^{n} b_i h^i - 1}{h} = a \Rightarrow f'(0^-) = a$$

$$\therefore f'(0) = a$$

題型 5.

Assume $f(x + y) = f(x) + f(y) + g(x,y), \ \ g(0,0) = 0, \ f'(0)$ and $\lim_{h \to 0} \dfrac{g(a,h)}{h}$

兩者皆存在，求 $f'(a) =$?

解題流程:

$$\because f(x + y) = f(x) + f(y) + g(x,y)$$

$$\therefore f(0 + 0) = f(0) + f(0) + g(0,0) \Rightarrow f(0) = 2f(0) \ \ \therefore f(0) = 0$$

$$f'(a) = \lim_{h \to 0} \frac{f(a + h) - f(a)}{h} = \lim_{h \to 0} \frac{f(h) + g(a,h)}{h} = \lim_{h \to 0} \frac{f(h) - f(0) + g(a,h)}{h}$$

$$= f'(0) + \lim_{h \to 0} \frac{g(a,h)}{h}$$

題型 6.　函數 $f(x)$ 於 c 點是否可微分與於 c 點的左導數、右導數關係應用：

$f(x)$ 於 c 點可微分 $\Leftrightarrow \lim_{x \to c} \dfrac{f(x) - f(c)}{x - c}$ 存在

$$\Leftrightarrow \left(\lim_{x \to c^-} \frac{f(x) - f(c)}{x - c} \ , \ \lim_{x \to c^+} \frac{f(x) - f(c)}{x - c} \text{ 兩者皆存在} \right)$$

$$\text{且 } \left(\lim_{x \to c^-} \frac{f(x) - f(c)}{x - c} = \lim_{x \to c^+} \frac{f(x) - f(c)}{x - c} \right)$$

考試類型:

假設 $f(x) = \begin{cases} g(x), & x \leq c \\ h(x), & x > c \end{cases}$, 求 $f'(c) =$?

解題流程:

$$\because \lim_{x \to c^-} \frac{f(x) - f(c)}{x - c} = \lim_{x \to c^-} \frac{g(x) - g(c)}{x - c} \text{ and } \lim_{x \to c^+} \frac{f(x) - f(c)}{x - c} = \lim_{x \to c^+} \frac{h(x) - g(c)}{x - c}$$

如果 $\displaystyle\lim_{x \to c^+} \frac{h(x) - g(c)}{x - c} = \lim_{x \to c^-} \frac{g(x) - g(c)}{x - c} = L$ 則 $f'(c) = L$

如果 $\displaystyle\lim_{x \to c^+} \frac{h(x) - g(c)}{x - c} \neq \lim_{x \to c^-} \frac{g(x) - g(c)}{x - c}$ 則 $f'(c)$ 不存在

題型 7.　給函數 $f(x)$, 求可微分的區間

假設 $f(x) = |(x - x_0)(x - x_1)|$ 且 $x_0 < x_1$, 求 $f(x)$ 的可微分區間

解題流程:

$$\because f(x) = \begin{cases} (x - x_0)(x - x_1), & x < x_0 \\ -(x - x_0)(x - x_1), & x_0 \leq x \leq x_1 \\ (x - x_0)(x - x_1), & x > x_1 \end{cases}$$

$$\therefore \lim_{x \to x_1^+} \frac{f(x) - f(x_1)}{x - x_1} = \lim_{x \to x_1^+} \frac{(x - x_0)(x - x_1)}{x - x_1} = (x_1 - x_0)$$

$$\text{且} \lim_{x \to x_1^-} \frac{f(x) - f(x_1)}{x - x_1} = \lim_{x \to x_1^-} \frac{-(x - x_0)(x - x_1)}{x - x_1} = -(x_1 - x_0)$$

$$\therefore \lim_{x \to x_1^+} \frac{f(x) - f(x_1)}{x - x_1} \neq \lim_{x \to x_1^-} \frac{f(x) - f(x_1)}{x - x_1} \Rightarrow f'(x_1) \text{不存在}$$

$$\because \lim_{x \to x_0^+} \frac{f(x) - f(x_0)}{x - x_0} = \lim_{x \to x_0^+} \frac{-(x - x_0)(x - x_1)}{x - x_0} = (x_1 - x_0)$$

$$\text{且} \lim_{x \to x_0^-} \frac{f(x) - f(x_0)}{x - x_0} = \lim_{x \to x_0^-} \frac{(x - x_0)(x - x_1)}{x - x_0} = (x_0 - x_1)$$

$$\therefore \lim_{x \to x_0^+} \frac{f(x) - f(x_0)}{x - x_0} \neq \lim_{x \to x_0^-} \frac{f(x) - f(x_0)}{x - x_0} \Rightarrow f'(x_0) \text{不存在}$$

因此 $f(x)$ 於 $(-\infty, x_0) \cup (x_0, x_1) \cup (x_1, \infty)$ 可微分

範例 1.

　　試證 $(\sqrt{x})' = \dfrac{1}{2\sqrt{x}}$

【解】

$$(\sqrt{x})' = \lim_{h \to 0} \frac{\sqrt{x + h} - \sqrt{x}}{h} = \lim_{h \to 0} \frac{h}{h(\sqrt{x + h} + \sqrt{x})} = \lim_{h \to 0} \frac{1}{(\sqrt{x + h} + \sqrt{x})} = \frac{1}{2\sqrt{x}}$$

範例 2.

試證 $(x^2)' = 2x$

【解】

$$(x^2)' = \lim_{h \to 0} \frac{(x+h)^2 - x^2}{h} = \lim_{h \to 0} \frac{h(2x+h)}{h} = \lim_{h \to 0} 2x + h = 2x$$

範例 3.

試證 $(x^3)' = 3x^2$

【解】

$$(x^3)' = \lim_{h \to 0} \frac{(x+h)^3 - x^3}{h} = \lim_{h \to 0} \frac{h((x+h)^2 + (x+h)x + x^2)}{h}$$

$$= \lim_{h \to 0} (x+h)^2 + (x+h)x + x^2 = 3x^2$$

範例 4.

假設 $f(x) = \dfrac{(x-1)(x-2)(x-3)(x-6)}{x-4}$，求 $f'(1) = ?$

【解】

$$\because \frac{\dfrac{(x-1)(x-2)(x-3)(x-6)}{x-4}}{x-1} = \frac{(x-2)(x-3)(x-6)}{x-4} \quad \text{且 } f(1) = 0$$

$$\therefore f'(1) = \lim_{x \to 1} \frac{f(x) - f(1)}{x-1} = \lim_{x \to 1} \frac{\dfrac{(x-1)(x-2)(x-3)(x-6)}{x-4}}{x-1}$$

$$= \lim_{x \to 1} \frac{(x-2)(x-3)(x-6)}{x-4} = \frac{(-1)(-2)(-5)}{-3} = \frac{10}{3}$$

範例 5.

假設 $f(x) = \dfrac{x(1+x)(2+x)\cdots(n+1+x)}{(1-x)(2-x)\cdots(n-x)}$，求 $f'(0) = ?,\ \forall n \in N$

【解】

Let $n \in N$

$$\because \frac{\dfrac{x(1+x)(2+x)\cdots(n+1+x)}{(1-x)(2-x)\cdots(n-x)}}{x} = \frac{(1+x)(2+x)\cdots(n+1+x)}{(1-x)(2-x)\cdots(n-x)} \quad \text{且 } f(0)=0$$

$$\therefore f'(0) = \lim_{x\to 0} \frac{\dfrac{x(1+x)(2+x)\cdots(n+1+x)}{(1-x)(2-x)\cdots(n-x)}}{x} = \lim_{x\to 0}\frac{(1+x)(2+x)\cdots(n+1+x)}{(1-x)(2-x)\cdots(n-x)}$$

$$= \frac{n+1!}{n!} = n+1$$

範例 6.

$$\text{假設 } f(x) = \begin{cases} \dfrac{1-\cos x}{x}, & x \neq 0 \\ 0, & x = 0 \end{cases}, \quad \text{求 } f'(0) = ?$$

【解】

$$f'(0) = \lim_{h\to 0}\frac{f(h)-f(0)}{h} = \lim_{h\to 0}\frac{\dfrac{1-\cos h}{h}}{h} = \lim_{h\to 0}\frac{1-\cos h}{h^2} = \frac{1}{2}$$

範例 7.

假設 $f(x) = |x|$，求 $f'(0) = ?$

【解】

$$\because f'(0^+) = \lim_{h\to 0^+}\frac{h-f(0)}{h} = \lim_{h\to 0^+}\frac{h}{h} = 1 \text{ 且 } f'(0^-) = \lim_{h\to 0^-}\frac{-h-f(0)}{h} = -\lim_{h\to 0^-}\frac{h}{h} = -1$$

$$\therefore f'(0^+) \neq f'(0^-) \Rightarrow f'(0) \text{ 不存在}$$

範例 8.

$$\text{假設 } f(x) = \begin{cases} x^3, & x \leq 2 \\ ax+b, & x > 2 \end{cases} \text{ 且 } f'(2) \text{ 存在，求 } a = ?, \ b = ?$$

【解】

$$\because f'(2)\text{存在} \quad \therefore \lim_{x\to 2^+}\frac{ax+b-8}{x-2} \text{ 存在} \quad \therefore 2a+b-8=0 \Rightarrow b=8-2a$$

$$\Rightarrow \lim_{x\to 2^+}\frac{ax+b-8}{x-2} = \lim_{x\to 2^+}\frac{ax+8-2a-8}{x-2} = \lim_{x\to 2^+}\frac{a(x-2)}{x-2} = a$$

$$\because \lim_{x \to 2^-} \frac{f(x) - f(2)}{x - 2} = \lim_{x \to 2^+} \frac{f(x) - f(2)}{x - 2}$$

$$\therefore 12 = \lim_{x \to 2^-} \frac{x^3 - 8}{x - 2} = \lim_{x \to 2^+} \frac{ax + b - 8}{x - 2} = a \Rightarrow b = 8 - 24 = -16 \quad \therefore a = 12, b = -16$$

範例 9.

$$假設 f(x) = \begin{cases} x^3, & x \le c \\ ax + b, & x > c \end{cases}, \ c \in R \ 且 \ f'(c) \ 存在, \ 求 \ a =?, \ b =?$$

【解】

$$\because f'(c) 存在 \quad \therefore \lim_{x \to c^+} \frac{ax + b - c^3}{x - c} 存在 \quad \therefore ac + b - c^3 = 0 \Rightarrow b = c^3 - ac$$

$$\Rightarrow \lim_{x \to c^+} \frac{ax + b - c^3}{x - c} = \lim_{x \to c^+} \frac{ax + c^3 - ac - c^3}{x - c} = \lim_{x \to c^+} \frac{a(x - c)}{x - c} = a$$

$$\because \lim_{x \to c^-} \frac{f(x) - f(c)}{x - c} = \lim_{x \to c^+} \frac{f(x) - f(c)}{x - c}$$

$$\therefore 3c^2 = \lim_{x \to c^-} \frac{x^3 - c^3}{x - c} = \lim_{x \to c^+} \frac{ax + b - c^3}{x - c} = a \Rightarrow b = c^3 - ac = -2c^3 \quad \therefore a = 3c^2, b = -2c^3$$

範例 10.

$$假設 f(x) = \begin{cases} (x + 2)^2, & x \le 0 \\ (x - 2)^2, & x > 0 \end{cases}, \ 求 f'(0) = ?$$

【解】

$$\because \lim_{x \to 0^-} \frac{f(x) - f(0)}{x - 0} = \lim_{x \to 0^-} \frac{(x + 2)^2 - 4}{x - 0} = \lim_{x \to 0^-} \frac{x(x + 4)}{x} = 4$$

$$\because \lim_{x \to 0^+} \frac{f(x) - f(0)}{x - 0} = \lim_{x \to 0^+} \frac{(x - 2)^2 - 4}{x - 0} = \lim_{x \to 0^+} \frac{x(x - 4)}{x} = -4$$

$$\because 4 = \lim_{x \to 0^-} \frac{f(x) - f(0)}{x - 0} \ne \lim_{x \to 0^+} \frac{f(x) - f(0)}{x - 0} = -4 \quad \therefore f'(0) \ 不存在$$

範例 11.

$$假設 f(x) = \begin{cases} x \sin \dfrac{1}{x^2}, & x \ne 0 \\ 0, & x = 0 \end{cases}$$

求 (1) $\lim_{x \to \infty} f(x) = ?$ (2) $\lim_{x \to 0} f(x) = ?$ (3) $f'(0) = ?$ (4) $f'(x) = ?$

【解】

(1)

$$\lim_{x \to \infty} f(x) = \lim_{x \to \infty} x \sin \frac{1}{x^2} = \lim_{x \to \infty} \frac{1}{x} \cdot \frac{\sin \frac{1}{x^2}}{\frac{1}{x^2}} = \lim_{t \to 0^+} \sqrt{t} \cdot \lim_{t \to 0^+} \frac{\sin t}{t} = 0$$

(2)

$$\because 0 \le \left| x \sin \frac{1}{x^2} \right| \le |x|, \ \forall x \in R \ \text{and} \ \lim_{x \to 0} |x| = 0 \ \therefore \lim_{x \to 0} \left| x \sin \frac{1}{x^2} \right| = 0 \ \Rightarrow \ \lim_{x \to 0} f(x) = 0$$

(3)

$$f'(0) = \lim_{x \to 0} \frac{f(x) - f(0)}{x - 0} = \lim_{x \to 0} \sin \frac{1}{x^2}$$

Claim: $\lim_{x \to 0} \sin \frac{1}{x^2}$ 不存在

$$令 x_n = \sqrt{\frac{1}{\frac{\pi}{2} + 2n\pi}}, \ y_n = \sqrt{\frac{1}{\frac{3\pi}{2} + 2n\pi}}, \ \forall n \in N \ 則 \ \lim_{n \to \infty} x_n = \lim_{n \to \infty} y_n = 0$$

$$\because 1 = \lim_{n \to \infty} \sin \frac{1}{x_n{}^2} \ne \lim_{n \to \infty} \sin \frac{1}{y_n{}^2} = -1 \quad \therefore \lim_{x \to 0} \sin \frac{1}{x^2} \ 不存在 \Rightarrow f'(0)不存在$$

(4)

$$f'(x) = \sin \frac{1}{x^2} + x \cos \frac{1}{x^2} (-2x^{-3}) = \sin \frac{1}{x} - 2x^{-2} \cos \frac{1}{x^2}, \ \forall x \ne 0$$

範例 12.

$$假設 f(x) = \begin{cases} \dfrac{1 - \cos \frac{x}{2}}{x}, & x \ne 0 \\ 0, & x = 0 \end{cases} , \ 求 f'(0) = ?$$

【解】

$$\because f'(0) = \lim_{x \to 0} \frac{f(x) - f(0)}{x - 0} = \lim_{x \to 0} \frac{\dfrac{1 - \cos \frac{x}{2}}{x}}{x} = \lim_{x \to 0} \frac{1 - \cos \frac{x}{2}}{x^2}$$

$$\because \sin^2 \frac{x}{4} = \frac{1 - \cos\frac{x}{2}}{2} \qquad \therefore 1 - \cos\frac{x}{2} = 2\sin^2\frac{x}{4}$$

$$\therefore f'(0) = \lim_{x\to 0} \frac{1 - \cos\frac{x}{2}}{x^2} = \lim_{x\to 0}\frac{2\sin^2\frac{x}{4}}{x^2} = \lim_{x\to 0}\frac{2\sin^2\frac{x}{4}}{16\left(\frac{x}{4}\right)^2} = \frac{1}{8}$$

範例 13.

$$假設\ f(x) = \begin{cases} \sin 2x, & x \geq 0 \\ e^{2x} - 1, & x < 0 \end{cases}, \quad 求\ f'(0) = ?$$

【解】

$$\because f'(0^+) = \lim_{h\to 0^+}\frac{\sin 2h - 0}{h} = 2\lim_{h\to 0^+}\frac{\sin 2h - 0}{2h} = 2\lim_{h\to 0^+}\frac{\sin 2h}{2h} = 2$$

$$\because f'(0^-) = \lim_{h\to 0^-}\frac{e^{2h} - 1 - 0}{h} = 2\lim_{h\to 0^-}\frac{e^{2h} - 1 - 0}{2h} = 2\lim_{h\to 0^-}\frac{e^{2h} - 1}{2h} = 2$$

$$\therefore f'(0) = 2$$

範例 14.

$$假設\ f(x) = \begin{cases} \ln(1 + 2x), & x \geq 0 \\ \sin 3x, & x < 0 \end{cases}, \quad 求\ f'(x) = ?$$

【解】

$$f'(x) = \frac{2}{1 + 2x}, \quad \forall x > 0 \ \text{and}\ f'(x) = 3\cos x, \quad \forall x < 0$$

$$\because f'(0^+) = \lim_{h\to 0^+}\frac{\ln(1 + 2h) - 0}{h} = \lim_{h\to 0^+}\frac{\frac{2}{1 + 2h}}{1} = 2$$

$$\because f'(0^-) = \lim_{h\to 0^-}\frac{\sin 3h - 0}{h} = 3\lim_{h\to 0^-}\frac{\sin 3h - 0}{3h} = 3$$

$$\therefore f'(0^+) \neq f'(0^-) \Rightarrow f'(0)\ 不存在$$

範例 15.

$$假設\ f(x) = \begin{cases} x^2\sin\dfrac{1}{x^2}, & x \neq 0 \\ 0, & x = 0 \end{cases}, \quad 求\ f'(0) = ?$$

【解】

$$f'(0) = \lim_{h \to 0} \frac{f(h) - f(0)}{h} = \lim_{h \to 0} \frac{h^2 \sin\frac{1}{h^2}}{h} = \lim_{h \to 0} h\sin\frac{1}{h^2} = 0$$

範例 16.

$$假設 f(x) = \begin{cases} x\left(\dfrac{1}{3} - x\sin\dfrac{1}{x}\right), & x \neq 0 \\ 0, & x = 0 \end{cases}, \quad 求 f'(0) = ?$$

【解】

$$\because \lim_{x \to 0} \frac{f(x) - f(0)}{x - 0} = \lim_{x \to 0} \frac{x\left(\frac{1}{3} - x\sin\frac{1}{x}\right)}{x} = \lim_{x \to 0}\left(\frac{1}{3} - x\sin\frac{1}{x}\right) = \frac{1}{3} \quad \therefore f'(0) = \frac{1}{3}$$

範例 17.

$$假設 f(x) = \begin{cases} x^a \sin\dfrac{1}{x}, & x \neq 0 \\ 0, & x = 0 \end{cases}, \quad 求 f'(0) = ?, \quad \forall a > 1$$

【解】

$$令 a > 1 \ 則 f'(0) = \lim_{x \to 0} \frac{f(x) - f(0)}{x - 0} = \lim_{x \to 0} \frac{x^a \sin\frac{1}{x}}{x} = \lim_{x \to 0} x^{a-1} \sin\frac{1}{x} = 0$$

範例 18.

$$假設 f(x) = \begin{cases} 3x^2 - bx, & x \geq 1 \\ ax^2 + 1, & x < 1 \end{cases} \ 且 f'(1)存在, \ 求 a = ?, \ b = ?$$

【解】

$$\because f'(1)存在 \quad \therefore \lim_{x \to 1^+} \frac{f(x) - f(1)}{x - 1} = \lim_{x \to 1^-} \frac{f(x) - f(1)}{x - 1} \ 且兩者極限存在$$

$$\because \lim_{x \to 1^-} \frac{f(x) - f(1)}{x - 1} 存在 \quad \therefore \lim_{x \to 1^-} \frac{(ax^2 + 1) - (3 - b)}{x - 1} 存在$$

$$\therefore \lim_{x \to 1^-} (ax^2 + 1) - (3 - b) = 0 \Rightarrow a + b - 2 = 0$$

$$\because \lim_{x \to 1^+} \frac{(3x^2 - bx) - (3 - b)}{x - 1} = \lim_{x \to 1^+} \frac{3(x^2 - 1) - b(x - 1)}{x - 1} = \lim_{x \to 1^+} 3(x + 1) - b = 6 - b$$

$$\because \lim_{x \to 1^+} \frac{(3x^2 - bx) - (3 - b)}{x - 1} = \lim_{x \to 1^-} \frac{(ax^2 + 1) - (3 - b)}{x - 1}$$

$$\therefore 6 - b = \lim_{x \to 1^-} \frac{(ax^2 + 1) - (3 - 2 + a)}{x - 1} = \lim_{x \to 1^-} \frac{a(x + 1)(x - 1)}{x - 1} = 2a \quad \therefore a = 4, b = -2$$

範例 19.

假設 $f(x)$ 滿足 $e^x \le f(x) \le e^x + 2x^2,\ \forall |x| < 1,\ $ 求 $f(0) =?,\ f'(0) =?$

【解】

$\because e^x \le f(x) \le e^x + 2x^2,\ \forall |x| < 1 \quad \therefore 1 = e^0 \le f(0) \le e^0 \Rightarrow f(0) = 1$

Claim: $f'(0^+) = f'(0^-) = 1$

$$\because f'(0^+) = \lim_{h \to 0^+} \frac{f(h) - f(0)}{h} = \lim_{h \to 0^+} \frac{f(h) - 1}{h}$$

$$且\ \frac{e^h - 1}{h} \le \frac{f(h) - 1}{h} \le \frac{e^h + 2h^2 - 1}{h},\ \ \forall h > 0$$

$$\therefore 1 = \lim_{h \to 0^+} \frac{e^h - 1}{h} \le \lim_{h \to 0^+} \frac{f(h) - 1}{h} \le \lim_{h \to 0^+} \frac{e^h + 2h^2 - 1}{h} = 1 \Rightarrow f'(0^+) = 1$$

$$\because f'(0^-) = \lim_{h \to 0^-} \frac{f(h) - f(0)}{h} = \lim_{h \to 0^-} \frac{f(h) - 1}{h}$$

$$且\ \frac{e^h - 1}{h} \ge \frac{f(h) - 1}{h} \ge \frac{e^h + 2h^2 - 1}{h},\ \ \forall h < 0$$

$$\therefore 1 = \lim_{h \to 0^-} \frac{e^h - 1}{h} \ge \lim_{h \to 0^-} \frac{f(h) - 1}{h} \ge \lim_{h \to 0^-} \frac{e^h + 2h^2 - 1}{h} = 1 \Rightarrow f'(0^-) = 1 \ \ \therefore f'(0) = 1$$

範例 20.

假設 $f(x)$ 滿足 $e^{2x} \le f(x) \le e^{2x} + 4x^3,\ \forall |x| < 1,\ $ 求 $f(0) = ?,\ f'(0) = ?$

【解】

$\because e^{2x} \le f(x) \le e^{2x} + 4x^3,\ \forall |x| < 1 \quad \therefore 1 = e^0 \le f(0) \le e^0 + 0^3 \Rightarrow f(0) = 1$

Claim: $f'(0^+) = f'(0^-) = 2$

$$\because f'(0^+) = \lim_{h \to 0^+} \frac{f(h) - f(0)}{h} = \lim_{h \to 0^+} \frac{f(h) - 1}{h}$$

$$且\ \frac{e^{2h} - 1}{h} \le \frac{f(h) - 1}{h} \le \frac{e^{2h} + 4h^3 - 1}{h},\ \ \forall h > 0$$

$$\therefore 2 = \lim_{h \to 0^+} \frac{e^{2h} - 1}{h} \leq \lim_{h \to 0^+} \frac{f(h) - 1}{h} \leq \lim_{h \to 0^+} \frac{e^{2h} + 4h^3 - 1}{h} = 2 \Rightarrow f'(0^+) = 2$$

$$\because f'(0^-) = \lim_{h \to 0^-} \frac{f(h) - f(0)}{h} = \lim_{h \to 0^-} \frac{f(h) - 1}{h}$$

$$\text{且 } \frac{e^{2h} - 1}{h} \geq \frac{f(h) - 1}{h} \geq \frac{e^{2h} + 4h^3 - 1}{h}, \ \ \forall h < 0$$

$$\therefore 2 = \lim_{h \to 0^-} \frac{e^{2h} - 1}{h} \geq \lim_{h \to 0^-} \frac{f(h) - 1}{h} \geq \lim_{h \to 0^-} \frac{e^{2h} + 4h^3 - 1}{h} = 2 \Rightarrow f'(0^-) = 2$$

$$\therefore f'(0) = 2$$

範例 21.

$$\text{假設} f(x) \text{ 滿足 } e^{ax} \leq f(x) \leq e^{ax} + \sum_{i=1}^{n} b_i x^i, \ \forall |x| < 1, \ a \neq 0, \ \forall b_i \in R$$

$$\text{求 } f(0) = ?, \ f'(0) = ?$$

【解】

$$\because e^{ax} \leq f(x) \leq e^{ax} + \sum_{i=1}^{n} b_i x^i, \ \forall |x| < 1 \quad \therefore 1 = e^0 \leq f(0) \leq e^0 + \sum_{i=1}^{n} b_i 0^i \Rightarrow f(0) = 1$$

Claim: $f'(0^+) = f'(0^-) = a$

$$\because f'(0^+) = \lim_{h \to 0^+} \frac{f(h) - f(0)}{h} = \lim_{h \to 0^+} \frac{f(h) - 1}{h}$$

$$\text{且 } \frac{e^{ah} - 1}{h} \leq \frac{f(h) - 1}{h} \leq \frac{e^{ah} + \sum_{i=1}^n b_i h^i - 1}{h}, \ \ \forall h > 0$$

$$\therefore a = \lim_{h \to 0^+} \frac{e^{ah} - 1}{h} \leq \lim_{h \to 0^+} \frac{f(h) - 1}{h} \leq \lim_{h \to 0^+} \frac{e^{ah} + \sum_{i=1}^n b_i h^i - 1}{h} = a \ \Rightarrow f'(0^+) = a$$

$$\because f'(0^-) = \lim_{h \to 0^-} \frac{f(h) - f(0)}{h} = \lim_{h \to 0^-} \frac{f(h) - 1}{h}$$

$$\text{且 } \frac{e^{ah} - 1}{h} \geq \frac{f(h) - 1}{h} \geq \frac{e^{ah} + \sum_{i=1}^n b_i h^i - 1}{h}, \ \ \forall h < 0$$

$$\therefore a = \lim_{h \to 0^-} \frac{e^{ah} - 1}{h} \geq \lim_{h \to 0^-} \frac{f(h) - 1}{h} \geq \lim_{h \to 0^-} \frac{e^{ah} + \sum_{i=1}^n b_i h^i - 1}{h} = a \ \Rightarrow f'(0^-) = a$$

$$\therefore f'(0) = a$$

範例 22.

假設 $f(x) = |x^2 - 9|$，求$f(x)$的可微分區間

【解】

$\because f(x) = |x^2 - 9|$　　$\therefore f(x) = \begin{cases} x^2 - 9, & x < -3 \\ 9 - x^2, & -3 \leq x \leq 3 \\ x^2 - 9, & x > 3 \end{cases}$

Claim: $f'(3)$不存在

$\because \lim\limits_{x \to 3^+} \dfrac{f(x) - f(3)}{x - 3} = \lim\limits_{x \to 3^+} \dfrac{x^2 - 9}{x - 3} = \lim\limits_{x \to 3^+} x + 3 = 6$

$\because \lim\limits_{x \to 3^-} \dfrac{f(x) - f(3)}{x - 3} = \lim\limits_{x \to 3^-} \dfrac{9 - x^2}{x - 3} = \lim\limits_{x \to 3^-} -(x + 3) = -6$

$\therefore \lim\limits_{x \to 3^+} \dfrac{f(x) - f(3)}{x - 3} \neq \lim\limits_{x \to 3^-} \dfrac{f(x) - f(3)}{x - 3} \ \Rightarrow \ f'(3)$不存在

Claim: $f'(-3)$不存在

$\because \lim\limits_{x \to -3^+} \dfrac{f(x) - f(-3)}{x + 3} = \lim\limits_{x \to -3^+} \dfrac{9 - x^2}{x + 3} = \lim\limits_{x \to -3^+} (3 - x) = 6$

$\because \lim\limits_{x \to -3^-} \dfrac{f(x) - f(-3)}{x + 3} = \lim\limits_{x \to -3^-} \dfrac{x^2 - 9}{x + 3} = \lim\limits_{x \to -3^-} x - 3 = -6$

$\therefore \lim\limits_{x \to -3^+} \dfrac{f(x) - f(-3)}{x + 3} \neq \lim\limits_{x \to -3^-} \dfrac{f(x) - f(-3)}{x + 3} \ \Rightarrow \ f'(-3)$不存在

$\therefore f(x)$於$(-\infty, -3) \cup (-3, 3) \cup (3, \infty)$可微分

範例 23.

假設 $f(x) = [|x|]$，求$f'(1) = ?$，$f'\left(\dfrac{5}{2}\right) = ?$

【解】

$\because f(x) = \begin{cases} 0, & 0 < x < 1 \\ 1, & 1 \leq x < 2 \end{cases}$　　$\therefore f(x)$於 $x = 1$ 不連續 $\Rightarrow f'(1)$不存在

$\because f(x) = 2, \ \forall x \in (2,3)$　$\therefore f'\left(\dfrac{5}{2}\right) = \lim\limits_{x \to \frac{5}{2}} \dfrac{f(x) - f(\frac{5}{2})}{x - \frac{5}{2}} = \lim\limits_{x \to \frac{5}{2}} \dfrac{2 - 2}{x - \frac{5}{2}} = 0$

範例 24.

假設 $f(x) = \dfrac{[x]}{x}$，求 $f'(a) = ?$，$\forall 0 < a < 1$

【解】

令 $0 < a < 1$ $\therefore f'(a) = \lim\limits_{h \to 0} \dfrac{f(h+a) - f(a)}{h} = \lim\limits_{h \to 0} \dfrac{\dfrac{[h+a]}{h+a} - \dfrac{[a]}{a}}{h} = \lim\limits_{h \to 0} \dfrac{\dfrac{0}{h+a} - \dfrac{0}{a}}{h} = 0$

範例 25.

假設 $f(x + y) = f(x) + f(y) + 2xy$，$\forall x, y \in R$

(1) 求 $f(0) = ?$　(2) 假設 $f'(0) = 2$，求 $f'(2) = ?$

【解】

(1)

$\because f(x + y) = f(x) + f(y) + 2xy$，$\forall x, y \in R$

$\therefore f(0) = f(0 + 0) = f(0) + f(0) + 2 \cdot 0 \Rightarrow f(0) = 2f(0) \therefore f(0) = 0$

(2)

$f'(2) = \lim\limits_{h \to 0} \dfrac{f(2+h) - f(2)}{h} = \lim\limits_{h \to 0} \dfrac{f(2) + f(h) + 4h - f(2)}{h}$

$= \lim\limits_{h \to 0} \dfrac{f(h) + 4h}{h} = 4 + \lim\limits_{h \to 0} \dfrac{f(h) - f(0)}{h} = 4 + f'(0) = 6$

範例 26.

假設 $f(x)$、$g(x)$ 為可微分函數且滿足 $\begin{cases} g'(x)f(x) - g(x)f'(x) = 6x^2 \\ g(x) = x^3 f(x) \end{cases}$

求 $f(x) \cdot g(x) = ?$

【解】

$\because g(x) = x^3 f(x)$　$\therefore \dfrac{g(x)}{f(x)} = x^3 \Rightarrow \left(\dfrac{g(x)}{f(x)}\right)' = \dfrac{g'(x)f(x) - g(x)f'(x)}{f^2(x)} = 3x^2$

$\because g'(x)f(x) - g(x)f'(x) = 6x^2$　$\therefore f^2(x) = 2$

$\because g(x) = x^3 f(x)$　$\therefore f(x)g(x) = x^3 f^2(x) = 2x^3$

範例 27.

假設 $F(x) = \dfrac{[x]}{1 + x^2}$，求 $F'(x) = ?$

【解】

令 $n \in Z$

As $x = n$, $F'(n^+) = \lim\limits_{x \to n^+} \dfrac{F(x) - F(n)}{x - n} = \lim\limits_{x \to n^+} \dfrac{n - n}{x - n} = 0$

$F'(n^-) = \lim\limits_{x \to n^-} \dfrac{F(x) - F(n)}{x - n} = \lim\limits_{x \to n^-} \dfrac{n - 1 - n}{x - n} = \infty$　$\therefore F'(n)$ 不存在, $\forall\, n \in Z$

As $x \in (n, n+1)$, $F'(x) = \dfrac{-2nx}{(1 + x^2)^2}$

範例 28.

　　假設 $f(x)$ 滿足下列兩條件:

　　(i) $f(x + y) = f(x)f(y)$　(ii)$f(x) = 1 + xg(x)$, 其中 $\lim\limits_{x \to 0} g(x) = 2$

　　試證 $f'(x)$ 存在且 $f'(x) = 2f(x)$

【解】

$f'(a) = \lim\limits_{h \to 0} \dfrac{f(a + h) - f(a)}{h} = \lim\limits_{h \to 0} \dfrac{f(a)f(h) - f(a)}{h} = \lim\limits_{h \to 0} \dfrac{f(a)(f(h) - 1)}{h}$

$= \lim\limits_{h \to 0} \dfrac{f(a)hg(h)}{h} = \lim\limits_{h \to 0} f(a)g(h) = 2f(a)$

範例 29.

　　假設 $f(x)$ 的定義域為 R 並滿足下列三個條件:

　　(i)$f(1) = 6$ (ii) $f(3) = 22$ (iii) $f(x + y) - f(x) = kxy + 2y^2$, $\forall x, y, k \in R$

　　(1)假設 $x = 1$, $y = 2$, 求 $k = ?$

　　(2)求 $f'(3) = ?$　(3)求 $f'(x) = ?$, $f(x) = ?$, $\forall x \in R$

【解】

(1)

$\because f(3) - f(1) = f(1 + 2) - f(1) = 2k + 8$ 且 $f(3) - f(1) = 16$ $\therefore 2k + 8 = 16 \Rightarrow k = 4$

(2)

$f'(3) = \lim\limits_{h \to 0} \dfrac{f(3 + h) - f(3)}{h} = \lim\limits_{h \to 0} \dfrac{12h + 2h^2}{h} = 12$

(3)

$\because f'(x) = \lim\limits_{h \to 0} \dfrac{f(x + h) - f(x)}{h} = \lim\limits_{h \to 0} \dfrac{4xh + 2h^2}{h} = 4x$, $\forall x \in R$ $\therefore f(x) = 2x^2 + c$

$\because f(1) = 6 \quad \therefore c = 4 \Rightarrow f(x) = 2x^2 + 4$

範例 30.

假設 $f(x)$ 滿足 (i) $f(x + y) = f(x)f(y),\ \forall x \in R$ (ii) $f(0) = f'(0) = 1$

試證 $f'(x) = f(x),\ \forall x \in R$

【解】

$$f'(a) = \lim_{h \to 0} \frac{f(a + h) - f(a)}{h} = \lim_{h \to 0} \frac{f(a)f(h) - f(a)}{h} = \lim_{h \to 0} \frac{f(a)(f(h) - 1)}{h}$$

$$= \lim_{h \to 0} \frac{f(a)(f(h) - f(0))}{h} = f(a) \lim_{h \to 0} \frac{f(h) - f(0)}{h} = f(a)f'(0) = f(a)$$

範例 31.

假設可微函數 $f(x)$ 滿足 (i) $f(x + y) = f(x) + f(y) + 2x^2y + y^2,\ \forall x, y \in R$

(ii) $f'(0)$ 存在，求 $f'(a) =?,\ \forall a \in R \backslash \{0\}$

【解】

$\because f(x + y) = f(x) + f(y) + 2x^2y + y^2,\ \forall x, y \in R$

$\therefore f(0 + 0) = f(0) + f(0) + 0 + 0 \Rightarrow f(0) = 2f(0) \quad \therefore f(0) = 0$

$$f'(a) = \lim_{h \to 0} \frac{f(a + h) - f(a)}{h} = \lim_{h \to 0} \frac{f(h) + 2a^2h + h^2}{h}$$

$$= 2a^2 + \lim_{h \to 0} \frac{f(h) - f(0)}{h} = 2a^2 + f'(0)$$

2.2 微分函數的基本性質

由上一節可觀察出，如果每次都需要藉由定義才能求函數的微分其實並不容易，底下介紹可微分函數結合四則運算的基本性質，讀者需能善用可微分函數的基本性質解題，例如：兩個可微分的函數相加之後計算其導數，會等於各別計算導數再相加，求微分時常用到的微分性質如下：

Assume $f'(x)$ and $g'(x)$ exist, then

(i) $(c\,f(x))' = cf'(x)$

(ii) $(f(x) \pm g(x))' = f'(x) \pm g'(x)$

(iii) $(f(x)g(x))' = f'(x)g(x) + f(x)g'(x)$

(iv) $\left(\dfrac{f(x)}{g(x)}\right)' = \dfrac{f'(x)g(x) - f(x)g'(x)}{g^2(x)}$

<u>Proof:</u>

(i)

$$(c\,f(x))' = \lim_{h\to 0}\frac{cf(x+h) - cf(x)}{h} = c\lim_{h\to 0}\frac{f(x+h) - f(x)}{h} = cf'(x)$$

(ii)

$$(f(x) \pm g(x))' = \lim_{h\to 0}\frac{f(x+h) + g(x+h) - f(x) - g(x)}{h}$$

$$= \lim_{h\to 0}\frac{f(x+h) - f(x) + g(x+h) - g(x)}{h}$$

$$= \lim_{h\to 0}\frac{f(x+h) - f(x)}{h} + \lim_{h\to 0}\frac{g(x+h) - g(x)}{h} = f'(x) \pm g'(x)$$

(iii)

$$\big(f(x)g(x)\big)'$$

$$= \lim_{h\to 0}\frac{f(x+h)g(x+h) - g(x+h)f(x) + g(x+h)f(x) - f(x)g(x)}{h}$$

$$= \lim_{h\to 0}\frac{g(x+h)\big(f(x+h) - f(x)\big) + f(x)\big(g(x+h) - g(x)\big)}{h}$$

$$= \lim_{h\to 0}\frac{g(x+h)\big(f(x+h) - f(x)\big)}{h} + \lim_{h\to 0}\frac{f(x)\big(g(x+h) - g(x)\big)}{h} = f'(x)g(x) + f(x)g'(x)$$

(iv)

$$\left(\frac{f(x)}{g(x)}\right)' = \left(f(x)\frac{1}{g(x)}\right)' = \frac{f'(x)}{g(x)} + f(x)\left(\frac{1}{g(x)}\right)' = \frac{f'(x)}{g(x)} - f(x)\frac{g'(x)}{g^2(x)}$$

$$= \frac{f'(x)g(x) - f(x)g'(x)}{g^2(x)}$$

考試類型:

題型 1.　使用加一項減一項求導數

假設 $g_1'(a)$, $g_2'(a)$ 存在且 $g_1(a) = g_2(a)$,　求 $\displaystyle\lim_{x\to a}\frac{f(g_1(x)) - f(g_2(x))}{x - a}$ =?

解題流程:

$$\because \frac{f(g_1(x)) - f(g_2(x))}{x - a} = \frac{f(g_1(x)) - f(g_1(a)) + f(g_2(a)) - f(g_2(x))}{x - a}$$

$$= \frac{f(g_1(x)) - f(g_1(a))}{g_1(x) - g_1(a)} \cdot \frac{g_1(x) - g_1(a)}{x - a} + \frac{f(g_2(a)) - f(g_2(x))}{g_2(x) - g_2(a)} \cdot \frac{g_2(x) - g_2(a)}{x - a}$$

$$\therefore \lim_{x \to a} \frac{f(g_1(x)) - f(g_2(x))}{x - a}$$

$$= \lim_{x \to a} \frac{f(g_1(x)) - f(g_1(a))}{g_1(x) - g_1(a)} \cdot \frac{g_1(x) - g_1(a)}{x - a} + \lim_{x \to a} \frac{f(g_2(a)) - f(g_2(x))}{g_2(x) - g_2(a)} \cdot \frac{g_2(x) - g_2(a)}{x - a}$$

$$= f'(g_1(a)) \cdot g_1'(a) + f'(g_2(a)) \cdot g_2'(a)$$

範例 1.

假設 $f(x) = \dfrac{1}{1 + \dfrac{1}{x}}$ 且 $g(x) = \dfrac{1}{1 + \dfrac{1}{f(x)}}$，求 $f'(x) =?,\ g'(x) =?$

【解】

$$\because f(x) = \left(1 + \frac{1}{x}\right)^{-1} \qquad \therefore f'(x) = \frac{d}{dx}\left(1 + \frac{1}{x}\right)^{-1} = \left(1 + \frac{1}{x}\right)^{-2} \cdot \frac{1}{x^2}$$

$$\because g(x) = \left(1 + \frac{1}{f(x)}\right)^{-1} \quad \therefore g'(x) = \frac{d}{dx}\left(1 + \frac{1}{f(x)}\right)^{-1} = -\left(1 + \frac{1}{f(x)}\right)^{-2} \cdot \left(\frac{-f'(x)}{f^2(x)}\right)$$

範例 2.

求 $\dfrac{d}{dx}\left(\dfrac{1}{x} \cdot \dfrac{d^2}{dx^2}\left(\dfrac{1}{x + 1}\right)\right) =?$

【解】

$$\because \frac{d^2}{dx^2}\left(\frac{1}{x + 1}\right) = \frac{d}{dx}\left(\frac{d}{dx}\left(\frac{1}{x + 1}\right)\right) = \frac{d}{dx}(-(x + 1)^{-2}) = 2(x + 1)^{-3}$$

$$\therefore \frac{d}{dx}\left(\frac{1}{x} \cdot \frac{d^2}{dx^2}\left(\frac{1}{x + 1}\right)\right) = \frac{d}{dx}(2x^{-1}(x + 1)^{-3}) = 2(-x^{-2}(x + 1)^{-3} - 3x^{-1}(x + 1)^{-4})$$

$$= 2x^{-2}(x + 1)^{-4}(-(x + 1) - 3x) = 2x^{-2}(x + 1)^{-4}(-4x - 1)$$

範例 3.

求 $\dfrac{d}{dx}\left(\dfrac{x}{x+1} + \dfrac{x+1}{x}\right) = ?$

【解】

$\because \dfrac{d}{dx}\left(\dfrac{x}{x+1} + \dfrac{x+1}{x}\right) = \dfrac{d}{dx}\left(\dfrac{x}{x+1}\right) + \dfrac{d}{dx}\left(\dfrac{x+1}{x}\right)$

$\because \dfrac{d}{dx}\left(\dfrac{x}{x+1}\right) = \dfrac{x+1-x}{(x+1)^2} = \dfrac{1}{(x+1)^2}$ 且 $\dfrac{d}{dx}\left(\dfrac{x+1}{x}\right) = \dfrac{x-(x+1)}{x^2} = \dfrac{-1}{x^2}$

$\therefore \dfrac{d}{dx}\left(\dfrac{x}{x+1} + \dfrac{x+1}{x}\right) = \dfrac{1}{(x+1)^2} - \dfrac{1}{x^2}$

範例 4.

　　求 $\dfrac{d}{dx}\left(\dfrac{x^2}{x^3+1} + \dfrac{x^3}{x^2+1}\right) = ?$

【解】

$\because \dfrac{d}{dx}\left(\dfrac{x^2}{x^3+1} + \dfrac{x^3}{x^2+1}\right) = \dfrac{d}{dx}\left(\dfrac{x^2}{x^3+1}\right) + \dfrac{d}{dx}\left(\dfrac{x^3}{x^2+1}\right)$

$\because \dfrac{d}{dx}\left(\dfrac{x^2}{x^3+1}\right) = \dfrac{2x(x^3+1) - x^2 \cdot 3x^2}{(x^3+1)^2} = \dfrac{-x^4 + 2x}{(x^3+1)^2}$

$\because \dfrac{d}{dx}\left(\dfrac{x^3}{x^2+1}\right) = \dfrac{3x^2(x^2+1) - x^3 \cdot 2x}{(x^2+1)^2} = \dfrac{x^4 + 3x^2}{(x^2+1)^2}$

$\therefore \dfrac{d}{dx}\left(\dfrac{x^2}{x^3+1} + \dfrac{x^3}{x^2+1}\right) = \dfrac{-x^4 + 2x}{(x^3+1)^2} + \dfrac{x^4 + 3x^2}{(x^2+1)^2}$

範例 5.

　　假設 $f(x) = \dfrac{\sqrt{1+x^2}}{1+\sqrt[3]{x}}$，　求 $f'(x) = ?$

【解】

$f'(x) = \left(\dfrac{\sqrt{1+x^2}}{1+\sqrt[3]{x}}\right)' = \dfrac{\frac{1}{2}(1+x^2)^{\frac{-1}{2}} \cdot 2x(1+\sqrt[3]{x}) - \sqrt{1+x^2} \cdot \frac{1}{3} \cdot x^{\frac{-2}{3}}}{\left(1+\sqrt[3]{x}\right)^2}$

範例 6.

　　假設 $f'(x) = \cos x$，　求 $\displaystyle\lim_{h \to 0} \dfrac{f(x+7h) - f(x+2h)}{h} = ?$

【解】

$$\lim_{h \to 0} \frac{f(x+7h) - f(x+2h)}{h} = \lim_{h \to 0} \frac{f(x+7h) - f(x) + f(x) - f(x+2h)}{h}$$

$$= \lim_{h \to 0} \frac{f(x+7h) - f(x)}{h} - \lim_{h \to 0} \frac{f(x+2h) - f(x)}{h}$$

$$= 7\left(\lim_{h \to 0} \frac{f(x+7h) - f(x)}{7h}\right) - 2\left(\lim_{h \to 0} \frac{f(x+2h) - f(x)}{2h}\right) = 7f'(x) - 2f'(x) = 5\cos x$$

範例 7.

假設 $f'(0) = 2$，求 $\displaystyle\lim_{h \to 0} \frac{f(5h) - f(-2h)}{h} = ?$

【解】

$$\lim_{h \to 0} \frac{f(5h) - f(-2h)}{h} = \lim_{h \to 0} \frac{f(5h) - f(0) + f(0) - f(-2h)}{h}$$

$$= \lim_{h \to 0} \frac{f(5h) - f(0)}{h} - \lim_{h \to 0} \frac{f(-2h) - f(0)}{h}$$

$$= 5\left(\lim_{h \to 0} \frac{f(5h) - f(0)}{5h}\right) + 2\left(\lim_{h \to 0} \frac{f(-2h) - f(0)}{-2h}\right) = 5f'(0) + 2f'(0) = 7f'(0) = 14$$

範例 8.

假設 $f'(a)$ 存在，求 $\displaystyle\lim_{x \to a} \frac{xf(a) - af(x)}{x - a} = ?$

【解】

$$\because \frac{xf(a) - af(x)}{x - a} = \frac{xf(a) - xf(x) + xf(x) - af(x)}{x - a} = \frac{xf(a) - xf(x)}{x - a} + \frac{xf(x) - af(x)}{x - a}$$

$$= -\frac{x\big(f(x) - f(a)\big)}{x - a} + f(x)$$

$\because f'(a)$ 存在　　$\therefore f(x)$ 於 $x = a$ 連續 $\Rightarrow \displaystyle\lim_{x \to a} f(x) = f(a)$

$$\Rightarrow \lim_{x \to a} \frac{xf(a) - af(x)}{x - a} = -\lim_{x \to a} \frac{x\big(f(x) - f(a)\big)}{x - a} + \lim_{x \to a} f(x) = -af'(a) + f(a)$$

範例 9.

假設 $f'(a)$ 存在，求 $\displaystyle\lim_{x \to a} \frac{(af(x))^2 - \left(xf(a)\right)^2}{x - a} = ?$

【解】

$\because \dfrac{(af(x))^2 - \left(xf(a)\right)^2}{x - a} = \dfrac{(af(x))^2 - \left(af(a)\right)^2 + \left(af(a)\right)^2 - \left(xf(a)\right)^2}{x - a}$

$= \dfrac{a^2\big(f(x) + f(a)\big)\big(f(x) - f(a)\big) - f^2(a)(x - a)(a + x)}{x - a}$

$\because f'(a)$存在　$\therefore f(x)$於$x = a$ 連續 $\Rightarrow \displaystyle\lim_{x \to a} f(x) = f(a)$

$\therefore \displaystyle\lim_{x \to a} \frac{(af(x))^2 - \left(xf(a)\right)^2}{x - a} = \lim_{x \to a} \frac{a^2\big(f(x) + f(a)\big)\big(f(x) - f(a)\big) - f^2(a)(x - a)(a + x)}{x - a}$

$= 2a^2 f(a)f'(a) - 2af^2(a)$

範例 10.

假設$f'(a)$存在，求 $\displaystyle\lim_{h \to 0} \frac{f(a + h^\gamma) - f(a)}{h} = ?, \ \ \forall \gamma > 1$

【解】

令 $\gamma > 1$, $\ \ \because \displaystyle\lim_{h \to 0} \frac{f(a + h^\gamma) - f(a)}{h} = \lim_{h \to 0} h^{\gamma-1} \cdot \frac{f(a + h^\gamma) - f(a)}{h^\gamma} = \lim_{h \to 0} h^{\gamma-1} \cdot f'(a)$

$\because f'(a)$存在　$\therefore \displaystyle\lim_{h \to 0} h^{\gamma-1} \cdot f'(a) = 0 \Rightarrow \lim_{h \to 0} \frac{f(a + h^\gamma) - f(a)}{h} = 0$

範例 11.

假設$f'(0) = a$, 求 $\displaystyle\lim_{x \to 0} \frac{f(5x) - f(\sin x)}{x} = ?$

【解】

$\because \dfrac{f(5x) - f(\sin x)}{x} = \dfrac{f(5x) - f(0) - (f(\sin x) - f(0))}{x}$

$= 5\left(\dfrac{f(5x) - f(0)}{5x}\right) - \dfrac{f(\sin x) - f(0)}{\sin x} \cdot \dfrac{\sin x}{x}$

$\because f'(0) = a$

$\therefore \displaystyle\lim_{x \to 0} \frac{f(5x) - f(\sin x)}{x} = \lim_{x \to 0} 5\left(\frac{f(5x) - f(0)}{5x}\right) - \frac{f(\sin x) - f(0)}{\sin x} \cdot \frac{\sin x}{x}$

$= 5f'(0) - f'(0) = 5a - a = 4a$

範例 12.

$$\text{求}\quad \lim_{h\to 0}\frac{\sin(x+2h)-\sin(x-2h)}{h}=?$$

【解】

$$\lim_{h\to 0}\frac{\sin(x+2h)-\sin(x-2h)}{h}=\lim_{h\to 0}\frac{\sin(x+2h)-\sin x+\sin x-\sin(x-2h)}{h}$$

$$=\lim_{h\to 0}\frac{\sin(x+2h)-\sin x}{h}-\lim_{h\to 0}\frac{\sin(x-2h)-\sin x}{h}$$

$$=2\left(\lim_{h\to 0}\frac{\sin(x+2h)-\sin x}{2h}\right)+2\left(\lim_{h\to 0}\frac{\sin(x-2h)-\sin x}{-2h}\right)$$

$$=2\left(\lim_{h\to 0}\frac{\sin(x+h)-\sin x}{h}\right)+2\left(\lim_{t\to 0}\frac{\sin(x+t)-\sin x}{t}\right)=4\sin' x=4\cos x=4$$

2.3 常見函數的微分與微分性質的應用

讀者需能推導底下六個三角函數的微分並能搭配使用微分的性質計算較複雜的題型，底下為常見函數結合微分性質的應用

(i)$\left(e^x\cdot\text{三角函數}\right)'=(e^x)'\cdot\text{三角函數}+e^x\left(\text{三角函數}\right)'$

(ii)$\left(\ln x\cdot\text{三角函數}\right)'=(\ln x)'\cdot\text{三角函數}+\ln x\left(\text{三角函數}\right)'$

(iii)$\left(\dfrac{\text{三角函數}}{e^x}\right)'=\dfrac{(\text{三角函數})'e^x-(\text{三角函數})(e^x)'}{e^{2x}}$

(iv)$\left(\dfrac{\text{三角函數}}{\ln x}\right)'=\dfrac{(\text{三角函數})'\ln x-(\text{三角函數})(\ln x)'}{\ln^2 x}$

範例 1.

  (1) 試證 $(\sin x)'=\cos x$

  (2) 試證 $(\cos x)'=-\sin x$

  (3) 試證 $(\tan x)'=\sec^2 x$

(4) 試證 $(\cot x)' = -\csc^2 x$

(5) 試證 $(\sec x)' = \tan x \sec x$

(6) 試證 $(\csc x)' = -\cot x \csc x$

【解】

(1)

$$\because (\sin x)' = \lim_{h \to 0} \frac{\sin(x+h) - \sin(x)}{h} = \lim_{h \to 0} \frac{\sin x \cos h + \cos x \sin h - \sin x}{h}$$

$$= \lim_{h \to 0} \frac{\sin x (\cos h - 1) + \cos x \sin h}{h} = \sin x \left(\lim_{h \to 0} \frac{\cos h - 1}{h} \right) + \cos x \left(\lim_{h \to 0} \frac{\sin h}{h} \right)$$

$$\because \lim_{h \to 0} \frac{\cos h - 1}{h} = 0 \quad 且 \quad \lim_{h \to 0} \frac{\sin h}{h} = 1$$

$$\therefore (\sin x)' = \sin x \lim_{h \to 0} \frac{\cos h - 1}{h} + \cos x \lim_{h \to 0} \frac{\sin h}{h} = \cos x$$

(2)

$$\because (\cos x)' = \lim_{h \to 0} \frac{\cos(x+h) - \cos(x)}{h} = \lim_{h \to 0} \frac{\cos x \cos h - \sin x \sin h - \cos x}{h}$$

$$= \lim_{h \to 0} \frac{\cos x (\cos h - 1) - \sin x \sin h}{h} = \cos x \left(\lim_{h \to 0} \frac{\cos h - 1}{h} \right) - \sin x \left(\lim_{h \to 0} \frac{\sin h}{h} \right)$$

$$\because \lim_{h \to 0} \frac{\cos h - 1}{h} = 0 \quad 且 \quad \lim_{h \to 0} \frac{\sin h}{h} = 1$$

$$\therefore (\cos x)' = \cos x \left(\lim_{h \to 0} \frac{\cos h - 1}{h} \right) - \sin x \left(\lim_{h \to 0} \frac{\sin h}{h} \right) = -\sin x$$

(3)

$$\frac{d}{dx}(\tan x) = \left(\frac{\sin x}{\cos x} \right)' = \frac{(\sin x)' \cos x - \sin x (\cos x)'}{\cos^2 x} = \frac{1}{\cos^2 x} = \sec^2 x$$

(4)

$$\frac{d}{dx}(\cot x) = \frac{d}{dx}\left(\frac{\cos x}{\sin x} \right) = \frac{-\sin x \sin x - \cos x \cos x}{\sin^2 x} = \frac{-1}{\sin^2 x} = -\csc^2 x$$

(5)

$$\frac{d}{dx}(\sec x) = \frac{d}{dx}\left(\frac{1}{\cos x} \right) = -\cos^{-2} x (-\sin x) = \tan x \sec x$$

(6)

$$\frac{d}{dx}(\csc x) = \frac{d}{dx}\left(\frac{1}{\sin x} \right) = -\sin^{-2} x (\cos x) = -\cot x \csc x$$

範例 2.

試證 $(e^x)' = e^x$

【解】

$$\frac{d}{dx}(e^x) = \lim_{h \to 0} \frac{e^{x+h} - e^x}{h} = e^x \lim_{h \to 0} \frac{e^h - 1}{h} = e^x$$

範例 3.

試證 $(\ln x)' = \frac{1}{x}$

【解】

$$(\ln x)' = \lim_{h \to 0} \frac{\ln(x+h) - \ln(x)}{h} = \lim_{h \to 0} \frac{1}{h} \ln\left(\frac{x+h}{x}\right) = \frac{1}{x} \lim_{h \to 0} \frac{x}{h} \ln\left(1 + \frac{h}{x}\right)$$

$$= \frac{1}{x} \lim_{v \to \infty} v \ln\left(1 + \frac{1}{v}\right) = \frac{1}{x} \lim_{v \to \infty} \ln\left(1 + \frac{1}{v}\right)^v = \frac{1}{x} \ln \lim_{v \to \infty} \left(1 + \frac{1}{v}\right)^v = \frac{1}{x} \ln e = \frac{1}{x}$$

範例 4.

(1) 求 $\dfrac{d}{dx}(e^x \sin x) = ?$　　(2) 求 $\dfrac{d}{dx}(e^x \cos x) = ?$　　(3) 求 $\dfrac{d}{dx}(e^x \tan x) = ?$

(4) 求 $\dfrac{d}{dx}(e^x \cot x) = ?$　　(5) 求 $\dfrac{d}{dx}(e^x \sec x) = ?$　　(6) 求 $\dfrac{d}{dx}(e^x \csc x) = ?$

【解】

(1) $\dfrac{d}{dx}(e^x \sin x) = e^x \sin x + e^x \cos x$

(2) $\dfrac{d}{dx}(e^x \cos x) = e^x \cos x - e^x \sin x$

(3) $\dfrac{d}{dx}(e^x \tan x) = e^x \tan x + e^x \sec^2 x$

(4) $\dfrac{d}{dx}(e^x \cot x) = e^x \cot x - e^x \csc^2 x$

(5) $\dfrac{d}{dx}(e^x \sec x) = e^x \sec x + e^x \tan x \sec x$

(6) $\dfrac{d}{dx}(e^x \csc x) = e^x \csc x - e^x \cot x \csc x$

範例 5.

$$(1)\ 求\ \frac{d}{dx}(\sin x \ln x) = ?\quad (2)\ 求\ \frac{d}{dx}(\cos x \ln x) = ?$$

$$(3)\ 求\ \frac{d}{dx}(\tan x \ln x) = ?\quad (4)\ 求\ \frac{d}{dx}(\cot x \ln x) = ?$$

$$(5)\ 求\ \frac{d}{dx}(\sec x \ln x) = ?\quad (6)\ 求\ \frac{d}{dx}(\csc x \ln x) = ?$$

【解】

$$(1)\ \frac{d}{dx}(\sin x \ln x) = \cos x \ln x + \frac{\sin x}{x}$$

$$(2)\ \frac{d}{dx}(\cos x \ln x) = -\sin x \ln x + \frac{\cos x}{x}$$

$$(3)\ \frac{d}{dx}(\tan x \ln x) = \sec^2 x \ln x + \frac{\tan x}{x}$$

$$(4)\ \frac{d}{dx}(\cot x \ln x) = -\csc^2 x \ln x + \frac{\cot x}{x}$$

$$(5)\ \frac{d}{dx}(\sec x \ln x) = \sec x \tan x \ln x + \frac{\sec x}{x}$$

$$(6)\ \frac{d}{dx}(\csc x \ln x) = -\csc x \cot x \ln x + \frac{\csc x}{x}$$

範例 6.

$$(1)\ 求\ \frac{d}{dx}\left(\frac{\sin x}{e^x}\right) = ?\quad (2)\ 求\ \frac{d}{dx}\left(\frac{\cos x}{e^x}\right) = ?$$

$$(3)\ 求\ \frac{d}{dx}\left(\frac{\tan x}{e^x}\right) = ?\quad (4)\ 求\ \frac{d}{dx}\left(\frac{\cot x}{e^x}\right) = ?$$

$$(5)\ 求\ \frac{d}{dx}\left(\frac{\sec x}{e^x}\right) = ?\quad (6)\ 求\ \frac{d}{dx}\left(\frac{\csc x}{e^x}\right) = ?$$

【解】

$$(1)\ \frac{d}{dx}\left(\frac{\sin x}{e^x}\right) = \frac{\cos x\, e^x - \sin x\, e^x}{e^{2x}} = \frac{\cos x - \sin x}{e^x}$$

$$(2)\ \frac{d}{dx}\left(\frac{\cos x}{e^x}\right) = \frac{-\sin x\, e^x - \cos x\, e^x}{e^{2x}} = -\frac{\sin x + \cos x}{e^x}$$

(3) $\dfrac{d}{dx}\left(\dfrac{\tan x}{e^x}\right) = \dfrac{\sec^2 x\, e^x - \tan x\, e^x}{e^{2x}} = \dfrac{\sec^2 x - \tan x}{e^x}$

(4) $\dfrac{d}{dx}\left(\dfrac{\cot x}{e^x}\right) = \dfrac{-\csc^2 x\, e^x - \cot x\, e^x}{e^{2x}} = -\dfrac{\csc^2 x + \cot x}{e^x}$

(5) $\dfrac{d}{dx}\left(\dfrac{\sec x}{e^x}\right) = \dfrac{\sec x \tan x\, e^x - \sec x\, e^x}{e^{2x}} = \dfrac{\sec x \tan x - \sec x}{e^x}$

(6) $\dfrac{d}{dx}\left(\dfrac{\csc x}{e^x}\right) = \dfrac{-\csc x \cot x\, e^x - \csc x\, e^x}{e^{2x}} = -\dfrac{\csc x \cot x + \csc x}{e^x}$

範例 7.

(1) 求 $\dfrac{d}{dx}\left(\dfrac{\sin x}{\ln x}\right) =?,\ \ \forall x > 0$ (2) 求 $\dfrac{d}{dx}\left(\dfrac{\cos x}{\ln x}\right) =?,\ \ \forall x > 0$

(3) 求 $\dfrac{d}{dx}\left(\dfrac{\tan x}{\ln x}\right) =?,\ \ \forall x > 0$ (4) 求 $\dfrac{d}{dx}\left(\dfrac{\cot x}{\ln x}\right) =?,\ \ \forall x > 0$

(5) 求 $\dfrac{d}{dx}\left(\dfrac{\sec x}{\ln x}\right) =?,\ \ \forall x > 0$ (6) 求 $\dfrac{d}{dx}\left(\dfrac{\csc x}{\ln x}\right) =?,\ \ \forall x > 0$

【解】

(1) $\dfrac{d}{dx}\left(\dfrac{\sin x}{\ln x}\right) = \dfrac{\cos x \ln x - \dfrac{\sin x}{x}}{(\ln x)^2} = \dfrac{x \cos x \ln x - \sin x}{x(\ln x)^2}$

(2) $\dfrac{d}{dx}\left(\dfrac{\cos x}{\ln x}\right) = \dfrac{-\sin x \ln x - \dfrac{\cos x}{x}}{(\ln x)^2} = -\dfrac{x \sin x \ln x + \cos x}{x(\ln x)^2}$

(3) $\dfrac{d}{dx}\left(\dfrac{\tan x}{\ln x}\right) = \dfrac{\sec^2 x \ln x - \dfrac{\tan x}{x}}{(\ln x)^2} = \dfrac{x \sec^2 x \ln x - \tan x}{x(\ln x)^2}$

(4) $\dfrac{d}{dx}\left(\dfrac{\cot x}{\ln x}\right) = \dfrac{-\csc^2 x \ln x - \dfrac{\cot x}{x}}{(\ln x)^2} = -\dfrac{x \csc^2 x \ln x + \cot x}{x(\ln x)^2}$

(5) $\dfrac{d}{dx}\left(\dfrac{\sec x}{\ln x}\right) = \dfrac{\sec x \tan x \ln x - \dfrac{\sec x}{x}}{(\ln x)^2} = \dfrac{x \sec x \tan x \ln x - \sec x}{x(\ln x)^2}$

$$(6)\ \frac{d}{dx}\left(\frac{\csc x}{\ln x}\right) = \frac{-\csc x \cot x \ln x - \dfrac{\csc x}{x}}{(\ln x)^2} = -\frac{x \csc x \cot x \ln x + \csc x}{x(\ln x)^2}$$

2.4 合成函數的微分

藉由函數微分的性質得到合成函數微分的一般式，合成函數微分的考題變化相當廣泛，除了需掌握下列幾種基本題型，也需藉由例題熟悉變化題型

【定理】

假設 $f(x)$、$g(x)$ 皆為可微分函數則 $\left(f(g(x))\right)' = f'(g(x))g'(x)$

<u>Proof:</u>

$$\left(f(g(x))\right)' = \lim_{h\to 0}\frac{f(g(x+h)) - f(g(x))}{h} = \lim_{h\to 0}\frac{f(g(x+h)) - f(g(x))}{g(x+h) - g(x)}\cdot\frac{g(x+h) - g(x)}{h}$$

$$= \lim_{h\to 0}\frac{f(g(x+h)) - f(g(x))}{g(x+h) - g(x)}\cdot\lim_{h\to 0}\frac{g(x+h) - g(x)}{h} = f'(g(x))g'(x)$$

考試類型:

Assume $f'(x)$ and $g'(x)$ exist, then

(I) $(\sin f(x))' = \cos f(x)\cdot f'(x)$ and $(f(\sin x))' = f'(\sin x)\cos x$

(II) $(\cos f(x))' = -\sin f(x)\cdot f'(x)$ and $(f(\cos x))' = f'(\cos x)(-\sin x)$

(III) $(\tan f(x))' = \sec^2 f(x)\cdot f'(x)$ and $(f(\tan x))' = f'(\tan x)(\sec^2 x)$

(IV) $\left(e^{f(x)}\right)' = e^{f(x)}\cdot f'(x)$ and $\left(a^{f(x)}\right)' = a^{f(x)}\cdot f'(x)\cdot \ln a$

(V) $(\ln f(x))' = \dfrac{f'(x)}{f(x)}$ and $(\log_a f(x))' = \left(\dfrac{\ln f(x)}{\ln a}\right)' = \dfrac{1}{\ln a}\cdot\dfrac{f'(x)}{f(x)}$

(VI) $\left(\sqrt{f(x)}\right)' = \dfrac{f'(x)}{2}(f(x))^{-1/2}$ and $(f(\sqrt{x}))' = f'(\sqrt{x})(\dfrac{1}{2})x^{-1/2}$

(VII) $(e^{f(x)}\cdot \ln f(x))' = e^{f(x)}\cdot f'(x)\cdot \ln f(x) + \dfrac{f'(x)e^{f(x)}}{f(x)}$

(VIII) $(x^{f(x)})' = (e^{f(x)\ln x})' = x^{f(x)}\left(f'(x)\ln x + \dfrac{f(x)}{x}\right)$

(IX) $(g(x)^{f(x)})' = (e^{f(x)\ln g(x)})' = g(x)^{f(x)}\left(f'(x)\ln g(x) + \dfrac{f(x)g'(x)}{g(x)}\right)$

(X)Assume $g_1'(x),\ g_2'(x),\ g_3'(x)$ and $g_4'(x)$ exist. Then

$$\left(\frac{g_1^{\alpha_1}(x)g_2^{\alpha_2}(x)}{g_3^{\alpha_3}(x)g_4^{\alpha_4}(x)}\right)' = \frac{\left(g_1^{\alpha_1}(x)g_2^{\alpha_2}(x)\right)' g_3^{\alpha_3}(x)g_4^{\alpha_4}(x) - g_1^{\alpha_1}(x)g_2^{\alpha_2}(x)\left(g_3^{\alpha_3}(x)g_4^{\alpha_4}(x)\right)'}{\left(g_3^{\alpha_3}(x)g_4^{\alpha_4}(x)\right)^2}$$

$$= \frac{\left(\alpha_1 g_1^{\alpha_1-1}(x)g_1'(x)g_2^{\alpha_2}(x) - \alpha_2 g_1^{\alpha_1}(x)g_2^{\alpha_2-1}(x)g_2'(x)\right)g_3^{\alpha_3}(x)g_4^{\alpha_4}(x)}{\left(g_3^{\alpha_3}(x)g_4^{\alpha_4}(x)\right)^2}$$

$$-\frac{g_1^{\alpha_1}(x)g_2^{\alpha_2}(x)\left(\alpha_3 g_3^{\alpha_3-1}(x)g_3'(x)g_4^{\alpha_4}(x) - \alpha_4 g_3^{\alpha_3}(x)g_4^{\alpha_4-1}(x)g_4'(x)\right)}{\left(g_3^{\alpha_3}(x)g_4^{\alpha_4}(x)\right)^2}$$

(XI)$f\big(g(x)\big) = h(x)$, 求 $f'(a) =?$

$\because f'\big(g(x)\big)g'(x) = h'(x)$ 找 x_0 使得 $g(x_0) = a$

$\therefore f'\big(g(x_0)\big)g'(x_0) = h'(x_0) \Rightarrow f'(a)g'(x_0) = h'(x_0) \Rightarrow f'(a) = \dfrac{h'(x_0)}{g'(x_0)}$

(XII)$\left(\sqrt{f(x) + \sqrt{g(x)}}\right)' = \dfrac{\left(f(x) + \sqrt{g(x)}\right)^{-\frac{1}{2}}}{2}\left(f'(x) + \dfrac{g'(x)}{2\sqrt{g(x)}}\right)$

範例 1.

$$求\frac{d}{dx}(a^x) = ?,\quad \frac{d}{dx}(\log_a x) = ?$$

【解】

$$\frac{d}{dx}(a^x) = \frac{d}{dx}\left(e^{\ln a^x}\right) = \frac{d}{dx}\left(e^{x\ln a}\right) = a^x \ln a$$

$$\frac{d}{dx}(\log_a x) = \frac{d}{dx}\left(\frac{\ln x}{\ln a}\right) = \frac{1}{x}\cdot\frac{1}{\ln a}$$

範例 2.

Assume $f'(x), g'(x)$存在 and $f(x) > 0,\ \forall x \in R$, 求 $\dfrac{d}{dx}(f(x))^{g(x)} = ?$

【解】

令 $h(x) = \big(f(x)\big)^{g(x)}$ 則 $\ln h(x) = g(x)\ln f(x)$

$$\therefore (\ln h(x))' = \frac{h'(x)}{h(x)} = g'(x)\ln f(x) + g(x)\frac{f'(x)}{f(x)}$$

$$\therefore \frac{d}{dx}(f(x))^{g(x)} = h'(x) = (f(x))^{g(x)} \cdot \left(g'(x)\ln f(x) + g(x)\frac{f'(x)}{f(x)}\right)$$

範例 3.

假設 $f(x) = \ln(x^3 + 2)$，求 $f'(x) =?$

【解】

$$f'(x) = \frac{3x^2}{x^3 + 2}$$

範例 4.

假設 $f(x) = (7x + 3)e^{x^2}$，求 $f'(x) =?$

【解】

$$f'(x) = 7e^{x^2} + (7x + 3)e^{x^2}(2x)$$

範例 5.

假設 $f(x) = \dfrac{(x^2 - 2x)e^{x-2}}{x^3 + 3x + 5}$，求 $f'(x) = ?$

【解】

$$\text{Let } x > 0, \quad \because f(x) = \frac{(x^2 - 2x)e^{x-2}}{x^3 + 3x + 5}$$

$$\therefore \ln f(x) = \ln|x^2 - 2x| + (x - 2) - \ln|x^3 + 3x + 5|$$

$$\therefore \frac{f'(x)}{f(x)} = \frac{2x - 2}{x^2 - 2x} + 1 - \frac{3x^2 + 3}{x^3 + 3x + 5}$$

$$\therefore f'(x) = \frac{(x^2 - 2x)e^{x-2}}{x^3 + 3x + 5}\left(\frac{2x - 2}{x^2 - 2x} + 1 - \frac{3x^2 + 3}{x^3 + 3x + 5}\right)$$

範例 6.

假設 $f(x) = \left(\dfrac{x^2 + 2}{x^3 + 5}\right)^2 e^{\cos 2x}$，$\forall x > 0$，求 $f'(x) = ?$

【解】

Let $x > 0$, $\quad \because f(x) = \left(\dfrac{x^2 + 2}{x^3 + 5}\right)^2 e^{\cos 2x}$

$\therefore \ln f(x) = 2(\ln(x^2 + 2) - \ln |x^3 + 5|) + \cos 2x$

$\therefore \dfrac{f'(x)}{f(x)} = 2\left(\dfrac{2x}{x^2 + 2} - \dfrac{3x^2}{x^3 + 5}\right) - 2\sin 2x$

$\therefore f'(x) = \left(\dfrac{x^2 + 2}{x^3 + 5}\right)^2 e^{\cos 2x} \left(2\left(\dfrac{2x}{x^2 + 2} - \dfrac{3x^2}{x^3 + 5}\right) - 2\sin 2x\right)$

範例 7.

$\qquad$ 假設 $f(x) = \ln\left(\dfrac{2x + 3}{x^2 + 2x}\right)$, $\quad \forall x > 0$, 求 $f'(x) = ?$

【解】

$f'(x) = \left(\dfrac{x^2 + 2x}{2x + 3}\right) \cdot \dfrac{2(x^2 + 2x) - (2x + 3)(2x + 2)}{(x^2 + 2x)^2}$

$= \dfrac{(2x^2 + 4x) - (4x^2 + 10x + 6)}{(2x + 3)(x^2 + 2x)} = \dfrac{-2(x^2 + 3x + 3)}{(2x + 3)(x^2 + 2x)}$

範例 8.

$\qquad$ 假設 $f(x) = -3x + x(\sin^{-1} x)^2 + 3\sqrt{1 - x^2}\,\sin^{-1} x$, 求 $f'(x) = ?$

【解】

$f'(x) = \left(-3x + x(\sin^{-1} x)^2 + 3\sqrt{1 - x^2}\,\sin^{-1} x\right)'$

$= -3 + (\sin^{-1} x)^2 + x\left(\dfrac{2\sin^{-1} x}{\sqrt{1 - x^2}}\right) + \dfrac{3}{2}(1 - x^2)^{-\frac{1}{2}}(-2x)\sin^{-1} x + \dfrac{3\sqrt{1 - x^2}}{\sqrt{1 - x^2}}$

$= (\sin^{-1} x)^2 - \dfrac{x\sin^{-1} x}{\sqrt{1 - x^2}}$

範例 9.

$\qquad$ 假設 $f(x) = \dfrac{1}{2}\left(a^2 \cos^{-1}\dfrac{x}{a} + x\sqrt{a^2 + x^2}\right)$, 求 $f'(x) = ?$

【解】

$f'(x) = \dfrac{1}{2}\left(a^2 \cos^{-1}\dfrac{x}{a} + x\sqrt{a^2 + x^2}\right)'$

$$= \frac{1}{2}\left(\frac{a^2}{\sqrt{1+\left(\frac{x}{a}\right)^2}} \cdot \frac{1}{a} + \sqrt{a^2+x^2} + \frac{x}{2}(a^2+x^2)^{-\frac{1}{2}}(2x) \right)$$

$$= \frac{1}{2}\left(\frac{a^2}{\sqrt{a^2+x^2}} + \sqrt{a^2+x^2} + \frac{x^2}{\sqrt{a^2+x^2}} \right) = \sqrt{a^2+x^2}$$

範例 10.

$$假設 \; y = \ln\sqrt{\frac{1-\cos x}{1+\cos x}}, \quad 求\frac{dy}{dx} = ?$$

【解】

$$\because y = \ln\sqrt{\frac{1-\cos x}{1+\cos x}} = \frac{1}{2}\left(\ln(1-\cos x) - \ln(1+\cos x) \right)$$

$$\therefore \frac{dy}{dx} = \left(\frac{1}{2}(\ln(1-\cos x) - \ln(1+\cos x)) \right)' = \frac{1}{2}\left(\frac{\sin x}{1-\cos x} + \frac{\sin x}{1+\cos x} \right)$$

$$= \frac{1}{2}\left(\frac{\sin x\,(1+\cos x) + \sin x\,(1-\cos x)}{1-\cos^2 x} \right) = \frac{1}{2}\left(\frac{2\sin x}{\sin^2 x} \right) = \csc x$$

範例 11.

$$假設 \; f(x) = \frac{[x]}{1+x}, \quad \forall x \in R, \;\; 求 f'(x) = ?$$

【解】

$$\text{Let } n < x < n+1, \; n \in N \;\; 則 \; f(x) = \frac{[x]}{1+x} = \frac{n}{1+x}$$

$$\therefore \; f'(x) = \left(\frac{n}{1+x} \right)' = -n(1+x)^{-2}, \forall\, n < x < n+1, n \in N$$

$$\text{Let } x = n, n \in N$$

$$則 \; f'(n^+) = \lim_{h \to 0^+} \frac{f(n+h) - f(n)}{h} = \lim_{h \to 0^+} \frac{\dfrac{n}{1+n+h} - \dfrac{n}{1+n}}{h}$$

$$= \lim_{h \to 0^+} \frac{\dfrac{n(1+n) - n(1+n+h)}{(1+n+h)(1+n)}}{h} = \lim_{h \to 0^+} \frac{-n}{(1+n+h)(1+n)} = \frac{-n}{(1+n)^2}$$

$$\text{且 } f'(n^-) = \lim_{h \to 0^-} \frac{f(n+h) - f(n)}{h} = \lim_{h \to 0^-} \frac{\dfrac{n-1}{1+n+h} - \dfrac{n}{1+n}}{h}$$

$$= \lim_{h \to 0^-} \frac{\dfrac{(n-1)(1+n) - n(1+n+h)}{(1+n+h)(1+n)}}{h} = \lim_{h \to 0^-} \frac{-(1+n) - nh}{h(1+n+h)(1+n)} = -\infty$$

$$\therefore f'(n^-) \text{ 不存在} \Rightarrow f'(n) \text{ 不存在}$$

範例 12.

假設 $f(x) = \sqrt[5]{x + |x|}$，求 $f'(x) = ?$

【解】

(1) As $x > 0$

$$\because f(x) = \sqrt[5]{x + x} = (2x)^{\frac{1}{5}} \qquad \therefore f'(x) = \frac{2}{5}(2x)^{\frac{-4}{5}}$$

(2) As $x < 0$

$$\because f(x) = \sqrt[5]{x - x} = 0 \qquad \therefore f'(x) = 0$$

(3) As $x = 0$

$$\because f'(0^+) = \lim_{h \to 0^+} \frac{f(0+h) - f(0)}{h} = \lim_{h \to 0^+} \frac{(2h)^{\frac{1}{5}}}{h} = \infty \quad \therefore f'(0^+) \text{ 不存在} \Rightarrow f'(0) \text{ 不存在}$$

範例 13.

假設 $f(x) = x^{(x^x)} + (x^x)^x$，$\forall x > 0$，求 $f'(x) = ?$

【解】

Let $x > 0$，$\because f(x) = x^{(x^x)} + (x^x)^x = e^{x^x \ln x} + e^{x^2 \ln x} \quad \therefore f'(x) = (e^{x^x \ln x} + e^{x^2 \ln x})'$

$$\because (e^{x^x \ln x})' = e^{x^x \ln x}\left(x^x(1 + \ln x)\ln x + \frac{x^x}{x}\right) = x^{(x^x)} x^x\left((1 + \ln x)\ln x + \frac{1}{x}\right)$$

$$\because (e^{x^2 \ln x})' = e^{x^2 \ln x}(2x \ln x + x) = (x^x)^x x(1 + 2\ln x)$$

$$\therefore f'(x) = x^{(x^x)} x^x\left((1 + \ln x)\ln x + \frac{1}{x}\right) + (x^x)^x x(1 + 2\ln x)$$

範例 14.

假設 $f(x) = \dfrac{x + 2}{\sqrt{x^2 + x + 2} - x}$，求 $f'(x) = ?$

【解】

$$\because f(x) = \frac{x+2}{\sqrt{x^2+x+2}-x} = \frac{(x+2)(\sqrt{x^2+x+2}+x)}{x^2+x+2-x^2} = (x^2+x+2)^{\frac{1}{2}} + x$$

$$\therefore f'(x) = \frac{1}{2}(x^2+x+2)^{-\frac{1}{2}}(2x+1) + 1$$

範例 15.

假設 $g(x) = f\left(\dfrac{x-1}{x+3}\right)$ 且 $f'(u) = u^5$，求 $g'(x) = ?$

【解】

$$g'(x) = f'\left(\frac{x-1}{x+3}\right) \cdot \frac{(x+3)-(x-1)}{(x+3)^2} = \left(\frac{x-1}{x+3}\right)^5 \cdot \frac{4}{(x+3)^2} = \frac{4(x-1)^5}{(x+3)^3}$$

範例 16.

(1)假設 $f(x) = 2^{5^x}$，求 $f'(x) =?$

(2)假設 $f(x) = e^{\frac{x^2}{\sqrt{x-1}}}$，$\forall x > 1$，求 $f'(x) =?$

(3)假設 $f(x) = x^{1000} + 1000^x$，求 $f'(x) =?$

(4)假設 $f(x) = \ln(x^3 e^{-2x})$，求 $f'(x) =?$

(5)假設 $f(x) = e^{e^{x^3}}$，求 $f'(x) =?$

【解】

(1)

$$f'(x) = 2^{5^x} \cdot \ln 2 \cdot (5^x)' = 2^{5^x} \cdot \ln 2 \cdot 5^x \cdot \ln 5$$

(2)

$$f'(x) = e^{\frac{x^2}{\sqrt{x-1}}} \cdot \left(\frac{x^2}{\sqrt{x-1}}\right)' = e^{\frac{x^2}{\sqrt{x-1}}} \cdot \left(\frac{2x\sqrt{x-1} - x^2 \cdot \frac{1}{2} \cdot (x-1)^{-\frac{1}{2}}}{x-1}\right)$$

$$= e^{\frac{x^2}{\sqrt{x-1}}} \cdot \left(\frac{2x(x-1) - \frac{x^2}{2}}{\sqrt{x-1}(x-1)}\right) = e^{\frac{x^2}{\sqrt{x-1}}} \cdot \frac{\frac{3x^2}{2} - 2x}{(x-1)^{\frac{3}{2}}}$$

(3)

$$f'(x) = (x^{1000} + 1000^x)' = 1000x^{999} + 1000^x \cdot \ln 1000$$

(4)

$$f'(x) = \frac{(x^3 e^{-2x})'}{x^3 e^{-2x}} = \frac{3x^2 e^{-2x} + x^3 e^{-2x}(-2)}{x^3 e^{-2x}} = \frac{3 - 2x}{x}$$

(5)

$$f'(x) = e^{e^{x^3}}(e^{x^3})' = e^{e^{x^3}}(e^{x^3})(x^3)' = e^{e^{x^3}}(e^{x^3})3x^2$$

範例 17.

　　假設 $f(x) = e^{2x} \ln|\sin 2x|$，求 $f'(x) = ?$

【解】

(1)As $\sin 2x > 0$,

∵ $f(x) = e^{2x} \ln \sin 2x$

∴ $f'(x) = 2\left(e^{2x} \ln \sin 2x + \dfrac{e^{2x} \cos 2x}{\sin 2x}\right) = 2(e^{2x} \ln \sin 2x + e^{2x} \cot 2x)$

$= 2(e^{2x} \ln|\sin 2x| + e^{2x} \cot 2x)$

(2)As $\sin 2x \le 0$,

∵ $f(x) = e^{2x} \ln(-\sin 2x)$

∴ $f'(x) = 2\left(e^{2x} \ln(-\sin 2x) + \dfrac{e^x(-\cos 2x)}{-\sin 2x}\right) = 2(e^{2x} \ln(-\sin 2x) + e^{2x} \cot 2x)$

$= 2(e^{2x} \ln|\sin 2x| + e^{2x} \cot 2x)$

∴ $f'(x) = 2(e^{2x} \ln|\sin 2x| + e^{2x} \cot 2x)$

範例 18.

　　假設 $f(x) = e^x \ln|\cos x|$，求 $f'(x) =?$

【解】

(1)As $\cos x > 0$,

∵ $f(x) = e^x \ln \cos x$

∴ $f'(x) = e^x \ln \cos x - \dfrac{e^x \sin x}{\cos x} = e^x \ln \cos x - e^x \tan x = e^x \ln|\cos x| - e^x \tan x$

(2)As $\cos x \le 0$,

∵ $f(x) = e^x \ln(-\cos x)$

∴ $f'(x) = e^x \ln(-\cos x) + \dfrac{e^x(\sin x)}{-\cos x} = e^x \ln(-\cos x) - e^x \tan x = e^x \ln|\cos x| - e^x \tan x$

∴ $f'(x) = e^x \ln|\cos x| - e^x \tan x$

範例 19.

 (1)假設 $f(x) = x^x$, $\forall x > 0$, 求 $f'(x) =?$

 (2)假設 $f(x) = x^{x^x}$, $\forall x > 0$, 求 $f'(x) =?$

 (3)假設 $f(x) = a^{a^x} + a^{x^a} + x^{a^a}, a > 0$, 求 $f'(x) =?$

【解】

(1)

Let $x > 0$, $\because f(x) = x^x = e^{x\ln x}$

$$\therefore f'(x) = (e^{x\ln x})' = e^{x\ln x}(x\ln x)' = e^{x\ln x}\left(\ln x + x \cdot \frac{1}{x}\right) = x^x(1 + \ln x)$$

(2)

Let $x > 0$, $\because f(x) = x^{x^x} = e^{x^x \ln x}$

$$\therefore f'(x) = (e^{x^x \ln x})' = e^{x^x \ln x}(x^x \ln x)' = e^{x^x \ln x}\left((x^x)' \ln x + x^x \cdot \frac{1}{x}\right)$$

$$\because (x^x)' = x^x(1 + \ln x)$$

$$\therefore f'(x) = e^{x^x \ln x}\left((x^x)' \ln x + x^x \cdot \frac{1}{x}\right) = x^{x^x}(x^x(1 + \ln x)\ln x + x^{x-1})$$

(3)

Let $a > 0$, $\because f(x) = a^{a^x} + a^{x^a} + x^{a^a} = e^{a^x \ln a} + e^{x^a \ln a} + e^{a^a \ln x}$

$$\therefore f'(x) = (e^{a^x \ln a} + e^{x^a \ln a} + e^{a^a \ln x})' = (e^{a^x \ln a})' + (e^{x^a \ln a})' + (e^{a^a \ln x})'$$

$$\because (e^{a^x \ln a})' = e^{a^x \ln a}(a^x \ln a)' = e^{a^x \ln a}(a^x (\ln a)^2) = a^{a^x} \cdot a^x (\ln a)^2$$

$$\because (e^{x^a \ln a})' = e^{x^a \ln a}(x^a \ln a)' = e^{x^a \ln a}(ax^{a-1} \ln a) = a^{x^a}(ax^{a-1} \ln a)$$

$$\because (e^{a^a \ln x})' = e^{a^a \ln x}(a^a \ln x)' = e^{a^a \ln x}\left(\frac{a^a}{x}\right) = x^{a^a}\left(\frac{a^a}{x}\right)$$

$$\therefore f'(x) = a^{a^x} \cdot a^x (\ln a)^2 + a^{x^a}(ax^{a-1} \ln a) + x^{a^a}\left(\frac{a^a}{x}\right)$$

範例 20.

 (1)假設 $f(x) = x^{\frac{2}{x}}$, $\forall x > 0$, 求 $f'(x) = ?$

 (2)假設 $f(x) = x^x - x\ln x^2$, $\forall x > 0$, 求 $f'(x) = ?$

 (3)假設 $f(x) = (x^2 + 3)^{\ln x}$, $\forall x > 0$, 求 $f'(x) = ?$

 (4)假設 $f(x) = (\ln x)^{\ln x^2}$, $\forall x > 0$, 求 $f'(x) = ?$

【解】

(1)

Let $x > 0$, $\because f(x) = x^{\frac{2}{x}} = e^{\frac{2}{x}\ln x}$

$\therefore f'(x) = \left(e^{\frac{2}{x}\ln x}\right)' = e^{\frac{2}{x}\ln x}\left(\frac{2}{x}\ln x\right)' = e^{\frac{2}{x}\ln x} \cdot 2 \cdot \frac{1 - \ln x}{x^2} = 2x^{\frac{2}{x}} \cdot \frac{1 - \ln x}{x^2}$

(2)

Let $x > 0$, $\because f(x) = x^x - x\ln x^2 = e^{x\ln x} - 2x\ln x$

$\therefore f'(x) = (e^{x\ln x} - 2x\ln x)' = e^{x\ln x} \cdot (x\ln x)' - 2\ln x - 2 = x^x \cdot (1 + \ln x) - 2\ln x - 2$

(3)

Let $x > 0$, $\because f(x) = (x^2 + 3)^{\ln x} = e^{\ln x\ln(x^2+3)}$

$\therefore f'(x) = \left(e^{\ln x\ln(x^2+3)}\right)' = e^{\ln x\ln(x^2+3)} \cdot (\ln x\ln(x^2 + 3))'$

$= (x^2 + 3)^{\ln x} \cdot \left(\frac{\ln(x^2 + 3)}{x} + \frac{2x\ln x}{x^2 + 3}\right)$

(4)

Let $x > 0$, $\because f(x) = (\ln x)^{\ln x^2} = e^{2\ln x\ln\ln x}$

$\therefore f'(x) = (e^{2\ln x\ln\ln x})' = e^{2\ln x\ln\ln x} \cdot (2\ln x\ln\ln x)' = 2(\ln x)^{\ln x^2} \cdot \left(\frac{\ln\ln x}{x} + \ln x \cdot \frac{1}{x\ln x}\right)$

$= 2(\ln x)^{\ln x^2} \cdot \left(\frac{\ln\ln x}{x} + \frac{1}{x}\right)$

範例 21.

    (1)假設 $f(x) = x^{\sin 2x}$, $\forall x > 0$, 求 $f'(x) =$?

    (2)假設 $f(x) = x^{\tan 3x}$, $\forall x > 0$, 求 $f'(x) =$?

    (3)假設 $f(x) = (\sin x)^{\sin 2x}$, 求 $f'(x) =$?

    (4)假設 $f(x) = (\tan x)^{\sin 2x}$, 求 $f'(x) =$?

【解】

(1)

Let $x > 0$, $\because f(x) = x^{\sin 2x} = e^{\sin 2x\ln x}$

$\therefore f'(x) = (e^{\sin 2x\ln x})' = e^{\sin 2x\ln x}(\sin 2x\ln x)' = x^{\sin 2x}\left(2\cos 2x\ln x + \frac{\sin 2x}{x}\right)$

(2)

Let $x > 0$, $\because f(x) = x^{\tan 3x} = e^{\tan 3x\ln x}$

$$\therefore f'(x) = (e^{\tan 3x \ln x})' = e^{\tan 3x \ln x}(\tan 3x \ln x)' = x^{\tan 3x}\left(3\sec^2 3x \ln x + \frac{\tan 3x}{x}\right)$$

(3)

$$\because f(x) = (\sin x)^{\sin 2x} = e^{\sin 2x \ln \sin x}$$

$$\therefore f'(x) = (e^{\sin 2x \ln \sin x})' = e^{\sin 2x \ln \sin x}(\sin 2x \ln \sin x)'$$

$$= (\sin x)^{\sin 2x}\left(2\cos 2x \ln \sin x + \frac{\sin 2x}{\sin x}\cdot \cos x\right) = (\sin x)^{\sin 2x}(2\cos 2x \ln \sin x + 2\cos^2 x)$$

(4)

$$\because f(x) = (\tan x)^{\sin 2x} = e^{\sin 2x \ln \tan x}$$

$$\therefore f'(x) = (e^{\sin 2x \ln \tan x})' = e^{\sin 2x \ln \tan x}(\sin 2x \ln \tan x)'$$

$$= (\tan x)^{\sin 2x}\left(2\cos 2x \ln \tan x + \frac{\sin 2x}{\tan x}\cdot \sec^2 x\right)$$

$$= (\tan x)^{\sin 2x}\left(2\cos 2x \ln \tan x + \frac{2\sin x \cos^2 x \cdot \sec^2 x}{\sin x}\right)$$

$$= (\tan x)^{\sin 2x}(2\cos 2x \ln \tan x + 2)$$

範例 22.

(1)假設 $f(x) = x^{e^{x^2+2}}$, $\forall x > 0$, 求 $f'(x) = ?$

(2)假設 $f(x) = x^{\sqrt[3]{x}}$, $\forall x > 0$, 求 $f'(x) = ?$

【解】

(1)

Let $x > 0$, $\because f(x) = x^{e^{x^2+2}} = e^{(e^{x^2+2})\ln x}$

$$\therefore f'(x) = \left(e^{(e^{x^2+2})\ln x}\right)' = e^{(e^{x^2+2})\ln x}\left(e^{x^2+2}\ln x\right)' = x^{e^{x^2+2}}\left(e^{x^2+2}\cdot 2x \cdot \ln x + \frac{e^{x^2+2}}{x}\right)$$

(2)

Let $x > 0$, $\because f(x) = x^{\sqrt[3]{x}} = e^{\sqrt[3]{x}\ln x}$

$$\therefore f'(x) = (e^{\sqrt[3]{x}\ln x})' = e^{\sqrt[3]{x}\ln x}(\sqrt[3]{x}\ln x)' = x^{\sqrt[3]{x}}\left(\frac{x^{-\frac{2}{3}}\ln x}{3} + x^{-\frac{2}{3}}\right)$$

範例 23.

$$(1) 假設\ y = \frac{v-1}{v+1}\ 且\ v = x^2,\ \ 求\ \left.\frac{dy}{dx}\right|_{x=3} = ?$$

$$(2) 假設\ y = \frac{v+2}{v-1}\ 且\ v = (3s-1)^{\frac{2}{3}}, s = \sqrt[3]{t},\ \ 求\ \left.\frac{dy}{dt}\right|_{t=27} = ?$$

【解】

(1)

$$\because \frac{dy}{dx} = \frac{dy}{dv} \cdot \frac{dv}{dx} = \left(\frac{v+1-(v-1)}{(v+1)^2}\right) 2x = \frac{4x}{(v+1)^2} = \frac{4x}{(x^2+1)^2}$$

$$\therefore \left.\frac{dy}{dx}\right|_{x=3} = \left.\frac{4x}{(x^2+1)^2}\right|_{x=3} = \frac{12}{100} = \frac{3}{25}$$

(2)

$$\because \frac{dy}{dt} = \frac{dy}{dv} \cdot \frac{dv}{ds} \cdot \frac{ds}{dt} = \left(\frac{v-1-(v+2)}{(v-1)^2}\right) \cdot 2(3s-1)^{-\frac{1}{3}} \cdot \frac{t^{-\frac{2}{3}}}{3}$$

令 $t = 27$ 則 $s = 3,\ v = 4$

$$\therefore \left.\frac{dy}{dt}\right|_{t=27} = \left.\left(\frac{v-1-(v+2)}{(v-1)^2}\right) \cdot 2(3s-1)^{-\frac{1}{3}} \cdot \frac{t^{-\frac{2}{3}}}{3}\right|_{t=27,s=3,v=4} = -\frac{3}{9} \cdot 1 \cdot \frac{1}{27} = -\frac{1}{81}$$

範例 24.

$$假設\ f(x) = \sqrt{x + \sqrt{x + \sqrt{x}}},\ \forall x > 0,\ \ 求\ f'(x) = ?$$

【解】

$$Let\ x > 0,\ \ \because f(x) = \sqrt{x + \sqrt{x + \sqrt{x}}} = \left(x + \left(x + x^{\frac{1}{2}}\right)^{\frac{1}{2}}\right)^{\frac{1}{2}}$$

$$\therefore f'(x) = \frac{1}{2}\left(x + \left(x + x^{\frac{1}{2}}\right)^{\frac{1}{2}}\right)^{-\frac{1}{2}} \left(1 + \frac{1}{2}\left(x + x^{\frac{1}{2}}\right)^{-\frac{1}{2}}\right)\left(1 + \frac{1}{2}x^{-\frac{1}{2}}\right)$$

範例 25.

假設 $f(x) = \dfrac{\sqrt{x^2+4}+\sqrt{x^2-4}}{\sqrt{x^2+4}-\sqrt{x^2-4}}$,　$\forall x > 2$ or $x < -2$,　求 $f'(x) = ?$

【解】

Let $x > 2$ or $x < -2$,

$$\because f(x) = \frac{\sqrt{x^2+4}+\sqrt{x^2-4}}{\sqrt{x^2+4}-\sqrt{x^2-4}} = \frac{(\sqrt{x^2+4}+\sqrt{x^2-4})(\sqrt{x^2+4}+\sqrt{x^2-4})}{(\sqrt{x^2+4}-\sqrt{x^2-4})(\sqrt{x^2+4}+\sqrt{x^2-4})}$$

$$= \frac{2x^2 + 2(x^4-16)^{\frac{1}{2}}}{8} = \frac{x^2 + (x^4-16)^{\frac{1}{2}}}{4}$$

$$\therefore f'(x) = \frac{1}{2}x + \frac{4x^3}{8}(x^4-16)^{-\frac{1}{2}} = \frac{x}{2} + \frac{x^3}{2}(x^4-16)^{-\frac{1}{2}}$$

範例 26.

假設 $f(x) = \dfrac{x^3(5-x)^{\frac{1}{3}}}{(1-x)(5+x)^{\frac{2}{3}}}$,　求 $f'(x) = ?$

【解】

$$\because f(x) = \frac{x^3(5-x)^{\frac{1}{3}}}{(1-x)(5+x)^{\frac{2}{3}}}$$

$$\therefore \ln f(x) = 3\ln|x| + \frac{1}{3}\ln|5-x| - \ln|1-x| - \frac{2}{3}\ln|5+x|$$

$$\Rightarrow (\ln f(x))' = \frac{f'(x)}{f(x)} = \frac{3}{x} - \frac{1}{3(5-x)} + \frac{1}{1-x} - \frac{2}{3(5+x)}$$

$$\Rightarrow f'(x) = \frac{x^2(5-x)^{\frac{1}{3}}}{(1-x)(5+x)^{\frac{2}{3}}}\left(\frac{3}{x} - \frac{1}{3(5-x)} + \frac{1}{1-x} - \frac{2}{3(5+x)}\right)$$

範例 27.

假設 $f(x) = \dfrac{(x^2-3x-5)^2(2x^2+x-1)^3}{(x^4-x^2+1)^2(2x+3)^6}$,　求 $f'(x) = ?$

【解】

$$\because f(x) = \frac{(x^2-3x-5)^2(2x^2+x-1)^3}{(x^4-x^2+1)^2(2x+3)^6}$$

$$\therefore \ln f(x) = 2\ln|x^2-3x-5| + 3\ln|2x^2+x-1| - 2\ln|x^4-x^2+1| - 6\ln|2x+3|$$

$$\Rightarrow (\ln f(x))' = \frac{f'(x)}{f(x)} = \frac{2(2x-3)}{x^2-3x-5} + \frac{3(4x+1)}{2x^2+x-1} - \frac{2(4x^3-2x)}{x^4-x^2+1} - \frac{12}{2x+3}$$

$$\therefore f'(x) = \left(\frac{(x^2-3x-5)^2(2x^2+x-1)^3}{(x^4-x^2+1)^2(2x+3)^6} \right)$$

$$\times \left(\frac{2(2x-3)}{x^2-3x-5} + \frac{3(4x+1)}{2x^2+x-1} - \frac{2(4x^3-2x)}{x^4-x^2+1} - \frac{12}{2x+3} \right)$$

範例 28.

假設 $u = \tan 3x + \sec 3x$，$y = \ln u$，求 $\dfrac{dy}{dx} = ?$

【解】

$$\frac{dy}{dx} = \frac{dy}{du} \cdot \frac{du}{dx} = \frac{1}{u} \cdot \frac{du}{dx} = \frac{1}{\tan 3x + \sec 3x} \cdot (3\sec^2 3x + 3\sec 3x \tan 3x) = 3\sec 3x$$

範例 29.

(1) 假設 $f(x) = e^{-3\ln(1+\sqrt{x})}$，$\forall x > 0$，求 $f'(x) = ?$

(2) 假設 $f(x) = \tan^{-1}(3x) + \ln\left(x + \sqrt{7+x^2}\right)$，求 $f'(x) = ?$

【解】

(1)

Let $x > 0$，$\because f(x) = e^{-3\ln(1+\sqrt{x})} = e^{\ln(1+\sqrt{x})^{-3}} = (1+\sqrt{x})^{-3}$

$$\therefore f'(x) = -3(1+\sqrt{x})^{-4} \cdot \frac{x^{-\frac{1}{2}}}{2} = -\frac{3(1+\sqrt{x})^{-4}x^{-\frac{1}{2}}}{2}$$

(2)

$\because f(x) = \tan^{-1}(3x) + \ln\left(x + \sqrt{7+x^2}\right)$

$$\therefore f'(x) = \frac{3}{1+9x^2} + \frac{1 + \frac{1}{2}(7+x^2)^{-\frac{1}{2}}(2x)}{x+\sqrt{7+x^2}} = \frac{3}{1+9x^2} + \frac{\dfrac{\sqrt{7+x^2}+x}{\sqrt{7+x^2}}}{x+\sqrt{7+x^2}} = \frac{3}{1+9x^2} + \frac{1}{\sqrt{7+x^2}}$$

範例 30.

(1) 假設 $y = 2u^6$，$u = x^4 - 3$，求 $\dfrac{dy}{dx} = ?$

(2) 假設 $y = \cos u$，$u = e^x + x$，　求 $\dfrac{dy}{dx} = ?$

【解】

(1)

$$\frac{dy}{dx} = \frac{dy}{du} \cdot \frac{du}{dx} = 12u^5 \cdot 4x^3 = 48(x^4 - 3)^5 x^3$$

(2)

$$\frac{dy}{dx} = \frac{dy}{du} \cdot \frac{du}{dx} = -\sin u \cdot (e^x + 1) = -(e^x + 1)\sin(e^x + x)$$

範例 31.

$$\text{假設 } \frac{d}{dx} f(\tan x) = 1, \ \forall x \in \left(-\frac{\pi}{2}, \frac{\pi}{2}\right), \ 求 f'\left(\sqrt{3}\right) = ?$$

【解】

$$\because 1 = \frac{d}{dx} f(\tan x) = f'(\tan x)\sec^2 x, \ \forall x \in \left(-\frac{\pi}{2}, \frac{\pi}{2}\right)$$

$$取\ x = \frac{\pi}{3}\ 則\ 1 = f'\left(\tan\frac{\pi}{3}\right)\sec^2\frac{\pi}{3} = f'\left(\sqrt{3}\right) \cdot (2)^2 = 4f'\left(\sqrt{3}\right) \quad \therefore f'\left(\sqrt{3}\right) = \frac{1}{4}$$

範例 32.

(1) 假設 $f(x) = \dfrac{e^{2x}}{e^{2x} + e^{-2x}}$，　求 $f'(x) = ?$

(2) 假設 $f(x) = \ln\left(\dfrac{x^2 + 5}{x^2 + 7}\right)^3$，　求 $f'(x) = ?$

(3) 假設 $f(x) = \dfrac{\sqrt[5]{x + 2x^2}}{x + 2}$，　求 $f'(x) = ?$

【解】

(1)

$$f'(x) = \left(\frac{e^{2x}}{e^{2x} + e^{-2x}}\right)' = 2\left(\frac{e^{2x}(e^{2x} + e^{-2x}) - e^{2x}(e^{2x} - e^{-2x})}{(e^{2x} + e^{-2x})^2}\right) = \frac{4}{(e^{2x} + e^{-2x})^2}$$

(2)

$$\because f(x) = \ln\left(\frac{x^2 + 5}{x^2 + 7}\right)^3 = 3(\ln(x^2 + 5) - \ln(x^2 + 7))$$

$$\therefore f'(x) = 3(\ln(x^2+5) - \ln(x^2+7))' = 3\left(\frac{2x}{x^2+5} - \frac{2x}{x^2+7}\right)$$

(3)

$$f'(x) = \left(\frac{\sqrt[5]{x+2x^2}}{x+2}\right)' = \frac{\frac{1}{5}(x+2x^2)^{-\frac{4}{5}}(1+4x)(x+2) - (x+2x^2)^{\frac{1}{5}}}{(x+2)^2}$$

$$= \frac{(1+4x)(x+2) - 5(x+2x^2)}{5(x+2)^2(x+2x^2)^{\frac{4}{5}}} = \frac{2(-3x^2+2x+1)}{5(x+2)^2(x+2x^2)^{\frac{4}{5}}}$$

範例 33.

假設 $f(x) = a^{x^x} + x^{a^x} + x^{x^a}$, $\forall x > 0, a > 0$, 求 $f'(x) = ?$

【解】

Let $x, a > 0$, $\because f(x) = a^{x^x} + x^{a^x} + x^{x^a} = e^{x^x \ln a} + e^{a^x \ln x} + e^{x^a \ln x}$

$\therefore f'(x) = (e^{x^x \ln a} + e^{a^x \ln x} + e^{x^a \ln x})'$

$\because (e^{x^x \ln a})' = e^{x^x \ln a}(x^x \ln a)' = e^{x^x \ln a}(x^x(1 + \ln x)\ln a)$

$\because (e^{a^x \ln x})' = e^{a^x \ln x}(a^x \ln x)' = e^{a^x \ln x}\left(a^x \ln a \ln x + \frac{a^x}{x}\right)$

$\because (e^{x^a \ln x})' = e^{x^a \ln x}(x^a \ln x)' = e^{x^a \ln x}(ax^{a-1}\ln x + x^{a-1})$

$\therefore f'(x) = a^{x^x}(x^x(1+\ln x)\ln a) + x^{a^x}\left(a^x \ln a \ln x + \frac{a^x}{x}\right) + x^{x^a}(ax^{a-1}\ln x + x^{a-1})$

範例 34.

假設 $f\left(\frac{x-1}{x^2+1}\right) = x$ and $f'(x)$ 存在, $\forall x \in R$, 求 $f'(0) = ?$

【解】

$\because f\left(\frac{x-1}{x^2+1}\right) = x$

$\therefore 1 = f'\left(\frac{x-1}{x^2+1}\right) \cdot \frac{x^2+1-(x-1)2x}{(x^2+1)^2} = f'\left(\frac{x-1}{x^2+1}\right) \cdot \frac{-x^2+2x+1}{(x^2+1)^2}$

令 $x = 1$ 則 $1 = -f'(0) \cdot \left(\frac{-2}{4}\right)$ $\quad \therefore f'(0) = 2$

範例 35.

假設 $f\left(\dfrac{x-1}{x+1}\right) = 2x$ and $f'(x)$ 存在, $\forall x \in R\backslash\{-1\}$, 求 $f'\left(\dfrac{1}{2}\right) = ?$

【解】

$\because f\left(\dfrac{x-1}{x+1}\right) = 2x \quad \therefore 2 = f'\left(\dfrac{x-1}{x+1}\right) \cdot \dfrac{x+1-(x-1)}{(x+1)^2} = f'\left(\dfrac{x-1}{x+1}\right) \cdot \dfrac{2}{(x+1)^2}$

令 $x = 3$ 則 $2 = f'\left(\dfrac{1}{2}\right) \cdot \dfrac{1}{8} \quad \therefore f'\left(\dfrac{1}{2}\right) = 16$

範例 36.

假設 $f'(0) = 4$, $g(x) = f\left(\dfrac{e^{2x}-1}{e^{2x}+1}\right)$, 求 $g'(0) = ?$

【解】

$\because g(x) = f\left(\dfrac{e^{2x}-1}{e^{2x}+1}\right)$

$\therefore g'(x) = f'\left(\dfrac{e^{2x}-1}{e^{2x}+1}\right) \cdot \dfrac{2\left(e^{2x}(e^{2x}+1) - e^{2x}(e^{2x}-1)\right)}{(e^{2x}+1)^2} = f'\left(\dfrac{e^{2x}-1}{e^{2x}+1}\right) \cdot \dfrac{4e^{2x}}{(e^{2x}+1)^2}$

令 $x = 0$ 則 $g'(0) = f'(0) \cdot \dfrac{4}{4} = 4$

範例 37.

假設 $f(\sin x) = \tan x$ 且 $f'(x)$ 存在, $\forall 0 < x < \dfrac{\pi}{2}$, 求 $f'\left(\dfrac{1}{2}\right) = ?$

【解】

$\because f(\sin x) = \tan x \qquad \therefore f'(\sin x)\cos x = \sec^2 x$

令 $x = \dfrac{\pi}{6}$ 則 $f'\left(\sin\dfrac{\pi}{6}\right)\cos\dfrac{\pi}{6} = \sec^2\dfrac{\pi}{6} \Rightarrow f'\left(\dfrac{1}{2}\right)\dfrac{\sqrt{3}}{2} = \dfrac{4}{3} \quad \therefore f'\left(\dfrac{1}{2}\right) = \dfrac{8}{3\sqrt{3}}$

範例 38.

假設 $f(x) = \left(\sqrt{x}\right)^{\sqrt{x}} e^{x^3}$, $\forall x > 0$, 求 $f'(x) = ?$

【解】

Let $x > 0$, $\because f(x) = \left(\sqrt{x}\right)^{\sqrt{x}} e^{x^3} \quad \therefore f'(x) = \left(\left(\sqrt{x}\right)^{\sqrt{x}}\right)' e^{x^3} + \left(\sqrt{x}\right)^{\sqrt{x}}\left(e^{x^3}\right)'$

$$\because \left(\sqrt{x}\right)^{\sqrt{x}} = e^{\sqrt{x}\ln\sqrt{x}} \quad\quad \therefore \left(\left(\sqrt{x}\right)^{\sqrt{x}}\right)' = e^{\sqrt{x}\ln\sqrt{x}}\left(\frac{x^{-\frac{1}{2}}\ln\sqrt{x}}{2} + \frac{x^{-\frac{1}{2}}}{2}\right)$$

$$\because \left(e^{x^3}\right)' = e^{x^3}(3x^2) \quad \therefore f'(x) = \left(\sqrt{x}\right)^{\sqrt{x}}\left(\frac{x^{-\frac{1}{2}}\ln\sqrt{x}}{2} + \frac{x^{-\frac{1}{2}}}{2}\right)e^{x^3} + \left(\sqrt{x}\right)^{\sqrt{x}}e^{x^3}(3x^2)$$

2.5　反函數的微分

藉由函數微分的性質得到反函數微分的一般式，由一般式可觀察出當函數 $f(x)$ 本身為合成函數時，則解題過程需要使用合成函數微分的一般式

【定理】反函數的微分公式

假設 g 為 f 的反函數且 $f(x)$，$g(x)$ 皆為可微分函數則 $g'(f(x)) = \dfrac{1}{f'(x)}$

Proof:

$\because g$ 為 f 的反函數　$\therefore g(f(x)) = x$

$$\therefore 1 = \left(g(f(x))\right)' = \lim_{h\to 0}\frac{g(f(x+h)) - g(f(x))}{h}$$

$$= \lim_{h\to 0}\frac{g(f(x+h)) - g(f(x))}{f(x+h) - f(x)} \cdot \frac{f(x+h) - f(x)}{h}$$

$$= \lim_{h\to 0}\frac{g(f(x+h)) - g(f(x))}{f(x+h) - f(x)} \cdot \lim_{h\to 0}\frac{f(x+h) - f(x)}{h} = g'(f(x))f'(x) \Rightarrow g'(f(x)) = \frac{1}{f'(x)}$$

考試類型：

題型 1.

給定 $f(x)$ 且 g 為 f 的反函數，求 $g'(c) =?$

解題流程：

找 x_0 使得 $f(x_0) = c$，藉由反函數的微分，$g'(c) = g'(f(x_0)) = \dfrac{1}{f'(x_0)}$

題型 2.

給合成函數$f(x)$且g為f的反函數，求$g'(c) =$?

解題流程：

找x_0使得$f(x_0) = c$ and 藉由反函數的微分，$g'(c) = g'\big(f(x_0)\big) = \dfrac{1}{f'(x_0)}$

當$f(x) = e^{h(x)}$則$f'(x_0) = e^{h(x_0)} \cdot h'(x_0)$

當$f(x) = a^{h(x)}$則$f'(x_0) = \big(a^{h(x_0)}\big)' = a^{h(x_0)} \cdot h'(x_0) \cdot \ln a$

當$f(x) = \tan h(x)$則$f'(x_0) = (\tan h(x_0))' = \sec^2 h(x_0) \cdot h'(x_0)$

當$f(x) = f_1\big(f_2(x)\big)$則$f'(x_0) = f_1'(f_2(x_0))f_2'(x_0)$

範例 1.

　　試證

$$(1)\ \frac{d}{dx}(\sin^{-1} x) = \frac{1}{\sqrt{1-x^2}} \qquad (2)\ \frac{d}{dx}(\cos^{-1} x) = -\frac{1}{\sqrt{1-x^2}}$$

$$(3)\ \frac{d}{dx}(\tan^{-1} x) = \frac{1}{1+x^2} \qquad (4)\ \frac{d}{dx}(\cot^{-1} x) = -\frac{1}{1+x^2}$$

$$(5)\ \frac{d}{dx}(\sec^{-1} x) = \frac{1}{x\sqrt{x^2-1}} \qquad (6)\ \frac{d}{dx}(\csc^{-1} x) = -\frac{1}{x\sqrt{x^2-1}}$$

【解】

(1)

藉由反函數的微分定理

則 $\dfrac{d}{dx}(\sin^{-1} y) = \dfrac{1}{\frac{d}{dx}(\sin x)} = \dfrac{1}{\cos x} = \dfrac{1}{\sqrt{1-\sin^2 x}} = \dfrac{1}{\sqrt{1-y^2}}$

$\therefore \dfrac{d}{dx}(\sin^{-1} x) = \dfrac{1}{\sqrt{1-x^2}}$

(2)

$\because \sin^{-1} x + \cos^{-1} x = \dfrac{\pi}{2} \qquad \therefore \dfrac{d}{dx}(\sin^{-1}x) + \dfrac{d}{dx}(\cos^{-1}x) = 0$

$\because \dfrac{d}{dx}(\sin^{-1} x) = \dfrac{1}{\sqrt{1-x^2}} \qquad \therefore \dfrac{d}{dx}(\cos^{-1}x) = -\dfrac{1}{\sqrt{1-x^2}}$

(3)

藉由反函數的微分定理

則　$\dfrac{d}{dx}(\tan^{-1}y) = \dfrac{1}{\dfrac{d}{dx}(\tan x)} = \dfrac{1}{\sec^2 x} = \dfrac{1}{1+\tan^2 x} = \dfrac{1}{1+y^2}$　$\therefore \dfrac{d}{dx}(\tan^{-1}x) = \dfrac{1}{1+x^2}$

(4)

$\because \tan^{-1}x + \cot^{-1}x = \dfrac{\pi}{2}$　$\therefore \dfrac{d}{dx}(\tan^{-1}x) + \dfrac{d}{dx}(\cot^{-1}x) = 0$

$\because \dfrac{d}{dx}(\tan^{-1}x) = \dfrac{1}{1+x^2}$　$\therefore \dfrac{d}{dx}(\cot^{-1}x) = -\dfrac{1}{1+x^2}$

(5)

藉由反函數的微分定理

則　$\dfrac{d}{dx}(\sec^{-1}y) = \dfrac{1}{\dfrac{d}{dx}(\sec x)} = \dfrac{1}{\sec x \tan x} = \dfrac{1}{\sec x \sqrt{\sec^2 x - 1}} = \dfrac{1}{y\sqrt{y^2 - 1}}$

$\therefore \dfrac{d}{dx}(\sec^{-1}x) = \dfrac{1}{x\sqrt{x^2 - 1}}$

(6)

$\because \sec^{-1}x + \csc^{-1}x = \dfrac{\pi}{2}$　$\therefore \dfrac{d}{dx}(\sec^{-1}x) + \dfrac{d}{dx}(\csc^{-1}x) = 0$

$\because \dfrac{d}{dx}(\sec^{-1}x) = \dfrac{1}{x\sqrt{x^2 - 1}}$　$\therefore \dfrac{d}{dx}(\csc^{-1}x) = -\dfrac{1}{x\sqrt{x^2 - 1}}$

範例 2.

$$假設 f(x) = \dfrac{1-x^2}{1+x^2}, \ \forall x \geq 0 \ 且 \ g = f^{-1}, \ 求 g'\left(-\dfrac{3}{5}\right) = ?$$

【解】

$\because g'(f(x)) = \dfrac{1}{f'(x)}$　and　$f'(x) = \dfrac{-2x(1+x^2) - 2x(1-x^2)}{(1+x^2)^2} = \dfrac{-4x}{(1+x^2)^2}$

$\therefore g'(f(x)) = \dfrac{1}{f'(x)} = \dfrac{(1+x^2)^2}{-4x}$

令 $f(x) = -\dfrac{3}{5}$ 則 $x = 2$　$\therefore g'\left(-\dfrac{3}{5}\right) = \dfrac{1}{f'(2)} = \dfrac{(1+4)^2}{-8} = -\dfrac{25}{8}$

範例 3.

假設 $f(x) = 2x^3 + x - 2$ 且 $g = f^{-1}$, 求 $g'(1) =$?

【解】

$\because g'(f(x)) = \dfrac{1}{f'(x)}$ 且 $f'(x) = 6x^2 + 1$ $\therefore g'(f(x)) = \dfrac{1}{f'(x)} = \dfrac{1}{6x^2 + 1}$

令 $f(x) = 1$ 則 $x = 1$ $\therefore g'(1) = \dfrac{1}{f'(1)} = \dfrac{1}{6+1} = \dfrac{1}{7}$

範例 4.

假設 $f(x) = x^5 + x^3 + x + 2$ 且 $g = f^{-1}$, 求 $g'(5) =$?

【解】

$\because g'(f(x)) = \dfrac{1}{f'(x)}$ 且 $f'(x) = 5x^4 + 3x^2 + 1$ $\therefore g'(f(x)) = \dfrac{1}{f'(x)} = \dfrac{1}{5x^4 + 3x^2 + 1}$

令 $f(x) = 5$ 則 $x = 1$ $\therefore g'(5) = \dfrac{1}{f'(1)} = \dfrac{1}{5+3+1} = \dfrac{1}{9}$

範例 5.

假設 $f(x)$ 為 1 對 1 可微分函數, $f'(x) = 1 + f^4(x)$, 且 $g = f^{-1}$, 求 $g'(x) =$?

【解】

$\because g'(f(x)) = \dfrac{1}{f'(x)} = \dfrac{1}{1 + f^4(x)}$ $\therefore g'(x) = \dfrac{1}{1 + x^4}$

範例 6.

假設 $f(x) = \sqrt{2x + 3}$ 且 $g = f^{-1}$, 求 $g'(x) =$?

【解】

$\because g'(f(x)) = \dfrac{1}{f'(x)}$ 且 $f'(x) = (2x + 3)^{-\frac{1}{2}}$

$\therefore g'(f(x)) = \dfrac{1}{f'(x)} = (2x + 3)^{\frac{1}{2}} = f(x) \Rightarrow g'(x) = x$

範例 7.

假設 $f(x) = x^5 + 2x^3 + 5x$ 且 $g = f^{-1}$, 求 $g'(8) =$?

【解】

$$\because g'(f(x)) = \frac{1}{f'(x)} \ \text{且}\ f'(x) = 5x^4 + 6x^2 + 5$$

$$\therefore g'(f(x)) = \frac{1}{f'(x)} = \frac{1}{5x^4 + 6x^2 + 5}$$

$$\text{令} f(x) = 8 \text{ 則 } x = 1 \quad \therefore g'(8) = \frac{1}{f'(1)} = \frac{1}{5 + 6 + 5} = \frac{1}{16}$$

範例 8.

假設 $f(x) = x^7 + x + 2$ 且 $g = f^{-1}$, 求 $g'(4) = ?$

【解】

$$\because g'(f(x)) = \frac{1}{f'(x)} \ \text{且}\ f'(x) = 7x^6 + 1 \quad \therefore g'(f(x)) = \frac{1}{f'(x)} = (7x^6 + 1)^{-1}$$

$$\text{令} f(x) = 4 \text{ 則 } x = 1 \quad \therefore g'(4) = \frac{1}{f'(1)} = (7 + 1)^{-1} = \frac{1}{8}$$

範例 9.

假設 $f(x) = \dfrac{e^{9-x^2}}{x}$ 且 $g = f^{-1}$, 求 $g'\left(\dfrac{1}{3}\right) = ?$

【解】

$$\because g'(f(x)) = \frac{1}{f'(x)} \ \text{且}\ f'(x) = \frac{e^{9-x^2}(-2x^2 - 1)}{x^2}$$

$$\therefore g'(f(x)) = \frac{1}{f'(x)} = \left(\frac{e^{9-x^2}(-2x^2 - 1)}{x^2}\right)^{-1}$$

$$\text{令} f(x) = \frac{1}{3} \text{ 則 } x = 3 \quad \therefore g'\left(\frac{1}{3}\right) = \frac{1}{f'(3)} = \left(\frac{e^{9-x^2}(-2x^2 - 1)}{x^2}\right)^{-1}\Bigg|_{x=3} = \frac{-9}{19}$$

範例 10.

假設 $f(x) = \tan^{-1}\left(\dfrac{1 + 2x}{1 - 2x}\right)$ 且 $g = f^{-1}$, 求 $f'(x) = ?$

【解】

$$\because g'(f(x)) = \frac{1}{f'(x)} \ \text{且}$$

$$f'(x) = \frac{1}{1 + \left(\frac{1+2x}{1-2x}\right)^2} \cdot \frac{2(1-2x) + 2(1+2x)}{(1-2x)^2} = \frac{4}{(1-2x)^2 + (1+2x)^2} = \frac{2}{4x^2 + 1}$$

$$\therefore g'(f(x)) = \frac{1}{f'(x)} = \frac{4x^2 + 1}{2}$$

範例 11.

　　假設 $f(x) = e^{2x} + \ln x$ 且 $g = f^{-1}$，求 $g'(e^2) = ?$

【解】

$$\because g'(f(x)) = \frac{1}{f'(x)} \text{ 且 } f'(x) = 2e^{2x} + \frac{1}{x} \quad \therefore g'(f(x)) = \frac{1}{f'(x)} = \left(2e^{2x} + \frac{1}{x}\right)^{-1}$$

$$\text{令} f(x) = e^2 \text{ 則 } x = 1 \qquad \therefore g'(e) = \frac{1}{f'(1)} = (2e^2 + 1)^{-1} = \frac{1}{2e^2 + 1}$$

範例 12.

　　假設 $f(x) = 4 + x^2 + \tan\dfrac{\pi x}{4}, \ \forall -1 \le x \le 1$ 且 $g = f^{-1}$，求 $g'(4) = ?$

【解】

$$\because g'(f(x)) = \frac{1}{f'(x)} \text{ 且 } f'(x) = 2x + \frac{\pi}{4}\sec^2\frac{\pi x}{4}$$

$$\therefore g'(f(x)) = \frac{1}{f'(x)} = \left(2x + \frac{\pi}{4}\sec^2\frac{\pi x}{4}\right)^{-1}$$

$$\text{令} f(x) = 4 \text{ 則 } x = 0 \qquad \therefore g'(4) = \frac{1}{f'(0)} = \left(\frac{\pi}{4}\right)^{-1} = \frac{4}{\pi}$$

範例 13.

　　假設 $f(x) = e^{x^4 + x^3 + x^2 + x}$ 且 $g = f^{-1}$，求 $g'(e^4) = ?$

【解】

$$\because g'(f(x)) = \frac{1}{f'(x)} \text{ 且 } f'(x) = e^{x^4 + x^3 + x^2 + x}(4x^3 + 3x^2 + 2x + 1)$$

$$\therefore g'(f(x)) = \frac{1}{f'(x)} = \left(e^{x^4 + x^3 + x^2 + x}(4x^3 + 3x^2 + 2x + 1)\right)^{-1}$$

$$\text{令} f(x) = e^4 \text{ 則 } x = 1 \quad \therefore g'(3) = \frac{1}{f'(1)} = (e^4 \cdot 10)^{-1} = \frac{1}{10e^4}$$

範例 14.

假設 $f(x) = e^x + x + x^2 + 1$ 且 $g = f^{-1}$, 求 $g'(2) = ?$

【解】

$\because g'(f(x)) = \dfrac{1}{f'(x)}$ 且 $f'(x) = e^x + 1 + 2x$ $\quad \therefore g'(f(x)) = \dfrac{1}{f'(x)} = \dfrac{1}{e^x + 1 + 2x}$

令 $f(x) = 2$ 則 $x = 0$ $\quad \therefore g'(2) = \dfrac{1}{f'(0)} = \dfrac{1}{1 + 1} = \dfrac{1}{2}$

範例 15.

假設 $h(x) = f(2g(x))$, 其中 $f(x) = x^3 + x^2 + 1$, $\forall x \geq 0$ 且 $g = f^{-1}$
求 $h'(3) = ?$

【解】

$\because h'(x) = f'(2g(x)) \cdot 2g'(x)$ $\quad \therefore h'(3) = f'(2g(3)) \cdot 2g'(3)$

$\because f(g(x)) = x$ $\quad \therefore g^3(3) + g^2(3) + 1 = 3 \Rightarrow g(3) = 1$

$\because g'(3) = \dfrac{1}{f'(1)} = \dfrac{1}{3 \cdot 1^3 + 2 \cdot 1^2} = \dfrac{1}{5}$

$\therefore h'(3) = f'(2g(3))2g'(3) = (3 \cdot 2^2 + 2 \cdot 2) \cdot \dfrac{2}{5} = \dfrac{32}{5}$

範例 16.

假設 $f'(x) = \sqrt{x^3 + 1}$, $g = f^{-1}$ 且 $g(0) = 1$, 求 $g''(0) = ?$

【解】

$\because g'(f(x)) = \dfrac{1}{f'(x)}$ $\quad \therefore g''(f(x))f'(x) = \dfrac{-f''(x)}{(f'(x))^2}$

$\because f'(x) = \sqrt{x^3 + 1}$ $\quad \therefore f''(x) = \dfrac{3x^2}{2}(x^3 + 1)^{-\frac{1}{2}}$

$\Rightarrow g''(f(x)) = \dfrac{-f''(x)}{(f'(x))^3} = \dfrac{-3x^2}{2(x^3 + 1)^2}$

$\because g(f(x)) = x$ 且 $g(0) = 1$ $\quad \therefore f(x) = 0 \Rightarrow x = 1$ $\Rightarrow g''(0) = \dfrac{-3x^2}{2(x^3 + 1)^2}\bigg|_{x=1} = -\dfrac{3}{8}$

範例 17.

假設 $x^2 - f^3(x) = 2xf(x)$, $\forall x \geq 0$ 且 $g = f^{-1}$, 求 $g'(3) =?$

【解】

$\because x^2 - f^3(x) = 2xf(x)$　$\therefore 2x - 3f^2(x)f'(x) = 2f(x) + 2xf'(x)$

$\Rightarrow f'(x) = \dfrac{2x - 2f(x)}{2x + 3f^2(x)}$

$令 f(x) = 3 \text{ 則 } x = 9$　$\therefore g'(f(x)) = \dfrac{2x + 3f^2(x)}{2x - 2f(x)}\bigg|_{x=9} = \dfrac{18 + 27}{18 - 6} = \dfrac{45}{12} = \dfrac{15}{4}$

範例 18.

假設 $f(x) = x^3 - x$, $\forall x \geq 0$ 且 $g = f^{-1}$, 求 $g'(24) =?$

【解】

$\because g'(f(x)) = \dfrac{1}{f'(x)}$ 且 $f'(x) = 3x^2 - 1$　$\therefore g'(f(x)) = \dfrac{1}{f'(x)} = \dfrac{1}{3x^2 - 1}$

$令 f(x) = 24 \text{ 則 } x = 3$　$\therefore g'(24) = \dfrac{1}{f'(3)} = \dfrac{1}{3x^2 - 1}\bigg|_{x=3} = \dfrac{1}{26}$

範例 19.

假設 $f(x) = x^3 + 3x + 1$ 且 $g = f^{-1}$, 求 $g'(15) =?$, $g''(15) =?$

【解】

$\because g'(f(x)) = \dfrac{1}{f'(x)}$ 且 $f'(x) = 3x^2 + 3$　$\therefore g'(f(x)) = \dfrac{1}{f'(x)} = \dfrac{1}{3x^2 + 3}$

$令 f(x) = 15 \text{ 則 } x = 2$　$\therefore g'(15) = \dfrac{1}{f'(2)} = \dfrac{1}{12 + 3} = \dfrac{1}{15}$

$\because g'(f(x)) = \dfrac{1}{3x^2 + 3}$　$\therefore g''(f(x))f'(x) = \dfrac{-6x}{(3x^2 + 3)^2}$

$\because f'(x) = 3x^2 + 3$　$\therefore g''(f(x)) = \dfrac{1}{3x^2 + 3} \cdot \dfrac{-6x}{(3x^2 + 3)^2}$

$\Rightarrow g''(15) = \dfrac{1}{3x^2 + 3} \cdot \dfrac{-6x}{(3x^2 + 3)^2}\bigg|_{x=2} = \dfrac{1}{15} \cdot \dfrac{(-6) \cdot 2}{15^2} = -\dfrac{4}{1125}$

範例 20.

假設 $f(x) = e^x + 2 + x$ 且 $g = f^{-1}$, 求 $g'(3) =?$, $g''(3) =?$

【解】

$$\because g'(f(x)) = \frac{1}{f'(x)} \; \text{且} \; f'(x) = e^x + 1 \; \therefore g'(f(x)) = \frac{1}{f'(x)} = \frac{1}{e^x + 1}$$

$$\text{令} f(x) = 3 \; \text{則} \; x = 0 \; \therefore g'(3) = \frac{1}{f'(0)} = \frac{1}{1+1} = \frac{1}{2}$$

$$\because g'(f(x)) = \frac{1}{e^x + 1} \; \therefore g''(f(x))f'(x) = \frac{-e^x}{(e^x+1)^2}$$

$$\Rightarrow g''(f(x)) = \frac{1}{f'(x)} \cdot \frac{-e^x}{(e^x+1)^2} \quad \therefore g''(3) = \frac{1}{2} \cdot \frac{-1}{4} = -\frac{1}{8}$$

範例 21.

$$\text{假設} \; f(x) = \ln x + \tan^{-1} x \; \text{且} \; g = f^{-1}, \quad \text{求} \; g'\left(\frac{\pi}{4}\right) = ?, \quad g''\left(\frac{\pi}{4}\right) = ?$$

【解】

$$\because g'(f(x)) = \frac{1}{f'(x)} \; \text{且} \; f'(x) = \frac{1}{x} + \frac{1}{1+x^2} \; \therefore g'(f(x)) = \frac{1}{f'(x)} = \left(\frac{1}{x} + \frac{1}{1+x^2}\right)^{-1}$$

$$\text{令} f(x) = \frac{\pi}{4} \; \text{則} \; x = 1 \quad \therefore g'\left(\frac{\pi}{4}\right) = \frac{1}{f'(1)} = \left(1 + \frac{1}{2}\right)^{-1} = \frac{2}{3}$$

$$\because g'(f(x)) = \left(\frac{1}{x} + \frac{1}{1+x^2}\right)^{-1}$$

$$\therefore g''(f(x))f'(x) = -\left(\frac{1}{x} + \frac{1}{1+x^2}\right)^{-2} (-x^{-2} - 2x(1+x^2)^{-2})$$

$$\Rightarrow g''(f(x)) = \frac{-1}{f'(x)} \cdot \left(\frac{1}{x} + \frac{1}{1+x^2}\right)^{-2} (-x^{-2} - 2x(1+x^2)^{-2})$$

$$\therefore g''\left(\frac{\pi}{4}\right) = \frac{-2}{3} \cdot \frac{4}{9} \cdot \left(-\frac{3}{2}\right) = \frac{4}{9}$$

範例 22.

$$\text{假設} \; f(x) = e^{\frac{-1}{\sqrt{x^2-1}}}, \; \forall 1 < x < \infty \; \text{且} \; g = f^{-1}, \quad \text{求} \; g'(e^{-1}) = ?$$

【解】

$$f'(x) = \left(e^{\frac{-1}{\sqrt{x^2-1}}}\right)' = e^{\frac{-1}{\sqrt{x^2-1}}} \left(\frac{\frac{1}{2}(x^2-1)^{-\frac{1}{2}} \cdot 2x}{x^2-1}\right) = \frac{x e^{\frac{-1}{\sqrt{x^2-1}}}}{(x^2-1)^{\frac{3}{2}}}$$

$$\because g'(f(x)) = \frac{1}{f'(x)} \;\text{且}\; f'(x) = \frac{xe^{\frac{-1}{\sqrt{x^2-1}}}}{(x^2-1)^{\frac{3}{2}}} \quad \therefore g'(f(x)) = \frac{1}{f'(x)} = \left(\frac{xe^{\frac{-1}{\sqrt{x^2-1}}}}{(x^2-1)^{\frac{3}{2}}}\right)^{-1}$$

$$\text{令} f(x) = e^{-1} \text{則} x = \sqrt{2} \quad \therefore g'(4) = \frac{1}{f'(\sqrt{2})} = \left(\frac{\sqrt{2}e^{-1}}{(2-1)^{\frac{3}{2}}}\right)^{-1} = \frac{e}{\sqrt{2}}$$

範例 23.

$$\text{假設 } f'(x) = \frac{1}{\sqrt{1+f^6(x)}} \;\text{且}\; g = f^{-1}, \;\text{求 } g'(x) =?$$

【解】

$$\because g'(f(x)) = \frac{1}{f'(x)} \;\text{且}\; f'(x) = \frac{1}{\sqrt{1+f^6(x)}}$$

$$\therefore g'(f(x)) = \frac{1}{f'(x)} = \left(\frac{1}{\sqrt{1+f^6(x)}}\right)^{-1} \Rightarrow g'(x) = \left(\frac{1}{\sqrt{1+x^6}}\right)^{-1} = \sqrt{1+x^6}$$

範例 24.

$$\text{假設 } f(x) = \tan^2 x, \;\forall 0 < x < \frac{\pi}{2} \;\text{且}\; g = f^{-1}, \;\text{求 } g'(1) =?$$

【解】

$$\because g'(f(x)) = \frac{1}{f'(x)} \;\text{且}\; f'(x) = 2\tan x \sec^2 x \quad \therefore g'(f(x)) = \frac{1}{f'(x)} = (2\tan x \sec^2 x)^{-1}$$

$$\text{令} f(x) = 1 \text{ 則 } x = \frac{\pi}{4} \quad \therefore g'(1) = \frac{1}{f'(\frac{\pi}{4})} = \left(2\tan\frac{\pi}{4}\sec^2\frac{\pi}{4}\right)^{-1} = (2\cdot 2)^{-1} = \frac{1}{4}$$

範例 25.

$$\text{假設 } f(x) = 2^{5^x} \;\text{且}\; g = f^{-1}, \;\text{求 } g'(2) =?$$

【解】

$$\because g'(f(x)) = \frac{1}{f'(x)} \;\text{且}\; f'(x) = 2^{5^x} \cdot \ln 2 \cdot (5^x)' = 2^{5^x} \cdot \ln 2 \cdot 5^x \cdot \ln 5 = 2^{5^x} \cdot 5^x \cdot \ln 10$$

$$\therefore g'(f(x)) = \frac{1}{f'(x)} = \left(2^{5^x} \cdot 5^x \cdot \ln 10\right)^{-1}$$

$$\diamondsuit f(x) = 2 \text{ 則 } x = 0 \quad \therefore g'(2) = \frac{1}{f'(0)} = \left(2^{5^0} \cdot 5^0 \cdot \ln 10\right)^{-1} = \frac{1}{2\ln 10}$$

範例 26.

假設 $f(x) = e^{\frac{x}{\sqrt{x-1}}},\ \forall x > 2$ 且 $g = f^{-1}$，求 $g'\left(e^{\frac{5}{2}}\right) = ?$

【解】

$$\because g'(f(x)) = \frac{1}{f'(x)}$$

$$\text{且 } f'(x) = e^{\frac{x}{\sqrt{x-1}}} \cdot \left(\frac{x}{\sqrt{x-1}}\right)' = e^{\frac{x}{\sqrt{x-1}}} \cdot \left(\frac{\sqrt{x-1} - x \cdot \frac{1}{2} \cdot (x-1)^{-\frac{1}{2}}}{x-1}\right)$$

$$= e^{\frac{x}{\sqrt{x-1}}} \cdot \left(\frac{x - 1 - \frac{x}{2}}{\sqrt{x-1}(x-1)}\right) = e^{\frac{x}{\sqrt{x-1}}} \cdot \frac{\frac{x}{2} - 1}{(x-1)^{\frac{3}{2}}}$$

$$\therefore g'(f(x)) = \frac{1}{f'(x)} = \left(e^{\frac{x}{\sqrt{x-1}}} \cdot \frac{\frac{x}{2} - 1}{(x-1)^{\frac{3}{2}}}\right)^{-1}$$

$$\diamondsuit f(x) = e^{\frac{5}{2}} \text{ 則 } x = 5 \quad \therefore g'\left(e^{\frac{5}{2}}\right) = \frac{1}{f'(5)} = \left(e^{\frac{5}{2}} \cdot \frac{\frac{3}{2}}{8}\right)^{-1} = \frac{16}{3e^{\frac{5}{2}}}$$

範例 27.

假設 $f(x) = x^{1000} + 1000^x$ 且 $g = f^{-1}$，求 $g'(1001) = ?$

【解】

$$\because g'(f(x)) = \frac{1}{f'(x)} \text{ 且 } f'(x) = 1000x^{999} + 1000^x \cdot \ln 1000$$

$$\therefore g'(f(x)) = \frac{1}{f'(x)} = (1000x^{999} + 1000^x \cdot \ln 1000)^{-1}$$

令 $f(x) = 1001$ 則 $x = 1$

$$\therefore g'(1001) = \frac{1}{f'(1)} = (1000 \cdot 1^{999} + 1000^1 \cdot \ln 1000)^{-1} = \frac{1}{1000 + 3000\ln 10}$$

範例 28.

假設 $f(x) = e^{e^{x^3}}$ 且 $g = f^{-1}$，求 $g'(e^e) = ?$

【解】

$\because g'(f(x)) = \dfrac{1}{f'(x)}$ 且 $f'(x) = e^{e^{x^3}}(e^{x^3})' = e^{e^{x^3}}(e^{x^3})(x^3)' = e^{e^{x^3}}(e^{x^3})3x^2$

$\therefore g'(f(x)) = \dfrac{1}{f'(x)} = \left(e^{e^{x^3}}(e^{x^3})3x^2\right)^{-1}$

令 $f(x) = e^e$ 則 $x = 1$　$\therefore g'(e^e) = \dfrac{1}{f'(1)} = \left(e^{e^{1^3}}(e^{1^3})3\right)^{-1} = \dfrac{1}{3e^e e}$

範例 29.

假設 $f(x) = x^x$，$\forall x > 1$ 且 $g = f^{-1}$，求 $g'(4) = ?$

【解】

$\because g'(f(x)) = \dfrac{1}{f'(x)}$　且 $f'(x) = (e^{x\ln x})' = e^{x\ln x}\left(\ln x + x \cdot \dfrac{1}{x}\right) = x^x(1 + \ln x)$

$\therefore g'(f(x)) = \dfrac{1}{f'(x)} = \left(x^x(1 + \ln x)\right)^{-1}$

令 $f(x) = 4$ 則 $x = 2$　$\therefore g'(4) = \dfrac{1}{f'(2)} = \left(4(1 + \ln 2)\right)^{-1} = \dfrac{1}{4(1 + \ln 2)}$

範例 30.

假設 $f(x) = x^{x^x}$，$\forall x > 1$ 且 $g = f^{-1}$，求 $g'(16) = ?$

【解】

$\because g'(f(x)) = \dfrac{1}{f'(x)}$

且 $f'(x) = (e^{x^x \ln x})' = e^{x^x \ln x}(x^x \ln x)' = e^{x^x \ln x}\left((x^x)' \ln x + x^x \cdot \dfrac{1}{x}\right)$

$= x^{x^x}(x^x(1 + \ln x)\ln x + x^{x-1})$

$\therefore g'(f(x)) = \dfrac{1}{f'(x)} = \left(x^{x^x}(x^x(1 + \ln x)\ln x + x^{x-1})\right)^{-1}$

令 $f(x) = 16$ 則 $x = 2$

$\therefore g'(16) = \dfrac{1}{f'(2)} = \left(2^{2^2}(2^2(1 + \ln 2)\ln 2 + 2^{2-1})\right)^{-1} = \dfrac{1}{16(4(1 + \ln 2)\ln 2 + 2)}$

範例 31.

假設 $f(x) = a^{a^x}$, $a > 0$ 且 $g = f^{-1}$, 求 $g'(a) =?$

【解】

$\because g'(f(x)) = \dfrac{1}{f'(x)}$

且 $f'(x) = (e^{a^x \ln a})' = e^{a^x \ln a}(a^x \ln a)' = e^{a^x \ln a}(a^x (\ln a)^2) = a^{a^x} \cdot a^x (\ln a)^2$

$\therefore g'(f(x)) = \dfrac{1}{f'(x)} = \left(a^{a^x} \cdot a^x (\ln a)^2\right)^{-1}$

令 $f(x) = a$ 則 $x = 0$ $\quad \therefore g'(a) = \dfrac{1}{f'(0)} = \left(a^{a^0} \cdot a^0 (\ln a)^2\right)^{-1} = \dfrac{1}{a (\ln a)^2}$

範例 32.

假設 $f(x) = x^{\sqrt{x}}$, $\forall x > 1$ 且 $g = f^{-1}$, 求 $g'(16) =?$

【解】

$\because g'(f(x)) = \dfrac{1}{f'(x)}$ 且 $f'(x) = (e^{\sqrt{x} \ln x})' = e^{\sqrt{x} \ln x}(\sqrt{x} \ln x)' = x^{\sqrt{x}}\left(\dfrac{x^{-\frac{1}{2}} \ln x}{2} + x^{-\frac{1}{2}}\right)$

$\therefore g'(f(x)) = \dfrac{1}{f'(x)} = \left(x^{\sqrt{x}}\left(\dfrac{x^{-\frac{1}{2}} \ln x}{2} + x^{-\frac{1}{2}}\right)\right)^{-1}$

令 $f(x) = 16$ 則 $x = 4$ $\quad \therefore g'(16) = \dfrac{1}{f'(4)} = \left(16\left(\dfrac{\ln 2}{2} + \dfrac{1}{2}\right)\right)^{-1} = (8\ln 2 + 8)^{-1} = \dfrac{1}{8\ln 2 + 8}$

範例 33.

假設 $f(x) = \sqrt{x + \sqrt{x + \sqrt{x}}}$, $\forall x > 0$ 且 $g = f^{-1}$, 求 $g'\left(\sqrt{1 + \sqrt{2}}\right) =?$

【解】

$$\because g'(f(x)) = \frac{1}{f'(x)} \quad \text{且} \quad f'(x) = \frac{1}{2}\left(x + \left(x + x^{\frac{1}{2}}\right)^{\frac{1}{2}}\right)^{-\frac{1}{2}}\left(1 + \frac{1}{2}\left(x + x^{\frac{1}{2}}\right)^{-\frac{1}{2}}\right)\left(1 + \frac{1}{2}x^{-\frac{1}{2}}\right)$$

$$\therefore g'(f(x)) = \left(\frac{1}{2}\left(x + \left(x + x^{\frac{1}{2}}\right)^{\frac{1}{2}}\right)^{-\frac{1}{2}}\left(1 + \frac{1}{2}\left(x + x^{\frac{1}{2}}\right)^{-\frac{1}{2}}\right)\left(1 + \frac{1}{2}x^{-\frac{1}{2}}\right)\right)^{-1}$$

令 $f(x) = \sqrt{1 + \sqrt{2}}$ 則 $x = 1$

$$\therefore g'\left(\sqrt{1 + \sqrt{2}}\right) = \frac{1}{f'(1)} = \left(\frac{1}{2}\left(x + \left(x + x^{\frac{1}{2}}\right)^{\frac{1}{2}}\right)^{-\frac{1}{2}}\left(1 + \frac{1}{2}\left(x + x^{\frac{1}{2}}\right)^{-\frac{1}{2}}\right)\left(1 + \frac{1}{2}x^{-\frac{1}{2}}\right)\right)^{-1}\Bigg|_{x=1}$$

$$= \left(\frac{1}{2\sqrt{1 + \sqrt{2}}}\left(\frac{2\sqrt{2} + 1}{2\sqrt{2}}\right) \cdot \frac{3}{2}\right)^{-1} = \frac{8\sqrt{2}\sqrt{1 + \sqrt{2}}}{3\left(2\sqrt{2} + 1\right)}$$

範例 34.

  假設 $f(x) = \dfrac{e^x}{e^x + e^{-x}}$ 且 $g = f^{-1}$，求 $g'\left(\dfrac{e}{e + e^{-1}}\right) = ?$

【解】

$$\because g'(f(x)) = \frac{1}{f'(x)} \quad \text{且} \quad f'(x) = \left(\frac{e^x}{e^x + e^{-x}}\right)' = \frac{e^x(e^x + e^{-x}) - e^x(e^x - e^{-x})}{(e^x + e^{-x})^2} = \frac{2}{(e^x + e^{-x})^2}$$

$$\therefore g'(f(x)) = \frac{1}{f'(x)} = \left(\frac{2}{(e^x + e^{-x})^2}\right)^{-1}$$

令 $f(x) = \dfrac{e}{e + e^{-1}}$ 則 $x = 1$ $\therefore g'\left(\dfrac{e}{e + e^{-1}}\right) = \dfrac{1}{f'(1)} = \left(\dfrac{2}{(e + e^{-1})^2}\right)^{-1}$

範例 35.

  假設 $f(x) = \ln\left(\dfrac{x^2 + 1}{x^2 + 3}\right)^3$，$\forall x > 0$ 且 $g = f^{-1}$，求 $g'\left(3\ln\dfrac{1}{2}\right) = ?$

【解】

$$\because g'(f(x)) = \frac{1}{f'(x)} \text{ 且 } f'(x) = 3(\ln(x^2+1) - \ln(x^2+3))' = 3\left(\frac{2x}{x^2+1} - \frac{2x}{x^2+3}\right)$$

$$\therefore g'(f(x)) = \frac{1}{f'(x)} = \left(3\left(\frac{2x}{x^2+1} - \frac{2x}{x^2+3}\right)\right)^{-1}$$

$$\text{令} f(x) = 3\ln\frac{1}{2} \text{ 則 } x = 1 \quad \therefore g'\left(3\ln\frac{1}{2}\right) = \frac{1}{f'(1)} = \left(3\left(\frac{2}{1+1} - \frac{2}{1+3}\right)\right)^{-1} = \frac{2}{3}$$

範例 36.

假設 $f(x) = (x^x)^x$, $\forall x > 1$ 且 $g = f^{-1}$, 求 $g'(16) = ?$

【解】

$$\because g'(f(x)) = \frac{1}{f'(x)} \text{ 且 } f'(x) = (e^{x^2\ln x})' = e^{x^2\ln x}(2x\ln x + x) = (x^x)^x x(1 + 2\ln x)$$

$$\therefore g'(f(x)) = \frac{1}{f'(x)} = \left((x^x)^x x(1 + 2\ln x)\right)^{-1}$$

$$\text{令} f(x) = 16 \text{ 則 } x = 2 \quad \therefore g'(16) = \frac{1}{f'(2)} = \left(16 \cdot 2(1 + 2\ln 2)\right)^{-1} = \frac{1}{32(1 + 2\ln 2)}$$

範例 37.

假設 $f(x) = a^{x^x}$, $a > 0$ 且 $\forall x > 1$, $g = f^{-1}$, 求 $g'(a^4) = ?$

【解】

$$\because g'(f(x)) = \frac{1}{f'(x)} \text{ 且 } f'(x) = (e^{x^x\ln a})' = e^{x^x\ln a}(x^x\ln a)' = e^{x^x\ln a}(x^x(1 + \ln x)\ln a)$$

$$\therefore g'(f(x)) = \frac{1}{f'(x)} = \left(e^{x^x\ln a}(x^x(1 + \ln x)\ln a)\right)^{-1}$$

$$\text{令} f(x) = a^4 \text{ 則 } x = 2 \quad \therefore g'(a^4) = \frac{1}{f'(2)} = \left(a^4(4(1 + \ln 2)\ln a)\right)^{-1} = \frac{1}{4a^4(1 + \ln 2)\ln a}$$

2.6 隱函數的微分

給定 $f(x, y) = 0$, 試求 $\dfrac{dy}{dx} = ?$, 把 y 當作是 x 的函數, 即 $y = g(x)$ 過程中常利用合成函數的微分 Chain Rule

考試類型:

題型 1.

假設 $f_1(x) + f_2(y) + f_3(xy) + f_4(x + y) = 0$, 試求 $\dfrac{dy}{dx} = ?$

解題流程:

$\because f_1(x) + f_2(y) + f_3(xy) + f_4(x + y) = 0$

$\therefore f_1'(x) + f_2'(y)\dfrac{dy}{dx} + f_3'(xy)\left(y + x\dfrac{dy}{dx}\right) + f_4'(x + y)\left(1 + \dfrac{dy}{dx}\right) = 0$

$\therefore \dfrac{dy}{dx} = -\dfrac{f_1'(x) + yf_3'(xy) + f_4'(x + y)}{f_2'(y) + xf_3'(xy) + f_4'(x + y)}$

題型 2.

假設 $\left(f_1(x)\right)^{f_2(y)} + \left(f_3(y)\right)^{f_4(x)} = 0$, 試求 $\dfrac{dy}{dx} = ?$

其中假設 $f_1(x) > 0,\ \forall x \in R$ and $f_3(y) > 0,\ \forall y \in R$

解題流程:

$\because \left(f_1(x)\right)^{f_2(y)} + \left(f_3(y)\right)^{f_4(x)} = 0 \quad \therefore e^{f_2(y)\ln f_1(x)} + e^{f_4(x)\ln f_3(y)} = 0$

$\therefore e^{f_2(y)\ln f_1(x)}(f_2(y)\ln f_1(x))' + e^{f_4(x)\ln f_3(y)}(f_4(x)\ln f_3(y))' = 0$

$\therefore e^{f_2(y)\ln f_1(x)}\left(f_2'(y)\dfrac{dy}{dx}\ln f_1(x) + f_2(y)\dfrac{f_1'(x)}{f_1(x)}\right)$

$+ e^{f_4(x)\ln f_3(y)}\left(f_4'(x)\ln f_3(y) + f_4(x)\dfrac{f_3'(y)}{f_3(y)} \cdot \dfrac{dy}{dx}\right) = 0$

$\therefore \left(f_1(x)\right)^{f_2(y)}\left(f_2'(y)\dfrac{dy}{dx}\ln f_1(x) + f_2(y)\dfrac{f_1'(x)}{f_1(x)}\right)$

$+ \left(f_3(y)\right)^{f_4(x)}\left(f_4'(x)\ln f_3(y) + f_4(x)\dfrac{f_3'(y)}{f_3(y)} \cdot \dfrac{dy}{dx}\right) = 0$

$\therefore \dfrac{dy}{dx} = -\dfrac{\left(f_1(x)\right)^{f_2(y)}f_2(y)\dfrac{f_1'(x)}{f_1(x)} + \left(f_3(y)\right)^{f_4(x)}f_4'(x)\ln f_3(y)}{\left(f_1(x)\right)^{f_2(y)}f_2'(y)\ln f_1(x) + \left(f_3(y)\right)^{f_4(x)}f_4(x)\dfrac{f_3'(y)}{f_3(y)}}$

範例 1.

假設 $2x^2 - y^3 + 4xy - 2x = 0$, 求在 $(x,y) = (1,2)$ 時, $(1)\dfrac{dy}{dx} = ?$, $(2)\dfrac{d^2y}{dx^2} = ?$

【解】

(1)

$\because 2x^2 - y^3 + 4xy - 2x = 0 \qquad \therefore \dfrac{d}{dx}(2x^2 - y^3 + 4xy - 2x) = 0$

$\Rightarrow 4x - 3y^2\dfrac{dy}{dx} + 4y + 4x\dfrac{dy}{dx} - 2 = 0$

$\therefore (4x + 4y - 2) + \dfrac{dy}{dx}(4x - 3y^2) = 0 \Rightarrow \dfrac{dy}{dx} = \dfrac{4x + 4y - 2}{3y^2 - 4x}$

$\therefore \dfrac{dy}{dx}\Big|_{x=1,y=2} = \dfrac{4x + 4y - 2}{3y^2 - 4x}\Big|_{x=1,y=2} = \dfrac{5}{4}$

(2)

$\because (4x + 4y - 2) + \dfrac{dy}{dx}(4x - 3y^2) = 0 \quad \therefore \dfrac{d}{dx}\left((4x + 4y - 2) + \dfrac{dy}{dx}(4x - 3y^2)\right) = 0$

$\Rightarrow 4 + 4\dfrac{dy}{dx} + \dfrac{d^2y}{dx^2}(4x - 3y^2) + \dfrac{dy}{dx}(4 - 6y\dfrac{dy}{dx})) = 0$

$\therefore \dfrac{d^2y}{dx^2} = \dfrac{\dfrac{dy}{dx}(8 - 6y) + 4}{3y^2 - 4x} \Rightarrow \dfrac{d^2y}{dx^2}\Big|_{x=1,y=2} = \dfrac{\dfrac{dy}{dx}\cdot\left(8 - 6y\dfrac{dy}{dx}\right) + 4}{3y^2 - 4x}\Big|_{x=1,y=2} = \dfrac{-19}{32}$

範例 2.

假設 $x^2 + xy + y^2 = 2$, 求 $\dfrac{d^2y}{dx^2} = ?$

【解】

$\because x^2 + xy + y^2 = 2 \quad \therefore \dfrac{d}{dx}(x^2 + xy + y^2) = 0$

$\therefore 2x + y + x\dfrac{dy}{dx} + 2y\dfrac{dy}{dx} = 0 \Rightarrow \dfrac{dy}{dx} = -\dfrac{2x + y}{2y + x}$

$$\therefore \frac{d}{dx}\left(\frac{dy}{dx}\right) = \frac{d}{dx}\left(-\frac{2x+y}{2y+x}\right) = -\frac{\left(2+\dfrac{dy}{dx}\right)(2y+x) - (2x+y)\left(2\dfrac{dy}{dx}+1\right)}{(2y+x)^2}$$

$$= -\frac{(4y+2x-2x-y) + (2y+x-4x-2y)\dfrac{dy}{dx}}{(2y+x)^2} = -\frac{3y - 3x\left(-\dfrac{2x+y}{2y+x}\right)}{(2y+x)^2}$$

$$= -\frac{3y(x+2y) + 3x(2x+y)}{(2y+x)^3} = -\frac{6x^2 + 6y^2 + 6xy}{(2y+x)^3}$$

範例 3.

假設 $x^2 - xy + y^2 = 3$,　求 $(1)\dfrac{dy}{dx} = ?$　$(2)\dfrac{d^2y}{dx^2} = ?$

【解】

(1)

$$\because x^2 - xy + y^2 = 3 \quad \therefore \frac{d}{dx}(x^2 - xy + y^2) = 0$$

$$\therefore 2x - y - x\frac{dy}{dx} + 2y\frac{dy}{dx} = 0 \Rightarrow \frac{dy}{dx} = \frac{2x-y}{x-2y}$$

(2)

$$\frac{d}{dx}\left(\frac{dy}{dx}\right) = \frac{d}{dx}\left(\frac{2x-y}{x-2y}\right) = \frac{\left(2-\dfrac{dy}{dx}\right)(x-2y) - (2x-y)\left(-2\dfrac{dy}{dx}+1\right)}{(x-2y)^2}$$

$$= \frac{(2x-4y-2x+y) + (-x+2y+4x-2y)\dfrac{dy}{dx}}{(x-2y)^2} = \frac{-3y + 3x\left(\dfrac{2x-y}{x-2y}\right)}{(x-2y)^2}$$

$$= \frac{-3y(x-2y) + 3x(2x-y)}{(x-2y)^3} = \frac{6x^2 + 6y^2 - 6xy}{(x-2y)^3}$$

範例 4.

假設 $x^y = y^x$,　求 $\dfrac{dy}{dx} = ?$

【解】

$$\because x^y = e^{y\ln x} \quad \therefore \frac{d}{dx}\left(e^{y\ln x}\right) = e^{y\ln x}\left(\frac{dy}{dx}\cdot\ln x + \frac{y}{x}\right) = x^y\left(\frac{dy}{dx}\cdot\ln x + \frac{y}{x}\right)$$

$$\because y^x = e^{x\ln y} \quad \therefore \frac{d}{dx}\left(e^{x\ln y}\right) = e^{x\ln y}\left(\ln y + \frac{x}{y}\cdot\frac{dy}{dx}\right) = y^x\left(\ln y + \frac{x}{y}\cdot\frac{dy}{dx}\right)$$

$$\because x^y = y^x \quad \therefore \frac{dy}{dx}\cdot\ln x + \frac{y}{x} = \ln y + \frac{x}{y}\cdot\frac{dy}{dx}$$

$$\therefore \frac{dy}{dx}\left(\ln x - \frac{x}{y}\right) = \ln y - \frac{y}{x} \Rightarrow \frac{dy}{dx} = \frac{\ln y - \dfrac{y}{x}}{\ln x - \dfrac{x}{y}} = \frac{y(x\ln y - y)}{x\,(y\ln x - x)}$$

範例 5.

假設 $\tan^{-1}\dfrac{y}{x} = \ln\sqrt{x^2 + y^2}$, 求 $\dfrac{dy}{dx} = ?$

【解】

$$\because \frac{d}{dx}\tan^{-1}\frac{y}{x} = \frac{x^2}{x^2 + y^2}\left(-x^{-2}y + x^{-1}\frac{dy}{dx}\right) = \frac{-y + x\dfrac{dy}{dx}}{x^2 + y^2}$$

$$\because \frac{d}{dx}\ln\sqrt{x^2 + y^2} = \frac{1}{x^2 + y^2}\left(x + y\frac{dy}{dx}\right) \quad \therefore -y + x\frac{dy}{dx} = x + y\frac{dy}{dx} \Rightarrow \frac{dy}{dx} = \frac{x + y}{x - y}$$

範例 6.

假設 $\dfrac{x + y}{x - y} = \dfrac{2}{y}$, 求 $\dfrac{dy}{dx} = ?$

【解】

$$\because \frac{x + y}{x - y} = \frac{2}{y} \quad \therefore xy + y^2 = 2x - 2y$$

$$\therefore y + x\frac{dy}{dx} + 2y\frac{dy}{dx} = 2 - 2\frac{dy}{dx} \Rightarrow \frac{dy}{dx} = \frac{2 - y}{x + 2y + 2}$$

範例 7.

假設 $x^2 + y^2 = 9$, 求 $\dfrac{dy}{dx} = ?$, $\dfrac{d^2y}{dx^2} = ?$

【解】

$$\because x^2 + y^2 = 9 \quad \therefore 2x + 2y\frac{dy}{dx} = 0 \Rightarrow \frac{dy}{dx} = -\frac{x}{y}$$

$$\therefore \frac{d^2y}{dx^2} = -y^{-1} + xy^{-2} \cdot \frac{dy}{dx} = -y^{-1} + xy^{-2} \cdot \left(-\frac{x}{y}\right) = \frac{-(y^2 + x^2)}{y^3}$$

範例 8.

假設 $y^3 - xy^2 + \sin xy = 8$，　求 $\left.\dfrac{dy}{dx}\right|_{(0,2)} = ?$

【解】

$\because y^3 - xy^2 + \sin xy = 8$　　$\therefore 3y^2\dfrac{dy}{dx} - \left(y^2 + 2xy\dfrac{dy}{dx}\right) + \cos xy\left(y + x\dfrac{dy}{dx}\right) = 0$

$$\Rightarrow \frac{dy}{dx}(3y^2 - 2xy + x\cos xy) = y^2 - y\cos xy$$

$$\therefore \left.\frac{dy}{dx}\right|_{(0,2)} = \left.\frac{y^2 - y\cos xy}{3y^2 - 2xy + x\cos xy}\right|_{(0,2)} = \frac{4-2}{12} = \frac{1}{6}$$

範例 9.

假設 $x = 4\ln(y^2 - 168)$，　求 $\left.\dfrac{dy}{dx}\right|_{(0,13)} = ?$

【解】

$\because x = 4\ln(y^2 - 168)$　　$\therefore 1 = \left(\dfrac{4}{y^2 - 168}\right)2y\dfrac{dy}{dx}$　$\Rightarrow$　$\dfrac{dy}{dx} = \dfrac{y^2 - 168}{8y}$　$\therefore \left.\dfrac{dy}{dx}\right|_{(0,13)} = \dfrac{1}{104}$

範例 10.

假設 $2x^2y^2 - 4x = 5$，　求 $\dfrac{d^2y}{dx^2} = ?$

【解】

$\because 2x^2y^2 - 4x = 5$　　$\therefore 4xy^2 + 2x^2 \cdot 2y \cdot \dfrac{dy}{dx} - 4 = 0 \Rightarrow \dfrac{dy}{dx} = \dfrac{1 - xy^2}{x^2y}$

$$\therefore \frac{d^2y}{dx^2} = \frac{-(y^2 + 2xy\frac{dy}{dx})x^2y - (1 - xy^2)\left(2xy + x^2\frac{dy}{dx}\right)}{(x^2y)^2}$$

$$= \frac{-(y^2 + 2xy \cdot \frac{1 - xy^2}{x^2y})x^2y - (1 - xy^2)\left(2xy + x^2 \cdot \frac{1 - xy^2}{x^2y}\right)}{(x^2y)^2}$$

$$= \frac{-(y^2 + 2 \cdot \dfrac{1-xy^2}{x})x^2y - (1-xy^2)\left(2xy + \dfrac{1-xy^2}{y}\right)}{(x^2y)^2}$$

$$= \frac{-(x^2y^4 + 2xy^2 - 2x^2y^4) - (1-xy^2)(2xy^2 + 1 - xy^2)}{x^4y^3}$$

$$= \frac{-(2xy^2 - x^2y^4) - (1-xy^2)(xy^2 + 1)}{x^4y^3} = \frac{2x^2y^4 - 2xy^2 - 1}{x^4y^3}$$

範例 11.

假設 $\sin(x+y) = y^3 \tan x$，求 $\left.\dfrac{dy}{dx}\right|_{(0,0)} = ?$

【解】

$\because \sin(x+y) = y^3 \tan x \qquad \therefore \left(1 + \dfrac{dy}{dx}\right)\cos(x+y) = 3y^2 \dfrac{dy}{dx}\tan x + y^3 \sec^2 x$

$\therefore \left(1 + \left.\dfrac{dy}{dx}\right|_{(0,0)}\right)\cos 0 = 0 \Rightarrow \left.\dfrac{dy}{dx}\right|_{(0,0)} = -1$

範例 12.

假設 $x^3y + y^4 = 9$，求 $\left.\dfrac{d^2y}{dx^2}\right|_{(2,1)} = ?$

【解】

$\because x^3y + y^4 = 9 \qquad \therefore 3x^2y + x^3\dfrac{dy}{dx} + 4y^3\dfrac{dy}{dx} = 0$

$\therefore \dfrac{dy}{dx} = -\dfrac{3x^2y}{x^3 + 4y^3} \Rightarrow \left.\dfrac{dy}{dx}\right|_{(2,1)} = -\dfrac{12}{8+4} = -1$

$\therefore \dfrac{d^2y}{dx^2} = -\dfrac{\left(6xy + 3x^2\dfrac{dy}{dx}\right)(x^3 + 4y^3) - 3x^2y\left(3x^2 + 12y^2\dfrac{dy}{dx}\right)}{(x^3 + 4y^3)^2}$

$\therefore \left.\dfrac{d^2y}{dx^2}\right|_{(2,1)} = -\dfrac{\left(12 + 12\left.\dfrac{dy}{dx}\right|_{(2,1)}\right)12 - 12\left(12 + 12\left.\dfrac{dy}{dx}\right|_{(2,1)}\right)}{144} = 0$

範例 13.

假設 $b^2x^2 - a^2y^2 = a^2b^2$，求 $\dfrac{d^2y}{dx^2} =?$

【解】

$\because b^2x^2 - a^2y^2 = a^2b^2 \quad \therefore 2b^2x - 2a^2y\dfrac{dy}{dx} = 0 \;\Rightarrow\; \dfrac{dy}{dx} = a^{-2}b^2xy^{-1}$

$\therefore \dfrac{d^2y}{dx^2} = a^{-2}b^2\left(y^{-1} - xy^{-2}\dfrac{dy}{dx}\right) = a^{-2}b^2\left(y^{-1} - xy^{-2}(a^{-2}b^2xy^{-1})\right)$

範例 14.

假設 $e^{x+y} = 2y$，求 $\dfrac{dy}{dx} =?$

【解】

$\because e^{x+y} = 2y \qquad \therefore e^{x+y}\left(1 + \dfrac{dy}{dx}\right) = 2\dfrac{dy}{dx} \Rightarrow \dfrac{dy}{dx} = \dfrac{e^{x+y}}{2 - e^{x+y}}$

範例 15.

假設 $xy - 3^x + 3^y = 0$，求 $\dfrac{dy}{dx} =?$

【解】

$\because xy - 3^x + 3^y = 0 \quad \therefore y + x\dfrac{dy}{dx} - 3^x\ln 3 + 3^y\ln 3\dfrac{dy}{dx} = 0 \;\Rightarrow\; \dfrac{dy}{dx} = \dfrac{3^x\ln 3 - y}{x + 3^y\ln 3}$

範例 16.

假設 $xy - a^x + a^y = 0$，求 $\dfrac{dy}{dx} =?$，$\forall a \in R$

【解】

Let $a \in R$

$\because xy - a^x + a^y = 0 \quad \therefore y + x\dfrac{dy}{dx} - a^x\ln a + a^y\ln a\dfrac{dy}{dx} = 0 \Rightarrow \dfrac{dy}{dx} = \dfrac{a^x\ln a - y}{x + a^y\ln a}$

範例 17.

假設 $(x^2 + y^3)^7 = x^3 - y^2$，求 $\dfrac{dy}{dx} =?$

【解】

$$\because (x^2 + y^3)^7 = x^3 - y^2 \qquad \therefore 7(x^2 + y^3)^6\left(2x + 3y^2\frac{dy}{dx}\right) = 3x^2 - 2y\frac{dy}{dx}$$

$$\Rightarrow 14x(x^2 + y^3)^6 - 3x^2 + \frac{dy}{dx}(2y + 21y^2(x^2 + y^3)^6) = 0$$

$$\Rightarrow \frac{dy}{dx} = \frac{3x^2 - 14x(x^2 + y^3)^6}{2y + 21y^2(x^2 + y^3)^6}$$

範例 18.

假設直線與 $2x^3 - x^2y^2 + 4y^3 = 5$ 相切於 $(1,1)$，求切線斜率 $=?$

【解】

$$\because 2x^3 - x^2y^2 + 4y^3 = 5 \qquad \therefore 6x^2 - 2xy^2 - 2x^2y\frac{dy}{dx} + 12y^2\frac{dy}{dx} = 0$$

$$\therefore 6x^2 - 2xy^2 + \frac{dy}{dx}(-2x^2y + 12y^2) = 0 \Rightarrow \frac{dy}{dx} = \frac{6x^2 - 2xy^2}{2x^2y - 12y^2} = \frac{3x^2 - xy^2}{x^2y - 6y^2}$$

$$\therefore 切線斜率 = \left.\frac{dy}{dx}\right|_{(x,y)=(1,1)} = \left.\frac{3x^2 - xy^2}{x^2y - 6y^2}\right|_{(x,y)=(1,1)} = -\frac{2}{5}$$

範例 19.

假設曲線 $(x + y)^{\frac{1}{2}}(x - 2y)^2 = 108$，求過 $(8,1)$ 的切線方程式

【解】

$$\because (x + y)^{\frac{1}{2}}(x - 2y)^2 - 108 = 0$$

$$\therefore \frac{1}{2}(x + y)^{-\frac{1}{2}}\left(1 + \frac{dy}{dx}\right)(x - 2y)^2 + (x + y)^{\frac{1}{2}} \cdot 2 \cdot (x - 2y)\left(1 - 2\frac{dy}{dx}\right) = 0$$

$$\Rightarrow \frac{1}{2}\left(1 + \frac{dy}{dx}\right)(x - 2y) + (x + y) \cdot 2 \cdot \left(1 - 2\frac{dy}{dx}\right) = 0$$

$$\Rightarrow \frac{5x}{2} + y + \frac{dy}{dx}\left(-\frac{7x}{2} - 5y\right) = 0 \Rightarrow \frac{dy}{dx} = \frac{5x + 2y}{7x + 10y}$$

$$\therefore 切線斜率 = \left.\frac{dy}{dx}\right|_{(x,y)=(8,1)} = \left.\frac{5x + 2y}{7x + 10y}\right|_{(x,y)=(8,1)} = \frac{42}{66} = \frac{7}{11}$$

$\Rightarrow$ 切線方程式: $y - 1 = \dfrac{7}{11}(x - 8)$

範例 20.

假設曲線 $x^3 + y^3 = \dfrac{9xy}{2}$，求過 $(2,1)$ 的切線方程式

【解】

$\because x^3 + y^3 = \dfrac{9xy}{2}$　$\therefore 3x^2 + 3y^2\dfrac{dy}{dx} = \dfrac{9\left(y + x\dfrac{dy}{dx}\right)}{2}$

$\therefore 3x^2 - \dfrac{9y}{2} + \dfrac{dy}{dx}\left(3y^2 - \dfrac{9x}{2}\right) = 0 \Rightarrow \dfrac{dy}{dx} = \dfrac{6x^2 - 9y}{9x - 6y^2} = \dfrac{2x^2 - 3y}{3x - 2y^2}$

$\therefore$ 切線斜率 $= \dfrac{dy}{dx}\bigg|_{(x,y)=(2,1)} = \dfrac{2x^2 - 3y}{3x - 2y^2}\bigg|_{(x,y)=(2,1)} = \dfrac{5}{4} \Rightarrow$ 切線方程式: $y - 1 = \dfrac{5}{4}(x - 2)$

範例 21.

求曲線 $x^2 + xy + y^2 = 27$ 的最高點與最低點

【解】

$\because x^2 + xy + y^2 = 27$　$\therefore 2x + y + x\dfrac{dy}{dx} + 2y\dfrac{dy}{dx} = 0$

令 $\dfrac{dy}{dx} = 0$ 則 $y = -2x$　$\therefore x^2 + x(-2x) + 4x^2 = 27 \Rightarrow x = \pm 3 \Rightarrow \dfrac{dy}{dx} = -\dfrac{2x + y}{x + 2y}$

因此 $(x, y) = (3, -6)$ 為最低點，$(x, y) = (-3, 6)$ 為最高點

範例 22.

求曲線 $x^2 + xy + 2y^2 = 63$ 的最高點與最低點

【解】

$\because x^2 + xy + 2y^2 = 63$　$\therefore 2x + y + x\dfrac{dy}{dx} + 4y\dfrac{dy}{dx} = 0 \Rightarrow \dfrac{dy}{dx} = -\dfrac{2x + y}{x + 4y}$

令 $\dfrac{dy}{dx} = 0$ 則 $y = -2x$　$\therefore x^2 + x(-2x) + 8x^2 = 63 \Rightarrow x = \pm 3$

因此 $(x, y) = (3, -6)$ 為最低點，$(x, y) = (-3, 6)$ 為最高點

範例 23.

假設 $y \ln x + 5 = x^{\frac{3}{2}} y^{\frac{7}{2}}$，求 $\dfrac{dy}{dx} = ?$

【解】

$\because y \ln x + 5 = x^{\frac{3}{2}} y^{\frac{7}{2}} \qquad \therefore \dfrac{dy}{dx} \ln x + \dfrac{y}{x} = \dfrac{3}{2} x^{\frac{1}{2}} y^{\frac{7}{2}} + \dfrac{7}{2} x^{\frac{3}{2}} y^{\frac{5}{2}} \dfrac{dy}{dx}$

$\Rightarrow \dfrac{dy}{dx} \left(\ln x - \dfrac{7}{2} x^{\frac{3}{2}} y^{\frac{5}{2}} \right) = \dfrac{3}{2} x^{\frac{1}{2}} y^{\frac{7}{2}} - \dfrac{y}{x} \qquad \therefore \dfrac{dy}{dx} = \dfrac{\dfrac{3}{2} x^{\frac{1}{2}} y^{\frac{7}{2}} - \dfrac{y}{x}}{\ln x - \dfrac{7}{2} x^{\frac{3}{2}} y^{\frac{5}{2}}} = \dfrac{3 x^{\frac{3}{2}} y^{\frac{7}{2}} - 2y}{2x \ln x - 7 x^{\frac{5}{2}} y^{\frac{5}{2}}}$

範例 24.

假設 $y^2 + y + 3x + 4 = 0$，求 $\left. \dfrac{dy}{dx} \right|_{(-2,1)} = ?$

【解】

$\because y^2 + y + 3x + 4 = 0 \qquad \therefore 2y \dfrac{dy}{dx} + \dfrac{dy}{dx} + 3 = 0 \Rightarrow \dfrac{dy}{dx} = \dfrac{-3}{2y+1}$

$\therefore \left. \dfrac{dy}{dx} \right|_{(-2,1)} = \left. \dfrac{-3}{2y+1} \right|_{(-2,1)} = -1$

範例 25.

假設 $(\cos x)^y = (\sin y)^x$，求 $\dfrac{dy}{dx} = ?$

【解】

$\because (\cos x)^y = \exp(y \ln \cos x)$ 且 $(\sin y)^x = \exp(x \ln \sin y)$

$\therefore \exp(y \ln \cos x) \left(\dfrac{dy}{dx} \ln \cos x - \dfrac{y \sin x}{\cos x} \right) = \exp(x \ln \sin y) \left(\ln \sin y + \dfrac{x \cos y}{\sin y} \cdot \dfrac{dy}{dx} \right)$

$\Rightarrow \dfrac{dy}{dx} \ln \cos x - \dfrac{y \sin x}{\cos x} = \ln \sin y + \dfrac{x \cos y}{\sin y} \cdot \dfrac{dy}{dx}$

$\therefore \dfrac{dy}{dx} \left(\ln \cos x - \dfrac{x \cos y}{\sin y} \right) = \ln \sin y + \dfrac{y \sin x}{\cos x} \Rightarrow \dfrac{dy}{dx} = \dfrac{\ln \sin y + \dfrac{y \sin x}{\cos x}}{\ln \cos x - \dfrac{x \cos y}{\sin y}} = \dfrac{\ln \sin y + y \tan x}{\ln \cos x - x \cot y}$

範例 26.

假設曲線 $x^2y^3 - y^2 + xy + 4 = 0$，求過 $(0,2)$ 的切線方程式

【解】

$\because x^2y^3 - y^2 + xy + 4 = 0 \qquad \therefore 2xy^3 + 3x^2y^2\dfrac{dy}{dx} - 2y\dfrac{dy}{dx} + y + x\dfrac{dy}{dx} = 0$

$\Rightarrow \dfrac{dy}{dx} = -\dfrac{2xy^3 + y}{x - 2y + 3x^2y^2} \qquad \therefore \dfrac{dy}{dx}\Big|_{(0,2)} = -\dfrac{1}{2} \Rightarrow$ 切線方程式: $y - 2 = -\dfrac{x}{2}$

範例 27.

求曲線 $x^2 - xy + y^2 = 3a^2$ 的最高點與最低點，$\forall a > 0$

【解】

Let $a > 0$,　$\because x^2 - xy + y^2 = 3a^2$　$\therefore 2x - y - x\dfrac{dy}{dx} + 2y\dfrac{dy}{dx} = 0 \Rightarrow \dfrac{dy}{dx} = \dfrac{y - 2x}{2y - x}$

令 $\dfrac{dy}{dx} = 0$ 則 $y = 2x$　$\therefore x^2 - x(2x) + 4x^2 = 3a^2 \Rightarrow x = \pm a$

因此 $(x, y) = (-a, -2a)$為最低點, $(x, y) = (a, 2a)$為最高點

範例 28.

求曲線 $x^2 + xy + 2y^2 = 7a^2$ 的最高點與最低點，$\forall a > 0$

【解】

令 $a > 0$

$\because x^2 + xy + 2y^2 = 7a^2$　$\therefore 2x + y + x\dfrac{dy}{dx} + 4y\dfrac{dy}{dx} = 0 \Rightarrow \dfrac{dy}{dx} = -\dfrac{2x + y}{x + 4y}$

令 $\dfrac{dy}{dx} = 0$ 則 $y = -2x$　$\therefore x^2 + x(-2x) + 8x^2 = 7a^2 \Rightarrow x = \pm a$

因此 $(x, y) = (a, -2a)$為最低點, $(x, y) = (-a, 2a)$為最高點

範例 29.

假設曲線 $x^a + y^a = \dfrac{a^2xy}{2}$，求 $\dfrac{dy}{dx} = ?$

【解】

Let $a > 0$,　$\because x^a + y^a = \dfrac{a^2xy}{2}$　$\therefore ax^{a-1} + ay^{a-1}\dfrac{dy}{dx} = \dfrac{a^2\left(y + x\dfrac{dy}{dx}\right)}{2}$

$$\therefore ax^{a-1} - \frac{a^2y}{2} + \frac{dy}{dx}\left(ay^{a-1} - \frac{a^2x}{2}\right) = 0 \ \Rightarrow \ \frac{dy}{dx} = \frac{a^2y - 2ax^{a-1}}{2ay^{a-1} - a^2x} = \frac{ay - 2x^{a-1}}{2y^{a-1} - ax}$$

範例 30.

假設 $y \ln x + 5 = x^a y^{a+2}$,　求 $\dfrac{dy}{dx} =?$

【解】

令 $a > 0$

$$\because y \ln x + 5 = x^a y^{a+2} \qquad \therefore \frac{dy}{dx}\ln x + \frac{y}{x} = ax^{a-1}y^{a+2} + (a+2)x^a y^{a+1}\frac{dy}{dx}$$

$$\Rightarrow \frac{dy}{dx}\left(\ln x - (a+2)x^a y^{a+1}\right) = ax^{a-1}y^{a+2} - \frac{y}{x} \qquad \therefore \frac{dy}{dx} = \frac{ax^{a-1}y^{a+2} - \dfrac{y}{x}}{\ln x - (a+2)x^a y^{a+1}}$$

範例 31.

假設 $\displaystyle\sum_{i=1}^{n} y^i + nx + 1 = 0,$　求 $\dfrac{dy}{dx} = ?$

【解】

$$\because \sum_{i=1}^{n} y^i + nx + 1 = 0 \qquad \therefore \sum_{i=0}^{n-1}(i+1)y^i\frac{dy}{dx} + n = 0 \Rightarrow \frac{dy}{dx} = \frac{-n}{\sum_{i=0}^{n-1}(i+1)y^i}$$

範例 32.

假設 $y^a - xy^{a-1} + \sin xy = 2^a,$　求 $\left.\dfrac{dy}{dx}\right|_{(0,2)} =?,\ \ \forall a \geq 2$

【解】

令 $a > 0,\ \ \because y^a - xy^{a-1} + \sin xy = 2^a$

$$\therefore ay^{a-1}\frac{dy}{dx} - \left(y^{a-1} + (a-1)xy^{a-2}\frac{dy}{dx}\right) + \cos xy\left(y + x\frac{dy}{dx}\right) = 0$$

$$\Rightarrow \frac{dy}{dx}\left(ay^{a-1} - (a-1)xy^{a-2} + x\cos xy\right) = y^{a-1} - y\cos xy$$

$$\therefore \left.\frac{dy}{dx}\right|_{(0,2)} = \left.\frac{y^{a-1} - y\cos xy}{ay^{a-1} - (a-1)xy^{a-2} + x\cos xy}\right|_{(0,2)} = \frac{2^{a-1} - 2}{a2^{a-1}}$$

2.7 雙曲線與反雙曲線的微分

讀者除了要能夠推導雙曲線與反雙曲線函數的微分, 也需能搭配使用微分的性質與合成函數的微分, 處理較複雜的題型

(I) $\sinh x = \dfrac{e^x - e^{-x}}{2} \Rightarrow (\sinh x)' = \cosh x$

(II) $\cosh x = \dfrac{e^x + e^{-x}}{2} \Rightarrow (\cosh x)' = \sinh x$

(III) $\tanh x = \dfrac{e^x - e^{-x}}{e^x + e^{-x}} \Rightarrow (\tanh x)' = \operatorname{sech}^2 x$

(IV) $\coth x = \dfrac{e^x + e^{-x}}{e^x - e^{-x}} \Rightarrow (\coth x)' = -\operatorname{csch}^2 x$

(V) $\operatorname{sech} x = \dfrac{2}{e^x + e^{-x}} \Rightarrow (\operatorname{sech} x)' = -\operatorname{sech} x \tanh x$

(VI) $\operatorname{csch} x = \dfrac{2}{e^x - e^{-x}} \Rightarrow (\operatorname{csch} x)' = -\operatorname{csch} x \coth x$

(VII) $\sinh^{-1} x = \ln(x + \sqrt{x^2 + 1}) \Rightarrow (\sinh^{-1} x)' = \dfrac{1}{\sqrt{x^2 + 1}}$

(VIII) $\cosh^{-1} x = \ln(x + \sqrt{x^2 - 1}) \Rightarrow (\cosh^{-1} x)' = \dfrac{1}{\sqrt{x^2 - 1}}$

(IX) $\tanh^{-1} x = \dfrac{1}{2}\ln\left(\dfrac{1 + x}{1 - x}\right), \ \ |x| < 1 \Rightarrow (\tanh^{-1} x)' = \dfrac{1}{1 - x^2}, \ \ |x| < 1$

(X) $\coth^{-1} x = \dfrac{1}{2}\ln\left(\dfrac{x + 1}{x - 1}\right), \ \ |x| > 1 \Rightarrow (\coth^{-1} x)' = \dfrac{1}{1 - x^2}, \ \ |x| > 1$

(XI) $\operatorname{sech}^{-1} x = \ln\left(\dfrac{1 + \sqrt{1 - x^2}}{x}\right) \Rightarrow (\operatorname{sech}^{-1} x)' = \dfrac{-1}{x\sqrt{1 - x^2}}$

(XII) $\operatorname{csch}^{-1} x = \ln\left(\dfrac{1 + \sqrt{1 + x^2}}{x}\right) \Rightarrow (\operatorname{csch}^{-1}x)' = \dfrac{-1}{x\sqrt{1 + x^2}}$

考試類型:

求反雙曲線合成函數的微分,假設 $g'(x)$ 存在則

(XIII) $\dfrac{d}{dx}\sinh^{-1}\big(g(x)\big) = \dfrac{g'(x)}{\sqrt{g^2(x) + 1}}$

(XIV) $\dfrac{d}{dx}\cosh^{-1}\big(g(x)\big) = \dfrac{g'(x)}{\sqrt{g^2(x) - 1}}$

(XV) $\dfrac{d}{dx}\tanh^{-1}\big(g(x)\big) = \dfrac{g'(x)}{1 - g^2(x)}$

(XVI) $\dfrac{d}{dx}\coth^{-1}\big(g(x)\big) = \dfrac{g'(x)}{1 - g^2(x)}$

(XVII) $\dfrac{d}{dx}\operatorname{sech}^{-1}\big(g(x)\big) = \dfrac{-g'(x)}{g(x)\sqrt{1 - g^2(x)}}$

(XVIII) $\dfrac{d}{dx}\operatorname{csch}^{-1}\big(g(x)\big) = \dfrac{-g'(x)}{g(x)\sqrt{1 + g^2(x)}}$

範例 1.

試求

(1) $(\sinh 2x)' = ?$　　(2) $(\cosh^2 2x)' = ?$

(3) $(\sinh e^{2x})' = ?$　　(4) $(\tanh e^{2x})' = ?$

(5) $\left(\dfrac{e^x}{1 + \sinh x}\right)' = ?$　(6) $\left(\dfrac{e^{2x}}{2 + \tanh x}\right)' = ?$

(7) $(\ln \cosh x)' = ?$　　(8) $(\ln \cosh^2 3x)' = ?$

(9) $(\ln \operatorname{sech}^3 x)' = ?$　　(10) $(\ln|\tanh x + \operatorname{sech} x|)' = ?$

【解】

(1) $(\sinh 2x)' = 2\cosh 2x$

(2) $(\cosh^2 2x)' = (2\cosh 2x \sinh 2x) \cdot 2 = 4\cosh 2x \sinh 2x$

(3) $(\sinh e^{2x})' = (\cosh e^{2x})2e^{2x}$

(4) $(\tanh e^{2x})' = (\operatorname{sech}^2 e^{2x})2e^{2x}$

(5) $\left(\dfrac{e^x}{1 + \sinh x}\right)' = \dfrac{e^x(1 + \sinh x) - e^x(\cosh x)}{(1 + \sinh x)^2}$

$(6) \left(\dfrac{e^{2x}}{2 + \tanh x} \right)' = \dfrac{2e^{2x}(2 + \tanh x) - e^{2x}\operatorname{sech}^2 x}{(2 + \tanh x)^2}$

$(7)\,(\ln \cosh x)' = \dfrac{\sinh x}{\cosh x} = \tanh x$

$(8)\,(\ln \cosh^2 3x)' = \dfrac{2\cosh 3x\,(\sinh 3x)\cdot 3}{\cosh^2 3x} = 6\tanh 3x$

$(9)\,(\ln \operatorname{sech}^3 x)' = -\dfrac{3\operatorname{sech}^2 x\,\operatorname{sech} x\,\tanh x}{\operatorname{sech}^3 x} = -3\tanh x$

$(10)\,(\ln \tanh x + \operatorname{sech} x)' = \dfrac{\operatorname{sech}^2 x - \operatorname{sech} x\,\tanh x}{\tanh x + \operatorname{sech} x}$

範例 2.

　　試證

$(1)\ \sinh^{-1} x = \ln(x + \sqrt{x^2 + 1})$ 　　　$(2)\ (\sinh^{-1}x)' = \dfrac{1}{\sqrt{x^2 + 1}}$

$(3)\ \cosh^{-1} x = \ln(x + \sqrt{x^2 - 1})$ 　　　$(4)\ (\cosh^{-1}x)' = \dfrac{1}{\sqrt{x^2 - 1}}$

$(5)\ \tanh^{-1} x = \dfrac{1}{2}\ln\dfrac{1 + x}{1 - x},\ \forall |x| < 1$ 　$(6)\ (\tanh^{-1}x)' = \dfrac{1}{1 - x^2}\ \forall |x| < 1$

$(7)\ \coth^{-1} x = \dfrac{1}{2}\ln\dfrac{x + 1}{x - 1}\ \forall |x| > 1$ 　$(8)\ (\coth^{-1}x)' = \dfrac{1}{1 - x^2}\ \forall |x| > 1$

$(9)\ \operatorname{sech}^{-1} x = \ln\dfrac{1 + \sqrt{1 - x^2}}{x}$ 　　　$(10)\ (\operatorname{sech}^{-1}x)' = \dfrac{-1}{x\sqrt{1 - x^2}}$

$(11)\ \operatorname{csch}^{-1} x = \ln\dfrac{1 + \sqrt{1 + x^2}}{x}$ 　　　$(12)\ (\operatorname{csch}^{-1}x)' = \dfrac{-1}{x\sqrt{1 + x^2}}$

【解】

(1)

令 $y = \sinh x = \dfrac{e^x - e^{-x}}{2}$ 　則 $x = \sinh^{-1}y$ 且 $2ye^x = e^{2x} - 1$

$\because e^{2x} - 2ye^x - 1 = 0$ 　$\therefore e^x = \dfrac{2y + \sqrt{4y^2 + 4}}{2} = y + \sqrt{y^2 + 1}$

$\therefore x = \sinh^{-1}y = \ln(y + \sqrt{y^2 + 1}) \Rightarrow \sinh^{-1}x = \ln(x + \sqrt{x^2 + 1})$

(2)

$$(\sinh^{-1}x)' = \frac{1}{x+\sqrt{x^2+1}}\left(1+x(x^2+1)^{-\frac{1}{2}}\right) = \frac{1}{x+\sqrt{x^2+1}}\left(\frac{\sqrt{x^2+1}+x}{\sqrt{x^2+1}}\right) = \frac{1}{\sqrt{x^2+1}}$$

(3)

令 $y = \cosh x = \dfrac{e^x + e^{-x}}{2}$ 則 $x = \cosh^{-1}y$ 且 $2ye^x = e^{2x}+1$

$\because e^{2x} - 2ye^x + 1 = 0 \quad \therefore e^x = \dfrac{2y+\sqrt{4y^2-4}}{2} = y+\sqrt{y^2-1}$

$\therefore x = \cosh^{-1}y = \ln(y+\sqrt{y^2-1}) \Rightarrow \cosh^{-1}x = \ln(x+\sqrt{x^2-1})$

(4)

$$(\cosh^{-1}x)' = \frac{1}{x+\sqrt{x^2-1}}\left(1+x(x^2-1)^{-\frac{1}{2}}\right) = \frac{1}{x+\sqrt{x^2-1}}\left(\frac{\sqrt{x^2-1}+x}{\sqrt{x^2-1}}\right) = \frac{1}{\sqrt{x^2-1}}$$

(5)

令 $y = \tanh x = \dfrac{e^x - e^{-x}}{e^x + e^{-x}}$ 則 $x = \tanh^{-1}y$ 且 $y(e^x + e^{-x}) = e^x - e^{-x}$

$\because (y-1)e^{2x} + (y+1) = 0 \quad \therefore e^{2x} = \dfrac{1+y}{1-y},\ \ \forall |y| < 1$

$\therefore 2x = 2\tanh^{-1}y = \ln\dfrac{1+y}{1-y},\ \ \forall |y| < 1 \ \Rightarrow\ \tanh^{-1}x = \dfrac{1}{2}\ln\dfrac{1+x}{1-x},\ \ \forall |x| < 1$

(6)

$$(\tanh^{-1}x)' = \frac{1-x}{2(1+x)} \cdot \frac{1-x+(1+x)}{(1-x)^2} = \frac{1}{1-x^2},\ \ \forall |x| < 1$$

(7)

令 $y = \coth x = \dfrac{e^x + e^{-x}}{e^x - e^{-x}}$ 則 $x = \coth^{-1}y$ 且 $y(e^x - e^{-x}) = e^x + e^{-x}$

$\because (y-1)e^{2x} - (y+1) = 0 \quad \therefore e^{2x} = \dfrac{y+1}{y-1},\ \ \forall |y| > 1$

$\therefore 2x = 2\coth^{-1}y = \ln\dfrac{y+1}{y-1},\ \ \forall |y| > 1 \ \Rightarrow\ \coth^{-1}x = \dfrac{1}{2}\ln\left(\dfrac{x+1}{x-1}\right),\ \ \forall |x| > 1$

(8)

$$(\coth^{-1}x)' = \frac{x-1}{2(x+1)} \cdot \frac{x-1-(x+1)}{(x-1)^2} = \frac{1}{1-x^2},\ \ \forall |x| > 1$$

(9)

令 $y = \operatorname{sech} x = \dfrac{2}{e^x + e^{-x}}$ 則 $x = \operatorname{sech}^{-1} y$ 且 $y(e^x + e^{-x}) = 2$

$\because ye^{2x} - 2e^x + y = 0$　$\therefore e^x = \dfrac{2 + \sqrt{4 - 4y^2}}{2y} = \dfrac{1 + \sqrt{1 - y^2}}{y}$

$\therefore x = \operatorname{sech}^{-1} y = \ln \dfrac{1 + \sqrt{1 - y^2}}{y} \Rightarrow \operatorname{sech}^{-1} x = \ln \dfrac{1 + \sqrt{1 - x^2}}{x}$

(10)

$$(\operatorname{sech}^{-1} x)' = \dfrac{x}{1 + \sqrt{1 - x^2}} \cdot \dfrac{(-x^2)(1 - x^2)^{-\frac{1}{2}} - (1 + \sqrt{1 - x^2})}{x^2}$$

$$= \dfrac{1}{1 + \sqrt{1 - x^2}} \cdot \dfrac{(-x^2) - (\sqrt{1 - x^2} + 1 - x^2)}{x\sqrt{1 - x^2}} = -\dfrac{1}{x\sqrt{1 - x^2}}$$

(11)

令 $y = \operatorname{csch} x = \dfrac{2}{e^x - e^{-x}}$ 則 $x = \operatorname{csch}^{-1} y$ 且 $y(e^x - e^{-x}) = 2$

$\because ye^{2x} - 2e^x - y = 0$　$\therefore e^x = \dfrac{2 + \sqrt{4 + 4y^2}}{2y} = \dfrac{1 + \sqrt{1 + y^2}}{y}$

$\therefore x = \operatorname{csch}^{-1} y = \ln \dfrac{1 + \sqrt{1 + y^2}}{y} \Rightarrow \operatorname{csch}^{-1} x = \ln \dfrac{1 + \sqrt{1 + x^2}}{x}$

(12)

$$(\operatorname{csch}^{-1} x)' = \dfrac{x}{1 + \sqrt{1 + x^2}} \cdot \dfrac{x^2(1 + x^2)^{-\frac{1}{2}} - (1 + \sqrt{1 + x^2})}{x^2}$$

$$= \dfrac{1}{1 + \sqrt{1 + x^2}} \cdot \dfrac{x^2 - (\sqrt{1 + x^2} + 1 + x^2)}{x\sqrt{1 + x^2}} = -\dfrac{1}{x\sqrt{1 + x^2}}$$

範例 3.

求 $\dfrac{d}{dx} \sinh^{-1}(3x + 1) = ?$

【解】

$\because (\sinh^{-1} x)' = \dfrac{1}{\sqrt{x^2 + 1}}$　　$\therefore \dfrac{d}{dx} \sinh^{-1}(3x + 1) = \dfrac{3}{\sqrt{(3x + 1)^2 + 1}}$

範例 4.

$$求\ \frac{d}{dx}\operatorname{sech}^{-1}(3x+1) =?$$

【解】

$$\because (\operatorname{sech}^{-1}x)' = -\frac{1}{x\sqrt{1-x^2}} \quad \therefore \frac{d}{dx}\operatorname{sech}^{-1}(3x+1) = -\frac{3}{(3x+1)\sqrt{1-(3x+1)^2}}$$

範例 5.

$$求\ \frac{d}{dx}\cosh^{-1}(ax) =?,\ \ \forall a \in R$$

【解】

$$令\ a \in R,\quad \because (\cosh^{-1}x)' = \frac{1}{\sqrt{x^2-1}} \quad \therefore \frac{d}{dx}\cosh^{-1}(ax) = \frac{a}{\sqrt{(ax)^2-1}}$$

範例 6.

$$求\ \frac{d}{dx}\tanh^{-1}(\sin x) =?$$

【解】

$$\because (\tanh^{-1}x)' = \frac{1}{1-x^2} \quad \therefore \frac{d}{dx}\tanh^{-1}(\sin x) = \frac{\cos x}{1-\sin^2 x} = \frac{1}{\cos x}$$

範例 7.

$$求\ \frac{d}{dx}\tanh^{-1}(\cos x) =?$$

【解】

$$\because (\tanh^{-1}x)' = \frac{1}{1-x^2} \quad \therefore \frac{d}{dx}\tanh^{-1}(\cos x) = \frac{-\sin x}{1-\cos^2 x} = \frac{-1}{\sin x}$$

範例 8.

$$求\ \frac{d}{dx}\operatorname{sech}^{-1}(\sin x) =?$$

【解】

$$\because (\operatorname{sech}^{-1}x)' = \frac{-1}{x\sqrt{1-x^2}} \quad \therefore \frac{d}{dx}\operatorname{sech}^{-1}(\sin x) = \frac{-\cos x}{\sin x\,\sqrt{1-\sin^2 x}} = \frac{-1}{\sin x}$$

範例 9.

$$求 \ \frac{d}{dx}\operatorname{sech}^{-1}(\cos x) =?$$

【解】

$$\because (\operatorname{sech}^{-1}x)' = \frac{-1}{x\sqrt{1-x^2}} \qquad \therefore \frac{d}{dx}\operatorname{sech}^{-1}(\cos x) = \frac{\sin x}{\cos x\sqrt{1-\cos^2 x}} = \frac{1}{\cos x}$$

範例 10.

$$求 \ \frac{d}{dx}\cosh^{-1}(\sec x) =?$$

【解】

$$\frac{d}{dx}\cosh^{-1}(\sec x) = \frac{\sec x \tan x}{\sqrt{\sec^2 x - 1}} = \frac{\sec x \tan x}{\tan x} = \sec x$$

範例 11.

$$求 \ \frac{d}{dx}\cosh^{-1}(\csc x) =?$$

【解】

$$\frac{d}{dx}\cosh^{-1}(\csc x) = -\frac{\csc x \cot x}{\sqrt{\csc^2 x - 1}} = -\frac{\csc x \cot x}{\cot x} = -\csc x$$

範例 12.

$$(1) \ 試求 \ \frac{d}{dx}\left(\frac{\sin x}{\sinh^{-1}x}\right) =?, \quad \forall x > 0$$

$$(2) \ 試求 \ \frac{d}{dx}\left(\frac{\sin x}{\tanh^{-1}x}\right) =?, \quad \forall |x| < 1$$

$$(3) \ 試求 \ \frac{d}{dx}\left(\frac{\sin x}{\operatorname{csch}^{-1}x}\right) =?, \quad \forall x > 0$$

【解】

$$(1)\ \frac{d}{dx}\left(\frac{\sin x}{\sinh^{-1}x}\right) = \frac{\cos x \sinh^{-1}x - \dfrac{\sin x}{\sqrt{x^2+1}}}{(\sinh^{-1}x)^2}$$

$$(2)\frac{d}{dx}\left(\frac{\sin x}{\tanh^{-1}x}\right)=\frac{\cos x\tanh^{-1}x-\dfrac{\sin x}{1-x^2}}{(\tanh^{-1}x)^2}$$

$$(3)\frac{d}{dx}\left(\frac{\sin x}{\text{csch}^{-1}x}\right)=\frac{\cos x\,\text{csch}^{-1}x+\dfrac{\sin x}{x\sqrt{x^2+1}}}{(\text{csch}^{-1}x)^2}$$

範例 13.

$$求\quad \frac{d}{dx}(\cosh^{-1}3x)^2=?$$

【解】

$$\frac{d}{dx}(\cosh^{-1}3x)^2=2\cosh^{-1}3x\left(\frac{3}{\sqrt{(3x)^2-1}}\right)$$

範例 14.

$$求\quad \frac{d}{dx}\left(\tanh^{-1}\sqrt{3x^2-2}\right)=?$$

【解】

$$\frac{d}{dx}\left(\tanh^{-1}\sqrt{3x^2-2}\right)=\frac{1}{1-(3x^2-2)}\cdot\frac{6x}{2}\cdot(3x^2-2)^{-\frac{1}{2}}=\frac{1}{3-3x^2}\cdot\frac{6x}{2}\cdot(3x^2-2)^{-\frac{1}{2}}$$

$$=\frac{1}{1-x^2}\cdot x\cdot(3x^2-2)^{-\frac{1}{2}}$$

範例 15.

$$求\quad \frac{d}{dx}\left(\coth^{-1}\sqrt{3x^2+1}\right)=?$$

【解】

$$\frac{d}{dx}\left(\coth^{-1}\sqrt{3x^2+1}\right)=\frac{1}{1-(3x^2+1)}\cdot\frac{6x}{2}\cdot(3x^2+1)^{-\frac{1}{2}}=\left(-\frac{1}{x}\right)\cdot(3x^2+1)^{-\frac{1}{2}}$$

範例 16.

$$求\quad \frac{d}{dx}\left(\text{sech}^{-1}\sqrt{1-4x^2}\right)^2=?$$

【解】

$$\frac{d}{dx}\left(\text{sech}^{-1}\sqrt{1-4x^2}\right)^2 = 2\text{sech}^{-1}\sqrt{1-4x^2}\left((-1)\cdot\frac{8x}{\sqrt{1-4x^2}\cdot 2x}\right)$$

$$= 2\text{sech}^{-1}\sqrt{1-4x^2}\left(\frac{-4}{\sqrt{1-4x^2}}\right)$$

範例 17.

$$求 \lim_{x\to\infty}\cosh^{-1}x - \ln x =?$$

【解】

$$\because \cosh^{-1}x = \ln(x+\sqrt{x^2-1})$$

$$\therefore \cosh^{-1}x - \ln x = \ln(x+\sqrt{x^2-1}) - \ln x = \ln\frac{x+\sqrt{x^2-1}}{x} = \ln\left(1+\sqrt{1-\frac{1}{x^2}}\right)$$

$$\therefore \lim_{x\to\infty}\cosh^{-1}x - \ln x = \lim_{x\to\infty}\ln\left(1+\sqrt{1-\frac{1}{x^2}}\right) = \ln 2$$

範例 18.

$$求 \lim_{x\to\infty}\sinh^{-1}x - \ln x =?$$

【解】

$$\because \sinh^{-1}x = \ln(x+\sqrt{x^2+1})$$

$$\therefore \sinh^{-1}x - \ln x = \ln(x+\sqrt{x^2+1}) - \ln x = \ln\frac{x+\sqrt{x^2+1}}{x} = \ln\left(1+\sqrt{1+\frac{1}{x^2}}\right)$$

$$\therefore \lim_{x\to\infty}\sinh^{-1}x - \ln x = \lim_{x\to\infty}\ln\left(1+\sqrt{1+\frac{1}{x^2}}\right) = \ln 2$$

2.8　參數式的微分

假設 $x = f(t)$, $y = g(t)$ 則 $\dfrac{dy}{dx} = \dfrac{g'(t)}{f'(t)}$, 當 $f(t)$, $g(t)$ 為合成函數時, 則需使用合成函數的微分

範例 1.

假設 $x = \dfrac{t}{1+t}$ 且 $y = \dfrac{2t^2}{1+t}$, 求 $\dfrac{dy}{dx} =?$, $\dfrac{d^2y}{dx^2} =?$

【解】

$$\because \frac{dx}{dt} = \frac{1+t-t}{(1+t)^2} = \frac{1}{(1+t)^2} \quad 且 \quad \frac{dy}{dt} = 2\left(\frac{2t(1+t)-t^2}{(1+t)^2}\right) = \frac{4t+2t^2}{(1+t)^2}$$

$$\therefore \frac{dy}{dx} = \frac{\dfrac{dy}{dt}}{\dfrac{dx}{dt}} = 4t + 2t^2$$

$$\because \frac{d^2y}{dx^2} = \frac{d}{dt}\left(\frac{dy}{dx}\right) \cdot \frac{dt}{dx} = (4+4t)\frac{dt}{dx}$$

$$\therefore \frac{dt}{dx} = \frac{1-x+x}{(1-x)^2} = \frac{1}{(1-x)^2} = (1+t)^2 \Rightarrow \frac{d^2y}{dx^2} = 4(1+t)^3$$

範例 2.

假設 $x = t^2 - 5$ 且 $y = t^3 - 2t + 7$, 求 $\dfrac{dy}{dx} =?$, $\dfrac{d^2y}{dx^2} =?$

【解】

$$\because \frac{dx}{dt} = 2t \quad 且 \quad \frac{dy}{dt} = 3t^2 - 2 \quad \therefore \frac{dy}{dx} = \frac{\dfrac{dy}{dt}}{\dfrac{dx}{dt}} = \frac{3t^2 - 2}{2t} = \frac{3t}{2} - \frac{1}{t}$$

$$\because \frac{d^2y}{dx^2} = \frac{d}{dt}\left(\frac{dy}{dx}\right) \cdot \frac{dt}{dx} = \left(\frac{3}{2} + t^{-2}\right) \cdot \frac{dt}{dx}$$

$$\because x = t^2 - 2 \quad \therefore dx = 2t\,dt \Rightarrow \frac{dt}{dx} = \frac{1}{2t} \quad \therefore \frac{d^2y}{dx^2} = \left(\frac{3}{2} + t^{-2}\right) \cdot \frac{1}{2t} = \frac{3}{4t} + \frac{1}{2t^3}$$

範例 3.

假設 $x = \cos at$ 且 $y = \sin t$, 求 $\dfrac{dy}{dx} =?$, $\dfrac{d^2y}{dx^2} =?$, $\forall a > 0$

【解】

令 $a > 0,$ $\quad \because \dfrac{dx}{dt} = -a\sin at$ 且 $\dfrac{dy}{dt} = \cos t$ $\quad \therefore \dfrac{dy}{dx} = \dfrac{\frac{dy}{dt}}{\frac{dx}{dt}} = -\dfrac{\cos t}{a\sin at}$

$\because \dfrac{d^2y}{dx^2} = \dfrac{d}{dt}\left(\dfrac{dy}{dx}\right)\cdot\dfrac{dt}{dx}$ $\quad \therefore \dfrac{d}{dt}\left(\dfrac{dy}{dx}\right) = \dfrac{a\sin t\sin at + a^2\cos t\cos at}{a^2\sin^2 at}$

$\because x = \cos at \Rightarrow dx = -a\sin at\,dt$ $\quad \therefore \dfrac{dt}{dx} = -\dfrac{1}{a\sin at}$

$\therefore \dfrac{d^2y}{dx^2} = \dfrac{a\sin t\sin at + a^2\cos t\cos at}{a^2\sin^2 at}\cdot\left(-\dfrac{1}{a\sin at}\right) = -\dfrac{\sin t\sin at + a\cos t\cos at}{a^2\sin^3 at}$

範例 4.

假設 $x = t^3$ 且 $y = \dfrac{2}{t^2}$, 求 $\dfrac{dy}{dx} = ?$, $\dfrac{d^2y}{dx^2} = ?$

【解】

$\because \dfrac{dx}{dt} = 3t^2$ 且 $\dfrac{dy}{dt} = -4t^{-3}$ $\quad \therefore \dfrac{dy}{dx} = \dfrac{\frac{dy}{dt}}{\frac{dx}{dt}} = -\dfrac{4t^{-3}}{3t^2} = -\dfrac{4t^{-5}}{3}$

$\because \dfrac{d^2y}{dx^2} = \dfrac{d}{dt}\left(\dfrac{dy}{dx}\right)\cdot\dfrac{dt}{dx},$ $\quad \dfrac{d}{dt}\left(\dfrac{dy}{dx}\right) = \dfrac{20t^{-6}}{3}$ 且 $\dfrac{dt}{dx} = \dfrac{1}{3t^2}$ $\quad \therefore \dfrac{d^2y}{dx^2} = \dfrac{d}{dt}\left(\dfrac{dy}{dx}\right)\cdot\dfrac{dt}{dx} = \dfrac{20t^{-8}}{9}$

範例 5.

假設 $x = 2t^3 - 15t^2 + 24t + 8$ 且 $y = t^2 + t + 2,$ 求過 $t = 0$ 的切線

【解】

$\because \dfrac{dx}{dt} = 6t^2 - 30t + 24$ 且 $\dfrac{dy}{dt} = 2t + 1$ $\quad \therefore \dfrac{dy}{dx} = \dfrac{\frac{dy}{dt}}{\frac{dx}{dt}} = \dfrac{2t + 1}{6t^2 - 30t + 24}$

$\Rightarrow \left.\dfrac{dy}{dx}\right|_{t=0} = \left.\dfrac{2t + 1}{6t^2 - 30t + 24}\right|_{t=0} = \dfrac{1}{24}$

$\therefore t = 0 \Rightarrow (x, y) = (8, 2) \Rightarrow$ 切線方程式: $y - 2 = \dfrac{1}{24}(x - 8)$

範例 6.

假設 $x = a(t - \sin t)$ 且 $y = a(1 - \cos t)$，　求 $\dfrac{dy}{dx} = ?$，$\dfrac{d^2y}{dx^2} = ?$

【解】

$$\because \frac{dx}{dt} = a(1 - \cos t) \ \text{且} \ \frac{dy}{dt} = a \sin t \quad \therefore \frac{dy}{dx} = \frac{\dfrac{dy}{dt}}{\dfrac{dx}{dt}} = \frac{a \sin t}{a(1 - \cos t)} = \frac{\sin t}{1 - \cos t}$$

$$\because \frac{dt}{dx} = \frac{1}{a(1 - \cos t)} \ \text{且} \ \frac{d}{dt}\left(\frac{dy}{dx}\right) = \frac{\cos t(1 - \cos t) - \sin^2 t}{(1 - \cos t)^2} = \frac{1}{\cos t - 1}$$

$$\therefore \frac{d^2y}{dx^2} = \frac{d}{dt}\left(\frac{dy}{dx}\right) \cdot \frac{dt}{dx} = \frac{-1}{a(\cos t - 1)^2}$$

範例 7.

假設 $x = e^{2t} \cos 2t$ 且 $y = e^{2t} \sin 2t$，　求 $\dfrac{dy}{dx} = ?$，$\dfrac{d^2y}{dx^2} = ?$

【解】

$$\because \frac{dx}{dt} = 2e^{2t}(\cos 2t - \sin 2t) \ \text{且} \ \frac{dy}{dt} = 2e^{2t}(\sin 2t + \cos 2t) \quad \therefore \frac{dy}{dx} = \frac{\dfrac{dy}{dt}}{\dfrac{dx}{dt}} = \frac{\sin 2t + \cos 2t}{\cos 2t - \sin 2t}$$

$$\because \frac{d}{dt}\left(\frac{dy}{dx}\right) = \frac{2(\cos 2t - \sin 2t)^2 + 2(\sin 2t + \cos 2t)^2}{(\cos 2t - \sin 2t)^2} = \frac{4}{(\cos 2t - \sin 2t)^2}$$

$$\text{且} \ \frac{dt}{dx} = \frac{1}{2e^{2t}(\cos 2t - \sin 2t)}$$

$$\therefore \frac{d^2y}{dx^2} = \frac{d}{dt}\left(\frac{dy}{dx}\right) \cdot \frac{dt}{dx} = \frac{2}{e^{2t}(\cos 2t - \sin 2t)^3}$$

範例 8.

假設 $x = t^4 + t + 2$ 且 $y = t^3 - t + 5$，　求 $\dfrac{dy}{dx} = ?$，$\dfrac{d^2y}{dx^2} = ?$

【解】

$$\because \frac{dx}{dt} = 4t^3 + 1 \ \text{且} \ \frac{dy}{dt} = 3t^2 - 1 \quad \therefore \frac{dy}{dx} = \frac{\dfrac{dy}{dt}}{\dfrac{dx}{dt}} = \frac{3t^2 - 1}{4t^3 + 1}$$

$$\because \frac{d^2y}{dx^2} = \frac{d}{dt}\left(\frac{dy}{dx}\right) \cdot \frac{dt}{dx} = \frac{d}{dt}\left(\frac{3t^2 - 1}{4t^3 + 1}\right) \cdot \frac{dt}{dx}$$

$$\because \frac{d}{dt}\left(\frac{3t^2-1}{4t^3+1}\right) = \frac{6t(4t^3+1)-(3t^2-1)12t^2}{(4t^3+1)^2} = \frac{6t(-2t^3+2t+1)}{(4t^3+1)^2}$$

$$\therefore \frac{d^2y}{dx^2} = \frac{6t(-2t^3+2t+1)}{(4t^3+1)^2}\cdot\frac{1}{4t^3+1} = \frac{6t(-2t^3+2t+1)}{(4t^3+1)^3}$$

範例 9.

假設 $x = 2t^2+2$ 且 $y = e^t-2t+3$, 求 $\dfrac{dy}{dx}=?$, $\dfrac{d^2y}{dx^2}=?$

【解】

$$\because \frac{dx}{dt} = 4t \ \text{且} \ \frac{dy}{dt} = e^t-2 \quad \therefore \frac{dy}{dx} = \frac{\frac{dy}{dt}}{\frac{dx}{dt}} = \frac{e^t-2}{4t}$$

$$\because \frac{d^2y}{dx^2} = \frac{d}{dt}\left(\frac{dy}{dx}\right)\cdot\frac{dt}{dx} = \frac{d}{dt}\left(\frac{e^t-2}{4t}\right)\cdot\frac{dt}{dx}$$

$$\because \frac{d}{dt}\left(\frac{e^t-2}{4t}\right) = \frac{4te^t-4e^t+8}{16t^2} = \frac{te^t-e^t+2}{4t^2} \quad \therefore \frac{d^2y}{dx^2} = \frac{te^t-e^t+2}{4t^2}\cdot\frac{1}{4t} = \frac{te^t-e^t+2}{16t^3}$$

範例 10.

假設 $x = \cos at$ 且 $y = \sin bt$, 求 $\dfrac{dy}{dx}=?$, $\dfrac{d^2y}{dx^2}=?$

【解】

$$\because \frac{dx}{dt} = -a\sin at \ \text{且} \ \frac{dy}{dt} = b\cos bt \quad \therefore \frac{dy}{dx} = \frac{\frac{dy}{dt}}{\frac{dx}{dt}} = -\frac{b\cos bt}{a\sin at}$$

$$\because \frac{d^2y}{dx^2} = \frac{d}{dt}\left(\frac{dy}{dx}\right)\cdot\frac{dt}{dx} \ \text{and} \ \frac{d}{dt}\left(\frac{dy}{dx}\right) = \frac{ab^2\sin bt\sin at + a^2b\cos bt\cos at}{a^2\sin^2 at}$$

$$\therefore \frac{d^2y}{dx^2} = \frac{ab^2\sin bt\sin at + a^2b\cos bt\cos at}{a^2\sin^2 at}\cdot\left(-\frac{1}{a\sin at}\right)$$

$$= \frac{b^2\sin bt\sin at + ab\cos bt\cos at}{-a^2\sin^3 at}$$

範例 11.

假設 $x = e^{at}\cos at$ 且 $y = e^{at}\sin at$, 求 $\dfrac{dy}{dx}=?$, $\dfrac{d^2y}{dx^2}=?$

【解】

$$\because \frac{dx}{dt} = ae^{at}(\cos at - \sin at) \text{ 且 } \frac{dy}{dt} = ae^{at}(\sin at + \cos at) \quad \therefore \frac{dy}{dx} = \frac{\frac{dy}{dt}}{\frac{dx}{dt}} = \frac{\sin at + \cos at}{\cos at - \sin at}$$

$$\because \frac{d}{dt}\left(\frac{dy}{dx}\right) = \frac{(\cos at - \sin at)^2 + (\sin at + \cos at)^2}{(\cos at - \sin at)^2} = \frac{2a}{(\cos at - \sin at)^2}$$

$$\text{且 } \frac{dt}{dx} = \frac{1}{ae^{at}(\cos at - \sin at)}$$

$$\therefore \frac{d^2y}{dx^2} = \frac{d}{dt}\left(\frac{dy}{dx}\right) \cdot \frac{dt}{dx} = \frac{2}{e^{at}(\cos at - \sin at)^3}$$

範例 12.

假設 $x = \cos^3 t$ 且 $y = \sin^3 t$，求 $\dfrac{dy}{dx} = ?$

【解】

$$\because \frac{dx}{dt} = -3\sin t \cos^2 t \text{ 且 } \frac{dy}{dt} = 3\cos t \sin^2 t \quad \therefore \frac{dy}{dx} = \frac{\frac{dy}{dt}}{\frac{dx}{dt}} = \frac{3\cos t \sin^2 t}{-3\sin t \cos^2 t} = -\tan t$$

範例 13.

假設 $x = 2t^2 + 5$ 且 $y = t^4 + 2$，求過 $t = -1$ 的切線方程式 $= ?$

【解】

$$\because \frac{dx}{dt} = 4t \text{ 且 } \frac{dy}{dt} = 4t^3 \quad \therefore \frac{dy}{dx} = \frac{\frac{dy}{dt}}{\frac{dx}{dt}} = \frac{4t^3}{4t} = t^2 \Rightarrow \left.\frac{dy}{dx}\right|_{t=-1} = 1$$

$\because t = -1 \Leftrightarrow x = 7, y = 3 \quad \therefore$ 過 $t = -1$ 的切線方程式：$y - 3 = x - 7$

範例 14.

假設 $x = \sqrt{t}$ 且 $y = \dfrac{1}{4}(t^2 - 8)$，$\forall t \geq 0$，求過 $(2,2)$ 的切線方程式 $= ?$

【解】

$$\because \frac{dx}{dt} = \frac{t^{-\frac{1}{2}}}{2} \quad 且 \quad \frac{dy}{dt} = \frac{t}{2} \quad \therefore \frac{dy}{dx} = \frac{\frac{dy}{dt}}{\frac{dx}{dt}} = \frac{\frac{t}{2}}{\frac{t^{-\frac{1}{2}}}{2}} = t^{\frac{3}{2}}$$

$$\because t = 4 \Leftrightarrow x = 2, y = 2 \quad \therefore \left.\frac{dy}{dx}\right|_{x=2,y=2} = \left.\frac{dy}{dx}\right|_{t=4} = 8$$

$$\therefore 過(2,2)的切線方程式: y - 2 = 8(x - 2)$$

2.9 函數的高階微分

題型 1.

給函數$f(x)$, 求$f^{(n)}(x) =?,\ \forall\, n \in N$

解題流程:

Step1.

試求$f^{(1)}(x)$、$f^{(2)}(x)$、$f^{(3)}(x)$ …

Step2.

觀察$f^{(1)}(x)$、$f^{(2)}(x)$、$f^{(3)}(x)$ …寫出(猜想)$f^{(n)}(x)$的一般式

Step3.

使用數學歸納法證明猜想的$f^{(n)}(x)$確實是微分 n 次之後的一般式

假設猜想$f^{(n)}(x)$的一般式為$g_n(x)$

Claim: $f^{(n)}(x) = g_n(x)$

令 $f^{(n-1)}(x) = g_{n-1}(x)$

$$\because f^{(n)}(x) = \left(f^{(n-1)}(x)\right)' = (g_{n-1}(x))' \quad \therefore \text{Claim: } (g_{n-1}(x))' = g_n(x)$$

題型 2.

找 $f_1(x)$、$f_2(x)$使得 $f(x) = f_1(x) + f_2(x),\ $ 求$f^{(n)}(x) =?,\ \forall\, n \in N$

解題流程:

Step1.

試求 $f_1^{(1)}(x)$、$f_1^{(2)}(x)$、$f_1^{(3)}(x)$、$f_2^{(1)}(x)$、$f_2^{(2)}(x)$、$f_2^{(3)}(x)$ …

Step2.

觀察 $f_1^{(1)}(x)$、$f_1^{(2)}(x)$、$f_1^{(3)}(x)$、$f_2^{(1)}(x)$、$f_2^{(2)}(x)$、$f_2^{(3)}(x)$ …

寫出(猜想)$f_1^{(n)}(x)$、$f_2^{(n)}(x)$的一般式

Step3.

使用數學歸納法證明猜想的$f_1^{(n)}(x)$、$f_2^{(n)}(x)$確實是微分n次後的一般式

<u>範例說明：</u>

(I)Assume $f(x) = \dfrac{3(x-3)}{x^2-x-2}$ then $\dfrac{3(x-3)}{x^2-x-2} = \dfrac{4}{x+1} + \dfrac{-1}{x-2}$

(II)Assume $f(x) = \dfrac{2x}{x^2-1}$ then $\dfrac{2x}{x^2-1} = \dfrac{1}{x+1} + \dfrac{1}{x-1}$

範例 1.

　　假設 $f(x) = 2xe^x$, 求 $f^{(n)}(x) = ?$, $\forall\, n \in N$

【解】

$\because f^{(1)}(x) = 2(x+1)e^x, f^{(2)}(x) = 2(x+2)e^x$

假設 $f^{(n-1)}(x) = 2(x+n-1)e^x$

則 $f^{(n)}(x) = (2(x+n-1)e^x)' = 2(e^x + (x+n-1)e^x) = 2(x+n)e^x$

由數學歸納法可知 $f^{(n)}(x) = 2(x+n)e^x$

範例 2.

　　假設 $f(x) = \dfrac{b}{x-a}$, $\forall\, x \neq a$, 求 $f^{(n)}(x) = ?$, $\forall\, n \in N$

【解】

$\because f^{(1)}(x) = (-b)(x-a)^{-2}, f^{(2)}(x) = 2b(x-a)^{-3}, f^{(3)}(x) = (-6b)(x-a)^{-4}$

假設 $f^{(n-1)}(x) = b(-1)^{n-1}(n-1)!\,(x-a)^{-n}$

則 $f^{(n)}(x) = (b(-1)^{n-1}(n-1)!\,(x-a)^{-n})' = b(-1)^n n!\,(x-a)^{-(n+1)}$

由數學歸納法可知 $f^{(n)}(x) = b(-1)^n n!\,(x-a)^{-(n+1)}$

範例 3.

$$\text{假設} f(x) = \frac{3(x-3)}{x^2 - x - 2}, \quad \text{求} f^{(n)}(x) =?, \quad \forall n \in N$$

【解】

$$\because \frac{3(x-3)}{x^2 - x - 2} = \frac{4}{x+1} + \frac{-1}{x-2}$$

$$\text{令} f_1(x) = \frac{4}{x+1} \ \text{且} \ f_2(x) = \frac{-1}{x-2}$$

$$\text{則} \ f_1^{(1)}(x) = \frac{-4}{(x+1)^2}, \ f_1^{(2)}(x) = \frac{4 \cdot 2 \cdot (x+1)}{(x+1)^4} = \frac{4 \cdot 2}{(x+1)^3}$$

$$f_1^{(3)}(x) = \frac{-4 \cdot 2 \cdot 3(x+1)^2}{(x+1)^6} = \frac{-4 \cdot 2 \cdot 3}{(x+1)^4}$$

$$\text{且} \ f_2^{(1)}(x) = \frac{1}{(x-2)^2}, \ f_2^{(2)}(x) = \frac{(-1) \cdot 2 \cdot (x+1)}{(x-2)^4} = \frac{(-1) \cdot 2}{(x-2)^3}$$

$$f_2^{(3)}(x) = \frac{1 \cdot 2 \cdot 3(x+1)^2}{(x-2)^6} = \frac{1 \cdot 2 \cdot 3}{(x-2)^4}$$

$$\text{假設} f_1^{(n-1)}(x) = \frac{4 \cdot (-1)^{n-1} \cdot (n-1)!}{(x+1)^n}, \ f_2^{(n-1)}(x) = \frac{(-1)^n \cdot (n-1)!}{(x-2)^n}$$

$$\text{則} \ f_1^{(n)}(x) = \left(f_1^{(n-1)}(x) \right)' = \left(\frac{4 \cdot (-1)^{n-1} \cdot (n-1)!}{(x+1)^n} \right)' = \frac{4 \cdot (-1)^n \cdot n!}{(x+1)^{n+1}}$$

$$f_2^{(n)}(x) = \left(f_2^{(n-1)}(x) \right)' = \left(\frac{(-1)^n \cdot (n-1)!}{(x-2)^n} \right)' = \frac{(-1)^{n+1} \cdot n!}{(x-2)^{n+1}}$$

$$\text{由數學歸納法則} f^{(n)}(x) = \frac{4 \cdot (-1)^n \cdot n!}{(x+1)^{n+1}} + \frac{(-1)^{n+1} \cdot n!}{(x-2)^{n+1}}$$

範例 4.

$$\text{假設} f(x) = \frac{2x}{x^2 - 1}, \quad \text{求} f^{(n)}(x) =?, \quad \forall n \in N$$

【解】

$$\because \frac{2x}{x^2 - 1} = \frac{1}{x+1} + \frac{1}{x-1}$$

$$\text{令} f_1(x) = \frac{1}{x+1} \ \text{且} f_2(x) = \frac{1}{x-1}$$

$$\text{則} \ f_1^{(1)}(x) = \frac{-1}{(x+1)^2}, \ f_1^{(2)}(x) = \frac{2 \cdot (x+1)}{(x+1)^4} = \frac{2}{(x+1)^3}$$

$$f_1^{(3)}(x) = \frac{-2 \cdot 3(x+1)^2}{(x+1)^6} = \frac{-2 \cdot 3}{(x+1)^4}$$

$$f_2^{(1)}(x) = \frac{-1}{(x-1)^2}, \quad f_2^{(2)}(x) = \frac{2 \cdot (x-1)}{(x-1)^4} = \frac{2}{(x-1)^3}$$

$$f_2^{(3)}(x) = \frac{-2 \cdot 3(x-1)^2}{(x-1)^6} = \frac{-2 \cdot 3}{(x-1)^4}$$

假設 $f_1^{(n-1)}(x) = \dfrac{(-1)^{n-1} \cdot (n-1)!}{(x+1)^n}, \quad f_2^{(n-1)}(x) = \dfrac{(-1)^{n-1} \cdot (n-1)!}{(x-1)^n}$

則 $f_1^{(n)}(x) = \left(\dfrac{(-1)^{n-1} \cdot (n-1)!}{(x+1)^n} \right)' = \dfrac{(-1)^n \cdot n!}{(x+1)^{n+1}}$

$$f_2^{(n)}(x) = \left(\frac{(-1)^{n-1} \cdot (n-1)!}{(x-1)^n} \right)' = \frac{(-1)^n \cdot n!}{(x-1)^{n+1}}$$

由數學歸納法則 $f^{(n)}(x) = \dfrac{(-1)^n \cdot n!}{(x+1)^{n+1}} + \dfrac{(-1)^n \cdot n!}{(x-1)^{n+1}}$

範例 5.

　　假設 $f(x) = \cos^2 x$，求 $f^{(n)}(0) = ?$，$\forall n \in N$

【解】

$\because f(x) = \cos^2 x = \dfrac{1 + \cos 2x}{2}$

$\therefore f^{(1)}(x) = -\sin 2x, \quad f^{(2)}(x) = -2\cos 2x, \quad f^{(3)}(x) = 2^2 \sin 2x,$

$\therefore f^{(n)}(0) = 0, n$ 為奇數 　$\therefore f^{(n)}(0) = \begin{cases} 0, & n \text{ 為奇數} \\ 2^{n-1}(-1)^{\frac{n}{2}}, & n \text{ 為偶數} \end{cases}$

範例 6.

　　假設 $f(x) = \dfrac{4x^2 + 6x + 1}{4x^3 + 4x^2 + x}$，求 $f^{(n)}(x) = ?$，$\forall n \in N$

【解】

$\because f(x) = \dfrac{4x^2 + 6x + 1}{4x^3 + 4x^2 + x} = \dfrac{4x^2 + 6x + 1}{x(4x^2 + 4x + 1)} = \dfrac{4x^2 + 6x + 1}{x(2x+1)^2}$

令 $\dfrac{4x^2 + 6x + 1}{x(2x+1)^2} = \dfrac{a}{x} + \dfrac{b}{(2x+1)^2}$，藉由比較係數則 $a = 1, \ b = 2$

$$\therefore f(x) = \frac{4x^2 + 6x + 1}{4x^3 + 4x^2 + x} = \frac{1}{x} + \frac{2}{(2x+1)^2} \quad \therefore f'(x) = -x^{-2} - 2^3(2x+1)^{-3}$$

假設 $f^{(n-1)}(x) = \dfrac{(-1)^{n-1}(n-1)!}{x^n} + \dfrac{(-1)^{n-1}2^n n!}{(2x+1)^{n+1}}$

則 $f^{(n)}(x) = \dfrac{(-1)^n n!}{x^{n+1}} + \dfrac{(-1)^n 2^{n+1}(n+1)!}{(2x+1)^{n+2}}$

由數學歸納法則 $f^{(n)}(x) = \dfrac{(-1)^n n!}{x^{n+1}} + \dfrac{(-1)^n 2^{n+1}(n+1)!}{(2x+1)^{n+2}}$

範例 7.

$$假設 f(x) = \frac{5x}{6x^2 - x - 1}, \quad 求 f^{(n)}(x) =?, \quad \forall\, n \in N$$

【解】

$$\because f(x) = \frac{5x}{6x^2 - x - 1} = \frac{5x}{6\left(x + \frac{1}{3}\right)\left(x - \frac{1}{2}\right)}$$

$$令 \frac{5x}{6\left(x + \frac{1}{3}\right)\left(x - \frac{1}{2}\right)} = \frac{a}{x + \frac{1}{3}} + \frac{b}{x - \frac{1}{2}}$$

藉由比較係數, $a = \dfrac{1}{3}, b = \dfrac{1}{2}$ $\therefore f(x) = \dfrac{\frac{1}{3}}{x + \frac{1}{3}} + \dfrac{\frac{1}{2}}{x - \frac{1}{2}}$

$$\therefore f'(x) = -\frac{1}{3}\left(x + \frac{1}{3}\right)^{-2} - \frac{1}{2}\left(x - \frac{1}{2}\right)^{-2}$$

假設 $f^{(n-1)}(x) = \dfrac{(n-1)!\,(-1)^{n-1}}{3}\left(x + \dfrac{1}{3}\right)^{-n} + \dfrac{(n-1)!\,(-1)^{n-1}}{2}\left(x - \dfrac{1}{2}\right)^{-n}$

則 $f^{(n)}(x) = \dfrac{n!\,(-1)^n}{3}\left(x + \dfrac{1}{3}\right)^{-(n+1)} + \dfrac{n!\,(-1)^n}{2}\left(x - \dfrac{1}{2}\right)^{-(n+1)}$

由數學歸納法 則 $f^{(n)}(x) = \dfrac{n!\,(-1)^n}{3}\left(x + \dfrac{1}{3}\right)^{-(n+1)} + \dfrac{n!\,(-1)^n}{2}\left(x - \dfrac{1}{2}\right)^{-(n+1)}$

範例 8.

$$假設 f(x) = e^{ax}\sin ax, \quad 試證 f^{(n)}(x) = a^n 2^{\frac{n}{2}} e^{ax}\sin\left(ax + \frac{n\pi}{4}\right), \quad \forall\, n \in N$$

【解】

$\because f^{(1)}(x) = ae^{ax}\sin ax + e^{ax}\cos ax = a2^{\frac{1}{2}}e^{ax}(2^{\frac{-1}{2}}\sin ax + 2^{\frac{-1}{2}}\cos ax)$

$= a2^{\frac{1}{2}}e^{ax}\sin(ax + \dfrac{\pi}{4})$

假設 $f^{(n-1)}(x) = a^{n-1}2^{\frac{n-1}{2}}e^{ax}\sin\left(ax + \dfrac{(n-1)\pi}{4}\right)$

則 $f^{(n)}(x) = \left(a^{n-1}2^{\frac{n-1}{2}}e^{ax}\sin\left(ax + \dfrac{(n-1)\pi}{4}\right)\right)'$

$= a^{n}2^{\frac{n-1}{2}}\left(e^{ax}\sin\left(ax + \dfrac{(n-1)\pi}{4}\right) + e^{ax}\cos\left(ax + \dfrac{(n-1)\pi}{4}\right)\right)$

$= a^{n}2^{\frac{n-1}{2}}\cdot 2^{\frac{1}{2}}\left(e^{ax}2^{\frac{-1}{2}}\sin\left(ax + \dfrac{(n-1)\pi}{4}\right) + e^{ax}2^{\frac{-1}{2}}\cos\left(ax + \dfrac{(n-1)\pi}{4}\right)\right)$

$= a^{n}2^{\frac{n}{2}}e^{ax}\sin\left(ax + \dfrac{(n-1)\pi}{4} + \dfrac{\pi}{4}\right) = a^{n}2^{\frac{n}{2}}e^{ax}\sin\left(ax + \dfrac{n\pi}{4}\right)$

由數學歸納法則 $f^{(n)}(x) = a^{n}2^{\frac{n}{2}}e^{ax}\sin\left(ax + \dfrac{n\pi}{4}\right),\ \ \forall n \in N$

範例 9.

假設 $f(x) = e^{-x^2}$, 求 $f^{(n)}(0) = ?,\ \ \forall n \in N$

【解】

$\because f^{(1)}(x) = e^{-x^2}(-2x),\ \ f^{(2)}(x) = e^{-x^2}(-2x)^2 + e^{-x^2}(-2)$

$f^{(3)}(x) = e^{-x^2}(-2x)^3 + e^{-x^2}(2)(2x)(2) + e^{-x^2}(-2x)(-2)$

$= -2x\left(e^{-x^2}(-2x)^2 - 2e^{-x^2}\right) - 2\cdot 2(-2xe^{-x^2}) = -2x\left(f^{(2)}(x)\right) - 2\cdot 2\left(f^{(1)}(x)\right)$

假設 $f^{(n-1)}(x) = -2x\left(f^{(n-2)}(x)\right) - 2\cdot(n-2)\left(f^{(n-3)}(x)\right)$

則 $f^{(n)}(x) = -2\left(f^{(n-2)}(x)\right) - 2x\left(f^{(n-1)}(x)\right) - 2\cdot(n-2)\left(f^{(n-2)}(x)\right)$

$= -2x\left(f^{(n-1)}(x)\right) - 2\cdot(n-1)\left(f^{(n-2)}(x)\right)$

$\therefore f^{(n)}(0) = -2\cdot(n-1)f^{(n-2)}(0) = -2\cdot(n-1)(-2(n-3)f^{(n-4)}(0))$

(1) As n 為偶數

$$f^{(n)}(0) = (-2)^{\frac{n}{2}} f^{(0)}(0) \prod_{k=0}^{\frac{n}{2}-1} (n - (2k+1)) = (-2)^{\frac{n}{2}} \prod_{k=0}^{\frac{n}{2}-1} (n - (2k+1))$$

(2) As n 為奇數

$\because f^{(1)}(0) = 0 \quad \therefore f^{(n)}(0) = 0$

範例 10.

$$假設 f(x) = \frac{2x-3}{x^2 - 3x - 4}, \quad f^{(n)}(x) =?, \quad \forall\, n \in N$$

【解】

$\because \dfrac{2x-3}{x^2 - 3x - 4} = \dfrac{2x-3}{(x+1)(x-4)} = \dfrac{1}{x+1} + \dfrac{1}{x-4}$

則 $f^{(1)}(x) = \dfrac{-1}{(x+1)^2} + \dfrac{-1}{(x-4)^2}$

假設 $f^{(n-1)}(x) = (-1)^{n-1}(n-1)!\,(x+1)^{-n} + (-1)^{n-1}(n-1)!\,(x-4)^{-n}$

則 $f^{(n)}(x) = (-1)^n n!\,(x+1)^{-n-1} + (-1)^n n!\,(x-4)^{-n-1}$

由數學歸納法 則 $f^{(n)}(x) = (-1)^n n!\,(x+1)^{-n-1} + (-1)^n n!\,(x-4)^{-n-1}$

範例 11.

$$假設 y = \tan^{-1} ax, \quad 試證 y^{(n)}(x) = a(n-1)!\cos^n y \sin(ny + \frac{n\pi}{2}), \forall\, n \in N$$

【解】

$\because y^{(1)}(x) = \dfrac{a}{1 + (ax)^2} = \dfrac{a}{1 + \tan^2 y} = \dfrac{a}{\sec^2 y} = a\cos^2 y$

假設 $y^{(n-1)}(x) = a(n-2)!\cos^{n-1} y \sin\left((n-1)y + \dfrac{(n-1)\pi}{2}\right)$

則 $y^{(n)}(x) = \left(y^{(n-1)}(x)\right)' = \left(a(n-2)!\cos^{n-1} y \sin\left((n-1)y + \dfrac{(n-1)\pi}{2}\right)\right)'$

$= a(n-2)!\left((n-1)\cos^{n-2} y \cdot y^{(1)}(x) \cdot (-\sin y)\sin\left((n-1)y + \dfrac{(n-1)\pi}{2}\right)\right.$

$\left. + \cos^{n-1} y \cos\left((n-1)y + \dfrac{(n-1)\pi}{2}\right)(n-1)y^{(1)}(x)\right)$

$$= a(n-1)!\left(\cos^n y \cdot (-\sin y)\sin\left((n-1)y + \frac{(n-1)\pi}{2}\right)\right.$$

$$\left. + \cos^{n+1} y \cos\left((n-1)y + \frac{(n-1)\pi}{2}\right)\right)$$

$$= a(n-1)!\cos^n y\left((-\sin y)\sin\left((n-1)y + \frac{(n-1)\pi}{2}\right) + \cos y\cos\left((n-1)y + \frac{(n-1)\pi}{2}\right)\right)$$

$$= a(n-1)!\cos^n y \cdot \cos\left(ny + \frac{(n-1)\pi}{2}\right)$$

$$\because \cos\left(ny + \frac{(n-1)\pi}{2}\right) = \sin\left(ny + \frac{(n-1)\pi}{2} + \frac{\pi}{2}\right)$$

$$\therefore y^{(n)}(x) = a(n-1)!\cos^n y \cdot \sin\left(ny + \frac{(n-1)\pi}{2} + \frac{\pi}{2}\right)$$

$$= a(n-1)!\cos^n y \cdot \sin\left(ny + \frac{n\pi}{2}\right)$$

由數學歸納法則 $y^{(n)}(x) = a(n-1)!\cos^n y \cdot \sin\left(ny + \frac{n\pi}{2}\right)$

範例 12.

假設 $f(x) = e^x \cos x$，求 $f^{(n)}(x) =?$，$\forall n \in N$

【解】

$$\because f^{(1)}(x) = e^x \cos x - e^x \sin x = \sqrt{2}e^x\left(\frac{\cos x - \sin x}{\sqrt{2}}\right) = -\sqrt{2}e^x \sin\left(x - \frac{\pi}{4}\right)$$

假設 $f^{(n-1)}(x) = -2^{\frac{n-1}{2}}e^x \sin\left(x - \frac{(n-1)\pi}{4}\right)$

則 $f^{(n)}(x) = \left(-2^{\frac{n-1}{2}}e^x \sin\left(x - \frac{(n-1)\pi}{4}\right)\right)'$

$$= -2^{\frac{n-1}{2}}\left(e^x \sin\left(x - \frac{(n-1)\pi}{4}\right) + e^x \cos\left(x - \frac{(n-1)\pi}{4}\right)\right)$$

$$= -2^{\frac{n-1}{2}} \cdot 2^{\frac{1}{2}}\left(e^x 2^{\frac{-1}{2}}\sin\left(x - \frac{(n-1)\pi}{4}\right) + e^x 2^{\frac{-1}{2}}\cos\left(x - \frac{(n-1)\pi}{4}\right)\right)$$

$$= -2^{\frac{n}{2}}e^x \sin\left(x - \frac{(n-1)\pi}{4} + \frac{\pi}{4}\right) = 2^{\frac{n}{2}}e^x \sin\left(x - \frac{n\pi}{4}\right)$$

由數學歸納法則 $f^{(n)}(x) = 2^{\frac{n}{2}}e^x \sin\left(x - \frac{n\pi}{4}\right)$，$\forall n \in N$

範例 13.

假設 $f(x) = \sinh ax$，求 $f^{(n)}(x) = ?$，$\forall n \in N$

【解】

$$f^{(1)}(x) = \left(\frac{e^{ax} - e^{-ax}}{2}\right)' = \frac{ae^{ax} - (-a)e^{-ax}}{2}$$

假設 $f^{(n-1)}(x) = \dfrac{a^{n-1}e^{ax} - (-a)^{n-1}e^{-ax}}{2}$

則 $f^{(n)}(x) = \left(f^{(n-1)}(x)\right)' = \dfrac{a^n e^{ax} - (-a)^n e^{-ax}}{2}$

由數學歸納法則 $f^{(n)}(x) = \dfrac{a^n e^{ax} - (-a)^n e^{-ax}}{2}$

範例 14.

假設 $f(x) = \cosh ax$，求 $f^{(n)}(x) = ?$，$\forall n \in N$

【解】

$$f^{(1)}(x) = \left(\frac{e^{ax} + e^{-ax}}{2}\right)' = \frac{ae^{ax} + (-a)e^{-ax}}{2}$$

假設 $f^{(n-1)}(x) = \dfrac{a^{n-1}e^{ax} + (-a)^{n-1}e^{-ax}}{2}$　則 $f^{(n)}(x) = \left(f^{(n-1)}(x)\right)' = \dfrac{a^n e^{ax} + (-a)^n e^{-ax}}{2}$

由數學歸納法則 $f^{(n)}(x) = \dfrac{a^n e^{ax} + (-a)^n e^{-ax}}{2}$

第三章　　微分的應用

　　本章內容依序介紹如何使用羅比達法則、均值定理的應用、如何使用微分求函數的特徵與極值的相關應用問題; 羅比達法則的考試類型包含: 分子分母趨近於零、分子分母趨近於無窮大、趨近於零乘以趨近於無窮大、趨近於無窮大減趨近於無窮大, 其餘與指數相關的類型皆可化為趨近於零乘以趨近於正負無窮大的類型; 此外, 原函數如果為合成函數則使用羅比達法則時, 也會用到 Chain Rule 求極限值; 讀者需完全掌握羅比達法則的應用時機, 底下盤點會使用到羅比達法則的內容: Leibniz 微分公式、使用泰勒級數定理求極限、使用 Limit Comparison Test 判斷級數收斂或發散時、判斷數列是否收斂時; 之後讀到這些章節時, 請熟悉所列舉的內容為何會使用羅比達法則幫助解題

　　均值定理(Mean Value Theorem)能夠用來幫助求極限值、證明函數的不等式、證明數值的不等式、證明實根的數目恰等於 1; 再者, 使用微分求函數特徵的定理談到當函數於定義域的微分值皆大於零時, 則函數為嚴格遞增函數的證明也用到了 Mean Value Theorem; 此外, 當函數於定義域的二階導數皆大於零則其為凹向上的函數, 這證明的過程也是用到了 Mean Value Theorem

　　接著討論如何使用微分描繪函數的特徵, 特徵指的是函數的極值、函數的遞增遞減區間、函數的凹向上與凹向下區間、函數的反曲點; 求函數的極值時, 如果函數於某點的二階導數大於零且一階導數等於零則此點為相對極小值, 然而, 如果函數於此點的二階微分值不存在或者甚至一階微分值不存在時, 有可能函數於此點是有極值的, 簡言之, "函數於某點的二階導數大於零且一階導數等於零" 是函數極值存在的充分條件但不是必要條件; 另一方面, 如果連續函數於某點的左邊存在一極小區域使得微分值恆正並且右邊也存在一極小區域使得微分值恆小於零則函數於此點有相對極大值, 此定理與上述的定理做比較時更容易使用, 更為一般化, 一般而言皆是用此方法找出函數的極大值與極小值, 也請參照此節的說明圖示, 透過圖示理解兩個定理間的差異; 求遞增遞減區間與求凹向上凹向下區間類似, 差別在於求遞增遞減區間使用的是函數的一階微分而凹向上凹向下區間使用的是二階微分; 求反曲點與求極值點類似, 差別在於求極值點時, 需要說明在此極值點的左右兩個極小區間的一階微分值為異號, 求反曲點時, 需要說明在此反曲點的左右兩個極小區間的二階微分值為異號

3.1 羅比達法則（L'Hospital rule）

使用羅比達法則(同時對分子分母的函數微分)求計算函數的極限:之前在第一章計算函數的

極限時, 當出現 $\dfrac{\infty}{\infty}$、$\dfrac{0}{0}$、$\infty - \infty$ 的情況, 使用消掉共同項再取極限、式子有理化再取極

限、夾擠定理、計算左右極限等方法, 當這些方法不適用或分子分母皆為可微分函數時,
嘗試用羅比達法則處理這類型的極限問題

【定理】羅比達法則$\left(\dfrac{0}{0}\right)$

(I)Assume $f(x)$ and $g(x)$ are continuously differentiable on (a,b) containing c.

Suppose $\lim\limits_{x\to c} f(x) = 0$ and $\lim\limits_{x\to c} g(x) = 0$ then $\lim\limits_{x\to c} \dfrac{f(x)}{g(x)} = \lim\limits_{x\to c} \dfrac{f'(x)}{g'(x)}$

(II)Assume $f(x)$ and $g(x)$ are continuously differentiable on (a,∞) for some a.

Suppose $\lim\limits_{x\to\infty} f(x) = 0$ and $\lim\limits_{x\to\infty} g(x) = 0$ then $\lim\limits_{x\to\infty} \dfrac{f(x)}{g(x)} = \lim\limits_{x\to\infty} \dfrac{f'(x)}{g'(x)}$

Proof:

(I) Claim: $\lim\limits_{x\to c} \dfrac{f(x)}{g(x)} = \lim\limits_{x\to c} \dfrac{f'(x)}{g'(x)}$

$$\lim\limits_{x\to c} \dfrac{f(x)}{g(x)} = \lim\limits_{x\to c} \dfrac{\dfrac{f(x)-f(c)}{x-c}}{\dfrac{g(x)-g(c)}{x-c}} = \dfrac{f'(c)}{g'(c)} = \dfrac{\lim\limits_{x\to c} f'(x)}{\lim\limits_{x\to c} g'(x)} = \lim\limits_{x\to c} \dfrac{f'(x)}{g'(x)}$$

(II) Claim: $\lim\limits_{x\to\infty} \dfrac{f(x)}{g(x)} = \lim\limits_{x\to\infty} \dfrac{f'(x)}{g'(x)}$

Let $u = \dfrac{1}{x}$ then $\lim\limits_{x\to\infty} \dfrac{f(x)}{g(x)} = \lim\limits_{u\to 0^+} \dfrac{f\left(\dfrac{1}{u}\right)}{g\left(\dfrac{1}{u}\right)} = \lim\limits_{u\to 0^+} \dfrac{-f'\left(\dfrac{1}{u}\right)u^{-2}}{-g'\left(\dfrac{1}{u}\right)u^{-2}} = \lim\limits_{x\to\infty} \dfrac{f'(x)}{g'(x)}$

【定理】羅比達法則$\left(\dfrac{\pm\infty}{\pm\infty}\right)$

(I)Assume $f(x)$ and $g(x)$ are continuously differentiable on (a,b) containing c.

Suppose $\lim\limits_{x\to c} f(x) = \pm\infty$ and $\lim\limits_{x\to c} g(x) = \pm\infty$ then $\lim\limits_{x\to c} \dfrac{f(x)}{g(x)} = \lim\limits_{x\to c} \dfrac{f'(x)}{g'(x)}$

(II)Assume $f(x)$ and $g(x)$ are continuously differentiable on (a,∞) for some a.

Suppose $\lim\limits_{x\to\infty} f(x) = \pm\infty$ and $\lim\limits_{x\to\infty} g(x) = \pm\infty$ then $\lim\limits_{x\to\infty} \dfrac{f(x)}{g(x)} = \lim\limits_{x\to\infty} \dfrac{f'(x)}{g'(x)}$

<u>Proof:</u>

(I)Claim: $\displaystyle \lim_{x\to c}\frac{f(x)}{g(x)} = \lim_{x\to c}\frac{f'(x)}{g'(x)}$

$$\lim_{x\to c}\frac{f(x)}{g(x)} = \lim_{x\to c}\frac{\dfrac{1}{g(x)}}{\dfrac{1}{f(x)}} = \lim_{x\to c}\frac{\left(\dfrac{1}{g(x)}\right)'}{\left(\dfrac{1}{f(x)}\right)'} = \lim_{x\to c}\frac{\dfrac{g'(x)}{g^2(x)}}{\dfrac{f'(x)}{f^2(x)}} = \lim_{x\to c}\frac{f^2(x)}{g^2(x)}\lim_{x\to c}\frac{g'(x)}{f'(x)}$$

If $\displaystyle \lim_{x\to c}\frac{f(x)}{g(x)} = L \neq 0$ then $L = L^2\lim_{x\to c}\frac{g'(x)}{f'(x)} \Rightarrow \lim_{x\to c}\frac{f(x)}{g(x)} = \lim_{x\to c}\frac{f'(x)}{g'(x)}$

If $\displaystyle \lim_{x\to c}\frac{f(x)}{g(x)} = 0$ then $1 + \lim_{x\to c}\frac{f(x)}{g(x)} = \lim_{x\to c}\frac{g(x)+f(x)}{g(x)} = \lim_{x\to c}\frac{g'(x)+f'(x)}{g'(x)} = 1 + \lim_{x\to c}\frac{f'(x)}{g'(x)}$

(II)Claim: $\displaystyle \lim_{x\to\infty}\frac{f(x)}{g(x)} = \lim_{x\to\infty}\frac{f'(x)}{g'(x)}$

Let $u = \dfrac{1}{x}$ then $\displaystyle \lim_{x\to\infty}\frac{f(x)}{g(x)} = \lim_{u\to 0^+}\frac{f\left(\dfrac{1}{u}\right)}{g\left(\dfrac{1}{u}\right)} = \lim_{u\to 0^+}\frac{-f'\left(\dfrac{1}{u}\right)u^{-2}}{-g'\left(\dfrac{1}{u}\right)u^{-2}} = \lim_{x\to\infty}\frac{f'(x)}{g'(x)}$

3.1.1　分子分母皆趨近於零

$$分子分母趨近於零 \xrightarrow{\text{羅比達法則}} \lim_{x\to a}\frac{f(x)}{g(x)} = \lim_{x\to a}\frac{f'(x)}{g'(x)} \ 、\ \lim_{x\to\infty}\frac{f(x)}{g(x)} = \lim_{x\to\infty}\frac{f'(x)}{g'(x)}$$

考試類型：

題型 1.

求 $\displaystyle \lim_{x\to a}\frac{f(x)}{g(x)} = ?$ where $\displaystyle \lim_{x\to a}f(x) = \lim_{x\to a}g(x) = 0$

解題流程：

如果 $f(x)$、$g(x)$ 兩者皆 continuously differentiable，藉由羅比達法則

$\displaystyle \lim_{x\to a}\frac{f(x)}{g(x)} = \lim_{x\to a}\frac{f'(x)}{g'(x)}$，因此計算 $\displaystyle \lim_{x\to a}\frac{f'(x)}{g'(x)} = ?$

題型 2.

求 $\displaystyle \lim_{x\to\infty}\frac{f(x)}{g(x)} = ?$ where $\displaystyle \lim_{x\to\infty}f(x) = \lim_{x\to\infty}g(x) = 0$

解題流程:

如果 $f(x)$、$g(x)$ 兩者皆 continuously differentiable, 藉由羅比達法則

$$\lim_{x \to \infty} \frac{f(x)}{g(x)} = \lim_{x \to \infty} \frac{f'(x)}{g'(x)}, \quad \text{因此計算} \lim_{x \to \infty} \frac{f'(x)}{g'(x)} = ?$$

題型 3.

求 $\lim\limits_{x \to a} \dfrac{f'(x)}{g'(x)} = ?$ 或 $\lim\limits_{x \to \infty} \dfrac{f'(x)}{g'(x)} = ?$ 時, 可能搭配使用消掉共同項、把式子有理化、

x 趨近於無窮大時求極限、三角函數的極限、計算左右極限的極限值

範例 1.

$$\text{求} \lim_{x \to 0} \frac{\cos x + e^x - 2x - 1}{x^3} = ?$$

【解】

藉由羅比達法則

$$\lim_{x \to 0} \frac{\cos x + e^x - 2x - 1}{x^3} = \lim_{x \to 0} \frac{-\sin x + e^x - 2}{3x^2} = \lim_{x \to 0} \frac{-\cos x + e^x}{6x} = \lim_{x \to 0} \frac{\sin x + e^x}{6} = \frac{1}{3}$$

範例 2.

$$\text{求} \lim_{x \to 0} \frac{\sqrt{9 + x} - \sqrt{9 - x}}{x} = ?$$

【解】

藉由羅比達法則

$$\lim_{x \to 0} \frac{\sqrt{9 + x} - \sqrt{9 - x}}{x} = \lim_{x \to 0} \frac{\frac{1}{2}(9 + x)^{-\frac{1}{2}} + \frac{1}{2}(9 - x)^{-\frac{1}{2}}}{1} = \frac{1}{6} + \frac{1}{6} = \frac{1}{3}$$

範例 3.

$$\text{求} \lim_{x \to 0} \frac{\tan x - 2x}{x^3} = ?$$

【解】

藉由羅比達法則

$$\lim_{x \to 0} \frac{\tan x - 2x}{x^3} = \lim_{x \to 0} \frac{\sec^2 x - 2}{3x^2} = \lim_{x \to 0} \frac{2\sec x (\sec x \tan x)}{6x} = \lim_{x \to 0} \frac{\sec^2 x (\tan x)}{3x}$$

$$= \lim_{x \to 0} \frac{2\sec^2 x (\tan^2 x) + \sec^4 x}{3} = \frac{1}{3}$$

範例 4.

$$求 \quad \lim_{x \to 0} \frac{\tan x - \sin 2x}{x^3} = ?$$

【解】

藉由羅比達法則

$$\lim_{x \to 0} \frac{\tan x - \sin 2x}{x^3} = \lim_{x \to 0} \frac{\sec^2 x - 2\cos 2x}{3x^2} = \lim_{x \to 0} \frac{2\sec^2 x \cdot \tan x + 4\sin 2x}{6x}$$

$$= \lim_{x \to 0} \frac{2\sec^2 x (\tan^2 x) + 2\sec^4 x + 8 \cos 2x}{6} = \frac{10}{6} = \frac{5}{3}$$

範例 5.

$$求 \quad \lim_{x \to 0} \frac{\sin^{-1} x - \tan^{-1} x}{x^3 \cos x} = ?$$

【解】

藉由羅比達法則 $\quad \lim_{x \to 0} \frac{\sin^{-1} x - \tan^{-1} x}{x^3 \cos x} = \lim_{x \to 0} \frac{\dfrac{1}{\sqrt{1 - x^2}} - \dfrac{1}{1 + x^2}}{3x^2 \cos x - x^3 \sin x}$

$$\because \frac{\dfrac{1}{\sqrt{1 - x^2}} - \dfrac{1}{1 + x^2}}{3x^2 \cos x - x^3 \sin x} = \frac{\dfrac{1 + 2x^2 + x^4 - (1 - x^2)}{(1 + x^2)(\sqrt{1 - x^2})(1 + x^2 + \sqrt{1 - x^2})}}{3x^2 \cos x - x^3 \sin x}$$

$$= \frac{\dfrac{x^4 + 3x^2}{(1 + x^2)(\sqrt{1 - x^2})(1 + x^2 + \sqrt{1 - x^2})}}{3x^2 \cos x - x^3 \sin x} = \frac{\dfrac{x^2 + 3}{(1 + x^2)(\sqrt{1 - x^2})(1 + x^2 + \sqrt{1 - x^2})}}{3 \cos x - x \sin x}$$

$$\therefore \lim_{x \to 0} \frac{\dfrac{1}{\sqrt{1 - x^2}} - \dfrac{1}{1 + x^2}}{3x^2} = \lim_{x \to 0} \frac{\dfrac{x^2 + 3}{(1 + x^2)(\sqrt{1 - x^2})(1 + x^2 + \sqrt{1 - x^2})}}{3 \cos x - x \sin x} = \frac{1}{2}$$

範例 6.

求 $\displaystyle\lim_{x\to 0}\frac{\sin x^3}{x^2} = ?$

【解】

藉由羅比達法則　$\displaystyle\lim_{x\to 0}\frac{\sin x^3}{x^2} = \lim_{x\to 0}\frac{3x^2\cos x^3}{2x} = \lim_{x\to 0}\frac{3x\cos x^3}{2} = 0$

範例 7.

求 $\displaystyle\lim_{x\to 0}\frac{x^2-1+\cos^2 x}{x^4} = ?$

【解】

藉由羅比達法則

$$\lim_{x\to 0}\frac{x^2-1+\cos^2 x}{x^4} = \lim_{x\to 0}\frac{x^2-\sin^2 x}{x^4} = \lim_{x\to 0}\frac{2x-2\sin x\cos x}{4x^3} = \lim_{x\to 0}\frac{2x-\sin 2x}{4x^3}$$

$$= \lim_{x\to 0}\frac{2-2\cos 2x}{12x^2} = \lim_{x\to 0}\frac{4\sin 2x}{24x} = \lim_{x\to 0}\frac{\sin 2x}{6x} = \lim_{x\to 0}\frac{2\cos 2x}{6} = \lim_{x\to 0}\frac{\cos 2x}{3} = \frac{1}{3}$$

範例 8.

求 $\displaystyle\lim_{x\to 0}\frac{x^2-\sin^2 x}{x^2\sin^2 x} = ?$

【解】

$$\because \frac{x^2-\sin^2 x}{x^2\sin^2 x} = \frac{(x+\sin x)(x-\sin x)}{x^2\sin^2 x} \quad \therefore \lim_{x\to 0}\frac{x^2-\sin^2 x}{x^2\sin^2 x} = \lim_{x\to 0}\frac{(x+\sin x)(x-\sin x)}{x^2\sin^2 x}$$

藉由羅比達法則

$$\lim_{x\to 0}\frac{x-\sin x}{x\sin^2 x} = \lim_{x\to 0}\frac{1-\cos x}{\sin^2 x + x\sin 2x} = \lim_{x\to 0}\frac{\sin x}{\sin 2x + \sin 2x + 2x\cos 2x}$$

$$= \lim_{x\to 0}\frac{\cos x}{2\cos 2x + 2\cos 2x + 2\cos 2x - 4x\sin 2x} = \frac{1}{6}$$

$$\because \lim_{x\to 0}\frac{(x+\sin x)}{x} = 2 \qquad \therefore \lim_{x\to 0}\frac{x^2-\sin^2 x}{x^2\sin^2 x} = \frac{2}{6} = \frac{1}{3}$$

範例 9.

求 $\displaystyle\lim_{x\to 0}\frac{x-2\sin x}{x\sin x} = ?$

【解】

藉由羅比達法則

$$\lim_{x\to 0}\frac{x-2\sin x}{x\sin x}=\lim_{x\to 0}\frac{1-2\cos x}{\sin x+x\cos x}=\lim_{x\to 0}\frac{2\sin x}{\cos x+\cos x-x\sin x}=0$$

範例 10.

$$求\ \lim_{x\to 0}\frac{x-\tan x}{x\tan x}=\ ?$$

【解】

藉由羅比達法則

$$\lim_{x\to 0}\frac{x-\tan x}{x\tan x}=\lim_{x\to 0}\frac{1-\sec^2 x}{\tan x+x\sec^2 x}=\lim_{x\to 0}\frac{-2\sec^2 x\tan x}{\sec^2 x+\sec^2 x+2x\sec^2 x\tan x}=0$$

範例 11.

$$求\ \lim_{x\to 1}\frac{x\ln x-3x+3}{(x-1)\ln x}=?$$

【解】

藉由羅比達法則

$$\lim_{x\to 1}\frac{x\ln x-3x+3}{(x-1)\ln x}=\lim_{x\to 1}\frac{\ln x-2}{\dfrac{x-1}{x}+\ln x}=\lim_{x\to 1}\frac{x\ln x-2x}{x\ln x+x-1}=\lim_{x\to 1}\frac{\ln x-1}{\ln x+1+1}=-\frac{1}{2}$$

範例 12.

$$求\ \lim_{x\to 0}\frac{x-\ln(x+1)}{x\ln(x+1)}=\ ?$$

【解】

藉由羅比達法則

$$\lim_{x\to 0}\frac{x-\ln(x+1)}{x\ln(x+1)}=\lim_{x\to 0}\frac{1-\dfrac{1}{x+1}}{\ln(x+1)+\dfrac{x}{x+1}}=\lim_{x\to 0}\frac{\dfrac{1}{(x+1)^2}}{\dfrac{1}{x+1}+\dfrac{x+1-x}{(x+1)^2}}=\frac{1}{2}$$

範例 13.

$$求\ \lim_{x\to 0}\frac{x-\sin x}{x\sin x}=?$$

【解】

藉由羅比達法則

$$\lim_{x\to 0}\frac{x-\sin x}{x\sin x}=\lim_{x\to 0}\frac{1-\cos x}{\sin x+x\cos x}=\lim_{x\to 0}\frac{\sin x}{\cos x+\cos x-x\sin x}=0$$

範例 14.

$$求\ \lim_{x\to 0}\frac{1-\cos 2x}{x\ln(1+x)}=?$$

【解】

藉由羅比達法則

$$\lim_{x\to 0}\frac{1-\cos 2x}{x\ln(1+x)}=\lim_{x\to 0}\frac{2\sin 2x}{\ln(1+x)+\dfrac{x}{1+x}}=\lim_{x\to 0}\frac{2(1+x)\sin 2x}{(1+x)\ln(1+x)+x}$$

$$=\lim_{x\to 0}\frac{2\sin 2x+4(1+x)\cos 2x}{\ln(1+x)+1+1}=\frac{4}{2}=2$$

範例 15.

$$求\ \lim_{x\to 1}\frac{nx^{n+1}-(n+2)x^n+2}{(x-1)^2}=?,\ \ \forall n\in N$$

【解】

Let $n\in N$, 藉由羅比達法則

$$\lim_{x\to 1}\frac{nx^{n+1}-(n+2)x^n+2}{(x-1)^2}=\lim_{x\to 1}\frac{n(n+1)x^n-(n+2)nx^{n-1}}{2(x-1)}$$

$$=\lim_{x\to 1}\frac{n^2(n+1)x^{n-1}-(n+2)n(n-1)x^{n-2}}{2}=\frac{n(n^2+n)-(n+2)(n^2-n)}{2}=n$$

範例 16.

$$求\ \lim_{x\to 0}\frac{x^2\sin^{-1}x}{x-\sin 2x}=?$$

【解】

藉由羅比達法則

$$\lim_{x\to 0}\frac{x^2\sin^{-1}x}{x-\sin 2x}=\lim_{x\to 0}\frac{2x\sin^{-1}x+\dfrac{x^2}{\sqrt{1-x^2}}}{1-2\cos 2x}$$

$$= \lim_{x \to 0} \frac{2\sin^{-1}x + \dfrac{2x}{\sqrt{1-x^2}} + \dfrac{2x(\sqrt{1-x^2}) - x^2 \cdot \dfrac{1}{2} \cdot \dfrac{(-2x)}{\sqrt{1-x^2}}}{1-x^2}}{4\sin 2x}$$

$$= \lim_{x \to 0} \frac{2\sin^{-1}x + \dfrac{4x}{\sqrt{1-x^2}} + \dfrac{x^3}{(1-x^2)^{\frac{3}{2}}}}{4\sin 2x}$$

$$= \lim_{x \to 0} \frac{\dfrac{2}{\sqrt{1-x^2}} + \dfrac{4(\sqrt{1-x^2}) - 4x \cdot \dfrac{1}{2} \cdot \dfrac{(-2x)}{\sqrt{1-x^2}}}{1-x^2} + \dfrac{3x^2(1-x^2)^{\frac{3}{2}} + 3x^4(1-x^2)^{\frac{1}{2}}}{(1-x^2)^3}}{8\cos 2x} = \frac{3}{4}$$

範例 17.

$$求 \quad \lim_{x \to \infty} \frac{\ln \dfrac{x+a}{x-a}}{x^{-1}} = ?$$

【解】

藉由羅比達法則

$$\lim_{x \to \infty} \frac{\ln \dfrac{x+a}{x-a}}{x^{-1}} = \lim_{x \to \infty} \frac{\dfrac{x-a}{x+a} \cdot \dfrac{(x-a-(x+a))}{(x-a)^2}}{-x^{-2}} = \lim_{x \to \infty} \frac{\dfrac{x-a}{x+a} \cdot \dfrac{2a}{(x-a)^2}}{x^{-2}}$$

$$= 2a \lim_{x \to \infty} \frac{1 - \dfrac{a}{x}}{1 + \dfrac{a}{x}} \cdot \frac{1}{\left(1 - \dfrac{a}{x}\right)^2} = 2a$$

範例 18.

$$求 \quad \lim_{x \to 0} \frac{\sin^{-1}x - 2x}{x^3} = ?$$

【解】

藉由羅比達法則

$$\lim_{x \to 0} \frac{\sin^{-1}x - 2x}{x^3} = \lim_{x \to 0} \frac{\dfrac{1}{\sqrt{1-x^2}} - 2}{3x^2} = \lim_{x \to 0} \frac{x(1-x^2)^{-\frac{3}{2}}}{6x} = \frac{1}{6}$$

範例 19.

$$求\ \lim_{x\to 0}\frac{\tan^{-1}3x-3x}{x^3}=?$$

【解】

藉由羅比達法則 $\displaystyle\lim_{x\to 0}\frac{\tan^{-1}3x-3x}{x^3}=\lim_{x\to 0}\frac{\dfrac{3}{1+9x^2}-3}{3x^2}=\lim_{x\to 0}\frac{\dfrac{-54x}{(1+9x^2)^2}}{6x}=-9$

範例 20.

$$求\ \lim_{x\to 0}\frac{\ln\cos x}{x^2}=?$$

【解】

藉由羅比達法則 $\displaystyle\lim_{x\to 0}\frac{\ln\cos x}{x^2}=\lim_{x\to 0}\frac{\dfrac{-\sin x}{\cos x}}{2x}=-\lim_{x\to 0}\frac{\sin x}{2x}\cdot\frac{1}{\cos x}=-\frac{1}{2}$

範例 21.

$$求\ \lim_{x\to\infty}\frac{\ln\left(1-\dfrac{\sin\frac{2}{x}}{3x}\right)}{\dfrac{1}{x}}=?$$

【解】

藉由羅比達法則

$$\lim_{x\to\infty}\frac{\ln\left(1-\dfrac{\sin\frac{2}{x}}{3x}\right)}{\dfrac{1}{x}}=\lim_{t\to 0}\frac{\ln\left(1-\dfrac{t\sin 2t}{3}\right)}{t}=\lim_{t\to 0}\frac{-\dfrac{1}{3}\sin 2t-\dfrac{2t}{3}\cos 2t}{1-\dfrac{t\sin 2t}{3}}=0$$

範例 22.

$$求\ \lim_{x\to\frac{\pi}{4}}\frac{\ln\tan x}{\cot 2x}=?$$

【解】

藉由羅比達法則

$$\lim_{x\to\frac{\pi}{4}}\frac{\ln\tan x}{\cot 2x}=\lim_{x\to\frac{\pi}{4}}\frac{\dfrac{\sec^2 x}{\tan x}}{-2\csc^2 2x}=-\lim_{x\to\frac{\pi}{4}}\frac{\cos x\sin^2 2x}{2\sin x\cos^2 x}=-\lim_{x\to\frac{\pi}{4}}\frac{\sin^2 2x}{2\sin x\cos x}=-1$$

範例 23.

$$求\ \lim_{x\to 0}\frac{\ln\dfrac{\sin x}{x}}{x^2}=?$$

【解】

藉由羅比達法則

$$\lim_{x\to 0}\frac{\ln\dfrac{\sin x}{x}}{x^2}=\lim_{x\to 0}\frac{\dfrac{x}{\sin x}\cdot\dfrac{x\cos x-\sin x}{x^2}}{2x}=\lim_{x\to 0}\frac{x\cos x-\sin x}{2x^2\sin x}=\frac{1}{2}\lim_{x\to 0}\frac{\cos x-x\sin x-\cos x}{2x\sin x+x^2\cos x}$$

$$=\frac{1}{2}\lim_{x\to 0}\frac{-\sin x-x\cos x}{2\sin x+2x\cos x+2x\cos x-x^2\sin x}$$

$$=\frac{1}{2}\lim_{x\to 0}\frac{-\cos x-\cos x+x\sin x}{6\cos x+4x(-\sin x)-2x\sin x-x^2\cos x}=-\frac{1}{6}$$

範例 24.

$$求\ \lim_{x\to\frac{\pi}{2}}\frac{\ln\sin x}{\cot^2 x}=?$$

【解】

藉由羅比達法則 $\quad\lim_{x\to\frac{\pi}{2}}\frac{\ln\sin x}{\cot^2 x}=\lim_{x\to\frac{\pi}{2}}\frac{\dfrac{\cos x}{\sin x}}{-2\cot x\csc^2 x}=\lim_{x\to\frac{\pi}{2}}\frac{-1}{2\csc^2 x}=\frac{-1}{2}$

範例 25.

$$求\ \lim_{x\to\frac{\pi}{2}}\frac{\ln\csc x}{\cot^2 x}=?$$

【解】

藉由羅比達法則 $\quad\lim_{x\to\frac{\pi}{2}}\frac{\ln\csc x}{\cot^2 x}=\lim_{x\to\frac{\pi}{2}}\frac{\dfrac{-\cot x\csc x}{\csc x}}{-2\cot x\csc^2 x}=\lim_{x\to\frac{\pi}{2}}\frac{1}{2\csc^2 x}=\frac{1}{2}$

範例 26.

$$求\ \lim_{x \to 0} \frac{\ln \cos x}{\tan^2 x} = ?$$

【解】

藉由羅比達法則　$\displaystyle \lim_{x \to 0} \frac{\ln \cos x}{\tan^2 x} = \lim_{x \to 0} \frac{\dfrac{-\sin x}{\cos x}}{2\tan x \sec^2 x} = \lim_{x \to 0} \frac{-1}{2\sec^2 x} = \frac{-1}{2}$

範例 27.

$$求\ \lim_{x \to 0} \frac{\ln \sec x}{\tan^2 x} = ?$$

【解】

藉由羅比達法則　$\displaystyle \lim_{x \to 0} \frac{\ln \sec x}{\tan^2 x} = \lim_{x \to 0} \frac{\dfrac{\sec x \tan x}{\sec x}}{2\tan x \sec^2 x} = \lim_{x \to 0} \frac{1}{2\sec^2 x} = \frac{1}{2}$

範例 28.

$$求\ \lim_{x \to 0} \left(\frac{a^x + b^x + c^x}{3} \right)^{\frac{1}{x}} = ?$$

【解】

藉由羅比達法則

$$\lim_{x \to 0} \frac{\ln \left(\dfrac{a^x + b^x + c^x}{3} \right)}{x} = \lim_{x \to 0} \frac{\dfrac{3}{a^x + b^x + c^x} \cdot \dfrac{(a^x \ln a + b^x \ln b + c^x \ln c)}{3}}{1} = \frac{1}{3} \ln abc$$

範例 29.

$$求\ \lim_{x \to 0} \left(\frac{a_1^x + a_2^x + a_3^x + \cdots + a_n^x}{n} \right)^{\frac{1}{x}} = ?,\ \ \forall n \in N,\ a_j > 0,\ j = 1, 2 \cdots n$$

【解】

藉由羅比達法則

$$\lim_{x \to 0} \frac{\ln \left(\dfrac{a_1^x + a_2^x + a_3^x + \cdots + a_n^x}{n} \right)}{x}$$

$$= \lim_{x \to 0} \dfrac{\dfrac{n}{a_1^x + a_2^x + \cdots + a_n^x} \cdot \dfrac{(a_1^x \ln a_1 + a_2^x \ln a_2 + \cdots + a_n^x \ln a_n)}{n}}{1} = \dfrac{1}{n} \ln(a_1 a_2 \cdots a_n)$$

範例 30.

$$求 \ \lim_{x \to 0} \frac{x^2 \cos^2 x - \sin^2 x}{x^2 \sin^2 x} = \ ?$$

【解】

$$\because \frac{x^2 \cos^2 x - \sin^2 x}{x^2 \sin^2 x} = \frac{x^2(1 - \sin^2 x) - \sin^2 x}{x^2 \sin^2 x} = -1 + \frac{x^2 - \sin^2 x}{x^2 \sin^2 x}$$

$$= -1 + \frac{(x + \sin x)(x - \sin x)}{x^2 \sin^2 x}$$

$$\therefore \lim_{x \to 0} \frac{x^2 \cos^2 x - \sin^2 x}{x^2 \sin^2 x} = \lim_{x \to 0} -1 + \frac{(x + \sin x)(x - \sin x)}{x^2 \sin^2 x}$$

藉由羅比達法則

$$\lim_{x \to 0} \frac{x - \sin x}{x \sin^2 x} = \lim_{x \to 0} \frac{1 - \cos x}{\sin^2 x + x \sin 2x} = \lim_{x \to 0} \frac{\sin x}{\sin 2x + \sin 2x + 2x \cos 2x}$$

$$= \lim_{x \to 0} \frac{\cos x}{2 \cos 2x + 2 \cos 2x + 2 \cos 2x - 4x \sin 2x} = \frac{1}{6}$$

$$\because \lim_{x \to 0} \frac{(x + \sin x)}{x} = 2 \qquad \therefore \lim_{x \to 0} \frac{(x + \sin x)(x - \sin x)}{x^2 \sin^2 x} = 2 \cdot \frac{1}{6} = \frac{1}{3}$$

$$\Rightarrow \lim_{x \to 0} \frac{x^2 \cos^2 x - \sin^2 x}{x^2 \sin^2 x} = -1 + \frac{1}{3} = -\frac{2}{3}$$

3.1.2　分子分母皆趨近於 $\pm\infty$

$$分子分母趨近於 \pm\infty \overset{\text{羅比達法則}}{\Longrightarrow} \lim_{x \to a} \frac{f(x)}{g(x)} = \lim_{x \to a} \frac{f'(x)}{g'(x)} \ 、 \ \lim_{x \to \infty} \frac{f(x)}{g(x)} = \lim_{x \to \infty} \frac{f'(x)}{g'(x)}$$

考試類型：

題型 1.

$$求 \ \lim_{x \to a} \frac{f(x)}{g(x)} = \ ? \ \text{where} \ \lim_{x \to a} f(x) = \lim_{x \to a} g(x) = \infty$$

解題流程:

如果$f(x)$、$g(x)$兩者皆 continuously differentiable，藉由羅比達法則

$$\lim_{x \to a} \frac{f(x)}{g(x)} = \lim_{x \to a} \frac{f'(x)}{g'(x)}, \quad \text{因此計算} \lim_{x \to a} \frac{f'(x)}{g'(x)} = ?$$

題型 2.

求 $\lim\limits_{x \to \infty} \dfrac{f(x)}{g(x)} = ?$ where $\lim\limits_{x \to \infty} f(x) = \lim\limits_{x \to \infty} g(x) = \infty$

解題流程:

如果$f(x)$、$g(x)$兩者皆 continuously differentiable，藉由羅比達法則

$$\lim_{x \to \infty} \frac{f(x)}{g(x)} = \lim_{x \to \infty} \frac{f'(x)}{g'(x)}, \quad \text{因此計算} \lim_{x \to \infty} \frac{f'(x)}{g'(x)} = ?$$

題型 3.

求 $\lim\limits_{x \to a} \dfrac{f'(x)}{g'(x)} = ?$ 或 $\lim\limits_{x \to \infty} \dfrac{f'(x)}{g'(x)} = ?$ 時，可能搭配使用消掉共同項、把式子有理化、

x趨近於無窮大時求極限、三角函數的極限、計算左右極限的極限值

範例 1.

$$\text{求} \ \lim_{x \to \infty} \frac{\ln x}{e^x} = ?$$

【解】

藉由羅比達法則 $\quad \lim\limits_{x \to \infty} \dfrac{\ln x}{e^x} = \lim\limits_{x \to \infty} \dfrac{\frac{1}{x}}{e^x} = 0$

範例 2.

$$\text{求} \ \lim_{x \to 0^+} \frac{\ln \tan x}{\ln \sin x} = ?$$

【解】

藉由羅比達法則 $\quad \lim\limits_{x \to 0^+} \dfrac{\ln \tan x}{\ln \sin x} = \lim\limits_{x \to 0^+} \dfrac{\frac{\sec^2 x}{\tan x}}{\frac{\cos x}{\sin x}} = \lim\limits_{x \to 0^+} \dfrac{\sec^2 x}{\tan x \cdot \frac{\cos x}{\sin x}} = \lim\limits_{x \to 0^+} \sec^2 x = 1$

範例 3.

$$\text{求}\quad \lim_{x\to\infty}\frac{x+\ln x^2}{x\ln x}=?$$

【解】

藉由羅比達法則　$\displaystyle\lim_{x\to\infty}\frac{x+\ln x^2}{x\ln x}=\lim_{x\to\infty}\frac{1+\dfrac{2}{x}}{1+\ln x}=0$

範例 4.

$$\text{求}\quad \lim_{x\to 0^+}\frac{\ln(\tan x)}{\dfrac{1}{x}}=?$$

【解】

藉由羅比達法則

$$\lim_{x\to 0^+}\frac{\ln(\tan x)}{\dfrac{1}{x}}=\lim_{x\to 0^+}\frac{\dfrac{\sec^2 x}{\tan x}}{-x^{-2}}=\lim_{x\to 0^+}(-x^2)\frac{\dfrac{1}{\cos^2 x}}{\dfrac{\sin x}{\cos x}}=\lim_{x\to 0^+}(-x^2)\frac{1}{\cos x\sin x}$$

$$=\lim_{x\to 0^+}\left(\frac{-x}{\cos x}\right)\frac{x}{\sin x}=0$$

範例 5.

$$\text{求}\quad \lim_{x\to 0^+}\frac{\ln(\sin x)}{\cot x}=?$$

【解】

藉由羅比達法則　$\displaystyle\lim_{x\to 0^+}\frac{\ln(\sin x)}{\cot x}=\lim_{x\to 0^+}\frac{\dfrac{\cos x}{\sin x}}{-\csc^2 x}=\lim_{x\to 0^+}-\sin x\cos x=0$

範例 6.

$$\text{求}\quad \lim_{x\to 0^+}\frac{\ln(\tan x)}{\csc x}=?$$

【解】

藉由羅比達法則 $\displaystyle\lim_{x\to 0^+}\frac{\ln(\tan x)}{\csc x}=\lim_{x\to 0^+}\frac{\dfrac{\sec^2 x}{\tan x}}{-\csc x\cot x}=\lim_{x\to 0^+}(-\sin x\sec^2 x)=0$

範例 7.

  求 $\displaystyle\lim_{x\to\left(\frac{\pi}{2}\right)^-}\frac{\ln(\cot x)}{\sec x}=?$

【解】

藉由羅比達法則 $\displaystyle\lim_{x\to\left(\frac{\pi}{2}\right)^-}\frac{\ln(\cot x)}{\sec x}=\lim_{x\to\left(\frac{\pi}{2}\right)^-}\frac{-\dfrac{\csc^2 x}{\cot x}}{\sec x\tan x}=\lim_{x\to\left(\frac{\pi}{2}\right)^-}(-\csc^2 x\cos x)=0$

範例 8.

  求 $\displaystyle\lim_{x\to 0}\frac{\ln(\sin^2 x)}{\cot x}=?$

【解】

藉由羅比達法則

$\displaystyle\lim_{x\to 0}\frac{\ln(\sin^2 x)}{\cot x}=\lim_{x\to 0}\frac{\dfrac{2\sin x\cos x}{\sin^2 x}}{-\csc^2 x}=\lim_{x\to 0}-2\sin x\cos x=\lim_{x\to 0}-\sin 2x=0$

範例 9.

  求 $\displaystyle\lim_{x\to\left(\frac{\pi}{2}\right)^-}\frac{\ln(\cos x)}{\tan x}=?$

【解】

藉由羅比達法則 $\displaystyle\lim_{x\to\left(\frac{\pi}{2}\right)^-}\frac{\ln(\cos x)}{\tan x}=\lim_{x\to\left(\frac{\pi}{2}\right)^-}\frac{\dfrac{-\sin x}{\cos x}}{\sec^2 x}=\lim_{x\to\left(\frac{\pi}{2}\right)^-}-\sin x\cos x=0$

範例 10.

  求 $\displaystyle\lim_{x\to 1^+}\frac{\ln(x^3-1)}{\ln(x-1)}=?$

【解】

藉由羅比達法則　$\displaystyle\lim_{x\to1^+}\frac{\ln(x^3-1)}{\ln(x-1)}=\lim_{x\to1^+}\frac{\dfrac{3x^2}{x^3-1}}{\dfrac{1}{x-1}}=\lim_{x\to1^+}\frac{3x^2}{x^2+x+1}=1$

範例 11.

　　求　$\displaystyle\lim_{x\to0^+}\frac{\ln x}{x^{-2}}=?$

【解】

藉由羅比達法則　$\displaystyle\lim_{x\to0^+}\frac{\ln x}{x^{-2}}=\lim_{x\to0^+}\frac{\dfrac{1}{x}}{-2x^{-3}}=0$

範例 12.

　　求　$\displaystyle\lim_{x\to0^+}\frac{\ln x}{x^{-n}}=?,\ \ \forall n\in N$

【解】

令 $n\in N$，藉由羅比達法則　$\displaystyle\lim_{x\to0^+}\frac{\ln x}{x^{-n}}=\lim_{x\to0^+}\frac{\dfrac{1}{x}}{-nx^{-n-1}}=0$

範例 13.

　　求　$\displaystyle\lim_{x\to0^+}\frac{\ln(x+\sin x)}{\cot x}=?$

【解】

藉由羅比達法則

$$\lim_{x\to0^+}\frac{\ln(x+\sin x)}{\cot x}=\lim_{x\to0^+}\frac{\dfrac{1+\cos x}{x+\sin x}}{-\csc^2 x}=\lim_{x\to0^+}-\frac{(1+\cos x)\sin^2 x}{x+\sin x}$$

$$=\lim_{x\to0^+}-\frac{(1+\cos x)\sin x\cdot\dfrac{\sin x}{x}}{1+\dfrac{\sin x}{x}}$$

$\because\ \displaystyle\lim_{x\to0^+}\frac{\sin x}{x}=1$ 且 $\displaystyle\lim_{x\to0^+}\sin x=0$

$$\therefore \lim_{x \to 0^+} \frac{\ln(x + \sin x)}{\cot x} = \lim_{x \to 0^+} -\frac{(1 + \cos x)\sin x \cdot \dfrac{\sin x}{x}}{1 + \dfrac{\sin x}{x}} = 0$$

範例 14.

　　求 $\displaystyle\lim_{x \to 0^+} \frac{\ln(\sin x)}{\ln x} = ?$

【解】

藉由羅比達法則 $\displaystyle\lim_{x \to 0^+} \frac{\ln(\sin x)}{\ln x} = \lim_{x \to 0^+} \frac{\dfrac{\cos x}{\sin x}}{\dfrac{1}{x}} = \lim_{x \to 0^+} \frac{x}{\sin x} \cdot \cos x = 1$

範例 15.

　　求 $\displaystyle\lim_{x \to 0^+} \frac{\ln(\tan x)}{\ln x} = ?$

【解】

藉由羅比達法則 $\displaystyle\lim_{x \to 0^+} \frac{\ln(\tan x)}{\ln x} = \lim_{x \to 0^+} \frac{\dfrac{\sec^2 x}{\tan x}}{\dfrac{1}{x}} = \lim_{x \to 0^+} \frac{x}{\sin x \cos x} = 1$

範例 16.

　　求 $\displaystyle\lim_{x \to \left(\frac{\pi}{2}\right)^-} \frac{\ln(\cot x)}{\ln \cos x} = ?$

【解】

藉由羅比達法則 $\displaystyle\lim_{x \to \left(\frac{\pi}{2}\right)^-} \frac{\ln(\cot x)}{\ln \cos x} = \lim_{x \to \left(\frac{\pi}{2}\right)^-} \frac{\dfrac{\csc^2 x}{\cot x}}{\dfrac{\sin x}{\cos x}} = \lim_{x \to \left(\frac{\pi}{2}\right)^-} \csc^2 x = 1$

3.1.3　(趨近於0) × (趨近於 $\pm\infty$) $\Rightarrow$ 把相乘轉成相除使用羅比達法則

考試類型:

題型 1.

求 $\lim\limits_{x \to a} f(x)g(x) = ?$ where $\lim\limits_{x \to a} f(x) = 0$ 且 $\lim\limits_{x \to a} g(x) = \pm\infty$

解題流程:

$\because f(x)g(x) = \dfrac{f(x)}{\dfrac{1}{g(x)}} = \dfrac{g(x)}{\dfrac{1}{f(x)}}$ where $\lim\limits_{x \to a} \dfrac{1}{g(x)} = 0,\ \lim\limits_{x \to a} \dfrac{1}{f(x)} = \pm\infty$

藉由羅比達法則 $\lim\limits_{x \to a} f(x)g(x) = \lim\limits_{x \to a} \dfrac{f(x)}{\dfrac{1}{g(x)}} = \lim\limits_{x \to a} \dfrac{f'(x)}{\left(\dfrac{1}{g(x)}\right)'}$

and $\lim\limits_{x \to a} f(x)g(x) = \lim\limits_{x \to a} \dfrac{g(x)}{\dfrac{1}{f(x)}} = \lim\limits_{x \to a} \dfrac{g'(x)}{\left(\dfrac{1}{f(x)}\right)'}$

因此計算 $\lim\limits_{x \to a} \dfrac{f'(x)}{\left(\dfrac{1}{g(x)}\right)'} = ?$ 或 $\lim\limits_{x \to a} \dfrac{g'(x)}{\left(\dfrac{1}{f(x)}\right)'} = ?$

題型 2.

求 $\lim\limits_{x \to \infty} f(x)g(x) = ?$ where $\lim\limits_{x \to \infty} f(x) = 0$ 且 $\lim\limits_{x \to \infty} g(x) = \pm\infty$

解題流程:

$\because f(x)g(x) = \dfrac{f(x)}{\dfrac{1}{g(x)}} = \dfrac{g(x)}{\dfrac{1}{f(x)}}$ where $\lim\limits_{x \to \infty} \dfrac{1}{g(x)} = 0,\ \lim\limits_{x \to \infty} \dfrac{1}{f(x)} = \pm\infty$

藉由羅比達法則

$\lim\limits_{x \to \infty} f(x)g(x) = \lim\limits_{x \to \infty} \dfrac{f(x)}{\dfrac{1}{g(x)}} = \lim\limits_{x \to \infty} \dfrac{f'(x)}{\left(\dfrac{1}{g(x)}\right)'}$ 且 $\lim\limits_{x \to \infty} f(x)g(x) = \lim\limits_{x \to \infty} \dfrac{g(x)}{\dfrac{1}{f(x)}} = \lim\limits_{x \to \infty} \dfrac{g'(x)}{\left(\dfrac{1}{f(x)}\right)'}$

因此計算 $\lim\limits_{x \to \infty} \dfrac{f'(x)}{\left(\dfrac{1}{g(x)}\right)'} = ?$ 或 $\lim\limits_{x \to \infty} \dfrac{g'(x)}{\left(\dfrac{1}{f(x)}\right)'} = ?$

題型 3.

計算 $\lim\limits_{x \to a} \dfrac{f'(x)}{\left(\dfrac{1}{g(x)}\right)'} = ?, \quad \lim\limits_{x \to a} \dfrac{g'(x)}{\left(\dfrac{1}{f(x)}\right)'} = ?, \quad \lim\limits_{x \to \infty} \dfrac{f'(x)}{\left(\dfrac{1}{g(x)}\right)'} = ?, \quad \lim\limits_{x \to \infty} \dfrac{g'(x)}{\left(\dfrac{1}{f(x)}\right)'} = ?$

可能搭配使用消掉共同項、把式子有理化、x趨近於無窮大時求極限、三角函數的極限、計算左右極限的極限值

範例 1.

求 $\lim\limits_{x \to 0} (e^x - 1)\csc x = ?$

【解】

藉由羅比達法則 $\lim\limits_{x \to 0} (e^x - 1)\csc x = \lim\limits_{x \to 0} \dfrac{e^x - 1}{\sin x} = \lim\limits_{x \to 0} \dfrac{e^x}{\cos x} = 1$

範例 2.

求 $\lim\limits_{x \to 0} x^n \ln 2x = ?$

【解】

藉由羅比達法則 $\lim\limits_{x \to 0} x^n \ln 2x = \lim\limits_{x \to 0} \dfrac{\ln 2x}{x^{-n}} = \lim\limits_{x \to 0} \dfrac{\dfrac{1}{x}}{-nx^{-n-1}} = \lim\limits_{x \to 0} \dfrac{x^n}{-n} = 0$

範例 3.

求 $\lim\limits_{x \to \infty} x^2 \sin \dfrac{1}{x^2} = ?$

【解】

藉由羅比達法則 $\lim\limits_{x \to \infty} x^2 \sin \dfrac{1}{x^2} = \lim\limits_{x \to \infty} \dfrac{\sin \dfrac{1}{x^2}}{\dfrac{1}{x^2}} = \lim\limits_{t \to 0} \dfrac{\sin t}{t} = \lim\limits_{t \to 0} \dfrac{\cos t}{1} = 1$

範例 4.

求 $\lim\limits_{x \to 0} \csc 2x \sin^{-1} x = ?$

【解】

藉由羅比達法則　$\lim\limits_{x\to 0} \csc 2x \sin^{-1} x = \lim\limits_{x\to 0} \dfrac{\sin^{-1} x}{\sin 2x} = \lim\limits_{x\to 0} \dfrac{\dfrac{1}{\sqrt{1-x^2}}}{2\cos 2x} = \dfrac{1}{2}$

範例 5.

　　求 $\lim\limits_{x\to 0} \cot x \tan^{-1} x =?$

【解】

藉由羅比達法則　$\lim\limits_{x\to 0} \cot x \tan^{-1} x = \lim\limits_{x\to 0} \dfrac{\tan^{-1} x}{\tan x} = \lim\limits_{x\to 0} \dfrac{\dfrac{1}{1+x^2}}{\sec^2 x} = 1$

範例 6.

　　求 $\lim\limits_{x\to \frac{\pi}{2}} \tan^2 x \ln \sin x =?$

【解】

藉由羅比達法則

$$\lim\limits_{x\to \frac{\pi}{2}} \tan^2 x \ln \sin x = \lim\limits_{x\to \frac{\pi}{2}} \dfrac{\ln \sin x}{\cot^2 x} = \lim\limits_{x\to \frac{\pi}{2}} \dfrac{\dfrac{\cos x}{\sin x}}{-2\cot x \csc^2 x} = \lim\limits_{x\to \frac{\pi}{2}} \dfrac{-1}{2\csc^2 x} = \dfrac{-1}{2}$$

範例 7.

　　求 $\lim\limits_{x\to \frac{\pi}{2}} \tan^2 x \ln \csc x =?$

【解】

藉由羅比達法則　$\lim\limits_{x\to \frac{\pi}{2}} \tan^2 x \ln \csc x = \lim\limits_{x\to \frac{\pi}{2}} \dfrac{\ln \csc x}{\cot^2 x} = \lim\limits_{x\to \frac{\pi}{2}} \dfrac{\dfrac{-\cot x \csc x}{\csc x}}{-2\cot x \csc^2 x} = \lim\limits_{x\to \frac{\pi}{2}} \dfrac{1}{2\csc^2 x} = \dfrac{1}{2}$

範例 8.

　　求 $\lim\limits_{x\to 0} \cot^2 x \ln \cos x =?$

【解】

藉由羅比達法則 $\displaystyle\lim_{x\to 0} \cot^2 x \ln\cos x = \lim_{x\to 0}\frac{\ln\cos x}{\tan^2 x} = \lim_{x\to 0}\frac{\dfrac{-\sin x}{\cos x}}{2\tan x \sec^2 x} = \lim_{x\to 0}\frac{-1}{2\sec^2 x} = \frac{-1}{2}$

範例 9.

　　求 $\displaystyle\lim_{x\to 0}\cot^2 x \ln\sec x =$?

【解】

藉由羅比達法則 $\displaystyle\lim_{x\to 0}\cot^2 x \ln\sec x = \lim_{x\to 0}\frac{\ln\sec x}{\tan^2 x} = \lim_{x\to 0}\frac{\dfrac{\sec x \tan x}{\sec x}}{2\tan x \sec^2 x} = \lim_{x\to 0}\frac{1}{2\sec^2 x} = \frac{1}{2}$

範例 10.

　　求 $\displaystyle\lim_{x\to\infty} x\left(e^{\frac{2}{x}} - 1\right) =$?

【解】

藉由羅比達法則 $\displaystyle\lim_{x\to\infty} x\left(e^{\frac{2}{x}} - 1\right) = \lim_{x\to\infty}\frac{e^{\frac{2}{x}} - 1}{x^{-1}} = \lim_{x\to\infty}\frac{2e^{\frac{2}{x}}\left(\dfrac{-2}{x^2}\right)}{-x^{-2}} = 4\lim_{x\to\infty}e^{\frac{2}{x}} = 4$

範例 11.

　　求 $\displaystyle\lim_{x\to 0^+} x^3 \ln\sqrt[5]{x} =$?

【解】

藉由羅比達法則 $\displaystyle\lim_{x\to 0^+} x^3 \ln\sqrt[5]{x} = \lim_{x\to 0^+}\frac{\dfrac{1}{5}\cdot\ln x}{x^{-3}} = \frac{1}{5}\lim_{x\to 0^+}\frac{\dfrac{1}{x}}{-3x^{-4}} = -\frac{1}{15}\lim_{x\to 0^+}x^3 = 0$

範例 12.

　　求 $\displaystyle\lim_{x\to 0^+} x^n \ln x^{\frac{1}{n}} =$?, $\ \forall n \in N$

【解】

令 $n \in N$，藉由羅比達法則

$$\lim_{x \to 0^+} x^n \ln x^{\frac{1}{n}} = \lim_{x \to 0^+} \frac{\frac{1}{n} \cdot \ln x}{x^{-n}} = \lim_{x \to 0^+} \frac{\frac{1}{nx}}{-nx^{-n-1}} = -\frac{1}{n^2} \lim_{x \to 0^+} x^n = 0$$

範例 13.

$$求 \quad \lim_{x \to 0^+} x \cdot \ln(\tan x) = ?$$

【解】

藉由羅比達法則

$$\lim_{x \to 0^+} x \cdot \ln(\tan x) = \lim_{x \to 0^+} \frac{\ln(\tan x)}{\frac{1}{x}} = \lim_{x \to 0^+} \frac{\frac{\sec^2 x}{\tan x}}{-x^{-2}} = \lim_{x \to 0^+} (-x^2) \frac{\frac{1}{\cos^2 x}}{\frac{\sin x}{\cos x}}$$

$$= \lim_{x \to 0^+} (-x^2) \frac{1}{\cos x \sin x} = \lim_{x \to 0^+} \left(\frac{-x}{\cos x}\right) \frac{x}{\sin x} = 0$$

範例 14.

$$求 \quad \lim_{x \to 0^+} \tan x \cdot \ln(\sin x) = ?$$

【解】

藉由羅比達法則

$$\lim_{x \to 0^+} \tan x \cdot \ln(\sin x) = \lim_{x \to 0^+} \frac{\ln(\sin x)}{\cot x} = \lim_{x \to 0^+} \frac{\frac{\cos x}{\sin x}}{-\csc^2 x} = \lim_{x \to 0^+} -\sin x \cos x = 0$$

範例 15.

$$求 \quad \lim_{x \to 0^+} \sin x \cdot \ln(\tan x) = ?$$

【解】

藉由羅比達法則 $\quad \lim_{x \to 0^+} \sin x \cdot \ln(\tan x) = \lim_{x \to 0^+} \frac{\ln(\tan x)}{\csc x} = \lim_{x \to 0^+} \frac{\frac{\sec^2 x}{\tan x}}{-\csc x \cot x} = 0$

範例 16.

$$求 \quad \lim_{x \to \left(\frac{\pi}{2}\right)^-} \cot x \cdot \ln(\cos x) = ?$$

【解】

藉由羅比達法則 $\quad \lim\limits_{x \to \left(\frac{\pi}{2}\right)^-} \cot x \cdot \ln(\cos x) = \lim\limits_{x \to \left(\frac{\pi}{2}\right)^-} \dfrac{\ln(\cos x)}{\tan x} = \lim\limits_{x \to \left(\frac{\pi}{2}\right)^-} \dfrac{-\dfrac{\sin x}{\cos x}}{\sec^2 x} = 0$

範例 17.

$\quad$ 求 $\lim\limits_{x \to \left(\frac{\pi}{2}\right)^-} \cos x \cdot \ln(\cot x) = ?$

【解】

藉由羅比達法則 $\quad \lim\limits_{x \to \left(\frac{\pi}{2}\right)^-} \cos x \cdot \ln(\cot x) = \lim\limits_{x \to \left(\frac{\pi}{2}\right)^-} \dfrac{\ln(\cot x)}{\sec x} = \lim\limits_{x \to \left(\frac{\pi}{2}\right)^-} \dfrac{-\dfrac{\csc^2 x}{\cot x}}{\sec x \tan x} = 0$

範例 18.

$\quad$ 求 $\lim\limits_{x \to 0^+} x^2 \cdot \ln x = ?$

【解】

藉由羅比達法則 $\lim\limits_{x \to 0^+} x^2 \cdot \ln x = \lim\limits_{x \to 0^+} \dfrac{\ln x}{x^{-2}} = \lim\limits_{x \to 0^+} \dfrac{\dfrac{1}{x}}{-2x^{-3}} = 0$

範例 19.

$\quad$ 求 $\lim\limits_{x \to 0^+} \tan x \cdot \ln(x + \sin x) = ?$

【解】

藉由羅比達法則

$$\lim\limits_{x \to 0^+} \tan x \cdot \ln(x + \sin x) = \lim\limits_{x \to 0^+} \dfrac{\ln(x + \sin x)}{\cot x} = \lim\limits_{x \to 0^+} \dfrac{\dfrac{1 + \cos x}{x + \sin x}}{-\csc^2 x}$$

$$= \lim\limits_{x \to 0^+} -\dfrac{(1 + \cos x)\sin^2 x}{x + \sin x} = \lim\limits_{x \to 0^+} -\dfrac{(1 + \cos x)\sin x \cdot \dfrac{\sin x}{x}}{1 + \dfrac{\sin x}{x}}$$

$\because \lim\limits_{x \to 0^+} \dfrac{\sin x}{x} = 1$ 且 $\lim\limits_{x \to 0^+} \sin x = 0$

$$\therefore \lim_{x \to 0^+} \tan x \cdot \ln(x + \sin x) = \lim_{x \to 0^+} -\frac{(1 + \cos x)\sin x \cdot \dfrac{\sin x}{x}}{1 + \dfrac{\sin x}{x}} = 0$$

範例 20.

求 $\displaystyle\lim_{x \to 0} \frac{1}{x^2} \cdot \ln \cos x = ?$

【解】

藉由羅比達法則 $\displaystyle\lim_{x \to 0} \frac{1}{x^2} \cdot \ln \cos x = \lim_{x \to 0} \frac{\dfrac{-\sin x}{\cos x}}{2x} = -\frac{1}{2}$

範例 21.

求 $\displaystyle\lim_{x \to \infty} x \cdot \ln\left(1 - \frac{\sin\frac{2}{x}}{3x}\right) == ?$

【解】

藉由羅比達法則

$$\lim_{x \to \infty} x \cdot \ln\left(1 - \frac{\sin\frac{2}{x}}{3x}\right) = \lim_{x \to \infty} \frac{\ln\left(1 - \dfrac{\sin\frac{2}{x}}{3x}\right)}{\dfrac{1}{x}} = \lim_{t \to 0} \frac{\ln\left(1 - \dfrac{t \sin 2t}{3}\right)}{t}$$

$$= \lim_{t \to 0} \frac{-\dfrac{1}{3}\sin 2t - \dfrac{2t}{3}\cos 2t}{1 - \dfrac{t \sin 2t}{3}} = 0$$

範例 22.

求 $\displaystyle\lim_{x \to \frac{\pi}{4}} \tan 2x \ln \tan x = ?$

【解】

藉由羅比達法則

$$\lim_{x \to \frac{\pi}{4}} \tan 2x \ln \tan x = \lim_{x \to \frac{\pi}{4}} \frac{\ln \tan x}{\cot 2x} = \lim_{x \to \frac{\pi}{4}} \frac{\dfrac{\sec^2 x}{\tan x}}{-2\csc^2 2x} = -\lim_{x \to \frac{\pi}{4}} \frac{\cos x \sin^2 2x}{2\sin x \cos^2 x}$$

$$= -\lim_{x \to \frac{\pi}{4}} \frac{\sin^2 2x}{2\sin x \cos x} = -\lim_{x \to \frac{\pi}{4}} \frac{\sin^2 2x}{\sin 2x} = -1$$

範例 23.

$$\text{求} \quad \lim_{x \to \infty} x\ln\frac{x+a}{x-a} = = ?$$

【解】

藉由羅比達法則

$$\lim_{x \to \infty} x\ln\frac{x+a}{x-a} = \lim_{x \to \infty} \frac{\ln\dfrac{x+a}{x-a}}{x^{-1}} = \lim_{x \to \infty} \frac{\dfrac{x-a}{x+a} \cdot \dfrac{(x-a-(x+a))}{(x-a)^2}}{-x^{-2}}$$

$$= \lim_{x \to \infty} \frac{\dfrac{x-a}{x+a} \cdot \dfrac{2a}{(x-a)^2}}{x^{-2}} = 2a \lim_{x \to \infty} \frac{1-\dfrac{a}{x}}{1+\dfrac{a}{x}} \cdot \frac{1}{\left(1-\dfrac{a}{x}\right)^2} = 2a$$

範例 24.

$$\text{求} \quad \lim_{x \to 0} \frac{1}{x^2} \ln\frac{\sin x}{x} = ?$$

【解】

藉由羅比達法則

$$\lim_{x \to 0} \frac{1}{x^2} \ln\frac{\sin x}{x} = \lim_{x \to 0} \frac{\ln\dfrac{\sin x}{x}}{x^2} = \lim_{x \to 0} \frac{\dfrac{x}{\sin x} \cdot \dfrac{x\cos x - \sin x}{x^2}}{2x} = \lim_{x \to 0} \frac{x\cos x - \sin x}{2x^2 \sin x}$$

$$= \frac{1}{2} \lim_{x \to 0} \frac{\cos x - x\sin x - \cos x}{2x\sin x + x^2\cos x} = \frac{1}{2} \lim_{x \to 0} \frac{-\sin x - x\cos x}{2\sin x + 2x\cos x + 2x\cos x - x^2\sin x}$$

$$= \frac{1}{2} \lim_{x \to 0} \frac{-\cos x - \cos x + x\sin x}{6\cos x + 4x(-\sin x) - 2x\sin x - x^2\cos x} = -\frac{1}{6}$$

3.1.4 $\quad \left(\text{趨近於}\infty\right) - \left(\text{趨近於}\infty\right) \Rightarrow$ 先轉相乘再轉成相除使用羅比達法則

考試類型:

題型 1.

求 $\lim\limits_{x\to\infty} f(x) - g(x) =?$ where $\lim\limits_{x\to\infty} f(x) = \infty$ 且 $\lim\limits_{x\to\infty} g(x) = \infty$

解題流程

$$\because f(x) - g(x) = f(x)\left(1 - \frac{g(x)}{f(x)}\right) = \frac{1 - \dfrac{g(x)}{f(x)}}{\dfrac{1}{f(x)}} = \frac{f(x)}{\dfrac{1}{1 - \dfrac{g(x)}{f(x)}}}$$

如果 $\lim\limits_{x\to\infty} 1 - \dfrac{g(x)}{f(x)} = 0$ 藉由羅比達法則

$$\lim\limits_{x\to\infty} f(x) - g(x) = \lim\limits_{x\to\infty} \frac{1 - \dfrac{g(x)}{f(x)}}{\dfrac{1}{f(x)}} = \lim\limits_{x\to\infty} \frac{\left(1 - \dfrac{g(x)}{f(x)}\right)'}{\left(\dfrac{1}{f(x)}\right)'}$$

$$\lim\limits_{x\to\infty} f(x) - g(x) = \lim\limits_{x\to\infty} \frac{f(x)}{\dfrac{1}{1 - \dfrac{g(x)}{f(x)}}} = \lim\limits_{x\to\infty} \frac{f'(x)}{\left(\dfrac{1}{1 - \dfrac{g(x)}{f(x)}}\right)'}$$

因此計算 $\lim\limits_{x\to\infty} \dfrac{\left(1 - \dfrac{g(x)}{f(x)}\right)'}{\left(\dfrac{1}{f(x)}\right)'} =?$ 或求 $\lim\limits_{x\to\infty} \dfrac{f'(x)}{\left(\dfrac{1}{1 - \dfrac{g(x)}{f(x)}}\right)'} =?$

題型 2.

求 $\lim\limits_{x\to a} \dfrac{c_1}{f(x)} - \dfrac{c_2}{g(x)} =?$ where $\lim\limits_{x\to a} f(x) = 0 \, , \lim\limits_{x\to a} g(x) = 0$

解題流程:

$$\because \frac{c_1}{f(x)} - \frac{c_2}{g(x)} = \frac{c_1 g(x) - c_2 f(x)}{f(x)g(x)}, \quad \lim\limits_{x\to a} f(x)g(x) = 0 \text{ 且 } \lim\limits_{x\to a} c_1 g(x) - c_2 f(x) = 0$$

藉由羅比達法則 $\lim\limits_{x\to a} \dfrac{c_1}{f(x)} - \dfrac{c_2}{g(x)} = \lim\limits_{x\to a} \dfrac{c_1 g(x) - c_2 f(x)}{f(x)g(x)} = \lim\limits_{x\to a} \dfrac{(c_1 g(x) - c_2 f(x))'}{(f(x)g(x))'}$

因此計算 $\displaystyle\lim_{x\to a}\frac{(c_1 g(x) - c_2 f(x))'}{(f(x)g(x))'} = ?$

題型 3.

計算 $\displaystyle\lim_{x\to\infty}\frac{\left(1 - \dfrac{g(x)}{f(x)}\right)'}{\left(\dfrac{1}{f(x)}\right)'} = ?$ 、 $\displaystyle\lim_{x\to\infty}\frac{f'(x)}{\left(\dfrac{1}{1 - \dfrac{g(x)}{f(x)}}\right)'} = ?$ 、 $\displaystyle\lim_{x\to a}\frac{(c_1 g(x) - c_2 f(x))'}{(f(x)g(x))'} = ?$ 時

可能搭配使用消掉共同項、把式子有理化、x 趨近於無窮大時求極限、三角函數的極限、
計算左右極限的極限值

範例 1.

$$\text{求} \quad \lim_{x\to\infty}\sqrt[n]{x^n + x^{n-1} + 1} - x = ?$$

【解】

藉由羅比達法則

$$\lim_{x\to\infty}\sqrt[n]{x^n + x^{n-1} + 1} - x = \lim_{x\to\infty} x\left(\sqrt[n]{1 + x^{-1} + x^{-n}} - 1\right) = \lim_{x\to\infty}\frac{\sqrt[n]{1 + x^{-1} + x^{-n}} - 1}{\dfrac{1}{x}}$$

$$= \lim_{u\to 0}\frac{\sqrt[n]{1 + u + u^n} - 1}{u} = \lim_{u\to 0}\frac{\dfrac{1}{n}\cdot(1 + u + u^n)^{\frac{1}{n}-1}(1 + n\cdot u^{n-1})}{1} = \frac{1}{n}$$

範例 2.

$$\text{求} \quad \lim_{x\to 0}\left(\cot^2 2x - \frac{1}{x^2}\right) = ?$$

【解】

$$\because \cot^2 2x - \frac{1}{x^2} = \frac{\cos^2 2x}{\sin^2 2x} - \frac{1}{x^2} = \frac{x^2 \cos^2 2x - \sin^2 2x}{x^2 \sin^2 2x}$$

$$= \frac{x^2(1 - \sin^2 2x) - \sin^2 2x}{x^2 \sin^2 2x} = -1 + \frac{x^2 - \sin^2 2x}{x^2 \sin^2 2x} = -1 + \frac{(x + \sin 2x)(x - \sin 2x)}{x^2 \sin^2 2x}$$

$$\therefore \lim_{x\to 0}\left(\cot^2 2x - \frac{1}{x^2}\right) = \lim_{x\to 0} -1 + \frac{(x+\sin 2x)(x-\sin 2x)}{x^2\sin^2 2x}$$

藉由羅比達法則

$$\lim_{x\to 0}\frac{x-\sin 2x}{x\sin^2 2x} = \lim_{x\to 0}\frac{1-2\cos 2x}{\sin^2 2x + 2x\sin 4x} = \lim_{x\to 0}\frac{4\sin 2x}{2\sin 4x + 2\sin 4x + 8x\cos 4x}$$

$$= \lim_{x\to 0}\frac{8\cos 2x}{16\cos 4x + 8\cos 4x - 32x\sin 4x} = \frac{8}{24} = \frac{1}{3}$$

$$\because \lim_{x\to 0}\frac{(x+\sin 2x)}{x} = 3 \quad \therefore \lim_{x\to 0}\frac{(x+\sin 2x)(x-\sin 2x)}{x^2\sin^2 2x} = 3\cdot\frac{1}{3} = 1$$

$$\Rightarrow \lim_{x\to 0}\left(\cot^2 2x - \frac{1}{x^2}\right) = -1 + 1 = 0$$

範例 3.

$$求\ \lim_{x\to 0}\left(\csc^2 x - \frac{1}{x^2}\right) = ?$$

【解】

$$\because \csc^2 x - \frac{1}{x^2} = \frac{1}{\sin^2 x} - \frac{1}{x^2} = \frac{x^2 - \sin^2 x}{x^2\sin^2 x} = \frac{(x+\sin x)(x-\sin x)}{x^2\sin^2 x}$$

$$\therefore \lim_{x\to 0}\left(\csc^2 x - \frac{1}{x^2}\right) = \lim_{x\to 0}\frac{(x+\sin x)(x-\sin x)}{x^2\sin^2 x}$$

藉由羅比達法則

$$\lim_{x\to 0}\frac{x-\sin x}{x\sin^2 x} = \lim_{x\to 0}\frac{1-\cos x}{\sin^2 x + x\sin 2x} = \lim_{x\to 0}\frac{\sin x}{\sin 2x + \sin 2x + 2x\cos 2x}$$

$$= \lim_{x\to 0}\frac{\cos x}{2\cos 2x + 2\cos 2x + 2\cos 2x - 4x\sin 2x} = \frac{1}{6}$$

$$\because \lim_{x\to 0}\frac{(x+\sin x)}{x} = 2 \quad \therefore \lim_{x\to 0}\left(\csc^2 x - \frac{1}{x^2}\right) = \frac{2}{6} = \frac{1}{3}$$

範例 4.

$$求\ \lim_{x\to 0}\left(\frac{1}{\tan x} - \frac{1}{x}\right) = ?$$

【解】

$$\because \frac{1}{\tan x} - \frac{1}{x} = \frac{x-\tan x}{x\tan x}, \ 藉由羅比達法則$$

$$\lim_{x \to 0}\left(\frac{1}{\tan x} - \frac{1}{x}\right) = \lim_{x \to 0}\left(\frac{x - \tan x}{x \tan x}\right) = \lim_{x \to 0}\left(\frac{1 - \sec^2 x}{\tan x + x\sec^2 x}\right)$$

$$= \lim_{x \to 0}\left(\frac{-2\sec^2 x \tan x}{\sec^2 x + \sec^2 x + 2x\sec^2 x \tan x}\right) = 0$$

範例 5.

$$求 \ \lim_{x \to 1}\left(\frac{x}{x-1} - \frac{1}{\ln x}\right) = ?$$

【解】

$$\because \frac{x}{x-1} - \frac{1}{\ln x} = \frac{x\ln x - x + 1}{(x-1)\ln x}, \quad 藉由羅比達法則$$

$$\lim_{x \to 1}\left(\frac{x}{x-1} - \frac{1}{\ln x}\right) = \lim_{x \to 1}\frac{x\ln x - x + 1}{(x-1)\ln x} = \lim_{x \to 1}\frac{\ln x}{\ln x + \dfrac{x-1}{x}} = \lim_{x \to 1}\frac{x\ln x}{x\ln x + x - 1}$$

$$= \lim_{x \to 1}\frac{\ln x + 1}{\ln x + 1 + 1} = \frac{1}{2}$$

範例 6.

$$假設 \ \lim_{x \to \infty}\left(\frac{x^2+1}{x+1} - ax - b\right) = -3, \quad 求 \ a + b = ?$$

【解】

$$\because \frac{x^2+1}{x+1} - ax - b = \frac{x^2 + 1 - (ax+b)(x+1)}{x+1}$$

$$= \frac{x^2 + 1 - (ax^2 + (a+b)x + b)}{x+1} = \frac{(1-a)x^2 - (a+b)x + 1 - b}{x+1}$$

$$\because \lim_{x \to \infty}\left(\frac{(1-a)x^2 - (a+b)x + 1 - b}{x+1}\right) 存在 \qquad \therefore a = 1$$

$$\because \lim_{x \to \infty}\left(\frac{-(a+b)x + 1 - b}{x+1}\right) = -(a+b) = -3 \quad \therefore a + b = 3$$

範例 7.

$$求 \ \lim_{x \to \infty} \sqrt[36]{x^{36} + 72x^{35} + 1} - x = ?$$

【解】

藉由羅比達法則

$$\lim_{x\to\infty} \sqrt[36]{x^{36}+72x^{35}+1}-x = \lim_{x\to\infty} x\left(\sqrt[36]{1+72x^{-1}+x^{-36}}-1\right)$$

$$= \lim_{x\to\infty} \frac{\sqrt[36]{1+72x^{-1}+x^{-36}}-1}{\dfrac{1}{x}} = \lim_{u\to0} \frac{\sqrt[36]{1+72u+u^{36}}-1}{u}$$

$$= \lim_{u\to0} \frac{\dfrac{1}{36}\cdot(1+72u+u^{36})^{\frac{1}{36}-1}(72+36u^{35})}{1} = \frac{72}{36} = 2$$

範例 8.

$$求\ \lim_{x\to\infty} \sqrt[25]{x^{25}+50x^{24}+5x}-x =?$$

【解】

藉由羅比達法則

$$\lim_{x\to\infty} \sqrt[25]{x^{25}+50x^{24}+5x}-x = \lim_{x\to\infty} x\left(\sqrt[25]{1+50x^{-1}+5x^{-24}}-1\right)$$

$$= \lim_{x\to\infty} \frac{\sqrt[25]{1+50x^{-1}+5x^{-24}}-1}{\dfrac{1}{x}} = \lim_{u\to0} \frac{\sqrt[25]{1+50u+5u^{24}}-1}{u}$$

$$= \lim_{u\to0} \frac{\dfrac{1}{25}\cdot(1+50u+5u^{24})^{\frac{1}{25}-1}(50+120u^{23})}{1} = \frac{50}{25} = 2$$

範例 9.

$$求\ \lim_{x\to\infty} \sqrt[7]{x^{7}+x^{6}+5x^{5}}-x = ?$$

【解】

藉由羅比達法則

$$\lim_{x\to\infty} \sqrt[7]{x^{7}+x^{6}+5x^{5}}-x = \lim_{x\to\infty} x\left(\sqrt[7]{1+x^{-1}+5x^{-2}}-1\right) = \lim_{x\to\infty} \frac{\sqrt[7]{1+x^{-1}+5x^{-2}}-1}{\dfrac{1}{x}}$$

$$= \lim_{u\to 0}\frac{\sqrt[7]{1+u+5u^2}-1}{u} = \lim_{u\to 0}\frac{\frac{1}{7}\cdot(1+u+5u^2)^{\frac{1}{7}-1}(1+10u)}{1} = \frac{1}{7}$$

範例 10.

$$\text{求}\ \lim_{x\to 0}\left(\frac{1}{\ln x+1}-\frac{1}{x}\right) = ?$$

【解】

$$\because \frac{1}{\ln(x+1)}-\frac{1}{x} = \frac{x-\ln(x+1)}{x\ln(x+1)},\ \text{藉由羅比達法則}$$

$$\lim_{x\to 0}\left(\frac{1}{\ln x+1}-\frac{1}{x}\right) = \lim_{x\to 0}\frac{x-\ln(x+1)}{x\ln(x+1)} = \lim_{x\to 0}\frac{1-\frac{1}{x+1}}{\ln(x+1)+\frac{x}{x+1}} = \lim_{x\to 0}\frac{\frac{1}{(x+1)^2}}{\frac{1}{x+1}+\frac{x+1-x}{(x+1)^2}}$$

$$= \frac{1}{2}$$

範例 11.

$$\text{求}\ \lim_{x\to 0}\left(\frac{1}{\sin 3x}-\frac{1}{3x}\right) = ?$$

【解】

$$\because \lim_{x\to 0}\left(\frac{1}{\sin 3x}-\frac{1}{3x}\right) = \lim_{x\to 0}\left(\frac{1}{\sin x}-\frac{1}{x}\right)\ \text{and}\ \ \frac{1}{\sin x}-\frac{1}{x} = \frac{x-\sin x}{x\sin x},$$

藉由羅比達法則

$$\lim_{x\to 0}\left(\frac{1}{\sin x}-\frac{1}{x}\right) = \lim_{x\to 0}\frac{x-\sin x}{x\sin x} = \lim_{x\to 0}\frac{1-\cos x}{\sin x+x\cos x}$$

$$= \lim_{x\to 0}\frac{\sin x}{\cos x+\cos x-x\sin x} = 0$$

3.1.5 $\left(\text{趨近於}\infty\right)^{\text{趨近於}0}$

$$\because \left(\text{趨近於}\infty\right)^{\text{趨近於}0} = \exp\left(\left(\text{趨近於}0\right)\cdot\ln\left(\text{趨近於}\infty\right)\right) = \exp\left(\left(\text{趨近於}0\right)\cdot\left(\text{趨近於}\infty\right)\right)$$

$\therefore$ 等於回到上述$(趨近於\,0)\times\big(趨近於\pm\infty\big)$的問題

$\therefore$ 仿照之前手法把相乘轉成相除再使用羅比達法則

考試類型：

題型 1.

求 $\displaystyle\lim_{x\to\infty}(f(x))^{g(x)}=?$ where $\displaystyle\lim_{x\to\infty}f(x)=\infty$ 且 $\displaystyle\lim_{x\to\infty}g(x)=0$

解題流程：

$$\because \lim_{x\to\infty}(f(x))^{g(x)}=\lim_{x\to\infty}\exp\big(g(x)\cdot\ln(f(x))\big)=\exp\Big(\lim_{x\to\infty}g(x)\cdot\ln\big(f(x)\big)\Big)$$

$$=\exp\left(\lim_{x\to\infty}\frac{\ln\big(f(x)\big)}{\dfrac{1}{g(x)}}\right)=\exp\left(\lim_{x\to\infty}\frac{\big(\ln(f(x))\big)'}{\left(\dfrac{1}{g(x)}\right)'}\right)\quad\therefore 計算 \lim_{x\to\infty}\frac{\big(\ln(f(x))\big)'}{\left(\dfrac{1}{g(x)}\right)'}=?$$

題型 2.

求 $\displaystyle\lim_{x\to a}(f(x))^{g(x)}=?$ where $\displaystyle\lim_{x\to a}f(x)=\infty$ 且 $\displaystyle\lim_{x\to a}g(x)=0$

解題流程：

解題流程與上述方法相同

$$\because \lim_{x\to a}(f(x))^{g(x)}=\exp\left(\lim_{x\to a}\frac{\big(\ln(f(x))\big)'}{\left(\dfrac{1}{g(x)}\right)'}\right)\quad\therefore 計算 \lim_{x\to a}\frac{\big(\ln(f(x))\big)'}{\left(\dfrac{1}{g(x)}\right)'}=?$$

題型 3.

計算 $\displaystyle\lim_{x\to\infty}\frac{\big(\ln(f(x))\big)'}{\left(\dfrac{1}{g(x)}\right)'}=?$ 、 $\displaystyle\lim_{x\to a}\frac{\big(\ln(f(x))\big)'}{\left(\dfrac{1}{g(x)}\right)'}=?$ 時

可能搭配使用消掉共同項、把式子有理化、x趨近於無窮大時求極限、三角函數的極限、計算左右極限的極限值

範例 1.

$$求\ \lim_{x\to\infty} x^{\frac{1}{x}} = ?$$

【解】

$$\because x^{\frac{1}{x}} = e^{\frac{1}{x}\cdot \ln x} \quad \therefore \lim_{x\to\infty} x^{\frac{1}{x}} = \exp\left(\lim_{x\to\infty}\frac{1}{x}\cdot \ln x\right)$$

藉由羅比達法則　$\lim_{x\to\infty}\dfrac{1}{x}\cdot \ln x = \lim_{x\to\infty}\dfrac{\frac{1}{x}}{1} = 0$　$\therefore \lim_{x\to\infty} x^{\frac{1}{x}} = \exp\left(\lim_{x\to\infty}\dfrac{1}{x}\cdot \ln x\right) = \exp(0) = 1$

範例 2.

$$求\ \lim_{x\to\infty}(2+3x)^{\frac{1}{5x}} = ?$$

【解】

$$\because (2+3x)^{\frac{1}{5x}} = \exp\left(\frac{\ln(2+3x)}{5x}\right) \quad \therefore \lim_{x\to\infty}(2+3x)^{\frac{1}{5x}} = \exp\left(\lim_{x\to\infty}\frac{\ln(2+3x)}{5x}\right)$$

藉由羅比達法則　$\lim_{x\to\infty}\dfrac{\ln(2+3x)}{5x} = \lim_{x\to\infty}\dfrac{\frac{3}{2+3x}}{5} = 0$

$$\therefore \lim_{x\to\infty}(2+3x)^{\frac{1}{5x}} = \exp\left(\lim_{x\to\infty}\frac{\ln(2+3x)}{5x}\right) = \exp(0) = 1$$

範例 3.

$$求\ \lim_{x\to\infty}(7+3x)^{\frac{1}{2x^n}} = ?,\ \ \forall n \in N$$

【解】

$$令\ n \in N,\ \ \because (7+3x)^{\frac{1}{2x^n}} = e^{\frac{1}{2x^n}\cdot \ln(7+3x)} \quad \therefore \lim_{x\to\infty}(7+3x)^{\frac{1}{2x^n}} = \exp\left(\lim_{x\to\infty}\frac{1}{2x^n}\cdot \ln(7+3x)\right)$$

藉由羅比達法則　$\lim_{x\to\infty}\dfrac{1}{2x^n}\cdot \ln(7+3x) = \lim_{x\to\infty}\dfrac{\frac{3}{7+3x}}{2nx^{n-1}} = 0$

$$\therefore \lim_{x\to\infty}(7+3x)^{\frac{1}{2x^n}} = \exp\left(\lim_{x\to\infty}\frac{1}{2x^n}\cdot \ln(7+3x)\right) = \exp(0) = 1$$

範例 4.

$$\求\ \lim_{x\to\infty}(ax^n + bx + c)^{\frac{1}{dx}} =?,\ \ \forall a,b,c,d > 0$$

【解】

$$令\ a,b,c,d > 0,\ \ \because (ax^n + bx + c)^{\frac{1}{dx}} = \exp\left(\frac{1}{dx}\cdot\ln(ax^n + bx + c)\right)$$

$$\therefore \lim_{x\to\infty}(ax^n + bx + c)^{\frac{1}{dx}} = \exp\left(\lim_{x\to\infty}\frac{1}{dx}\cdot\ln(ax^n + bx + c)\right)$$

$$藉由羅比達法則\ \ \lim_{x\to\infty}\frac{1}{dx}\cdot\ln(ax^n + bx + c) = \lim_{x\to\infty}\frac{\dfrac{a\cdot nx^{n-1} + b}{ax^n + bx + c}}{d} = 0$$

$$\therefore \lim_{x\to\infty}(ax^n + bx + c)^{\frac{1}{dx}} = \exp\left(\lim_{x\to\infty}\frac{1}{dx}\cdot\ln(ax^n + bx + c)\right) = \exp(0) = 1$$

範例 5.

$$\求\ \lim_{x\to 0^+}(\cot x)^x = ?$$

【解】

$$\because (\cot x)^x = e^{x\cdot\ln(\cot x)} = e^{-x\cdot\ln(\tan x)}\ \ \therefore \lim_{x\to 0^+}(\cot x)^x = \exp\left(-\lim_{x\to 0^+} x\cdot\ln(\tan x)\right)$$

藉由羅比達法則

$$\lim_{x\to 0^+} x\cdot\ln(\tan x) = \lim_{x\to 0^+}\frac{\ln(\tan x)}{\dfrac{1}{x}} = \lim_{x\to 0^+}\frac{\dfrac{\sec^2 x}{\tan x}}{-x^{-2}} = \lim_{x\to 0^+}(-x^2)\frac{\dfrac{1}{\cos^2 x}}{\dfrac{\sin x}{\cos x}}$$

$$= \lim_{x\to 0^+}(-x^2)\frac{1}{\cos x \sin x} = \lim_{x\to 0^+}\left(\frac{-x}{\cos x}\right)\frac{x}{\sin x} = 0$$

$$\therefore \lim_{x\to 0^+}(\cot x)^x = \exp\left(-\lim_{x\to 0^+} x\cdot\ln(\tan x)\right) = \exp(0) = 1$$

範例 6.

$$\求\ \lim_{x\to 0^+}(\csc x)^{\tan x} = ?$$

【解】

$\because (\csc x)^{\tan x} = e^{\tan x \cdot \ln(\csc x)} = e^{-\tan x \cdot \ln(\sin x)}$

$\therefore \lim_{x \to 0^+} (\csc x)^{\tan x} = \exp\left(-\lim_{x \to 0^+} \tan x \cdot \ln(\sin x)\right)$

藉由羅比達法則

$$\lim_{x \to 0^+} \tan x \cdot \ln(\sin x) = \lim_{x \to 0^+} \frac{\ln(\sin x)}{\cot x} = \lim_{x \to 0^+} \frac{\dfrac{\cos x}{\sin x}}{-\csc^2 x} = \lim_{x \to 0^+} -\sin x \cos x = 0$$

$\therefore \lim_{x \to 0^+} (\csc x)^{\tan x} = \exp\left(-\lim_{x \to 0^+} \tan x \cdot \ln(\sin x)\right) = \exp(0) = 1$

範例 7.

$$求 \quad \lim_{x \to 0^+} (\cot x)^{\sin x} = ?$$

【解】

$\because (\cot x)^{\sin x} = e^{\sin x \cdot \ln(\cot x)} = e^{-\sin x \cdot \ln(\tan x)}$

$\therefore \lim_{x \to 0^+} (\cot x)^{\sin x} = \exp\left(-\lim_{x \to 0^+} \sin x \cdot \ln(\tan x)\right)$

藉由羅比達法則　$\displaystyle \lim_{x \to 0^+} \sin x \cdot \ln(\tan x) = \lim_{x \to 0^+} \frac{\ln(\tan x)}{\csc x} = \lim_{x \to 0^+} \frac{\dfrac{\sec^2 x}{\tan x}}{-\csc x \cot x} = 0$

$\therefore \lim_{x \to 0^+} (\cot x)^{\sin x} = \exp\left(-\lim_{x \to 0^+} \sin x \cdot \ln(\tan x)\right) = \exp(0) = 1$

範例 8.

$$求 \quad \lim_{x \to \left(\frac{\pi}{2}\right)^-} (\sec x)^{\cot x} = ?$$

【解】

$\because (\sec x)^{\cot x} = e^{\cot x \cdot \ln(\sec x)} = e^{-\cot x \cdot \ln(\cos x)}$

$\therefore \lim_{x \to \left(\frac{\pi}{2}\right)^-} (\sec x)^{\cot x} = \exp\left(-\lim_{x \to \left(\frac{\pi}{2}\right)^-} \cot x \cdot \ln(\cos x)\right)$

藉由羅比達法則　$\displaystyle \lim_{x \to \left(\frac{\pi}{2}\right)^-} \cot x \cdot \ln(\cos x) = \lim_{x \to \left(\frac{\pi}{2}\right)^-} \frac{\ln(\cos x)}{\tan x} = \lim_{x \to \left(\frac{\pi}{2}\right)^-} \frac{-\dfrac{\sin x}{\cos x}}{\sec^2 x} = 0$

$$\therefore \lim_{x\to\left(\frac{\pi}{2}\right)^-}(\sec x)^{\cot x} = \exp\left(-\lim_{x\to\left(\frac{\pi}{2}\right)^-}\cot x \cdot \ln(\cos x)\right) = \exp(0) = 1$$

範例 9.

$$求\ \lim_{x\to\left(\frac{\pi}{2}\right)^-}(\tan x)^{\cos x} = ?$$

【解】

$$\because (\tan x)^{\cos x} = e^{\cos x\cdot\ln(\tan x)} = e^{-\cos x\cdot\ln(\cot x)}$$

$$\therefore \lim_{x\to\left(\frac{\pi}{2}\right)^-}(\tan x)^{\cos x} = \exp\left(-\lim_{x\to\left(\frac{\pi}{2}\right)^-}\cos x \cdot \ln(\cot x)\right)$$

藉由羅比達法則
$$\lim_{x\to\left(\frac{\pi}{2}\right)^-}\cos x \cdot \ln(\cot x) = \lim_{x\to\left(\frac{\pi}{2}\right)^-}\frac{\ln(\cot x)}{\sec x} = \lim_{x\to\left(\frac{\pi}{2}\right)^-}\frac{-\dfrac{\csc^2 x}{\cot x}}{\sec x\tan x} = 0$$

$$\therefore \lim_{x\to\left(\frac{\pi}{2}\right)^-}(\tan x)^{\cos x} = \exp\left(-\lim_{x\to\left(\frac{\pi}{2}\right)^-}\cos x \cdot \ln(\cot x)\right) = \exp(0) = 1$$

範例 10.

$$求\ \lim_{x\to 0^+}\left(\frac{1}{x}\right)^{x^2} = ?$$

【解】

$$\because \left(\frac{1}{x}\right)^{x^2} = e^{-x^2\cdot\ln x} \qquad \therefore \lim_{x\to 0^+}\left(\frac{1}{x}\right)^{x^2} = \exp\left(-\lim_{x\to 0^+}x^2 \cdot \ln x\right)$$

藉由羅比達法則
$$\lim_{x\to 0^+}x^2 \cdot \ln x = \lim_{x\to 0^+}\frac{\ln x}{x^{-2}} = \lim_{x\to 0^+}\frac{\dfrac{1}{x}}{-2x^{-3}} = 0$$

$$\therefore \lim_{x\to 0^+}\left(\frac{1}{x}\right)^{x^2} = \exp\left(-\lim_{x\to 0^+}x^2 \cdot \ln x\right) = \exp(0) = 1$$

範例 11.

$$求\ \lim_{x\to 0^+}\left(\frac{1}{x}\right)^{x^n} = ?,\quad \forall n \in N$$

【解】

令 $n \in N$, $\because \left(\dfrac{1}{x}\right)^{x^n} = e^{-x^n \cdot \ln x}$ $\quad \therefore \lim_{x \to 0^+} \left(\dfrac{1}{x}\right)^{x^n} = \exp\left(-\lim_{x \to 0^+} x^n \cdot \ln x\right)$

藉由羅比達法則 $\quad \lim_{x \to 0^+} x^n \cdot \ln x = \lim_{x \to 0^+} \dfrac{\ln x}{x^{-n}} = \lim_{x \to 0^+} \dfrac{\dfrac{1}{x}}{-nx^{-n-1}} = 0$

$\therefore \lim_{x \to 0^+} \left(\dfrac{1}{x}\right)^{x^n} = \exp\left(-\lim_{x \to 0^+} x^n \cdot \ln x\right) = \exp(0) = 1$

範例 12.

$\qquad$ 求 $\lim_{x \to 0^+} \left(\dfrac{1}{x + \sin x}\right)^{\tan x} = ?$

【解】

$\because \left(\dfrac{1}{x + \sin x}\right)^{\tan x} = e^{-\tan x \cdot \ln(x + \sin x)}$

$\therefore \lim_{x \to 0^+} \left(\dfrac{1}{x + \sin x}\right)^{\tan x} = \exp\left(-\lim_{x \to 0^+} \tan x \cdot \ln(x + \sin x)\right)$

藉由羅比達法則

$$\lim_{x \to 0^+} \tan x \cdot \ln(x + \sin x) = \lim_{x \to 0^+} \dfrac{\ln(x + \sin x)}{\cot x} = \lim_{x \to 0^+} \dfrac{\dfrac{1 + \cos x}{x + \sin x}}{-\csc^2 x}$$

$$= \lim_{x \to 0^+} -\dfrac{(1 + \cos x)\sin^2 x}{x + \sin x} = \lim_{x \to 0^+} -\dfrac{(1 + \cos x)\sin x \cdot \dfrac{\sin x}{x}}{1 + \dfrac{\sin x}{x}}$$

$\because \lim_{x \to 0^+} \dfrac{\sin x}{x} = 1$ 且 $\lim_{x \to 0^+} \sin x = 0$

$\therefore \lim_{x \to 0^+} \tan x \cdot \ln(x + \sin x) = \lim_{x \to 0^+} -\dfrac{(1 + \cos x)\sin x \cdot \dfrac{\sin x}{x}}{1 + \dfrac{\sin x}{x}} = 0$

$\therefore \lim_{x \to 0^+} \left(\dfrac{1}{x + \sin x}\right)^{\tan x} = \exp\left(-\lim_{x \to 0^+} \tan x \cdot \ln(x + \sin x)\right) = \exp(0) = 1$

範例 13.

$$求\ \lim_{x \to 0^+} (\csc x)^{\frac{1}{\ln x}} = ?$$

【解】

$$\because (\csc x)^{\frac{1}{\ln x}} = e^{-\frac{1}{\ln x} \cdot \ln(\sin x)} = e^{-\frac{\ln(\sin x)}{\ln x}} \qquad \therefore \lim_{x \to 0^+} (\csc x)^{\frac{1}{\ln x}} = \exp\left(-\lim_{x \to 0^+} \frac{\ln(\sin x)}{\ln x}\right)$$

藉由羅比達法則 $\displaystyle \lim_{x \to 0^+} \frac{\ln(\sin x)}{\ln x} = \lim_{x \to 0^+} \frac{\dfrac{\cos x}{\sin x}}{\dfrac{1}{x}} = \lim_{x \to 0^+} \frac{x}{\sin x} \cdot \cos x = 1$

$$\therefore \lim_{x \to 0^+} (\csc x)^{\frac{1}{\ln x}} = \exp\left(-\lim_{x \to 0^+} \frac{\ln(\sin x)}{\ln x}\right) = e^{-1}$$

範例 14.

$$求\ \lim_{x \to 0^+} (\cot x)^{\frac{1}{\ln x}} = ?$$

【解】

$$\because (\cot x)^{\frac{1}{\ln x}} = e^{\frac{-1}{\ln x} \cdot \ln(\tan x)} = e^{-\frac{\ln(\tan x)}{\ln x}} \qquad \therefore \lim_{x \to 0^+} (\cot x)^{\frac{1}{\ln x}} = \exp\left(-\lim_{x \to 0^+} \frac{\ln(\tan x)}{\ln x}\right)$$

藉由羅比達法則 $\displaystyle \lim_{x \to 0^+} \frac{\ln(\tan x)}{\ln x} = \lim_{x \to 0^+} \frac{\dfrac{\sec^2 x}{\tan x}}{\dfrac{1}{x}} = \lim_{x \to 0^+} \frac{x}{\sin x \cos x} = 1$

$$\therefore \lim_{x \to 0^+} (\cot x)^{\frac{1}{\ln x}} = \exp\left(-\lim_{x \to 0^+} \frac{\ln(\tan x)}{\ln x}\right) = e^{-1}$$

範例 15.

$$求\ \lim_{x \to 0^+} (\cot x)^{\frac{1}{\ln \sin x}} = ?$$

【解】

$$\because (\cot x)^{\frac{1}{\ln \sin x}} = e^{\frac{-1}{\ln \sin x} \cdot \ln(\tan x)} = e^{-\frac{\ln(\tan x)}{\ln \sin x}}$$

$$\therefore \lim_{x \to 0^+} (\cot x)^{\frac{1}{\ln \sin x}} = \exp\left(-\lim_{x \to 0^+} \frac{\ln(\tan x)}{\ln \sin x}\right)$$

藉由羅比達法則 $\displaystyle \lim_{x \to 0^+} \frac{\ln(\tan x)}{\ln \sin x} = \lim_{x \to 0^+} \frac{\dfrac{\sec^2 x}{\tan x}}{\dfrac{\cos x}{\sin x}} = \lim_{x \to 0^+} \sec^2 x = 1$

$$\therefore \lim_{x\to 0^+} (\cot x)^{\frac{1}{\ln x}} = \exp\left(-\lim_{x\to 0^+} \frac{\ln(\tan x)}{\ln \sin x}\right) = e^{-1}$$

範例 16.

$$求 \quad \lim_{x\to\left(\frac{\pi}{2}\right)^-} (\tan x)^{\frac{1}{\ln \cos x}} = ?$$

【解】

$$\because (\tan x)^{\frac{1}{\ln \cos x}} = e^{\frac{-1}{\ln \cos x}\cdot \ln(\cot x)} = e^{-\frac{\ln(\cot x)}{\ln \cos x}}$$

$$\therefore \lim_{x\to\left(\frac{\pi}{2}\right)^-} (\tan x)^{\frac{1}{\ln \cos x}} = \exp\left(-\lim_{x\to\left(\frac{\pi}{2}\right)^-} \frac{\ln(\cot x)}{\ln \cos x}\right)$$

藉由羅比達法則 $\quad \lim_{x\to\left(\frac{\pi}{2}\right)^-} \frac{\ln(\cot x)}{\ln \cos x} = \lim_{x\to\left(\frac{\pi}{2}\right)^-} \frac{\frac{\csc^2 x}{\cot x}}{\frac{\sin x}{\cos x}} = \lim_{x\to\left(\frac{\pi}{2}\right)^-} \csc^2 x = 1$

$$\therefore \lim_{x\to\left(\frac{\pi}{2}\right)^-} (\tan x)^{\frac{1}{\ln \cos x}} = \exp\left(-\lim_{x\to\left(\frac{\pi}{2}\right)^-} \frac{\ln(\cot x)}{\ln \cos x}\right) = e^{-1}$$

範例 17.

$$求 \quad \lim_{x\to 0^+} (\csc^2 x)^{\tan x} = ?$$

【解】

$$\because (\csc^2 x)^{\tan x} = e^{\tan x\cdot \ln(\csc^2 x)} = e^{-\tan x\cdot \ln(\sin^2 x)}$$

$$\therefore \lim_{x\to 0^+} (\csc^2 x)^{\tan x} = \exp\left(-\lim_{x\to 0^+} \tan x \ln(\sin^2 x)\right) = \exp\left(-2\lim_{x\to 0^+} \tan x \ln \sin x\right)$$

藉由羅比達法則

$$\lim_{x\to 0^+} \tan x \cdot \ln(\sin x) = \lim_{x\to 0^+} \frac{\ln(\sin x)}{\cot x} = -\lim_{x\to 0^+} \frac{\frac{\cos x}{\sin x}}{\csc^2 x} = -\lim_{x\to 0^+} \sin x \cos x = 0$$

$$\therefore \lim_{x\to 0^+} (\csc x)^{\tan x} = \exp\left(-2\lim_{x\to 0^+} \tan x \cdot \ln(\sin x)\right) = \exp(0) = 1$$

範例 18.

求 $\displaystyle\lim_{x\to\left(\frac{\pi}{2}\right)^-}(\sec^2 x)^{\cot x} = ?$

【解】

$\because (\sec^2 x)^{\cot x} = e^{2\cot x\cdot\ln(\sec x)} = e^{-2\cot x\cdot\ln(\cos x)}$

$\therefore \displaystyle\lim_{x\to\left(\frac{\pi}{2}\right)^-}(\sec^2 x)^{\cot x} = \exp\left(-2\lim_{x\to\left(\frac{\pi}{2}\right)^-}\cot x\cdot\ln(\cos x)\right)$

藉由羅比達法則

$$\lim_{x\to\left(\frac{\pi}{2}\right)^-}\cot x\cdot\ln(\cos x) = \lim_{x\to\left(\frac{\pi}{2}\right)^-}\frac{\ln(\cos x)}{\tan x} = \lim_{x\to\left(\frac{\pi}{2}\right)^-}\frac{-\dfrac{\sin x}{\cos x}}{\sec^2 x} = 0$$

$\therefore \displaystyle\lim_{x\to\left(\frac{\pi}{2}\right)^-}(\sec x)^{\cot x} = \exp\left(-2\lim_{x\to\left(\frac{\pi}{2}\right)^-}\cot x\cdot\ln(\cos x)\right) = \exp(0) = 1$

範例 19.

求 $\displaystyle\lim_{x\to 1^+}\left(\frac{1}{x^3-1}\right)^{\frac{1}{\ln(x-1)}} = ?$

【解】

$\because \left(\dfrac{1}{x^3-1}\right)^{\frac{1}{\ln(x-1)}} = e^{\frac{1}{\ln(x-1)}\cdot\ln\left(\frac{1}{x^3-1}\right)} = e^{-\frac{\ln(x^3-1)}{\ln(x-1)}}$

$\therefore \displaystyle\lim_{x\to 1^+}\left(\frac{1}{x^3-1}\right)^{\frac{1}{\ln(x-1)}} = \exp\left(-\lim_{x\to 1^+}\frac{\ln(x^3-1)}{\ln(x-1)}\right)$

藉由羅比達法則 $\displaystyle\lim_{x\to 1^+}\frac{\ln(x^3-1)}{\ln(x-1)} = \lim_{x\to 1^+}\frac{\dfrac{3x^2}{x^3-1}}{\dfrac{1}{x-1}} = \lim_{x\to 1^+}\frac{3x^2}{x^2+x+1} = 1$

$\therefore \displaystyle\lim_{x\to 1^+}\left(\frac{1}{x^3-1}\right)^{\frac{1}{\ln(x-1)}} = \exp\left(-\lim_{x\to 1^+}\frac{\ln(x^3-1)}{\ln(x-1)}\right) = \exp(-1) = e^{-1}$

3.1.6　$(趨近於1)^{\wedge 趨近於\,\infty}$

$\because \left(趨近於\ 1\right)^{趨近於\pm\infty} = \exp\left(\left(趨近於 \pm \infty\right)\cdot\ln\left(趨近於\ 1\right)\right)$

$= \exp\left(\left(趨近於 \pm \infty\right)\cdot\left(趨近於\ 0\right)\right)$

$\therefore$ 等於回到上述 $(趨近於\ 0)\times\left(趨近於 \pm \infty\right)$的問題

$\therefore$ 仿照之前手法把相乘轉成相除再使用羅比達法則

考試類型:

題型 1.

求 $\lim\limits_{x\to\infty}(f(x))^{g(x)}$ =? where $\lim\limits_{x\to\infty} f(x) = 1$ 且 $\lim\limits_{x\to\infty} g(x) = \pm\infty$

解題流程:

$\because \lim\limits_{x\to\infty}(f(x))^{g(x)} = \lim\limits_{x\to\infty} \exp\big(g(x)\cdot\ln(f(x))\big) = \exp\left(\lim\limits_{x\to\infty} g(x)\cdot\ln(f(x))\right)$

$= \exp\left(\lim\limits_{x\to\infty} \dfrac{\ln(f(x))}{\dfrac{1}{g(x)}}\right) = \exp\left(\lim\limits_{x\to\infty} \dfrac{\big(\ln(f(x))\big)'}{\left(\dfrac{1}{g(x)}\right)'}\right)$　$\therefore$ 計算 $\lim\limits_{x\to\infty} \dfrac{\big(\ln(f(x))\big)'}{\left(\dfrac{1}{g(x)}\right)'}$ =?

題型 2.

求 $\lim\limits_{x\to a}(f(x))^{g(x)}$ =? where $\lim\limits_{x\to a} f(x) = 1$ 且 $\lim\limits_{x\to a} g(x) = \pm\infty$

解題流程與上述方法相同

$\because \lim\limits_{x\to a}(f(x))^{g(x)} = \exp\left(\lim\limits_{x\to a} \dfrac{\big(\ln(f(x))\big)'}{\left(\dfrac{1}{g(x)}\right)'}\right)$　$\therefore$ 計算 $\lim\limits_{x\to a} \dfrac{\big(\ln(f(x))\big)'}{\left(\dfrac{1}{g(x)}\right)'}$ =?

題型 3.

計算 $\lim\limits_{x\to\infty} \dfrac{\big(\ln(f(x))\big)'}{\left(\dfrac{1}{g(x)}\right)'}$ =? 、 $\lim\limits_{x\to a} \dfrac{\big(\ln(f(x))\big)'}{\left(\dfrac{1}{g(x)}\right)'}$ =? 時

可能搭配使用消掉共同項、把式子有理化、x趨近於無窮大時求極限、三角函數的極限、

計算左右極限的極限值

範例 1.

$$求\ \lim_{x\to 0}(\cos x)^{\frac{1}{x^2}} = ?$$

【解】

$$\because (\cos x)^{\frac{1}{x^2}} = e^{\frac{1}{x^2}\cdot \ln\cos x} \qquad \therefore \lim_{x\to 0}(\cos x)^{\frac{1}{x^2}} = \exp\left(\lim_{x\to 0}\frac{1}{x^2}\cdot \ln\cos x\right)$$

$$藉由羅比達法則\quad \lim_{x\to 0}\frac{1}{x^2}\cdot \ln\cos x = \lim_{x\to 0}\frac{\dfrac{-\sin x}{\cos x}}{2x} = -\frac{1}{2}$$

$$\therefore \lim_{x\to 0}(\cos x)^{\frac{1}{x^2}} = \exp\left(\lim_{x\to 0}\frac{1}{x^2}\cdot \ln\cos x\right) = \exp\left(-\frac{1}{2}\right)$$

範例 2.

$$求\ \lim_{x\to\infty}\left(1 - \frac{\sin\frac{2}{x}}{3x}\right)^{x} = ?$$

【解】

$$\because \left(1 - \frac{\sin\frac{2}{x}}{3x}\right)^{x} = e^{x\ln\left(1-\frac{\sin\frac{2}{x}}{3x}\right)} \qquad \therefore \lim_{x\to\infty}\left(1 - \frac{\sin\frac{2}{x}}{3x}\right)^{x} = \exp\left(\lim_{x\to\infty} x\ln\left(1 - \frac{\sin\frac{2}{x}}{3x}\right)\right)$$

藉由羅比達法則

$$\lim_{x\to\infty} x\cdot\ln\left(1 - \frac{\sin\frac{2}{x}}{3x}\right) = \lim_{x\to\infty}\frac{\ln\left(1 - \frac{\sin\frac{2}{x}}{3x}\right)}{\frac{1}{x}} = \lim_{t\to 0}\frac{\ln\left(1 - \frac{t\sin 2t}{3}\right)}{t}$$

$$= \lim_{t\to 0}\frac{-\frac{1}{3}\sin 2t - \frac{2t}{3}\cos 2t}{1 - \frac{t\sin 2t}{3}} = 0$$

$$\therefore \lim_{x\to\infty}\left(1 - \frac{\sin\frac{2}{x}}{3x}\right)^{x} = \exp\left(\lim_{x\to\infty} x\cdot\ln\left(1 - \frac{\sin\frac{2}{x}}{3x}\right)\right) = \exp(0) = 1$$

範例 3.

$$\text{求}\quad \lim_{x\to\frac{\pi}{4}}(\tan x)^{\tan 2x} = ?$$

【解】

$$\because (\tan x)^{\tan 2x} = e^{\tan 2x \ln \tan x} \qquad \therefore \lim_{x\to\frac{\pi}{4}}(\tan x)^{\tan 2x} = \exp\left(\lim_{x\to\frac{\pi}{4}}\tan 2x \ln \tan x\right)$$

藉由羅比達法則

$$\lim_{x\to\frac{\pi}{4}}\tan 2x \ln \tan x = \lim_{x\to\frac{\pi}{4}}\frac{\ln \tan x}{\cot 2x} = \lim_{x\to\frac{\pi}{4}}\frac{\dfrac{\sec^2 x}{\tan x}}{-2\csc^2 2x} = -\lim_{x\to\frac{\pi}{4}}\frac{\cos x \sin^2 2x}{2\sin x \cos^2 x}$$

$$= -\lim_{x\to\frac{\pi}{4}}\frac{\sin^2 2x}{2\sin x \cos x} = -\lim_{x\to\frac{\pi}{4}}\frac{\sin^2 2x}{\sin 2x} = -1$$

$$\therefore \lim_{x\to\frac{\pi}{4}}(\tan x)^{\tan 2x} = \exp\left(\lim_{x\to\frac{\pi}{4}}\tan 2x \ln \tan x\right) = \exp(-1)$$

範例 4.

$$\text{求}\quad \lim_{x\to\infty}\left(\frac{x+a}{x-a}\right)^x = ?$$

【解】

$$\because \left(\frac{x+a}{x-a}\right)^x = e^{x\ln\frac{x+a}{x-a}} \qquad \therefore \lim_{x\to\infty}\left(\frac{x+a}{x-a}\right)^x = \exp\left(\lim_{x\to\infty}x\ln\frac{x+a}{x-a}\right)$$

藉由羅比達法則

$$\lim_{x\to\infty}x\ln\frac{x+a}{x-a} = \lim_{x\to\infty}\frac{\ln\dfrac{x+a}{x-a}}{x^{-1}} = \lim_{x\to\infty}\frac{\dfrac{x-a}{x+a}\cdot\dfrac{(x-a-(x+a))}{(x-a)^2}}{-x^{-2}}$$

$$= \lim_{x\to\infty}\frac{\dfrac{x-a}{x+a}\cdot\dfrac{2a}{(x-a)^2}}{x^{-2}} = 2a\lim_{x\to\infty}\frac{1-\dfrac{a}{x}}{1+\dfrac{a}{x}}\cdot\frac{1}{\left(1-\dfrac{a}{x}\right)^2} = 2a$$

$$\therefore \lim_{x\to\infty}\left(\frac{x+a}{x-a}\right)^x = \exp\left(\lim_{x\to\infty}x\ln\frac{x+a}{x-a}\right) = \exp(2a)$$

範例 5.

求 $\displaystyle\lim_{x\to 0^+}\left(x+e^{\frac{x}{5}}\right)^{\frac{5}{x}}=?$

【解】

$$\because \left(x+e^{\frac{x}{5}}\right)^{\frac{5}{x}}=\exp\left(\frac{5\ln(x+e^{\frac{x}{5}})}{x}\right)$$

藉由羅比達法則　$\displaystyle\lim_{x\to 0^+}\frac{5\ln(x+e^{\frac{x}{5}})}{x}=5\lim_{x\to 0^+}\frac{1+\dfrac{e^{\frac{x}{5}}}{5}}{x+e^{\frac{x}{5}}}=6\ \ \therefore \lim_{x\to 0^+}\left(x+e^{\frac{x}{5}}\right)^{\frac{5}{x}}=\exp(6)$

範例 6.

求 $\displaystyle\lim_{x\to 0}\left(\frac{\sin x}{x}\right)^{\frac{2}{x^2}}=?$

【解】

$$\because \left(\frac{\sin x}{x}\right)^{\frac{2}{x^2}}=e^{\frac{2}{x^2}\ln\frac{\sin x}{x}}\qquad \therefore \lim_{x\to 0}\left(\frac{\sin x}{x}\right)^{\frac{2}{x^2}}=\exp\left(\lim_{x\to 0}\frac{2}{x^2}\ln\frac{\sin x}{x}\right)$$

藉由羅比達法則

$$\lim_{x\to 0}\frac{2}{x^2}\ln\frac{\sin x}{x}=2\lim_{x\to 0}\frac{\ln\dfrac{\sin x}{x}}{x^2}=2\lim_{x\to 0}\frac{\dfrac{x}{\sin x}\cdot\dfrac{x\cos x-\sin x}{x^2}}{2x}$$

$$=2\lim_{x\to 0}\frac{x\cos x-\sin x}{2x^2\sin x}=\lim_{x\to 0}\frac{\cos x-x\sin x-\cos x}{2x\sin x+x^2\cos x}$$

$$=\lim_{x\to 0}\frac{-\sin x-x\cos x}{2\sin x+2x\cos x+2x\cos x-x^2\sin x}$$

$$=\lim_{x\to 0}\frac{-\cos x-\cos x+x\sin x}{6\cos x+4x(-\sin x)-2x\sin x-x^2\cos x}=-\frac{1}{3}$$

$$\therefore \lim_{x\to 0}\left(\frac{\sin x}{x}\right)^{\frac{2}{x^2}}=\exp\left(\lim_{x\to 0}\frac{2}{x^2}\ln\frac{\sin x}{x}\right)=\exp\left(-\frac{1}{3}\right)$$

範例 7.

求 $\displaystyle\lim_{x\to 0^+}(4x+e^{x})^{\frac{4}{x}}=?$

【解】

$$\because (4x + e^x)^{\frac{4}{x}} = \exp\left(\frac{4\ln(4x + e^x)}{x}\right)$$

藉由羅比達法則　$\displaystyle\lim_{x\to 0^+} \frac{4\ln(4x + e^x)}{x} = 4\lim_{x\to 0^+}\frac{4 + e^x}{4x + e^x} = 20$　$\displaystyle\therefore \lim_{x\to 0^+}(4x + e^x)^{\frac{4}{x}} = \exp(20)$

範例 8.

求 $\displaystyle\lim_{x\to 0^+}(3x + e^{5x})^{\frac{1}{x}} = ?$

【解】

$$\because (3x + e^{5x})^{\frac{1}{x}} = \exp\left(\frac{\ln(3x + e^{5x})}{x}\right)$$

藉由羅比達法則　$\displaystyle\lim_{x\to 0^+}\frac{\ln(3x + e^{5x})}{x} = \lim_{x\to 0^+}\frac{3 + 5e^{5x}}{3x + e^{5x}} = 8$　$\displaystyle\therefore \lim_{x\to 0^+}(3x + e^{5x})^{\frac{1}{x}} = \exp(8)$

範例 9.

求 $\displaystyle\lim_{x\to 0^+}(7x + e^x)^{\frac{1}{x}} = ?$

【解】

$$\because (7x + e^x)^{\frac{1}{x}} = \exp\left(\frac{\ln(7x + e^x)}{x}\right)$$

藉由羅比達法則　$\displaystyle\lim_{x\to 0^+}\frac{\ln(7x + e^x)}{x} = \lim_{x\to 0^+}\frac{7 + e^x}{7x + e^x} = 8$　$\displaystyle\therefore \lim_{x\to 0^+}(7x + e^x)^{\frac{1}{x}} = \exp(8)$

範例 10.

求 $\displaystyle\lim_{x\to\frac{\pi}{2}}(\sin x)^{\tan^2 x} = ?$

【解】

$$\because (\sin x)^{\tan^2 x} = e^{\tan^2 x \ln\sin x} \qquad \therefore \lim_{x\to\frac{\pi}{2}}(\sin x)^{\tan^2 x} = \exp\left(\lim_{x\to\frac{\pi}{2}}\tan^2 x \ln\sin x\right)$$

藉由羅比達法則

$$\lim_{x\to\frac{\pi}{2}}\tan^2 x \ln\sin x = \lim_{x\to\frac{\pi}{2}}\frac{\ln\sin x}{\cot^2 x} = \lim_{x\to\frac{\pi}{2}}\frac{\dfrac{\cos x}{\sin x}}{-2\cot x \csc^2 x} = \lim_{x\to\frac{\pi}{2}}\frac{-1}{2\csc^2 x} = \frac{-1}{2}$$

$$\therefore \lim_{x\to\frac{\pi}{2}}(\sin x)^{\tan^2 x} = \exp\left(\lim_{x\to\frac{\pi}{2}}\tan^2 x \ln\sin x\right) = \exp\left(-\frac{1}{2}\right)$$

範例 11.

$$求\ \lim_{x\to 0}(1+x)^{\frac{x}{1-\cos 2x}} = ?$$

【解】

$$\because (1+x)^{\frac{x}{1-\cos 2x}} = \exp\left(\frac{x\ln(1+x)}{1-\cos 2x}\right)$$

藉由羅比達法則

$$\lim_{x\to 0}\frac{x\ln(1+x)}{1-\cos 2x} = \lim_{x\to 0}\frac{\ln(1+x)+\dfrac{x}{1+x}}{2\sin 2x} = \lim_{x\to 0}\frac{(1+x)\ln(1+x)+x}{2(1+x)\sin 2x}$$

$$= \lim_{x\to 0}\frac{\ln(1+x)+1+1}{2\sin 2x + 2(2+2x)\cos 2x} = \frac{2}{4} = \frac{1}{2} \quad \therefore \lim_{x\to 0}(1+x)^{\frac{x}{1-\cos 2x}} = \exp\left(\frac{1}{2}\right)$$

範例 12.

$$求\ \lim_{x\to\frac{\pi}{4}}(\csc 2x)^{\tan^2 2x} = ?$$

【解】

$$\because (\csc 2x)^{\tan^2 2x} = e^{\tan^2 2x \ln\csc 2x} \quad \therefore \lim_{x\to\frac{\pi}{4}}(\csc 2x)^{\tan^2 2x} = \exp\left(\lim_{x\to\frac{\pi}{4}}\tan^2 2x \ln\csc 2x\right)$$

藉由羅比達法則

$$\lim_{x\to\frac{\pi}{4}}\tan^2 2x \ln\csc 2x = \lim_{x\to\frac{\pi}{4}}\frac{\ln\csc 2x}{\cot^2 2x} = \lim_{x\to\frac{\pi}{4}}\frac{\dfrac{-2\cot 2x\csc 2x}{\csc 2x}}{-4\cot 2x\csc^2 2x} = \frac{1}{2}$$

$$\therefore \lim_{x\to\frac{\pi}{4}}(\csc 2x)^{\tan^2 2x} = \exp\left(\lim_{x\to\frac{\pi}{4}}\tan^2 2x \ln\csc 2x\right) = \exp\left(\frac{1}{2}\right)$$

範例 13.

$$求\ \lim_{x\to 0}(\cos x)^{\cot^2 x} = ?$$

【解】

$\because (\cos x)^{\cot^2 x} = e^{\cot^2 x \ln \cos x}$　　$\therefore \lim\limits_{x \to 0}(\cos x)^{\cot^2 x} = \exp\left(\lim\limits_{x \to 0} \cot^2 x \ln \cos x\right)$

藉由羅比達法則

$$\lim_{x \to 0} \cot^2 x \ln \cos x = \lim_{x \to 0} \frac{\ln \cos x}{\tan^2 x} = \lim_{x \to 0} \frac{\dfrac{-\sin x}{\cos x}}{2\tan x \sec^2 x} = \lim_{x \to 0} \frac{-1}{2\sec^2 x} = \frac{-1}{2}$$

$$\therefore \lim_{x \to 0}(\cos x)^{\cot^2 x} = \exp\left(\lim_{x \to 0} \cot^2 x \ln \cos x\right) = \exp\left(-\frac{1}{2}\right)$$

範例 14.

$$求\ \lim_{x \to 0}(\sec x)^{\cot^2 x} = ?$$

【解】

$\because (\sec x)^{\cot^2 x} = e^{\cot^2 x \ln \sec x}$　　$\therefore \lim\limits_{x \to 0}(\sec x)^{\cot^2 x} = \exp\left(\lim\limits_{x \to 0} \cot^2 x \ln \sec x\right)$

藉由羅比達法則

$$\lim_{x \to 0} \cot^2 x \ln \sec x = \lim_{x \to 0} \frac{\ln \sec x}{\tan^2 x} = \lim_{x \to 0} \frac{\dfrac{\sec x \tan x}{\sec x}}{2\tan x \sec^2 x} = \lim_{x \to 0} \frac{1}{2\sec^2 x} = \frac{1}{2}$$

$$\therefore \lim_{x \to 0}(\sec x)^{\cot^2 x} = \exp\left(\lim_{x \to 0} \cot^2 x \ln \sec x\right) = \exp\left(\frac{1}{2}\right)$$

範例 15.

$$求\ \lim_{x \to 0}\left(\frac{a^x + b^x + c^x + d^x}{4}\right)^{\frac{1}{x}} = ?,\ \ \forall a,b,c,d > 0$$

【解】

Let $a, b, c, d > 0$,　$\because \left(\dfrac{a^x + b^x + c^x + d^x}{4}\right)^{\frac{1}{x}} = e^{\frac{1}{x}\ln\left(\frac{a^x+b^x+c^x+d^x}{4}\right)}$

$$\therefore \lim_{x \to 0}\left(\frac{a^x + b^x + c^x + d^x}{4}\right)^{\frac{1}{x}} = \exp\left(\lim_{x \to 0} \frac{1}{x}\ln\left(\frac{a^x + b^x + c^x + d^x}{4}\right)\right)$$

藉由羅比達法則

$$\lim_{x \to 0} \frac{1}{x}\ln\left(\frac{a^x + b^x + c^x + d^x}{4}\right) = \lim_{x \to 0} \frac{\ln\left(\dfrac{a^x + b^x + c^x + d^x}{4}\right)}{x}$$

$$= \lim_{x \to 0} \frac{\dfrac{4}{a^x + b^x + c^x + d^x} \cdot \dfrac{(a^x \ln a + b^x \ln b + c^x \ln c + d^x \ln d)}{4}}{1} = \frac{1}{4}\ln abcd$$

$$\therefore \lim_{x \to 0} \left(\frac{a^x + b^x + c^x + d^x}{4}\right)^{\frac{1}{x}} = \exp\left(\lim_{x \to 0} \frac{1}{x}\ln\left(\frac{a^x + b^x + c^x + d^x}{4}\right)\right)$$

$$= \exp\left(\frac{1}{4}\ln abcd\right) = \sqrt[4]{abcd}$$

範例 16.

$$求\ \lim_{x \to 0} \left(\frac{a_1^x + a_2^x + a_3^x + \cdots + a_n^x}{n}\right)^{\frac{1}{x}} =?, \quad \forall n \in N, \ \ a_j > 0, \ \ j = 1,2\cdots n$$

【解】

Let $n \in N, \ \ a_j > 0, \ \ j = 1,2\cdots n$

$$\because \left(\frac{a_1^x + a_2^x + a_3^x + \cdots + a_n^x}{n}\right)^{\frac{1}{x}} = e^{\frac{1}{x}\ln\left(\frac{a_1^x + a_2^x + a_3^x + \cdots + a_n^x}{n}\right)}$$

$$\therefore \lim_{x \to 0} \left(\frac{a_1^x + a_2^x + a_3^x + \cdots + a_n^x}{n}\right)^{\frac{1}{x}} = \exp\left(\lim_{x \to 0} \frac{1}{x}\ln\left(\frac{a_1^x + a_2^x + a_3^x + \cdots + a_n^x}{n}\right)\right)$$

藉由羅比達法則

$$\lim_{x \to 0} \frac{1}{x}\ln\left(\frac{a_1^x + a_2^x + a_3^x + \cdots + a_n^x}{n}\right) = \lim_{x \to 0} \frac{\ln\left(\dfrac{a_1^x + a_2^x + a_3^x + \cdots + a_n^x}{n}\right)}{x}$$

$$= \lim_{x \to 0} \frac{\dfrac{n}{a_1^x + a_2^x + \cdots + a_n^x} \cdot \dfrac{(a_1^x \ln a_1 + a_2^x \ln a_2 + \cdots + a_n^x \ln a_n)}{n}}{1} = \frac{1}{n}\ln(a_1 a_2 \cdots a_n)$$

$$\therefore \lim_{x \to 0} \left(\frac{a_1^x + a_2^x + a_3^x + \cdots + a_n^x}{n}\right)^{\frac{1}{x}} = \exp\left(\lim_{x \to 0} \frac{1}{x}\ln\left(\frac{a_1^x + a_2^x + a_3^x + \cdots + a_n^x}{n}\right)\right)$$

$$= \exp\left(\frac{1}{n}\ln a_1 a_2 \cdots a_n\right) = \sqrt[n]{a_1 a_2 \cdots a_n}$$

3.1.7　(**趨近於 0**)$^{\textbf{趨近於 0}}$

$\because \left(趨近於\ 0\right)^{趨近於\ 0} = \exp\left(\left(趨近於\ 0\right) \cdot \ln\left(趨近於\ 0\right)\right) = \exp\left(\left(趨近於\ 0\right) \cdot \left(趨近於 - \infty\right)\right)$

$\therefore$ 等於回到上述 $(趨近於\ 0) \times \left(趨近於 \pm \infty\right)$ 的問題

$\therefore$ 仿照之前手法把相乘轉成相除再使用羅比達法則

考試類型：

題型 1.

求 $\displaystyle\lim_{x \to \infty}(f(x))^{g(x)} =?$ where $\displaystyle\lim_{x \to \infty} f(x) = 0$ 且 $\displaystyle\lim_{x \to \infty} g(x) = 0$

解題流程：

$\displaystyle \because \lim_{x \to \infty}(f(x))^{g(x)} = \lim_{x \to \infty} \exp(g(x) \cdot \ln(f(x))) = \exp\left(\lim_{x \to \infty} g(x) \cdot \ln(f(x))\right)$

$\displaystyle = \exp\left(\lim_{x \to \infty} \frac{\ln(f(x))}{\frac{1}{g(x)}}\right) = \exp\left(\lim_{x \to \infty} \frac{(\ln(f(x)))'}{\left(\frac{1}{g(x)}\right)'}\right) \quad \therefore 計算 \lim_{x \to \infty} \frac{(\ln(f(x)))'}{\left(\frac{1}{g(x)}\right)'} =?$

題型 2.

求 $\displaystyle\lim_{x \to a}(f(x))^{g(x)} =?$ where $\displaystyle\lim_{x \to a} f(x) = 0$ 且 $\displaystyle\lim_{x \to a} g(x) = 0$

解題流程與上述方法相同

$\displaystyle \because \lim_{x \to a}(f(x))^{g(x)} = \exp\left(\lim_{x \to a} \frac{(\ln(f(x)))'}{\left(\frac{1}{g(x)}\right)'}\right) \quad \therefore 計算 \lim_{x \to a} \frac{(\ln(f(x)))'}{\left(\frac{1}{g(x)}\right)'} =?$

題型 3.

算 $\displaystyle \lim_{x \to \infty} \frac{(\ln(f(x)))'}{\left(\frac{1}{g(x)}\right)'} =?$ 、 $\displaystyle \lim_{x \to a} \frac{(\ln(f(x)))'}{\left(\frac{1}{g(x)}\right)'} =?$ 時

可能搭配使用消掉共同項、把式子有理化、x 趨近於無窮大時求極限、三角函數的極限、計算左右極限的極限值

範例 1.

$$求\ \lim_{x\to 0^+}(\tan x)^{2x} = ?$$

【解】

$$\because (\tan x)^{2x} = e^{2x\cdot\ln(\tan x)} \qquad \therefore \lim_{x\to 0^+}(\tan x)^{2x} = \exp\left(2\lim_{x\to 0^+} x\cdot\ln(\tan x)\right)$$

藉由羅比達法則

$$\lim_{x\to 0^+} x\cdot\ln(\tan x) = \lim_{x\to 0^+}\frac{\ln(\tan x)}{\dfrac{1}{x}} = \lim_{x\to 0^+}\frac{\dfrac{\sec^2 x}{\tan x}}{-x^{-2}} = \lim_{x\to 0^+}(-x^2)\frac{\dfrac{1}{\cos^2 x}}{\dfrac{\sin x}{\cos x}}$$

$$= \lim_{x\to 0^+}(-x^2)\frac{1}{\cos x\sin x} = \lim_{x\to 0^+}\left(\frac{-x}{\cos x}\right)\frac{x}{\sin x} = 0$$

$$\therefore \lim_{x\to 0^+}(\tan x)^{x} = \exp\left(2\lim_{x\to 0^+} x\cdot\ln(\tan x)\right) = \exp(0) = 1$$

範例 2.

$$求\ \lim_{x\to 0^+}(\sin 2x)^{\tan 2x} = ?$$

【解】

$$\because \lim_{x\to 0^+}(\sin 2x)^{\tan 2x} = \lim_{x\to 0^+}(\sin x)^{\tan x} \quad 且\ (\sin x)^{\tan x} = e^{\tan x\cdot\ln(\sin x)}$$

$$\therefore \lim_{x\to 0^+}(\sin x)^{\tan x} = \exp\left(\lim_{x\to 0^+}\tan x\cdot\ln(\sin x)\right)$$

藉由羅比達法則

$$\lim_{x\to 0^+}\tan x\cdot\ln(\sin x) = \lim_{x\to 0^+}\frac{\ln(\sin x)}{\cot x} = \lim_{x\to 0^+}\frac{\dfrac{\cos x}{\sin x}}{-\csc^2 x} = \lim_{x\to 0^+} -\sin x\cos x = 0$$

$$\therefore \lim_{x\to 0^+}(\sin x)^{\tan x} = \exp\left(\lim_{x\to 0^+}\tan x\cdot\ln(\sin x)\right) = \exp(0) = 1$$

範例 3.

求 $\displaystyle\lim_{x\to 0^+} (\tan x)^{\sin x} = ?$

【解】

$\because (\tan x)^{\sin x} = e^{\sin x \cdot \ln(\tan x)}$ $\therefore \displaystyle\lim_{x\to 0^+} (\tan x)^{\sin x} = \exp\left(\lim_{x\to 0^+} \sin x \cdot \ln(\tan x)\right)$

藉由羅比達法則

$$\lim_{x\to 0^+} \sin x \cdot \ln(\tan x) = \lim_{x\to 0^+} \frac{\ln(\tan x)}{\csc x} = \lim_{x\to 0^+} \frac{\dfrac{\sec^2 x}{\tan x}}{-\csc x \cot x} = 0$$

$\therefore \displaystyle\lim_{x\to 0^+} (\tan x)^{\sin x} = \exp\left(\lim_{x\to 0^+} \sin x \cdot \ln(\tan x)\right) = \exp(0) = 1$

範例 4.

求 $\displaystyle\lim_{x\to\left(\frac{\pi}{2}\right)^-} (\cos x)^{\cot x} = ?$

【解】

$\because (\cos x)^{\cot x} = e^{\cot x \cdot \ln(\cos x)}$ $\therefore \displaystyle\lim_{x\to\left(\frac{\pi}{2}\right)^-} (\cos x)^{\cot x} = \exp\left(\lim_{x\to\left(\frac{\pi}{2}\right)^-} \cot x \ln(\cos x)\right)$

藉由羅比達法則 $\displaystyle\lim_{x\to\left(\frac{\pi}{2}\right)^-} \cot x \cdot \ln(\cos x) = \lim_{x\to\left(\frac{\pi}{2}\right)^-} \frac{\ln(\cos x)}{\tan x} = \lim_{x\to\left(\frac{\pi}{2}\right)^-} \frac{-\dfrac{\sin x}{\cos x}}{\sec^2 x} = 0$

$\therefore \displaystyle\lim_{x\to\left(\frac{\pi}{2}\right)^-} (\cos x)^{\cot x} = \exp\left(\lim_{x\to\left(\frac{\pi}{2}\right)^-} \cot x \cdot \ln(\cos x)\right) = \exp(0) = 1$

範例 5.

求 $\displaystyle\lim_{x\to\left(\frac{\pi}{2}\right)^-} (\cot x)^{\cos x} = ?$

【解】

$\because (\cot x)^{\cos x} = e^{\cos x \cdot \ln(\cot x)}$ $\therefore \displaystyle\lim_{x\to\left(\frac{\pi}{2}\right)^-} (\cot x)^{\cos x} = \exp\left(\lim_{x\to\left(\frac{\pi}{2}\right)^-} \cos x \ln(\cot x)\right)$

藉由羅比達法則　$\displaystyle\lim_{x\to\left(\frac{\pi}{2}\right)^-}\cos x\cdot\ln(\cot x)=\lim_{x\to\left(\frac{\pi}{2}\right)^-}\frac{\ln(\cot x)}{\sec x}=\lim_{x\to\left(\frac{\pi}{2}\right)^-}\frac{-\dfrac{\csc^2 x}{\cot x}}{\sec x\tan x}=0$

$\therefore\ \displaystyle\lim_{x\to\left(\frac{\pi}{2}\right)^-}(\cot x)^{\cos x}=\exp\left(\lim_{x\to\left(\frac{\pi}{2}\right)^-}\cos x\cdot\ln(\cot x)\right)=\exp(0)=1$

範例 6.

$$求\ \lim_{x\to 0^+}x^{x^3}=?$$

【解】

$\because\ x^{x^3}=e^{x^3\cdot\ln x}\qquad\therefore\ \displaystyle\lim_{x\to 0^+}x^{x^3}=\exp\left(\lim_{x\to 0^+}x^3\cdot\ln x\right)$

藉由羅比達法則　$\displaystyle\lim_{x\to 0^+}x^3\cdot\ln x=\lim_{x\to 0^+}\frac{\ln x}{x^{-3}}=\lim_{x\to 0^+}\frac{\dfrac{1}{x}}{-3x^{-4}}=0$

$\therefore\ \displaystyle\lim_{x\to 0^+}x^{x^3}=\exp\left(\lim_{x\to 0^+}x^3\cdot\ln x\right)=\exp(0)=1$

範例 7.

$$求\ \lim_{x\to 0^+}(\sin x)^{\frac{1}{\ln x}}=?$$

【解】

$\because\ (\sin x)^{\frac{1}{\ln x}}=e^{\frac{1}{\ln x}\cdot\ln(\sin x)}=e^{\frac{\ln(\sin x)}{\ln x}}\quad\therefore\ \displaystyle\lim_{x\to 0^+}(\sin x)^{\frac{1}{\ln x}}=\exp\left(\lim_{x\to 0^+}\frac{\ln(\sin x)}{\ln x}\right)$

藉由羅比達法則　$\displaystyle\lim_{x\to 0^+}\frac{\ln(\sin x)}{\ln x}=\lim_{x\to 0^+}\frac{\dfrac{\cos x}{\sin x}}{\dfrac{1}{x}}=\lim_{x\to 0^+}\frac{x}{\sin x}\cdot\cos x=1$

$\therefore\ \displaystyle\lim_{x\to 0^+}(\sin x)^{\frac{1}{\ln x}}=\exp\left(\lim_{x\to 0^+}\frac{\ln(\sin x)}{\ln x}\right)=e$

範例 8.

$$求\ \lim_{x\to 0^+}(\tan x)^{\frac{1}{\ln x}}=?$$

【解】

$$\because (\tan x)^{\frac{1}{\ln x}} = e^{\frac{1}{\ln x}\cdot \ln(\tan x)} = e^{\frac{\ln(\tan x)}{\ln x}} \quad \therefore \lim_{x\to 0^+}(\tan x)^{\frac{1}{\ln x}} = \exp\left(\lim_{x\to 0^+}\frac{\ln(\tan x)}{\ln x}\right)$$

藉由羅比達法則 $\displaystyle \lim_{x\to 0^+}\frac{\ln(\tan x)}{\ln x} = \lim_{x\to 0^+}\frac{\dfrac{\sec^2 x}{\tan x}}{\dfrac{1}{x}} = \lim_{x\to 0^+}\frac{x}{\sin x\cos x} = 1$

$$\therefore \lim_{x\to 0^+}(\tan x)^{\frac{1}{\ln x}} = \exp\left(\lim_{x\to 0^+}\frac{\ln(\tan x)}{\ln x}\right) = e$$

範例 9.

$$求\ \lim_{x\to 0^+}(\tan x)^{\frac{1}{\ln \sin x}} = ?$$

【解】

$$\because (\tan x)^{\frac{1}{\ln \sin x}} = e^{\frac{1}{\ln \sin x}\cdot \ln(\tan x)} = e^{\frac{\ln(\tan x)}{\ln \sin x}} \quad \therefore \lim_{x\to 0^+}(\tan x)^{\frac{1}{\ln \sin x}} = \exp\left(\lim_{x\to 0^+}\frac{\ln(\tan x)}{\ln \sin x}\right)$$

藉由羅比達法則 $\displaystyle \lim_{x\to 0^+}\frac{\ln(\tan x)}{\ln \sin x} = \lim_{x\to 0^+}\frac{\dfrac{\sec^2 x}{\tan x}}{\dfrac{\cos x}{\sin x}} = \lim_{x\to 0^+}\sec^2 x = 1$

$$\therefore \lim_{x\to 0^+}(\tan x)^{\frac{1}{\ln \sin x}} = \exp\left(\lim_{x\to 0^+}\frac{\ln(\tan x)}{\ln \sin x}\right) = e$$

範例 10.

$$求\ \lim_{x\to\left(\frac{\pi}{2}\right)^-}(\cot x)^{\frac{1}{\ln \cos x}} = ?$$

【解】

$$\because (\cot x)^{\frac{1}{\ln \cos x}} = e^{\frac{1}{\ln \cos x}\cdot \ln(\cot x)} = e^{\frac{\ln(\cot x)}{\ln \cos x}} \quad \therefore \lim_{x\to\left(\frac{\pi}{2}\right)^-}(\cot x)^{\frac{1}{\ln \cos x}} = \exp\left(\lim_{x\to\left(\frac{\pi}{2}\right)^-}\frac{\ln \cot x}{\ln \cos x}\right)$$

藉由羅比達法則 $\displaystyle \lim_{x\to\left(\frac{\pi}{2}\right)^-}\frac{\ln \cot x}{\ln \cos x} = \lim_{x\to\left(\frac{\pi}{2}\right)^-}\frac{\dfrac{\csc^2 x}{\cot x}}{\dfrac{\sin x}{\cos x}} = \lim_{x\to\left(\frac{\pi}{2}\right)^-}\csc^2 x = 1$

$$\therefore \lim_{x\to\left(\frac{\pi}{2}\right)^-}(\cot x)^{\frac{1}{\ln \cos x}} = \exp\left(\lim_{x\to\left(\frac{\pi}{2}\right)^-}\frac{\ln \cot x}{\ln \cos x}\right) = e$$

範例 11.

$$求\ \lim_{x \to 0^+} x^{x^n} = ?, \quad \forall n \in N$$

【解】

令 $n \in N$, $\because x^{x^n} = e^{x^n \cdot \ln x}$ $\therefore \lim_{x \to 0^+} x^{x^n} = \exp\left(\lim_{x \to 0^+} x^n \cdot \ln x\right)$

藉由羅比達法則 $\lim_{x \to 0^+} x^n \cdot \ln x = \lim_{x \to 0^+} \dfrac{\ln x}{x^{-n}} = \lim_{x \to 0^+} \dfrac{\dfrac{1}{x}}{-nx^{-n-1}} = 0$

$\therefore \lim_{x \to 0^+} x^{x^n} = \exp\left(\lim_{x \to 0^+} x^n \cdot \ln x\right) = \exp(0) = 1$

範例 12.

$$求\ \lim_{x \to 0^+} (3x)^x = ?$$

【解】

$\because (3x)^x = e^{x \cdot \ln 3x}$ $\therefore \lim_{x \to 0^+} (3x)^x = \exp\left(\lim_{x \to 0^+} x \cdot \ln 3x\right)$

藉由羅比達法則 $\lim_{x \to 0^+} x \cdot \ln 3x = \lim_{x \to 0^+} \dfrac{\ln 3x}{x^{-1}} = \lim_{x \to 0^+} \dfrac{\dfrac{1}{x}}{-x^{-2}} = 0$

$\therefore \lim_{x \to 0^+} (3x)^x = \exp\left(\lim_{x \to 0^+} x \cdot \ln 3x\right) = \exp(0) = 1$

範例 13.

$$求\ \lim_{x \to 0^+} (x + \sin x)^{2\tan x} = ?$$

【解】

$\because (x + \sin x)^{2\tan x} = e^{2\tan x \cdot \ln(x + \sin x)}$

$\therefore \lim_{x \to 0^+} (x + \sin x)^{2\tan x} = \exp\left(2\lim_{x \to 0^+} \tan x \cdot \ln(x + \sin x)\right)$

藉由羅比達法則

$$\lim_{x\to 0^+} \tan x \cdot \ln(x+\sin x) = \lim_{x\to 0^+} \frac{\ln(x+\sin x)}{\cot x} = \lim_{x\to 0^+} \frac{\dfrac{1+\cos x}{x+\sin x}}{-\csc^2 x}$$

$$= \lim_{x\to 0^+} -\frac{(1+\cos x)\sin^2 x}{x+\sin x} = \lim_{x\to 0^+} -\frac{(1+\cos x)\sin x \cdot \dfrac{\sin x}{x}}{1+\dfrac{\sin x}{x}}$$

$$\because \lim_{x\to 0^+} \frac{\sin x}{x} = 1 \ \text{且} \ \lim_{x\to 0^+} \sin x = 0$$

$$\therefore \lim_{x\to 0^+} \tan x \cdot \ln(x+\sin x) = \lim_{x\to 0^+} -\frac{(1+\cos x)\sin x \cdot \dfrac{\sin x}{x}}{1+\dfrac{\sin x}{x}} = 0$$

$$\therefore \lim_{x\to 0^+} (x+\sin x)^{2\tan x} = \exp\left(2\lim_{x\to 0^+} \tan x \cdot \ln(x+\sin x)\right) = \exp(0) = 1$$

範例 14.

$$求\ \lim_{x\to 0^+} (\sin^2 x)^{\tan x} = ?$$

【解】

$$\because (\sin^2 x)^{\tan x} = e^{2\tan x \cdot \ln(\sin x)} = e^{2\cdot \frac{\ln(\sin x)}{\cot x}} \quad \therefore \lim_{x\to 0^+} (\sin^2 x)^{\tan x} = \exp\left(2\lim_{x\to 0^+} \frac{\ln(\sin x)}{\cot x}\right)$$

$$藉由羅比達法則\ \lim_{x\to 0^+} \frac{\ln(\sin x)}{\cot x} = -\lim_{x\to 0^+} \frac{\dfrac{\cos x}{\sin x}}{\csc^2 x} = -\lim_{x\to 0^+} \sin x \cos x = 0$$

$$\therefore \lim_{x\to 0^+} (\sin^2 x)^{\tan x} = \exp\left(2\lim_{x\to 0^+} \frac{\ln(\sin x)}{\cot x}\right) = 1$$

範例 15.

$$求\ \lim_{x\to\left(\frac{\pi}{2}\right)^-} (\cos^2 x)^{\cot x} = ?$$

【解】

$$\because (\cos^2 x)^{\cot x} = e^{2\cot x \cdot \ln(\cos x)} = e^{2\cdot \frac{\ln\cos x}{\tan x}} \quad \therefore \lim_{x\to\left(\frac{\pi}{2}\right)^-} (\cos^2 x)^{\cot x} = \exp\left(2\lim_{x\to\left(\frac{\pi}{2}\right)^-} \frac{\ln\cos x}{\tan x}\right)$$

藉由羅比達法則 $\displaystyle\lim_{x\to\left(\frac{\pi}{2}\right)^-}\frac{\ln\cos x}{\tan x}=-\lim_{x\to\left(\frac{\pi}{2}\right)^-}\frac{\dfrac{\sin x}{\cos x}}{\sec^2 x}=-\lim_{x\to\left(\frac{\pi}{2}\right)^-}\sin x\cos x=0$

$\therefore \displaystyle\lim_{x\to\left(\frac{\pi}{2}\right)^-}(\cos^2 x)^{\cot x}=\exp\left(2\lim_{x\to\left(\frac{\pi}{2}\right)^-}\frac{\ln\cos x}{\tan x}\right)=1$

範例 16.

$$求\ \lim_{x\to 1^+}(x^3-1)^{\frac{1}{\ln x-1}}=?$$

【解】

$\because (x^3-1)^{\frac{1}{\ln x-1}}=e^{\frac{\ln(x^3-1)}{\ln x-1}}$　　$\therefore \displaystyle\lim_{x\to 1^+}(x^3-1)^{\frac{1}{\ln x-1}}=\exp\left(\lim_{x\to 1^+}\frac{\ln(x^3-1)}{\ln x-1}\right)$

藉由羅比達法則 $\displaystyle\lim_{x\to 1^+}\frac{\ln(x^3-1)}{\ln x-1}=\lim_{x\to 1^+}\frac{\dfrac{3x^2}{x^3-1}}{\dfrac{1}{x-1}}=\lim_{x\to 1^+}\frac{3x^2}{x^2+x+1}=1$

$\therefore \displaystyle\lim_{x\to 1^+}(x^3-1)^{\frac{1}{\ln x-1}}=\exp\left(\lim_{x\to 1^+}\frac{\ln(x^3-1)}{\ln x-1}\right)=e$

3.2 微分均值定理

【定理】Rolle's Theorem

Let $f(x)$ be continuous on $[a,b]$ and differentiable on (a,b) s.t. $f(a)=f(b)$.

Then $\exists\, c\in(a,b)$ s.t. $f'(c)=0$

<u>Proof:</u>

(i) As $f(x)$ is constant on $(a,b),\exists\, c\in(a,b)$ s.t. $f'(c)=0$

(ii) As $\exists\, x_0\in(a,b)$ s.t. $f(x_0)>f(a)=f(b)$

$\because \exists\, x_0\in(a,b)$ s.t. $f(x_0)>f(a)=f(b)$

$\therefore \exists\, c\in(a,b)$ s.t. $f(c)$ has absolute maximum $\Rightarrow \exists\, c\in(a,b)$ s.t. $f'(c)=0$

(iii) As $\exists\, x_0\in(a,b)$ s.t. $f(x_0)<f(a)=f(b)$

$\because \exists\, x_0\in(a,b)$ s.t. $f(x_0)<f(a)=f(b)$

$\therefore \exists\, c\in(a,b)$ s.t. $f(c)$ has absolute minimum $\Rightarrow \exists\, c\in(a,b)$ s.t. $f'(c)=0$

【**定理**】Mean Value Theorem

Let $f(x)$ be continuous on $[a, b]$ and differentiable on (a, b).

Then $\exists\, c \in (a, b)$ s.t. $f'(c) = \dfrac{f(b) - f(a)}{b - a}$

Proof:

Let $g(x) = f(x) - \left(f(a) + (x - a)\dfrac{f(b) - f(a)}{b - a} \right)$

$\because g(a) = g(b) = 0, \;\; g(x)$ be continuous on $[a, b]$ and differentiable on (a, b)

By Rolle's Theorem $\;\therefore \exists\, c \in (a, b)$ s.t. $0 = g'(c) = f'(c) - \dfrac{f(b) - f(a)}{b - a}$

考試類型:

題型 1.　求極限的問題

當無法使用第一章提及的消掉共同項以及有理化函數, 也無法使用羅比達法則時, 試著嘗試用均值定理

求 $\displaystyle\lim_{x \to \infty} f(g(x + a)) - f(g(x)) = ?$

解題流程:

假設 f, g 可微分, 藉由均值定理

$\forall x \in R, a > 0, \exists c \in (x, x + a)$ 使得 $f\big(g(x + a)\big) - f\big(g(x)\big) = f'\big(g(c)\big)g'(c)$

$\therefore \displaystyle\lim_{x \to \infty} f(g(x + a)) - f(g(x)) = \lim_{c \to \infty} f'\big(g(c)\big)g'(c)$

因此求 $\displaystyle\lim_{c \to \infty} f'\big(g(c)\big)g'(c) = ?$

題型 2.　判斷函數的不等式

Assume $f(x)$ and $g(x)$ are differentiable on $(0, \infty)$. Prove $f(x) > g(x), \;\; \forall x \geq 0$

解題流程:

$\because f(x) > g(x), \;\; \forall x \geq 0 \Leftrightarrow f(x) - g(x) \geq 0, \;\; \forall x \geq 0$

令 $h(x) = f(x) - g(x), \;\; \forall x \geq 0,$ 藉由均值定理

需證明 $h'(x) > 0, \;\; \forall x \geq 0$ 且 $h(0) = 0$ 則 $h(x) > 0, \;\; \forall x \geq 0 \Rightarrow f(x) > g(x), \;\; \forall x \geq 0$

題型 3.　判斷數字的不等式

證明: $\dfrac{a-b^2}{2\sqrt{a}} < \sqrt{a} - b < \dfrac{a-b^2}{2b}, \ \forall\, a > b^2 > 0$

解題流程:

令 $f(x) = \sqrt{x}, \ \forall x \in (b^2, a)$ 則 $f(x)$ 於 (b^2, a) 可微分且連續

By Mean Value Theorem, $\exists c \in (b^2, a)$ such that $f(a) - f(b^2) = f'(c)(a - b^2)$

$\therefore \left| \sqrt{a} - b \right| = \left| \dfrac{1}{2} c^{-\frac{1}{2}}(a - b^2) \right| = \left| \dfrac{a - b^2}{2\sqrt{c}} \right|$

$\because b^2 < c < a \quad \therefore b = \sqrt{b^2} < \sqrt{c} < \sqrt{a}$

$\therefore \dfrac{1}{\sqrt{a}} < \dfrac{1}{\sqrt{c}} < \dfrac{1}{b} \Rightarrow \dfrac{a-b^2}{2\sqrt{a}} < \dfrac{a-b^2}{2\sqrt{c}} < \dfrac{a-b^2}{2b} \Rightarrow \dfrac{a-b^2}{2\sqrt{a}} < \sqrt{a} - b < \dfrac{a-b^2}{2b}$

題型 4.　判斷實根的數目恰等於 1

給定 $f(x)$ 證明實根的數目恰等於 1

解題流程:

假設 $f(x)$ 為連續函數且 $f'(x) \neq 0, \ \forall x \in R$

Step1.

如果找到 $a < b$ 使得 $f(a)f(b) < 0$，藉由中間值定理

$\exists c \in (a, b)$ 使得 $f(c) = 0$，因此 $f(x)$ 至少有一實根

Step2.

假設 $c_1 < c_2$ such that $f(c_1) = f(c_2) = 0$

By Mean Value Theorem, $\exists\, c_3 \in (c_1, c_2)$ such that $f(c_2) - f(c_1) = f'(c_3)(c_2 - c_1)$

$\because f(c_1) = f(c_2)$ 且 $c_1 \neq c_2 \quad \therefore f'(c_3) = 0$

$\because f'(x) \neq 0, \forall x \in R$ 矛盾，因此假設不成立　$\therefore f(x)$ 恰有一實根

題型 5.　廣義的微分均值定理

【定理】廣義的微分均值定理

Let $f(x), \ g(x)$ be continuous on $[a, b]$ and differentiable on (a, b).

Then $\exists\, c \in (a, b)$ s.t. $f'(c)(g(b) - g(a)) = g'(c)(f(b) - f(a))$

Proof:

Let $h(x) = \big(f(x) - f(a)\big)\big(g(b) - g(a)\big) - (f(b) - f(a))(g(x) - g(a))$

$\because h(a) = h(b) = 0, \ h(x)$ be continuous on $[a, b]$ and differentiable on (a, b)

By Rolle's Theorem $\ \therefore \exists\, c \in (a, b)$ s.t. $0\ f'(c)(g(b) - g(a)) = g'(c)(f(b) - f(a))$

給函數 $f(x)$ and $g(x)$, $x \in [a,b]$, 假設 $c \in (a,b)$ 且滿足廣義微分均值定理, 求 $c =?$

解題流程:

$\because c \in (a,b)$ 且滿足廣義微分均值定理 $\quad \therefore \dfrac{f(b)-f(a)}{g(b)-g(a)} = \dfrac{f'(c)}{g'(c)}$

找 c 滿足 $\dfrac{f(b)-f(a)}{g(b)-g(a)} = \dfrac{f'(c)}{g'(c)}$

範例 1.

試用 Mean Value Theorem 求 $\lim\limits_{x \to \infty} \sin\sqrt{x+6} - \sin\sqrt{x} =?$

【解】

令 $f(x) = \sin\sqrt{x}$, $\forall x > 0$　則 $f(x)$ 為連續函數且可微分, $\forall x > 0$

By Mean Value Theorem 則 $\forall x > 0$, $\exists c \in (x, x+6)$ 使得

$$\sin\sqrt{x+6} - \sin\sqrt{x} = \frac{\cos\sqrt{c}}{2\sqrt{c}}(x+6-x) = \frac{3\cos\sqrt{c}}{\sqrt{c}}$$

$$\Rightarrow \lim\limits_{x \to \infty} \sin\sqrt{x+6} - \sin\sqrt{x} = \lim\limits_{c \to \infty} \frac{3\cos\sqrt{c}}{\sqrt{c}} = 0$$

範例 2.

試用 Mean Value Theorem 求 $\lim\limits_{x \to \infty} \cos\sqrt{x+8} - \cos\sqrt{x} =?$

【解】

令 $f(x) = \cos\sqrt{x}$, $\forall x > 0$　則 $f(x)$ 為連續函數且可微分, $\forall x > 0$

By Mean Value Theorem 則 $\forall x > 0$, $\exists c \in (x, x+8)$ 使得

$$\cos\sqrt{x+8} - \cos\sqrt{x} = \left(\frac{-\sin\sqrt{c}}{2\sqrt{c}}\right)(x+8-x) = \frac{-4\sin\sqrt{c}}{\sqrt{c}}$$

$$\Rightarrow \lim\limits_{x \to \infty} \cos\sqrt{x+8} - \cos\sqrt{x} = \lim\limits_{c \to \infty} \frac{-4\sin\sqrt{c}}{\sqrt{c}} = 0$$

範例 3.

假設 $f(x) = 1 + \dfrac{5}{x}$ 且 存在 $c \in (1,5)$ 使得 $f'(c) = \dfrac{f(5)-f(1)}{5-1}$, 求 $c =?$

【解】

$\because f'(x) = -5x^{-2}, \ f(5) = 2, \ f(1) = 6$

$\therefore -5c^{-2} = \dfrac{f(5) - f(1)}{5 - 1} = \dfrac{2 - 6}{5 - 1} = -1 \Rightarrow c = \sqrt{5}$

範例 4.

　　試證 $(1)\, x > \ln(1 + x), \ \forall x > 0$　$(2)\, e^x > x + 1, \ \forall x > 0$

【解】

(1)

令 $f(x) = x - \ln(1 + x),$

Claim: $f(x) > 0, \ \forall x > 0$

$\because f(x) = x - \ln(1 + x)$ 為連續函數且可微分於 $[0, \infty)$

By Mean Value Theorem, 令 $x > 0$ 則 $\exists c \in (0, x)$ such that $f(x) - f(0) = f'(c)x$

$\therefore \forall x > 0, \ \exists c \in (0, x)$ such that $x - \ln(1 + x) - 0 = \left(1 - \dfrac{1}{1 + c}\right)x = \dfrac{cx}{1 + c} > 0$

$\Rightarrow x > \ln(1 + x), \ \forall x > 0$

(2)

令 $f(x) = e^x - x - 1$

Claim: $f(x) > 0, \ \forall x > 0$

$\because f(x) = e^x - x - 1$ 為連續函數且可微分於 $[0, \infty)$

By Mean Value Theorem, 令 $x > 0$ 則 $\exists c \in (0, x)$ such that $f(x) - f(0) = f'(c)x$

$\therefore \forall x > 0, \ \exists c \in (0, x)$ such that $e^x - x - 1 = (e^c - 1)x > 0 \Rightarrow e^x > x - 1, \ \forall x > 0$

範例 5.

　　試證 $\dfrac{x}{1 + x} \leq \ln(1 + x) \leq x, \ \forall x \geq 0$

【解】

(1)As $x = 0, \ \dfrac{0}{1 + 0} \leq \ln(1 + 0) \leq 0$　其等號成立

(2)As $x > 0, \ $令 $f(x) = \ln(1 + x)$

By Mean Value Theorem 則 $\exists c \in (0, x)$ s.t. $f(x) - f(0) = f'(c)(x - 0)$

$\Rightarrow \exists c \in (0, x)$ such that $\ln(1 + x) - \ln(1) = \dfrac{x}{1 + c}$

$\because c \in (0, x) \quad \therefore \dfrac{x}{1+x} < \dfrac{x}{1+c} < x \Rightarrow \dfrac{x}{1+x} < \ln(1+x) < x, \forall x \geq 0$

範例 6.

$\quad$ 試證 $\dfrac{x}{1+x^2} \leq \tan^{-1} x \leq x, \ \forall x \geq 0$

【解】

(1)As $x = 0$, $\quad \dfrac{0}{1+0} \leq \tan^{-1} 0 \leq 0$ 其等號成立

(2)As $x > 0$, 令 $f(x) = \tan^{-1} x$

By Mean Value Theorem 則 $\exists\, c \in (0, x)$ such that $f(x) - f(0) = f'(c)(x - 0)$

$\Rightarrow \exists\, c \in (0, x)$ such that $\tan^{-1} x - \tan^{-1} 0 = (\tan^{-1} c)'(x - 0) = \dfrac{x}{1+c^2}$

$\because c \in (0, x) \therefore \dfrac{x}{1+x^2} < \dfrac{x}{1+c^2} < x \Rightarrow \dfrac{x}{1+x^2} < \tan^{-1} x < x, \ \forall x \geq 0$

範例 7.

$\quad$ 試證 $x^7 + x^5 + x + 2 = 0$ 恰有一實根

【解】

令 $f(x) = x^7 + x^5 + x + 2$, $\quad \because f(0) = 2, f(-1) = -1$,

By Intermediate Value Theorem 則 $\exists\, c \in (-1, 0)$ such that $f(c) = 0$

假設 $\exists\ c_1 < c_2$ such that $f(c_1) = f(c_2) = 0$

By Mean Value Theorem 則 $\exists\, c_3 \in (c_1, c_2)$ s.t. $f(c_2) - f(c_1) = f'(c_3)(c_2 - c_1)$

$\because f(c_1) = f(c_2)$ 且 $c_1 \neq c_2 \quad \therefore \exists\, c_3 \in (c_1, c_2)$ s.t. $f'(c_3) = 0$

$\because f'(x) = 7x^6 + 5x^4 + 1 > 0, \forall x \in R \quad \therefore$ 矛盾，因此假設不成立

$\therefore x^7 + x^5 + x + 2 = 0$ 恰有一實根

範例 8.

$\quad$ 試證 $x^3 + 3x + 2 = 0$ 恰有一實根

【解】

令 $f(x) = x^3 + 3x + 2$. $\quad \because f(0) = 2, f(-1) = -2$

By Intermediate Value Theorem 則 $\exists\, c \in (-1, 0)$ such that $f(c) = 0$

假設存在 $c_1 < c_2$ such that $f(c_1) = f(c_2) = 0$

By Mean Value Theorem,則 $\exists\, c_3 \in (c_1, c_2)$ s.t. $f(c_2) - f(c_1) = f'(c_3)(c_2 - c_1)$

$\because f(c_1) = f(c_2)$ 且 $c_1 \neq c_2$ $\quad \therefore \exists\, c_3 \in (c_1, c_2)$ s.t. $f'(c_3) = 0$

$\because f'(x) = 3x^2 + 3 > 0, \forall x \in R$ $\quad \therefore$ 矛盾，因此假設不成立

$\therefore x^3 + 3x + 2 = 0$ 恰有一實根

範例 9.

假設 f 在 $[-1,1]$ 可微分，且存在 $M > 0$ such that $-M \leq f'(x) \leq M$

試證 $|f(x) - f(y)| \leq M|x - y|,\ \forall x, y \in [-1,1]$

【解】

令 $x, y \in [-1,1]$ 且 $x \neq y$,

By Mean Value Theorem 則 $\exists\, c \in (x, y)$ such that $f(x) - f(y) = f'(c)(x - y)$

$\therefore |f(x) - f(y)| = |f'(c)(x - y)| = |f'(c)||(x - y)|$

$\because |f'(c)| \leq M$ $\quad \therefore |f(x) - f(y)| = |f'(c)||(x - y)| \leq M|x - y|$

$\therefore |f(x) - f(y)| \leq M|x - y|,\ \forall x, y \in [-1,1]$

範例 10.

試用均值定理證 $|\sin x - \sin y| \leq |x - y|,\ \forall x, y \in R$

【解】

令 $x, y \in R$ 且 $x \neq y$,$\ \because \sin x$ 可微分且連續

By Mean Value Theorem 則 $\exists c \in (x, y)$ such that $f(x) - f(y) = f'(c)(x - y)$

$\therefore |\sin x - \sin y| = |\cos c\,(x - y)| = |\cos c\,||(x - y)| \leq |x - y|$

$\therefore |\sin x - \sin y| \leq |x - y|,\ \forall x, y \in R$

範例 11.

試用均值定理證 $|\cos x - \cos y| \leq |x - y|,\ \forall x, y \in R$

【解】

令 $x, y \in R$ 且 $x \neq y$,$\ \because \cos x$ 可微分且連續

By Mean Value Theorem,$\exists c \in (x, y)$ such that $f(x) - f(y) = f'(c)(x - y)$

$\therefore |\cos x - \cos y| = |\sin c\,(x - y)| = |\sin c\,||(x - y)| \leq |x - y|$

$\therefore |\cos x - \cos y| \leq |x - y|,\ \forall x, y \in R$

範例 12.

試用均值定理證 $|\tan x - \tan y| > |x - y|,\ \forall x, y \in (0, \frac{\pi}{2})$

【解】

令 $x, y \in \left(0, \dfrac{\pi}{2}\right)$ 且 $x \neq y$, $\because \tan x$ 於 $\left(0, \dfrac{\pi}{2}\right)$ 可微分且連續

By Mean Value Theorem, 則 $\exists c \in (x, y)$ such that $f(x) - f(y) = f'(c)(x - y)$

$\therefore |\tan x - \tan y| = |\sec^2 c \, (x - y)| = |\sec^2 c \,||(x - y)| > |x - y|$

$\therefore |\tan x - \tan y| > |x - y|, \ \forall x, y \in (0, \dfrac{\pi}{2})$

範例 13.

試用均值定理證 $|\cot x - \cot y| > |x - y|, \ \forall x, y \in (0, \dfrac{\pi}{2})$

【解】

令 $x, y \in \left(0, \dfrac{\pi}{2}\right)$ 且 $x \neq y$, $\because \cot x$ 於 $\left(0, \dfrac{\pi}{2}\right)$ 可微分且連續

By Mean Value Theorem 則 $\exists c \in (x, y)$ such that $f(x) - f(y) = f'(c)(x - y)$

$\therefore |\cot x - \cot y| = |\csc^2 c \, (x - y)| = |\csc^2 c \,||(x - y)| > |x - y|, \ \forall x, y \in (0, \dfrac{\pi}{2})$

範例 14.

試用均值定理證 $\dfrac{1}{8} < \sqrt{51} - 7 < \dfrac{1}{7}$

【解】

令 $f(x) = \sqrt{x}, \forall x \in (49, 51)$ $\quad \because f(x)$ 於 $(49, 51)$ 可微分且連續

By Mean Value Theorem 則 $\exists c \in (49, 51)$ s.t. $f(51) - f(49) = f'(c)(51 - 49)$

$\therefore \left|\sqrt{51} - 7\right| = \left|\dfrac{1}{2} c^{-\frac{1}{2}}(51 - 49)\right| = \left|\dfrac{1}{\sqrt{c}}\right|$

$\because 49 < c < 51$ $\quad \therefore 7 = \sqrt{49} < \sqrt{c} < \sqrt{51} < \sqrt{64} = 8$

$\therefore \dfrac{1}{8} < \dfrac{1}{\sqrt{c}} < \dfrac{1}{7} \Rightarrow \dfrac{1}{8} < \sqrt{51} - 7 < \dfrac{1}{7}$

範例 15.

試用均值定理證 $6 + \dfrac{1}{\sqrt{38}} < \sqrt{38} < 6 + \dfrac{1}{\sqrt{36}}$

【解】

令 $f(x) = \sqrt{x}, \forall x \in (36,38)$　　$\because f(x)$ 於 $(36,38)$ 可微分且連續

By Mean Value Theorem 則 $\exists c \in (36,38)$ s.t. $f(38) - f(36) = f'(c)(38 - 36)$

$\therefore \left| \sqrt{38} - \sqrt{36} \right| = \left| \dfrac{1}{2} c^{-\frac{1}{2}}(38 - 36) \right| = \left| \dfrac{1}{\sqrt{c}} \right|$

$\because 36 < c < 38$　　$\therefore \dfrac{1}{\sqrt{38}} < \dfrac{1}{\sqrt{c}} < \dfrac{1}{\sqrt{36}} \Rightarrow \dfrac{1}{\sqrt{38}} < \sqrt{38} - \sqrt{36} < \dfrac{1}{\sqrt{36}}$

範例 16.

$$\text{試用均值定理證 } 5 + \frac{1}{6} < \sqrt{27} < 5 + \frac{1}{5}$$

【解】

令 $f(x) = \sqrt{x}, \forall x \in (25,27)$,　$\because f(x)$ 於 $(25,27)$ 可微分且連續

By Mean Value Theorem 則 $\exists c \in (25,27)$ s.t. $f(27) - f(25) = f'(c)(27 - 25)$

$\therefore \left| \sqrt{27} - \sqrt{25} \right| = \left| \dfrac{1}{2} c^{-\frac{1}{2}}(27 - 25) \right| = \left| \dfrac{1}{\sqrt{c}} \right|$

$\because 25 < c < 27$　$\therefore 5 = \sqrt{25} < \sqrt{c} < \sqrt{27} < \sqrt{36} = 6$　　$\therefore \dfrac{1}{6} < \dfrac{1}{\sqrt{c}} < \dfrac{1}{5} \Rightarrow \dfrac{1}{6} < \sqrt{27} - 5 < \dfrac{1}{5}$

範例 17.

假設 $f(x) = x^2$, 且存在 $c \in (1,6)$ 滿足微分均值定理, 求 $c =?$

【解】

$\because c \in (1,6)$ 且滿足微分均值定理　　$\therefore f'(c) = \dfrac{f(6) - f(1)}{6 - 1} = \dfrac{36 - 1}{5} = 7$

$\because f'(c) = 2c$　$\therefore c = \dfrac{7}{2}$

範例 18.

假設 $f(x) = x^3$, 且存在 $c \in (1,3)$ 滿足微分均值定理, 求 $c =?$

【解】

$\because c \in (1,3)$ 且滿足微分均值定理　$\therefore f'(c) = \dfrac{f(3) - f(1)}{3 - 1} = \dfrac{27 - 1}{2} = 13$

$$\because f'(c) = 3c^2 \quad \therefore c = \sqrt{\frac{13}{3}}$$

範例 19.

　　假設 $f(x) = \sin 2x$，$g(x) = \cos 2x$，$x \in \left[0, \frac{\pi}{4}\right]$ 且存在 $c \in \left(0, \frac{\pi}{4}\right)$

　　滿足廣義微分均值定理，求 $c = ?$

【解】

$\because c \in \left(0, \frac{\pi}{4}\right)$ 且滿足廣義微分均值定理 $\quad \therefore \dfrac{f\left(\frac{\pi}{4}\right) - f(0)}{g\left(\frac{\pi}{4}\right) - g(0)} = \dfrac{f'(c)}{g'(c)}$

$\because f'(c) = 2\cos 2c$，$g'(c) = -2\sin 2c$

$\therefore \dfrac{f\left(\frac{\pi}{4}\right) - f(0)}{g\left(\frac{\pi}{4}\right) - g(0)} = \dfrac{f'(c)}{g'(c)} \Rightarrow \dfrac{1}{-1} = \dfrac{\cos 2c}{-\sin 2c} \Rightarrow \tan 2c = 1 \Rightarrow c = \dfrac{\pi}{8}$

範例 20.

　　假設 $f(x) = x^5$，$g(x) = x^4$，$x \in (0,1)$ 且存在 $c \in (0,1)$

　　且滿足廣義微分均值定理，求 $c = ?$

【解】

$\because c \in \left(0, \frac{\pi}{2}\right)$ 且滿足廣義微分均值定理 $\quad \therefore \dfrac{f(1) - f(0)}{g(1) - g(0)} = \dfrac{f'(c)}{g'(c)}$

$\because f'(c) = 5c^4$，$g'(c) = 4c^3$

$\therefore \dfrac{f(1) - f(0)}{g(0) - g(0)} = \dfrac{f'(c)}{g'(c)} \Rightarrow \dfrac{1}{1} = \dfrac{5c^4}{4c^3} \Rightarrow \dfrac{5c}{4} = 1 \Rightarrow c = \dfrac{4}{5}$

3.3 求函數的極值與遞增遞減區間

【定義】$f(x)$ 的相對極大值與相對極小值

(i) $f(a)$ 為相對極大值 $\Leftrightarrow \exists \delta > 0$, such that $|x - a| < \delta \Rightarrow f(a) \geq f(x)$

(ii) $f(a)$ 為相對極小值 $\Leftrightarrow \exists \delta > 0$, such that $|x - a| < \delta \Rightarrow f(a) \leq f(x)$

【定義】$f(x)$的絕對極大值與絕對極小值
(i) $f(a)$為絕對極大值 $\Leftrightarrow f(a) \geq f(x), \forall x \in D_f, D_f$ 為函數f的定義域
(ii)$f(a)$為絕對極小值 $\Leftrightarrow f(a) \leq f(x), \forall x \in D_f, D_f$ 為函數f的定義域

【定義】$f(x)$的臨界點(critical points)
a 為函數$f(x)$的臨界點 $\Leftrightarrow f'(a) = 0$ 或 $f'(a)$不存在

【定理】$f(x)$的極值點(extreme points)
a 為函數$f(x)$的極值點 $\Leftrightarrow a$ 為函數$f(x)$的臨界點或端點

【定理】

Let $f(x)$ be differentiable at a.
(i)If $f'(a) > 0$, then $\exists \delta > 0$ s.t. $f(a-h) < f(a) < f(a+h)$, $\forall 0 < h < \delta$
(ii)If $f'(a) < 0$, then $\exists \delta > 0$ s.t. $f(a-h) > f(a) > f(a+h)$, $\forall 0 < h < \delta$
Proof:
(i)

By definition, we have $f'(a) = \lim\limits_{h \to 0} \dfrac{f(a+h) - f(a)}{h}$

$\because f'(a) > 0$, choose $\delta > 0$ s.t. $\left| f'(a) - \dfrac{f(a+h) - f(a)}{h} \right| < \dfrac{f'(a)}{2}, \forall 0 < |h| < \delta$

$\therefore 0 < \dfrac{f'(a)}{2} < \dfrac{f(a+h) - f(a)}{h} < \dfrac{3f'(a)}{2} \Rightarrow f(a+h) - f(a) > 0, \forall 0 < h < \delta$

$\therefore 0 < \dfrac{f'(a)}{2} < \dfrac{f(a+k) - f(a)}{k} \Rightarrow f(a+k) - f(a) > 0, \forall -\delta < k < 0$

let $k = -h$ then $0 < \dfrac{f'(a)}{2} < \dfrac{f(a-h) - f(a)}{-h} \Rightarrow f(a-h) - f(a) < 0, \forall 0 < h < \delta$

(ii)
與(i)類似, 留給讀者練習

【定理】費馬定理
(i)$f(x)$在 $x = a$ 有極值
(ii)$f'(a)$ 存在
$\Rightarrow f'(a) = 0$

Proof:

Assume $f'(a) > 0$, then $\exists \delta > 0$ s.t. $f(a-h) < f(a) < f(a+h)$, $\forall 0 < h < \delta$

$\because f(x)$在 $x = a$ 有極值, a contradiction

Assume $f'(a) < 0$, then $\exists \delta > 0$ s.t. $f(a-h) > f(a) > f(h+h)$, $\forall 0 < h < \delta$

$\because f(x)$在 $x = a$ 有極值, a contradiction

$\therefore f'(a) = 0$

【定理】

(i)$f(x)$於a點連續

(ii)$f'(a) = 0$ 或 $f'(a)$不存在

(iii)$\exists \delta > 0$ such that $f'(x) > 0$, $\forall x \in (a - \delta, a)$ 且 $f'(x) < 0$, $\forall x \in (a, a + \delta)$

$\Rightarrow f(a)$為相對極大值

Proof:

$\because f'(x) > 0$, $\forall x \in (a - \delta, a)$ $\therefore f$ is increasing on $(a - \delta, a)$

$\because f'(x) < 0$, $\forall x \in (a, a + \delta)$ $\therefore f$ is decreasing on $(a, a + \delta)$

$\because f(x)$於a點連續 $\therefore \exists \delta > 0$, such that $|x - a| < \delta \Rightarrow f(a) \geq f(x) \therefore f(a)$為相對極大值

【定理】

(i)$f(x)$於a點連續

(ii) $f'(a) = 0$ 或 $f'(a)$不存在

(iii)$\exists \delta > 0$ such that $f'(x) < 0$, $\forall x \in (a - \delta, a)$ 且 $f'(x) > 0$, $\forall x \in (a, a + \delta)$

$\Rightarrow f(a)$為相對極小值

Proof:

$\because f'(x) < 0$, $\forall x \in (a - \delta, a)$ $\therefore f$ is decreasing on $(a - \delta, a)$

$\because f'(x) > 0$, $\forall x \in (a, a + \delta)$ $\therefore f$ is increasing on $(a, a + \delta)$

$\because f(x)$於a點連續 $\therefore \exists \delta > 0$, such that $|x - a| < \delta \Rightarrow f(a) \leq f(x) \therefore f(a)$為相對極小值

【定理】

(i) $f'(a) = 0$ 且 $f''(a) > 0$ $\Rightarrow f(a)$為相對極小值

(ii) $f'(a) = 0$ 且 $f''(a) < 0$ $\Rightarrow f(a)$為相對極大值

Proof:

(i)

$\because f''(a) > 0$ then $\exists \delta > 0$ s.t. $f'(a-h) < f'(a) < f'(a+h)$, $\forall 0 < h < \delta$

$\because f'(a) = 0$ $\therefore f'(x) < 0$, $\forall x \in (a - \delta, a)$

$\because f'(a) = 0 \quad \therefore f'(x) > 0,\ \forall x \in (a, a + \delta) \Rightarrow f(a)$為相對極小值

(ii)

與(i)類似, 留給讀者練習

考試類型:

題型 1.

求相對極大值

解題流程:

若找到$\delta > 0$ 使得$f'(x) > 0,\ \forall x \in (x_0 - \delta, x_0)$且$f'(x) < 0,\ \forall x \in (x_0, x_0 + \delta)$
則函數f於x_0有相對極大值$f(x_0)$

題型 2.

求相對極小值

解題流程:

若找到$\delta > 0$ 使得$f'(x) < 0,\ \forall x \in (x_0 - \delta, x_0)$且$f'(x) > 0,\ \forall x \in (x_0, x_0 + \delta)$
則函數f於x_0有相對極小值$f(x_0)$

【定義】$f(x)$為遞增、遞減函數
(i)$f(x)$為遞增函數 $\Leftrightarrow f(x_1) \leq f(x_2), \forall x_1 < x_2 \in D_f, D_f$為函數$f$的定義域
(ii)$f(x)$為遞減函數 $\Leftrightarrow f(x_1) \geq f(x_2), \forall x_1 < x_2 \in D_f, D_f$為函數$f$的定義域

【定義】$f(x)$為嚴格遞增、嚴格遞減函數函數
(i)$f(x)$為嚴格遞增函數 $\Leftrightarrow f(x_1) < f(x_2), \forall x_1 < x_2 \in D_f, D_f$為函數$f$的定義域
(ii)$f(x)$為嚴格遞減函數 $\Leftrightarrow f(x_1) > f(x_2), \forall x_1 < x_2 \in D_f, D_f$為函數$f$的定義域

【定理】
假設 D_f為函數f的定義域
(i) $f'(x) \geq 0\ \forall x \in D_f \Rightarrow f(x)$在$D_f$為遞增函數
(ii) $f'(x) \leq 0\ \forall x \in D_f \Rightarrow f(x)$在$D_f$為遞減函數
(iii) $f'(x) > 0\ \forall x \in D_f \Rightarrow f(x)$在$D_f$為嚴格遞增函數
(iv) $f'(x) < 0\ \forall x \in D_f \Rightarrow f(x)$在$D_f$為嚴格遞減函數
Proof:
(i)

Let $a < b \in D_f$, by $M.V.T$, then $\exists c \in (a, b)$ s.t. $f'(c) = \dfrac{f(b) - f(a)}{b - a}$

$\because f'(c) \geq 0 \quad \therefore \dfrac{f(b) - f(a)}{b - a} \geq 0 \quad \therefore f(b) \geq f(a)$

(ii)(iii)(iv)

與(i)類似, 留給讀者練習

題型 3.

求$f(x)$遞增區間

解題流程:

若找到區間D_f使得$f'(x) > 0, \ \forall x \in D_f$則$D_f$為$f(x)$遞增區間

題型 4.

求$f(x)$遞減區間

解題流程:

若找到區間D_f使得$f'(x) < 0, \ \forall x \in D_f$則$D_f$為$f(x)$遞減區間

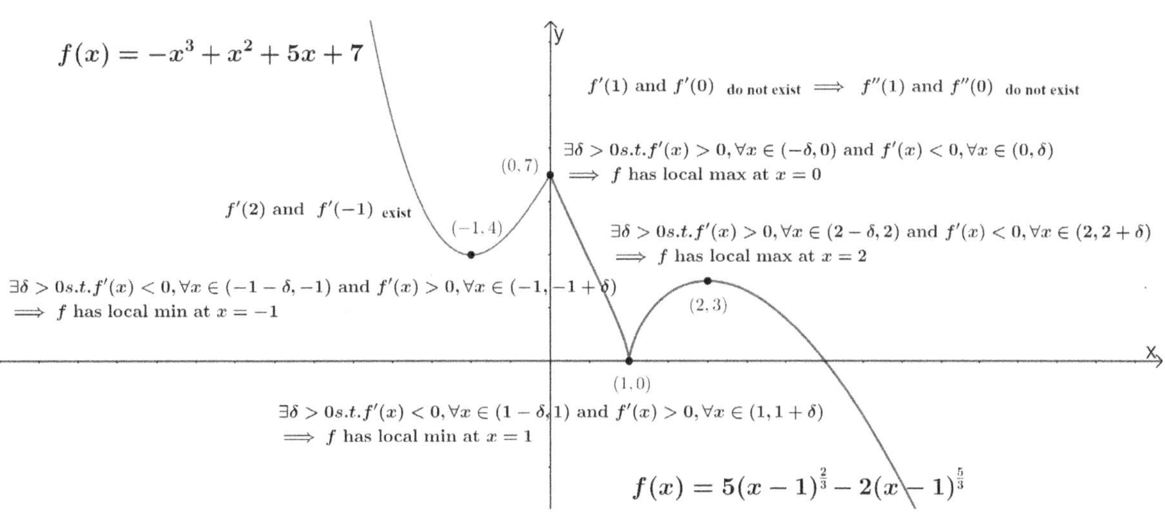

範例 1.

　　證明 $x \geq \ln(1 + x), \ \forall x \geq 0$

【解】

令 $f(x) = \ln(1 + x) - x, \ \forall x \geq 0$

Claim: $f(x) \leq 0, \ \forall x \geq 0$

Let $x \geq 0$, $\because f'(x) = \dfrac{1}{1+x} - 1 = \dfrac{-x}{1+x} \leq 0$ 且 $f(0) = 0$

$\therefore f(x)$ 在 $x = 0$ 有絕對極大值 $\Rightarrow f(x) \leq f(0) = 0$, $\forall x \geq 0$

範例 2.

　　證明 $\pi^e < e^\pi$

【解】

$\because \pi^e < e^\pi \Leftrightarrow \ln \pi^e < \ln e^\pi \Leftrightarrow e \ln \pi < \pi \ln e \Leftrightarrow \dfrac{\ln \pi}{\pi} < \dfrac{\ln e}{e}$

Let $f(x) = \dfrac{\ln x}{x}$ and claim: $f(e) > f(\pi)$

$\because f'(x) = \dfrac{\dfrac{1}{x} \cdot x - \ln x}{x^2} = \dfrac{1 - \ln x}{x^2}$

$\because f'(x) < 0$, $\forall x > e$, $f'(x) > 0$, $\forall x < e$ and $f'(e) = 0$

$\therefore f(x)$ 在 $x = e$ 有絕對極大值 $\Rightarrow f(e) > f(x)$, $\forall x \neq e \Rightarrow f(e) > f(\pi)$

範例 3.

　　證明 $\sqrt{1+x} \leq 1 + \dfrac{x}{2}$, $\forall x \geq 0$

【解】

令 $f(x) = 1 + \dfrac{x}{2} - \sqrt{1+x}$, $\forall x \geq 0$

Claim: $f(x) \geq 0$, $\forall x \geq 0$

$\because f'(x) = \dfrac{1}{2} - \dfrac{1}{2(1+x)^{\frac{1}{2}}} = \dfrac{1}{2}\left(1 - \dfrac{1}{(1+x)^{\frac{1}{2}}}\right) > 0$, $\forall x > 0$ 且 $f(0) = 0$

$\therefore f(x)$ 在 $x = 0$ 有絕對極小值 $\Rightarrow f(x) \geq f(0) = 0$, $\forall x \geq 0$

範例 4.

　　假設 $f(x) = x^2 - 4x + 9$, 求遞增與遞減的區間為何?, 極值點為何?

【解】

$\because f'(x) = 2x - 4$, 令 $f'(x) = 0$ 則 $x = 2$

$\because f'(x) > 0,\ \forall x > 2$ 且 $f'(x) < 0,\ \forall x < 2$

因此 $f(x)$ 於 $(-\infty, 2)$ 為遞減函數且 $f(x)$ 於 $(2, \infty)$ 為遞增函數

$\because f'(2) = 0,\ f'(x) < 0, \forall x \in (1,2)$ 且 $f'(x) > 0, \forall x \in (2,3)$ $\ \therefore f(2) = 5$ 為相對極小值

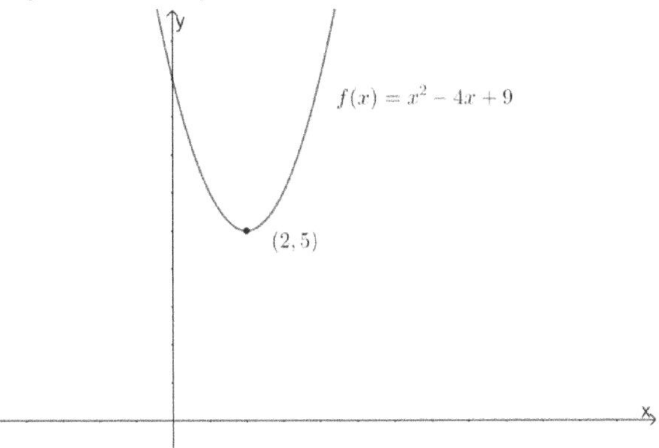

範例 5.

　　假設 $f(x) = -x^2 + 3x + 3$, 求遞增與遞減的區間為何?, 極值點為何?

【解】

$\because f'(x) = -2x + 3,\ $ 令 $f'(x) = 0$ 則 $x = \dfrac{3}{2}$

$\because f'(x) < 0,\ \forall x > \dfrac{3}{2}$ 且 $f'(x) > 0,\ \forall x < \dfrac{3}{2}$

因此 $f(x)$ 於 $\left(-\infty, \dfrac{3}{2}\right)$ 為遞增函數 且 $f(x)$ 於 $\left(\dfrac{3}{2}, \infty\right)$ 為遞減函數

$\because f'\left(\dfrac{3}{2}\right) = 0,\ f'(x) > 0,\ \forall x \in \left(\dfrac{1}{2}, \dfrac{3}{2}\right)$ 且 $f'(x) < 0,\ \forall x \in \left(\dfrac{3}{2}, \dfrac{5}{2}\right)$

$\therefore f\left(\dfrac{3}{2}\right) = \dfrac{21}{4}$ 為相對極大值

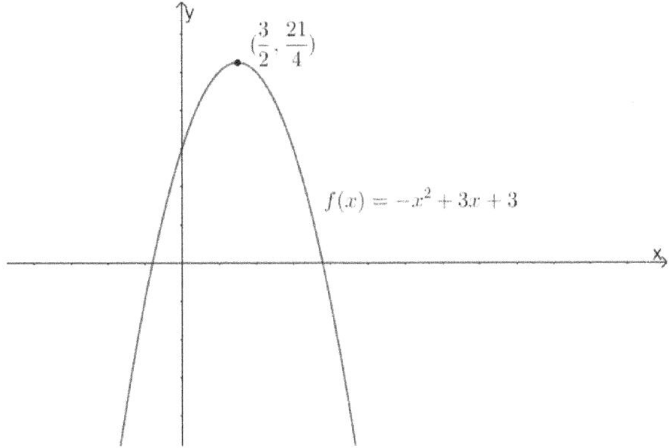

範例 6.

假設 $f(x) = 2x^4 - 8x^3 + 9$, 求 $f(x)$ 的遞增與遞減的區間為何?, 極值點 =?

【解】

$\because f'(x) = 8x^3 - 24x^2 = 8x^2(x-3)$ $\therefore f'(x) < 0,\ \forall x \in (-\infty, 3)$ 且 $f'(x) > 0,\ \forall x \in (3, \infty)$

$\therefore f(x)$ 於 $(3, \infty)$ 為遞增函數 且 $f(x)$ 於 $(-\infty, 3)$ 為遞減函數

$\because f'(3) = 0,\ f'(x) < 0, \forall x \in (2,3)$ 且 $f'(x) > 0, \forall x \in (3,4)$ $\therefore f(3) = -45$ 為相對極小值

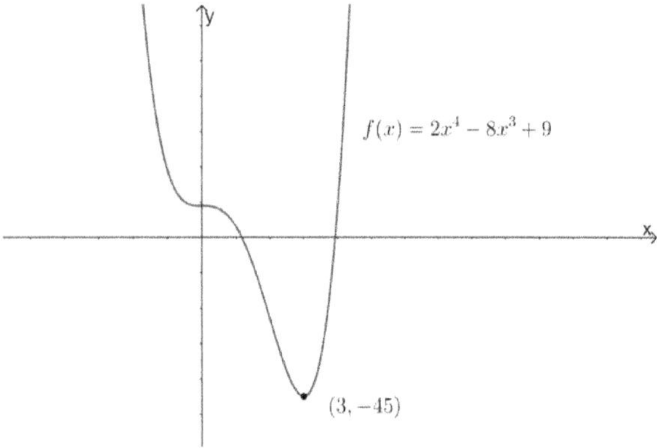

範例 7.

假設 $f(x) = x\sqrt{x+4}$, 求遞增與遞減的區間為何?, 極值點為何?

【解】

$$\because f'(x) = \sqrt{x+4} + \frac{x}{2(x+4)^{\frac{1}{2}}} = \frac{3x+8}{2(x+4)^{\frac{1}{2}}}$$

$$\therefore f'(x) < 0,\ \forall x \in \left(-4, -\frac{8}{3}\right) \text{ 且 } f'(x) > 0,\ \forall x \in \left(-\frac{8}{3}, \infty\right)$$

$$\therefore f(x) \text{ 於 } \left(-4, -\frac{8}{3}\right) \text{ 為遞減函數 並且 } f(x) \text{ 於 } \left(-\frac{8}{3}, \infty\right) \text{ 為遞增函數}$$

$$\because f'\left(-\frac{8}{3}\right) = 0,\ f'(x) < 0,\ \forall x \in \left(-\frac{9}{3}, -\frac{8}{3}\right) \text{ 且 } f'(x) > 0,\ \forall x \in \left(-\frac{8}{3}, -\frac{7}{3}\right)$$

$$\therefore f\left(-\frac{8}{3}\right) = \frac{-16}{3\sqrt{3}} \text{ 為相對極小值}$$

$$\because f'(-4) \text{ 不存在 且 } f'(x) < 0, \forall x \in \left(-4, -\frac{8}{3}\right) \quad \therefore f(-4) = 0 \text{ 為相對極大值}$$

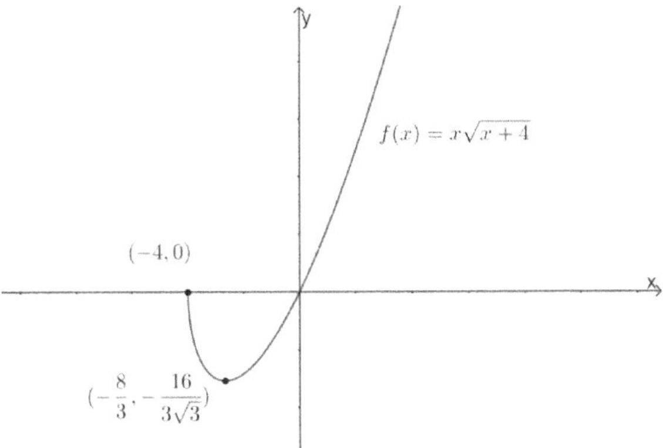

範例 8.

  假設 $f(x) = -4x^3 + 6x^2 + 24x + 5$, 求 $f(x)$ 的極大值與極小值?

【解】

$\because f'(x) = -12x^2 + 12x + 24 = -12(x-2)(x+1)$

$\therefore f'(x) < 0, \ \forall x \in (-\infty, -1) \cup (2, \infty)$ 且 $f'(x) > 0, \ \forall x \in (-1, 2)$

$\because f'(2) = 0, f'(x) > 0, \ \forall x \in \left(\dfrac{3}{2}, 2\right)$ 且 $f'(x) < 0, \ \forall x \in \left(2, \dfrac{5}{2}\right)$

$\therefore f(2) = 45$ 為相對極大值

$\because f'(-1) = 0, f'(x) < 0, \ \forall x \in (-2, -1)$ 且 $f'(x) > 0, \ \forall x \in (-1, 0)$

$\therefore f(-1) = -9$ 為相對極小值 $\therefore f(-1) = -9$ 為相對極小值 且 $f(2) = 45$ 為相對極大值

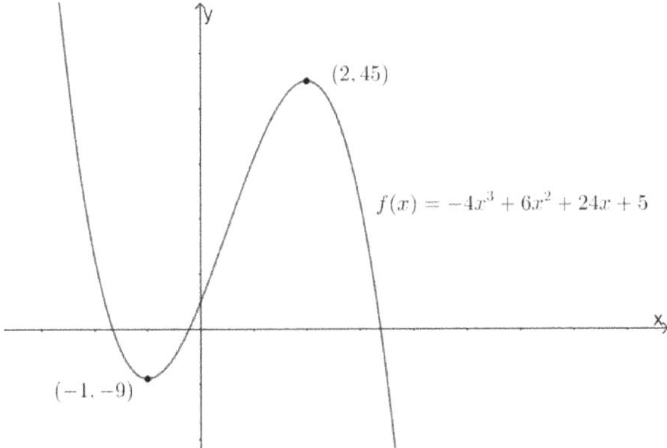

範例 9.

  假設 $f(x) = 2x^3 - 3x^2 - 12x + 9$, 求遞增與遞減的區間為何?, 極值點為何?

【解】

$\because f'(x) = 6x^2 - 6x - 12 = 6(x-2)(x+1), \ $ 令 $f'(x) = 0$ 則 $x = 2 \vee -1$

$\because f'(x) > 0, \ \forall x \in (-\infty, -1) \cup (2, \infty)$ 且 $f'(x) < 0, \ \forall x \in (-1, 2)$

$\therefore f(x)$ 於 $(-\infty,-1) \cup (2,\infty)$ 為遞增函數 並且 $f(x)$ 於 $(-1,2)$ 為遞減函數

$\because f'(-1) = 0,\ f'(x) > 0,\ \forall x \in (-2,-1)$ 且 $f'(x) < 0,\ \forall x \in (-1,0)$

$\therefore f(-1) = 16$ 為相對極大值

$\because f'(2) = 0,\ f'(x) < 0,\ \forall x \in (1,2)$ 且 $f'(x) > 0,\ \forall x \in (2,3)\ \therefore f(2) = -11$ 為相對極小值

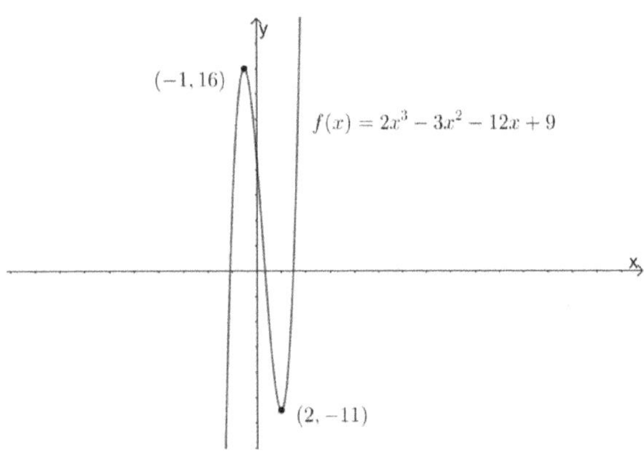

範例 10.

假設 $f(x) = (x^2 - 9)^{\frac{2}{3}}$, 求 $f(x)$ 的遞增與遞減的區間為何?, 極值點為何?

【解】

$\because f'(x) = \dfrac{4x}{3}(x^2 - 9)^{\frac{-1}{3}}$

$\therefore f'(x) > 0,\ \forall x \in (3, +\infty) \cup (-3,0)$ 且 $f'(x) < 0,\ \forall x \in (-\infty, -3) \cup (0,3)$

$\therefore f(x)$ 於 $(3, +\infty) \cup (-3,0)$ 為遞增函數且 $f(x)$ 於 $(-\infty, -3) \cup (0,3)$ 為遞減函數

$\because f(x)$ 於 $x = 3$ 連續, $f'(x) < 0,\ \forall x \in (2,3)$ 且 $f'(x) > 0,\ \forall x \in (3,4)$

$\therefore f(3) = 0$ 為相對極小值

$\because f(x)$ 於 $x = -3$ 連續, $f'(x) < 0,\ \forall x \in (-4,-3)$ 且 $f'(x) > 0,\ \forall x \in (-3,-2)$

$\therefore f(-3) = 0$ 為相對極小值

$\because f'(0) = 0,\ f'(x) > 0,\ \forall x \in (-1,0)$ 且 $f'(x) < 0,\ \forall x \in (0,1)\ \therefore f(0) = 9^{\frac{2}{3}}$ 為相對極大值

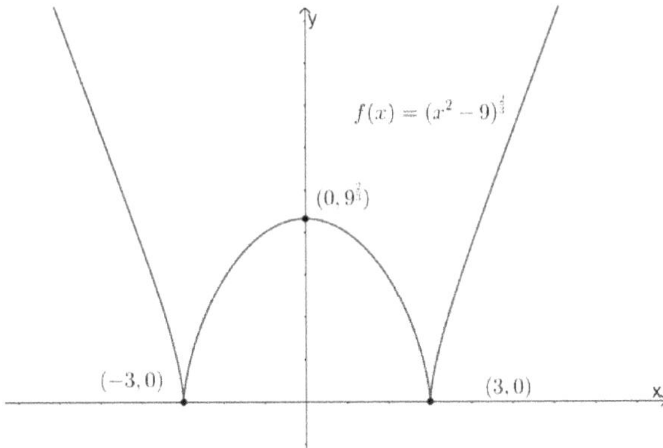

範例 11.

假設 $f(x) = 5(x-1)^{\frac{2}{3}} - 2(x-1)^{\frac{5}{3}}$, 求 $f(x)$ 的遞增與遞減的區間為何?, 極值點為何?

【解】

$$\because f'(x) = \frac{10}{3}(x-1)^{\frac{-1}{3}} - \frac{10}{3}(x-1)^{\frac{2}{3}} = \frac{10(2-x)}{3(x-1)^{\frac{1}{3}}}$$

$\therefore f'(x) < 0, \ \forall x \in (2, \infty) \cup (-\infty, 1)$ 且 $f'(x) > 0, \ \forall x \in (1,2)$

$\therefore f(x)$ 於 $(1,2)$ 為遞增函數 並且 $f(x)$ 於 $(2, \infty) \cup (-\infty, 1)$ 為遞減函數

$\because f'(2) = 0, f'(x) > 0, \ \forall x \in \left(\frac{3}{2}, 2\right)$ 且 $f'(x) < 0, \ \forall x \in \left(2, \frac{5}{2}\right)$

$\therefore f(2) = 3$ 為相對極大值

$\because f(x)$ 於 $x = 1$ 連續, $f'(x) < 0, \ \forall x \in \left(\frac{1}{2}, 1\right)$ 且 $f'(x) > 0, \ \forall x \in \left(1, \frac{3}{2}\right)$

$\therefore f(1) = 0$ 為相對極小值

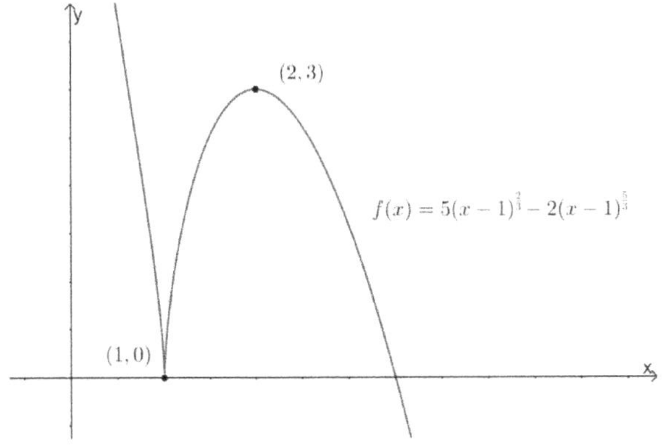

3.4 求反曲點,凹凸性與函數的作圖

【定義】$f(x)$為凹向上(concave upward)、凹向下(concave downward)函數
(i) $f(x)$為凹向上函數 $\Leftrightarrow f'(x)$ is increasing, $\forall x \in D_f$ 其中 D_f 為函數f的定義域
(ii)$f(x)$為凹向下函數 $\Leftrightarrow f'(x)$ is decreasing, $\forall x \in D_f$ 其中 D_f 為函數f的定義域

【定理】
假設 D_f 為函數f的定義域
(i) $f''(x) > 0 \;\forall x \in D_f \Rightarrow f(x)$在$D_f$凹向上函數
(ii) $f''(x) < 0 \;\forall x \in D_f \Rightarrow f(x)$在$D_f$凹向下函數
Proof:
(i)

Let $a < b \in D_f$, by $M.V.T$, then $\exists c \in (a,b)$ s.t. $f''(c) = \dfrac{f'(b) - f'(a)}{b - a}$

$\because f''(c) \geq 0 \quad \therefore \dfrac{f'(b) - f'(a)}{b - a} \geq 0 \quad \therefore f'(b) \geq f'(a) \Rightarrow f(x)$在$D_f$凹向上函數

(ii)
與(i)類似, 留給讀者練習

題型 1.
求 $f(x)$凹向上區間
解題流程:
若找到區間D_f使得$f''(x) > 0, \;\forall x \in D_f$則 D_f為$f(x)$凹向上區間

題型 2.
求$f(x)$凹向下區間
解題流程:
若找到區間D_f使得$f''(x) < 0, \;\forall x \in D_f$則$D_f$為$f(x)$凹向下區間

【定義】$f(x)$的反曲點(inflection point)
(i)$f''(a) = 0$ 或 $f''(a)$ 不存在
(ii)$\exists \delta > 0$ such that $f''(x)f''(y) < 0, \;\forall x \in (a - \delta, a), y \in (a, a + \delta)$

(iii)$f(x)$ 於 a 點連續

$\Leftrightarrow \big(a, f(a)\big)$ 為反曲點

題型 3.

求 $f(x)$ 反曲點

解題流程:

若找到 $\delta > 0, a \in R$ 使得 $f(x)$ 於 a 點連續且 $f''(x)f''(y) < 0, \forall x \in (a - \delta, a), y \in (a, a + \delta)$

則 $\big(a, f(a)\big)$ 為反曲點

題型 4.　求垂直漸進線

$\exists a \in R$ s.t. $\displaystyle\lim_{x \to a} f(x) = \infty \vee -\infty \Leftrightarrow x = a$ 為 $f(x)$ 的垂直漸進線

解題流程:

求垂直漸進線則找 a 使得 $\displaystyle\lim_{x \to a} f(x) = \infty \vee -\infty$

題型 5.　求水平漸進線

$\exists L \in R$ s.t. $\displaystyle\lim_{x \to \infty} f(x) = L < \infty \vee \lim_{x \to -\infty} f(x) = L < \infty \Leftrightarrow y = L$ 為 $f(x)$ 的水平漸進線

解題流程:

求水平漸近線則判斷是否 $\exists L \in R$ s.t. $\displaystyle\lim_{x \to \infty} f(x) = L \vee \lim_{x \to -\infty} f(x) = L$

題型 6.　求斜漸進線

$\exists m \neq 0$ and $b \in R$ s.t. $\displaystyle\lim_{x \to \infty} f(x) = mx + b \vee \lim_{x \to -\infty} f(x) = mx + b$

$\Leftrightarrow y = mx + b$ 為 $f(x)$ 的斜漸進線

解題流程:

令 $y = mx + b$ 為斜漸進線則 $\displaystyle\lim_{x \to \infty} f(x) = mx + b \vee \lim_{x \to -\infty} f(x) = mx + b$

$\Rightarrow \left(\displaystyle\lim_{x \to \infty} \frac{f(x)}{mx + b} = 1 \text{ 且 } \lim_{x \to \infty} f(x) - mx = \text{b} \right) \vee \left(\displaystyle\lim_{x \to -\infty} \frac{f(x)}{mx + b} = 1 \text{ 且 } \lim_{x \to -\infty} f(x) - mx = \text{b} \right)$

Step1.

使用 $\lim\limits_{x\to\infty}\dfrac{f(x)}{mx+b}=1$ 得 m 值,再使用 $\lim\limits_{x\to\infty}f(x)-mx=\mathrm{b}$ 求得 b 值

Step2.

使用 $\lim\limits_{x\to-\infty}\dfrac{f(x)}{mx+b}=1$ 得 m 值,再使用 $\lim\limits_{x\to-\infty}f(x)-mx=\mathrm{b}$ 求得 b 值

令 $x=-u$ 則 $\lim\limits_{u\to\infty}\dfrac{f(-u)}{-mu+b}=1$ 且 $\lim\limits_{u\to\infty}f(-u)+mu=\mathrm{b}$

使用 $\lim\limits_{u\to\infty}\dfrac{f(-u)}{-mu+b}=1$ 得 m 值,再使用 $\lim\limits_{u\to\infty}f(-u)+mu=\mathrm{b}$ 求得 b 值

因此, 求斜漸進線相當於 x 趨近於無窮大時求函數極限的問題

範例 1.

　　假設 $f(x)=2(x+1)\tan^{-1}x$,求 $f(x)$ 的反曲點 $=?$

【解】

$\because f'(x)=2\left(\tan^{-1}x+(x+1)\dfrac{1}{1+x^2}\right)$

$\therefore f''(x)=2\left(\dfrac{1}{1+x^2}+\dfrac{1+x^2-(x+1)(2x)}{(1+x^2)^2}\right)=2\left(\dfrac{(1+x^2)+1-x^2-2x}{(1+x^2)^2}\right)=\dfrac{4-4x}{(1+x^2)^2}$

$\because f''(1)=0,\ f''(x)f''(y)<0,\ \forall x\in(0,1),y\in(1,2)\ \therefore \big(1,f(1)\big)=(1,\pi)$ 為反曲點

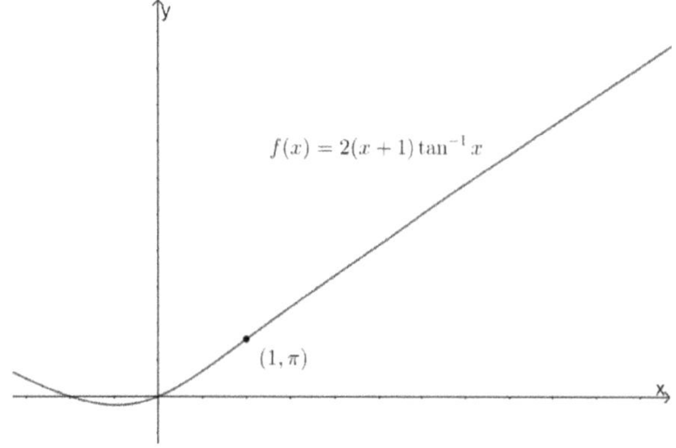

範例 2.

　　假設 $f(x)=2x^4-8x^3+5$,求 $f(x)$ 的反曲點 $=?$

【解】

$\because f'(x)=2(4x^3-12x^2)$ 且 $f''(x)=2(12x^2-24x)=24x(x-2)$

$\because f''(0) = 0, f''(x)f''(y) < 0, \ \forall x \in (-1,0), y \in (0,1) \ \ \therefore \left(0, f(0)\right) = (0,5)$ 為反曲點

$\because f''(2) = 0, f''(x)f''(y) < 0, \ \forall x \in (1,2), y \in (2,3) \ \ \therefore \left(2, f(2)\right) = (2,-27)$ 為反曲點

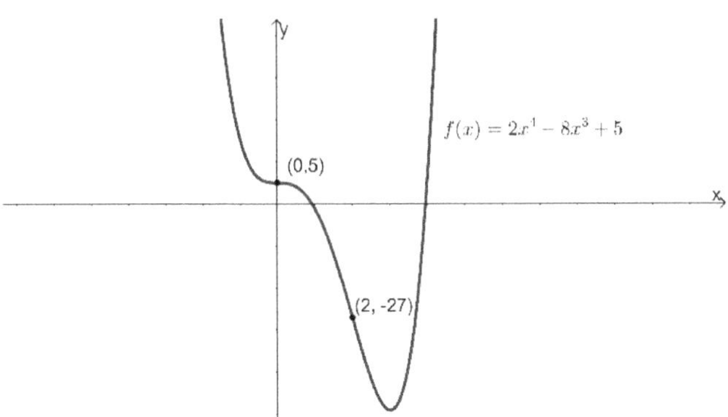

範例 3.

假設 $f(x) = x^3 + px^2 + qx - 3$ 的反曲點為 $(1,4)$,　求 (p,q)=?

【解】

$\because f'(x) = 3x^2 + 2px + q \quad \therefore f''(x) = 6x + 2p$

$\because (1,4)$ 為 $f(x)$ 反曲點　$\therefore f''(1) = 6 + 2p = 0 \Rightarrow p = -3$

$\because f(x)$ 過 $(1,4)$　$\therefore 1 - 3(1) + q - 3 = 4 \Rightarrow q = 9$

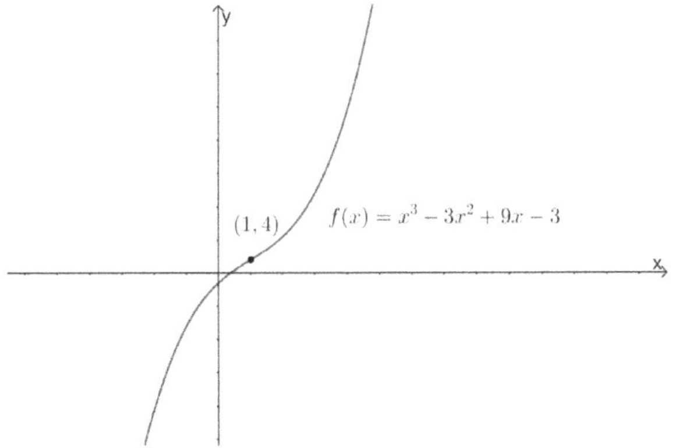

範例 4.

假設 $f(x) = x^3 - 3x^2 + 2x + 1$ (1) 求 f 的遞增與遞減區間 (2) 求 f 極值

(3) 求 f 的反曲點 (4) 求 f 的凹、凸性 (5) 試繪 $f(x)$

【解】

(1)

$\because f'(x) = 3x^2 - 6x + 2, \ 令 f'(x) = 0 \ 則 x = \dfrac{3 \pm \sqrt{3}}{3}$

$\therefore f'(x) > 0, \ \forall x \in \left(-\infty, \dfrac{3-\sqrt{3}}{3}\right) \cup \left(\dfrac{3+\sqrt{3}}{3}, \infty\right)$ 且 $f'(x) < 0, \ \forall x \in \left(\dfrac{3-\sqrt{3}}{3}, \dfrac{3+\sqrt{3}}{3}\right)$

$\Rightarrow f$ 的遞增區域為 $\left(-\infty, \dfrac{3-\sqrt{3}}{3}\right) \cup \left(\dfrac{3+\sqrt{3}}{3}, \infty\right)$, 遞減區域為 $\left(\dfrac{3-\sqrt{3}}{3}, \dfrac{3+\sqrt{3}}{3}\right)$

(2)

$\because f'\left(\dfrac{3-\sqrt{3}}{3}\right) = 0$

$\because f'(x) > 0, \ \forall x \in \left(\dfrac{3-2\sqrt{3}}{3}, \dfrac{3-\sqrt{3}}{3}\right)$ 且 $f'(x) < 0, \ \forall x \in \left(\dfrac{3-\sqrt{3}}{3}, 1\right)$

$\therefore f\left(\dfrac{3-\sqrt{3}}{3}\right) = \dfrac{9+2\sqrt{3}}{9}$ 為相對極大值

$\because f'\left(\dfrac{3+\sqrt{3}}{3}\right) = 0$

$\because f'(x) < 0, \ \forall x \in \left(1, \dfrac{3+\sqrt{3}}{3}\right)$ 且 $f'(x) > 0, \ \forall x \in \left(\dfrac{3+\sqrt{3}}{3}, \dfrac{3+2\sqrt{3}}{3}\right)$

$\therefore f\left(\dfrac{3+\sqrt{3}}{3}\right) = \dfrac{9-2\sqrt{3}}{9}$ 為相對極小值

(3)

$\because f''(x) = 6x - 6, \ 令 f''(x) = 0$ 則 $x = 1$

$\because f$ 於 $x = 1$ 連續且 $f''(x)f''(y) < 0, \ \forall x \in (0,1), y \in (1,2)$ $\therefore \left(1, f(1)\right) = (1,1)$ 為反曲點

(4)

$\because f''(x) > 0, \ \forall x \in (1, \infty)$ 且 $f''(x) < 0, \ \forall x \in (-\infty, 1)$

$\therefore f$ 的凹向上區域為 $(1, \infty)$, 凹向下區域為 $(-\infty, 1)$

(5)

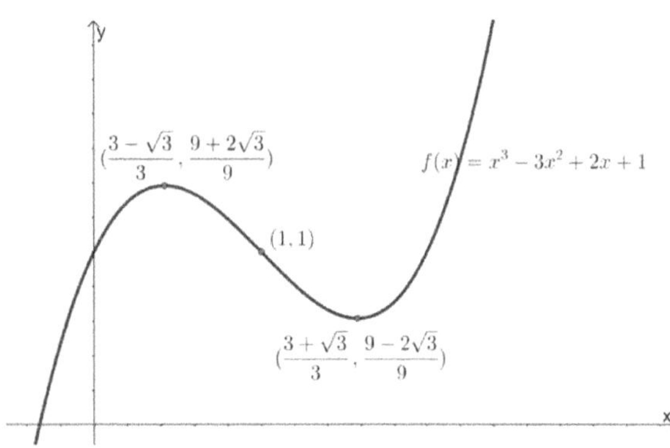

範例 5.

假設 $f(x) = x^4 - 4x^3 + 11$ (1)求 f 的遞增與遞減區間 (2)求 f 極值

(3)求 f 的反曲點 (4)求 f 的凹、凸性 (5)試繪 $f(x)$

【解】

(1)

$\because f'(x) = 4x^3 - 12x^2$, 令 $f'(x) = 4x^2(x-3) = 0$ 則 $x = 0,3$

$\therefore f'(x) > 0, \ \forall x \in (3, \infty)$ 且 $f'(x) < 0, \ \forall x \in (-\infty, 3)$

$\Rightarrow f$ 的遞增區域為 $(3, \infty)$, 遞減區域為 $(-\infty, 3)$

(2)

$\because f'(3) = 0, f'(x) < 0, \ \forall x \in (2,3)$ 且 $f'(x) > 0, \ \forall x \in (3,4) \ \therefore f(3) = -16$ 為相對極小值

(3)

$\because f''(x) = 12x^2 - 24x = 12x(x-2)$, 令 $f''(x) = 0$ 則 $x = 0,2$

$\because f$ 於 $x = 0$ 連續且 $f''(x)f''(y) < 0, \ \forall x \in (-1,0), y \in (0,1) \ \therefore \big(0, f(0)\big) = (0,11)$ 為反曲點

$\because f$ 於 $x = 2$ 連續且 $f''(x)f''(y) < 0, \ \forall x \in (1,2), y \in (2,3) \ \therefore \big(2, f(2)\big) = (2,-5)$ 為反曲點

(4)

$\because f''(x) > 0, \ \forall x \in (2, \infty) \cup (-\infty, 0)$ 且 $f''(x) < 0, \ \forall x \in (0,2)$

$\therefore f$ 的凹向上區域為 $(2, \infty) \cup (-\infty, 0)$, 凹向下區域為 $(0,2)$

(5)

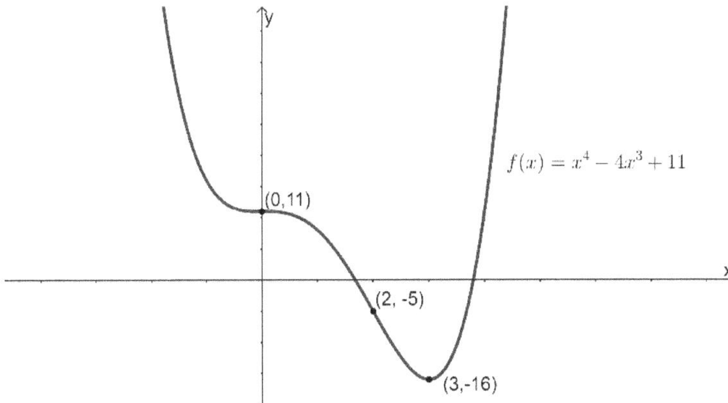

範例 6.

假設 $f(x) = x^{\frac{2}{3}}(6-x)^{\frac{1}{3}}$ (1)求 f 的遞增與遞減區間 (2)求 f 極值

(3) 反曲點 (4)求 f 的凹、凸性 (5) 漸進線 (6)試繪 $f(x)$

【解】

(1)

$$\because f'(x) = \frac{2}{3}x^{\frac{-1}{3}}(6-x)^{\frac{1}{3}} - \frac{1}{3}x^{\frac{2}{3}}(6-x)^{\frac{-2}{3}} = \frac{2(6-x)-x}{3x^{\frac{1}{3}}(6-x)^{\frac{2}{3}}} = \frac{4-x}{x^{\frac{1}{3}}(6-x)^{\frac{2}{3}}}$$

$\because f'(x) > 0, \ \forall x \in (0,4)$ 且 $f'(x) < 0, \ \forall x \in (-\infty,0) \cup (4,\infty)$

$\therefore f$ 的遞增區域為 $(0,4)$, 遞減區域為 $(-\infty,0) \cup (4,\infty)$

(2)

$\because f'(4) = 0, f'(x) > 0, \ \forall x \in (3,4)$ 且 $f'(x) < 0, \ \forall x \in (4,5)$

$\therefore \left(4, f(4)\right) = \left(4, 2^{\frac{5}{3}}\right)$ 為相對極大值

$\because f'(0)$ 不存在且 $f(x)$ 於 $x = 0$ 連續

$\because f'(x) < 0, \ \forall x \in (-1,0)$ 且 $f'(x) > 0, \ \forall x \in (0,1)$

$\therefore \left(0, f(0)\right) = (0,0)$ 為相對極小值

(3)

$$\because f''(x) = \frac{-x^{\frac{1}{3}}(6-x)^{\frac{2}{3}} - (4-x)\left(\frac{1}{3}x^{\frac{-2}{3}}(6-x)^{\frac{2}{3}} - \frac{2}{3}x^{\frac{1}{3}}(6-x)^{\frac{-1}{3}}\right)}{x^{\frac{2}{3}}(6-x)^{\frac{4}{3}}}$$

$$= \frac{-x^{\frac{1}{3}}(6-x)^{\frac{2}{3}} - (4-x)\left(\frac{2-x}{x^{\frac{2}{3}}(6-x)^{\frac{1}{3}}}\right)}{x^{\frac{2}{3}}(6-x)^{\frac{4}{3}}} = \frac{\frac{(-1)x(6-x)-(4-x)(2-x)}{x^{\frac{2}{3}}(6-x)^{\frac{1}{3}}}}{x^{\frac{2}{3}}(6-x)^{\frac{4}{3}}} = \frac{-8}{x^{\frac{4}{3}}(6-x)^{\frac{5}{3}}}$$

$\because f$ 於 $x = 6$ 連續 且 $f''(x)f''(y) < 0, \ \forall x \in (5,6), y \in (6,7)$ $\therefore \left(6, f(6)\right) = (6,0)$ 為反曲點

(4)

$\because f''(x) > 0, \ \forall x \in (6,\infty)$ 且 $f''(x) < 0, \ \forall x \in (-\infty,6)$

$\therefore f$ 的凹向上區域為 $(6,\infty)$, 凹向下區域為 $(-\infty,6)$

(5)

令 $y = mx + b$ 為斜漸近線則 $\lim\limits_{x \to \infty} \dfrac{f(x)}{mx+b} = 1$ 且 $\lim\limits_{x \to \infty} f(x) - mx = b$

$$\because \lim_{x \to \infty} \frac{f(x)}{mx+b} = \lim_{x \to \infty} \frac{x^{\frac{2}{3}}(6-x)^{\frac{1}{3}}}{mx+b} = \lim_{x \to \infty} \frac{\left(\frac{6}{x}-1\right)^{\frac{1}{3}}}{m+\frac{b}{x}} = 1 \qquad \therefore m = -1$$

$$\because \lim_{x \to \infty} f(x) + x = \lim_{x \to \infty} x^{\frac{2}{3}}(6-x)^{\frac{1}{3}} + x = \lim_{x \to \infty} x^{\frac{2}{3}}\left((6-x)^{\frac{1}{3}} + x^{\frac{1}{3}}\right)$$

$$= \lim_{x \to \infty} \frac{x^{\frac{2}{3}}(6 - x + x)}{(6-x)^{\frac{2}{3}} - (6-x)^{\frac{1}{3}} \cdot x^{\frac{1}{3}} + x^{\frac{2}{3}}} = \lim_{x \to \infty} \frac{6}{\left(\frac{6}{x} - 1\right)^{\frac{2}{3}} - \left(\frac{6}{x} - 1\right)^{\frac{1}{3}} \cdot +1} = 2$$

$\therefore b = 2$ 因此 $y = -x + 2$ 為斜漸進線

(6)

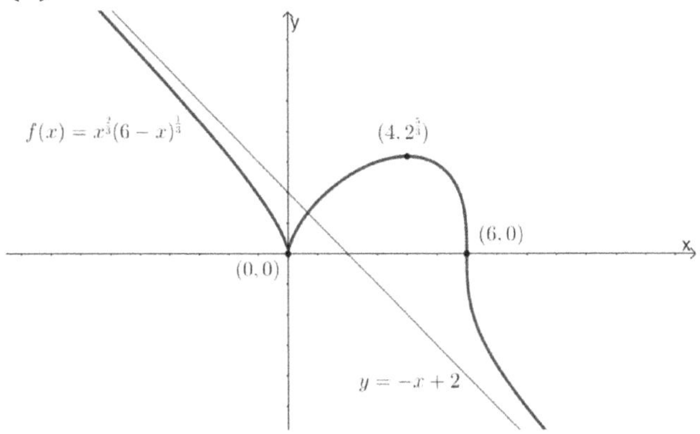

範例 7.

假設 $f(x) = x^2 - \frac{27}{x^2} + 1$ (1) 求 f 的遞增與遞減區間 (2) 求 f 極值

(3) 求 f 的反曲點 (4) 求 f 的凹、凸性 (5) 試繪 $f(x)$

【解】

(1)

$\because f'(x) = 2x + \frac{54}{x^3} = \frac{2x^4 + 54}{x^3}$

$\because f'(x) > 0,\ \forall x \in (0, \infty)$ 且 $f'(x) < 0,\ \forall x \in (-\infty, 0)$

$\therefore f$ 的遞增區域為 $(0, \infty)$, 遞減區域為 $(-\infty, 0)$

(2)

$\because f'(0)$ 不存在且 $f(x)$ 於 $x = 0$ 不連續 $\therefore f$ 無極值

(3)

$\because f''(x) = 2 + \frac{-162}{x^4} = \frac{2x^4 - 162}{x^4} = \frac{2(x^4 - 81)}{x^4},\ $ 令 $f''(x) = 0$ 則 $x = \pm 3$

$\because f$ 於 $x = 3$ 連續且 $f''(x)f''(y) < 0,\ \forall x \in (2,3), y \in (3,4)$ $\therefore \left(3, f(3)\right) = (3, 7)$ 為反曲點

$\because f$ 於 $x = -3$ 連續且 $f''(x)f''(y) < 0,\ \forall x \in (-4, -3), y \in (-3, -2)$

$\therefore \left(-3, f(-3)\right) = (-3, 7)$ 為反曲點

(4)

$\because f''(x) > 0, \ \forall x \in (3, \infty) \cup (-\infty, -3)$ 且 $f''(x) < 0, \ \forall x \in (-3, 0) \cup (0, 3)$

$\therefore f$ 的凹向上區域為 $(3, \infty) \cup (-\infty, -3)$, 凹向下區域為 $(-3, 0) \cup (0, 3)$

(5)

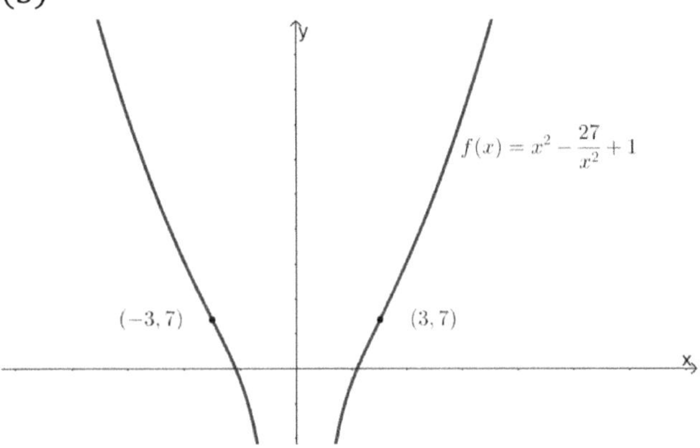

範例 8.

假設 $f(x) = 3x^4 - 4x^3 + 2$ (1)求 f 臨界點 (2)求 f 的遞增與遞減區間

(3)求 f 極值 (4)求 f 的凹、凸性 (5)反曲點 (6)試繪 $f(x)$

【解】

(1)

$\because f'(x) = 12x^3 - 12x^2, \ \Leftrightarrow f'(x) = 12x^2(x - 1) = 0$ 則 $x = 0, 1$

$\therefore \big(0, f(0)\big) = (0, 2)$ 與 $\big(1, f(1)\big) = (1, 1)$ 為臨界點

(2)

$\because f'(x) > 0, \ \forall x \in (1, \infty)$ 且 $f'(x) < 0, \ \forall x \in (-\infty, 1)$

$\therefore f$ 的遞增區域為 $(1, \infty)$, 遞減區域為 $(-\infty, 1)$

(3)

$\because f'(1) = 0, f'(x) < 0, \ \forall x \in (0, 1)$ 且 $f'(x) > 0, \ \forall x \in (1, 2)$ $\therefore f(1) = 1$ 為極小值

(4)

$\because f''(x) = 36x^2 - 24x = 12x(3x - 2), \ \Leftrightarrow f''(x) = 0$ 則 $x = 0, \dfrac{2}{3}$

$\because f''(x) > 0, \ \forall x \in (-\infty, 0) \cup \left(\dfrac{2}{3}, \infty\right)$ 且 $f''(x) < 0, \ \forall x \in \left(0, \dfrac{2}{3}\right)$

$\therefore f$ 的凹向上區域為 $(-\infty, 0) \cup \left(\dfrac{2}{3}, \infty\right)$, 凹向下區域為 $\left(0, \dfrac{2}{3}\right)$

(5)

$\because f$ 於 $x = 0$ 連續且 $f''(x)f''(y) < 0, \ \forall x \in \left(-\dfrac{1}{3}, 0\right), y \in \left(0, \dfrac{1}{3}\right)$

$\therefore \big(0, f(0)\big) = (0,2)$ 為反曲點

$\because f$ 於 $x = \dfrac{2}{3}$ 連續 且 $f''(x)f''(y) < 0,\ \forall x \in \left(\dfrac{1}{3}, \dfrac{2}{3}\right), y \in \left(\dfrac{2}{3}, 1\right)$

$\therefore \left(\dfrac{2}{3}, f\left(\dfrac{2}{3}\right)\right) = \left(\dfrac{2}{3}, \dfrac{38}{27}\right)$ 為反曲點

(6)

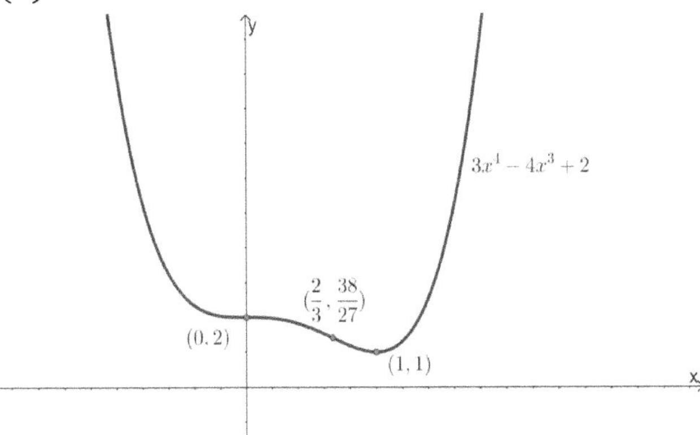

範例 9.

　　假設 $f(x) = \dfrac{x^2}{x+1} + 1$　(1)求 f 的遞增與遞減區間　(2)求 f 極值

　　(3)求 f 的凹、凸性　(4)漸進線　(5)試繪 $f(x)$

【解】

(1)

$\because f'(x) = \dfrac{2x(x+1) - x^2}{(x+1)^2} = \dfrac{x(x+2)}{(x+1)^2},\ \ 令 f'(x) = 0$ 則 $x = -2, 0$

$\because f'(x) > 0,\ \forall x \in (0, \infty) \cup (-\infty, -2)$ 且 $f'(x) < 0,\ \forall x \in (-2, -1) \cup (-1, 0)$

$\therefore f$ 的遞增區域為 $(0, \infty) \cup (-\infty, -2)$, 遞減區域為 $(-2, -1) \cup (-1, 0)$

(2)

$\because f'(0) = 0,\ \ f'(x) < 0,\ \forall x \in (-1, 0)$ 且 $f'(x) > 0,\ \forall x \in (0, 1)$

$\therefore \big(0, f(0)\big) = (0, 1)$ 有相對極小值

$\because f'(-2) = 0,\ f'(x) > 0,\ \forall x \in (-3, -2)$ 且 $f'(x) < 0,\ \forall x \in (-2, -1)$

$\therefore \big(-2, f(-2)\big) = (-2, -3)$ 有相對極大值

(3)

$\because f''(x) = \dfrac{(2x+2)(x+1)^2 - (x^2 + 2x) \cdot (2x+2)}{(x+1)^4}$

$$= \frac{2(x^3 + 3x^2 + 3x + 1) - (2x^3 + 6x^2 + 4x)}{(x + 1)^4} = \frac{2}{(x + 1)^3}$$

$\because f''(x) > 0, \ \forall x \in (-1, \infty)$ 且 $f''(x) < 0, \ \forall x \in (-\infty, -1)$

$\therefore f$ 的凹向上區域為$(-1, \infty)$, 凹向下區域為為 $(-\infty, -1)$

(4)

$\because \lim_{x \to -1} f(x) = \infty \quad \therefore x = -1$ 為垂直漸進線

令 $y = mx + b$ 為斜漸進線 則 $\lim_{x \to \infty} \frac{f(x)}{mx + b} = 1$ 且 $\lim_{x \to \infty} f(x) - mx = b$

$\because \lim_{x \to \infty} \frac{f(x)}{mx + b} = \lim_{x \to \infty} \frac{\frac{x^2}{x + 1} + 1}{mx + b} = \lim_{x \to \infty} \frac{x^2 + x + 1}{mx^2 + (m + b)x + b} = 1 \quad \therefore m = 1$

$\because \lim_{x \to \infty} f(x) - x = \lim_{x \to \infty} \frac{x^2 - x^2 - x}{x + 1} + 1 = \lim_{x \to \infty} \frac{-x}{x + 1} + 1 = 0 \ \therefore b = 0$

$\therefore y = x$ 為斜漸進線

(5)

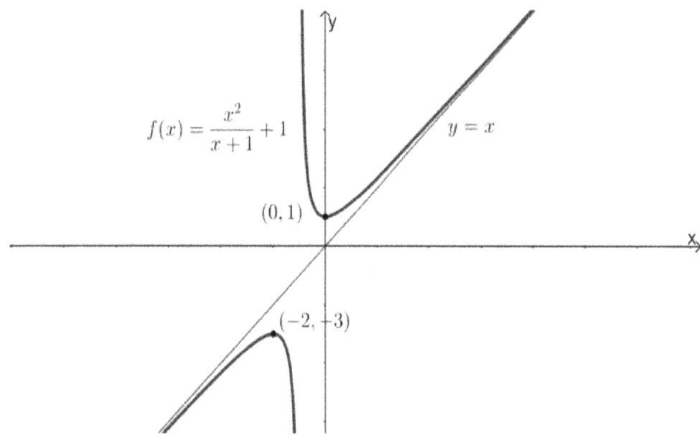

範例 10.

　　假設 $f(x) = 3x^{\frac{2}{3}} - 2x + 1$　(1)求 f 的遞增與遞減區間

　　(2)求 f 極值　(3)求 f 的凹、凸性 (4)試繪$f(x)$

【解】

(1)

$\because f'(x) = 2x^{-\frac{1}{3}} - 2 = 2\left(x^{-\frac{1}{3}} - 1\right)$, 令 $f'(x) = 0$ 則 $x = 1$ 且$f'(0)$不存在

$\because f'(x) > 0, \ \forall x \in (0,1)$ 且 $f'(x) < 0, \ \forall x \in (-\infty,0) \cup (1,\infty)$

$\therefore f$ 的遞增區域為 $(0,1)$, 遞減區域為 $(-\infty,0) \cup (1,\infty)$

(2)

$\because f'(1) = 0, \ f'(x) > 0, \ \forall x \in \left(\dfrac{1}{2},1\right)$ 且 $f'(x) < 0, \ \forall x \in \left(1,\dfrac{3}{2}\right)$

$\therefore f(1) = 2$ 為相對極大值,

$\because f'(0)$ 不存在 且 $f(x)$ 於 $x = 0$ 連續

$\because f'(x) < 0, \ \forall x \in \left(\dfrac{-1}{2},0\right)$ 且 $f'(x) > 0, \ \forall x \in \left(0,\dfrac{1}{2}\right)$ $\therefore f(0) = 1$ 為相對極小值

(3)

$\because f''(x) = -\dfrac{2}{3} x^{-\frac{4}{3}} < 0, \ \forall x \neq 0$ $\quad \therefore f$ 凹向下 $(-\infty,0) \cup (0,\infty)$

(4)

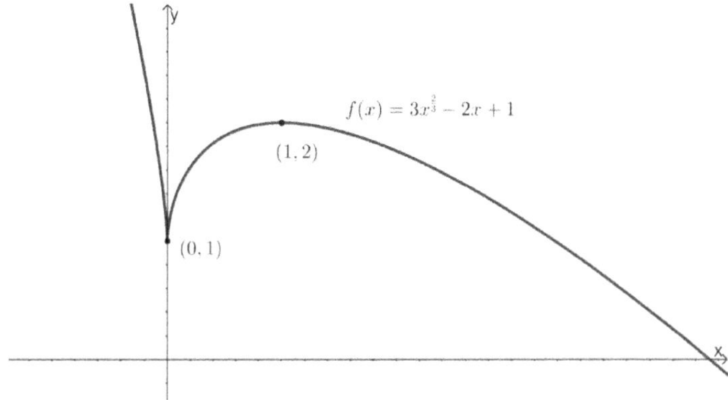

範例 11.

假設 $f(x) = 5(x - 1)^{\frac{2}{3}} - 2(x - 1)^{\frac{5}{3}} + 1$ (1)求 f 的遞增與遞減區間

(2)求 f 極值 (3)求 f 的凹、凸性 (4)求 f 反曲點 (5)試繪 $f(x)$

【解】

(1)

$\because f'(x) = \dfrac{10}{3}(x - 1)^{-\frac{1}{3}} - \dfrac{10}{3}(x - 1)^{\frac{2}{3}} = \dfrac{10}{3}(x - 1)^{-\frac{1}{3}}(2 - x)$,

令 $f'(x) = 0$ 則 $x = 2$ 並且 $f'(1)$ 不存在

$\because f'(x) > 0, \ \forall x \in (1,2)$ 且 $f'(x) < 0, \ \forall x \in (-\infty,1) \cup (2,\infty)$

$\therefore f$ 的遞增區域為 $(1,2)$, 遞減區域為 $(-\infty,1) \cup (2,\infty)$

(2)

$\because f'(1)$ 不存在 且 $f(x)$ 於 $x = 1$ 連續

$\because f'(x) < 0, \forall x \in \left(\dfrac{1}{2}, 1\right)$ 且 $f'(x) > 0, \forall x \in \left(1, \dfrac{3}{2}\right)$　$\therefore f(1) = 1$ 為相對極小值

$\because f'(2) = 0,\ f'(x) > 0,\ \forall x \in \left(\dfrac{3}{2}, 2\right)$ 且 $f'(x) < 0,\ \forall x \in \left(2, \dfrac{5}{2}\right)$　$\therefore f(2) = 4$ 為相對極大值

(3)

$\because f''(x) = -\dfrac{10}{9}(x-1)^{-\frac{4}{3}}(2-x) - \dfrac{10}{3}(x-1)^{-\frac{1}{3}} = -\dfrac{10}{9}(x-1)^{-\frac{4}{3}}(2x-1)$

$\because f''(x) < 0,\ \forall x \in \left(\dfrac{1}{2}, 1\right) \cup (1, \infty)$ 且 $f''(x) > 0,\ \forall x \in \left(-\infty, \dfrac{1}{2}\right)$

$\therefore f$ 的凹向上區域為 $\left(-\infty, \dfrac{1}{2}\right)$, 凹向下區域為 $\left(\dfrac{1}{2}, 1\right) \cup (1, \infty)$

(4)

$\because f$ 於 $x = \dfrac{1}{2}$ 連續 且 $f''(x)f''(y) < 0,\ \forall x \in \left(\dfrac{1}{3}, \dfrac{1}{2}\right), y \in \left(\dfrac{1}{2}, \dfrac{2}{3}\right)$

$\Rightarrow \left(\dfrac{1}{2}, f\left(\dfrac{1}{2}\right)\right) = \left(\dfrac{1}{2}, 3 \cdot 2^{\frac{1}{3}} + 1\right)$ 為反曲點

(5)

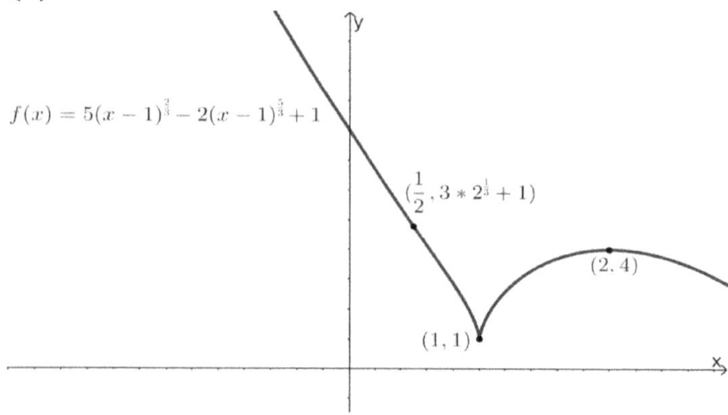

範例 12.

假設 $f(x) = \dfrac{x^2 - x + 4}{x + 1} + 1$　(1)求 f 的遞增與遞減區間　(2)求 f 極值

(3)求 f 的凹、凸性　(4)漸進線　(5) 試繪 $f(x)$

【解】

(1)

$\because f(x) = \dfrac{x^2 - x + 4}{x + 1} + 1 = \dfrac{(x + 1)(x - 2) + 6}{x + 1} + 1 = x - 1 + \dfrac{6}{x + 1}$

$\therefore f'(x) = 1 - \dfrac{6}{(x + 1)^2} = \dfrac{x^2 + 2x - 5}{(x + 1)^2}$, 令 $f'(x) = 0$ 則 $x = -1 \pm \sqrt{6}$

$\because f'(x) > 0,\ \forall x \in \left(-1 + \sqrt{6}, \infty\right) \cup \left(-\infty, -1 - \sqrt{6}\right)$

且 $f'(x) < 0,\ \forall x \in (-1 - \sqrt{6}, -1) \cup (-1, -1 + \sqrt{6})$

$\therefore f$ 的遞增區域為 $\left(-1 + \sqrt{6}, \infty\right) \cup \left(-\infty, -1 - \sqrt{6}\right)$

且 遞減區域為 $(-1 - \sqrt{6}, -1) \cup (-1, -1 + \sqrt{6})$

(2)

$\because f'\left(-1 + \sqrt{6}\right) = 0$

$\because f'(x) < 0,\ \forall x \in \left(-1, -1 + \sqrt{6}\right)$ 且 $f'(x) > 0,\ \forall x \in \left(-1 + \sqrt{6}, -1 + 2\sqrt{6}\right)$

$\therefore f\left(-1 + \sqrt{6}\right) = \dfrac{(-1 + \sqrt{6})^2 - (-1 + \sqrt{6}) + 4}{-1 + \sqrt{6} + 1} + 1 = 2\sqrt{6} - 2$ 有相對極小值

$\because f'\left(-1 - \sqrt{6}\right) = 0$

$\because f'(x) > 0,\ \forall x \in \left(-1 - 2\sqrt{6}, -1 - \sqrt{6}\right)$ 且 $f'(x) < 0,\ \forall x \in \left(-1 - \sqrt{6}, -1\right)$

$\therefore f\left(-1 - \sqrt{6}\right) = \dfrac{(-1 - \sqrt{6})^2 - (-1 - \sqrt{6}) + 4}{-1 - \sqrt{6} + 1} + 1 = -2\sqrt{6} - 2$ 有相對極大值

(3)

$\because f''(x) = \dfrac{(2x + 2)(x + 1)^2 - 2(x^2 + 2x - 5)(x + 1)}{(x + 1)^4}$

$= \dfrac{(2x + 2)((x + 1)^2 - (x^2 + 2x - 5))}{(x + 1)^4} = \dfrac{12}{(x + 1)^3}$

$\because f''(x) > 0,\ \forall x \in (-1, \infty)$ 且 $f''(x) < 0,\ \forall x \in (-\infty, -1)$

$\therefore f$ 的凹向上區域為 $(-1, \infty)$, 凹向下區域為 $(-\infty, -1)$

(4)

$\because \lim\limits_{x \to -1} f(x) = \infty$ $\therefore x = -1$ 為垂直漸進線

令 $y = mx + b$ 為斜漸進線 則 $\lim\limits_{x \to \infty} \dfrac{f(x)}{mx + b} = 1$ 且 $\lim\limits_{x \to \infty} f(x) - mx = b$

$\because \lim\limits_{x \to \infty} \dfrac{f(x)}{mx + b} = \lim\limits_{x \to \infty} \dfrac{\dfrac{x^2 - x + 4}{x + 1} + 1}{mx + b} = \lim\limits_{x \to \infty} \dfrac{x^2 - x + 4 + x + 1}{mx^2 + (m + b)x + b} = 1$ $\therefore m = 1$

$\because \lim\limits_{x \to \infty} f(x) - x = \lim\limits_{x \to \infty} \dfrac{x^2 - x + 4 - x^2 - x}{x + 1} + 1 = \lim\limits_{x \to \infty} \dfrac{-2x + 4}{x + 1} + 1 = -1$

$\therefore \mathrm{b} = -1 \quad \therefore y = x - 1$ 為斜漸進線

(5)

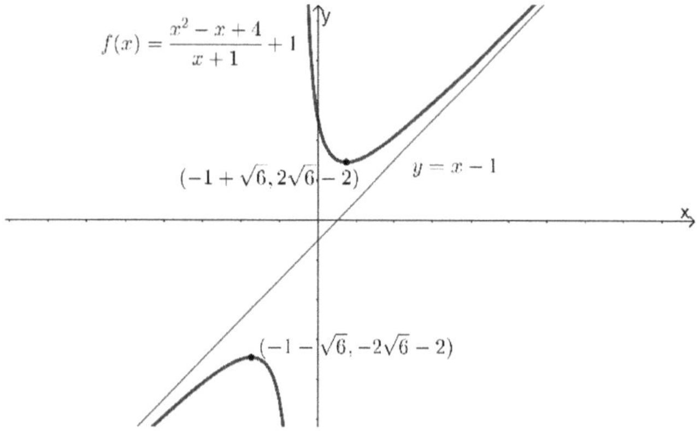

範例 13.

假設 $f(x) = x^{\frac{1}{3}}(x + 4) + 1$ (1)求 f 的遞增與遞減區間 (2)求 f 極值

(3)求 f 的凹、凸性 (4) 反曲點 (5)試繪 $f(x)$

【解】

(1)

$$\because f'(x) = \frac{1}{3}x^{\frac{-2}{3}}(x + 4) + x^{\frac{1}{3}} = \frac{x + 4 + 3x}{3x^{\frac{2}{3}}} = \frac{4(x + 1)}{3x^{\frac{2}{3}}}$$

令 $f'(x) = 0$ 則 $x = -1$

$\because f'(x) > 0, \ \forall x \in (-1, \infty)$ 且 $f'(x) < 0, \ \forall x \in (-\infty, -1)$

$\therefore f$ 的遞增區域為 $(-1, \infty)$, 遞減區域為 $(-\infty, -1)$

(2)

$$\because f'(-1) = 0, f'(x) < 0, \ \forall x \in \left(-\frac{3}{2}, -1\right) \text{ 且 } f'(x) > 0, \ \forall x \in \left(-1, -\frac{1}{2}\right)$$

$\therefore \left(-1, f(-1)\right) = (-1, -2)$ 為相對極小值

(3)

$$\because f''(x) = \frac{4}{3} \cdot \frac{x^{\frac{2}{3}} - (x + 1)\frac{2}{3}x^{-\frac{1}{3}}}{x^{\frac{4}{3}}} = \frac{4}{3} \cdot \frac{x - (x + 1)\frac{2}{3}}{x^{\frac{5}{3}}} = \frac{4(x - 2)}{9x^{\frac{5}{3}}}$$

$\because f''(x) > 0, \ \forall x \in (2, \infty) \cup (-\infty, 0)$ 且 $f''(x) < 0, \ \forall x \in (0, 2)$

$\therefore f$ 的凹向上區域為 $(2, \infty) \cup (-\infty, 0)$, 凹向下區域為 $(0, 2)$

(4)

$\because f$ 於 $x = 2$ 連續且 $f''(x)f''(y) < 0, \ \forall x \in (1,2), y \in (2,3)$

$\therefore \left(2, f(2)\right) = (2, 6\sqrt[3]{2} + 1)$ 為反曲點

$\because f$ 於 $x = 0$ 連續, $f''(x)f''(y) < 0, \ \forall x \in (-1,0), y \in (0,1)$ $\therefore \left(0, f(0)\right) = (0,1)$ 為反曲點

(5)

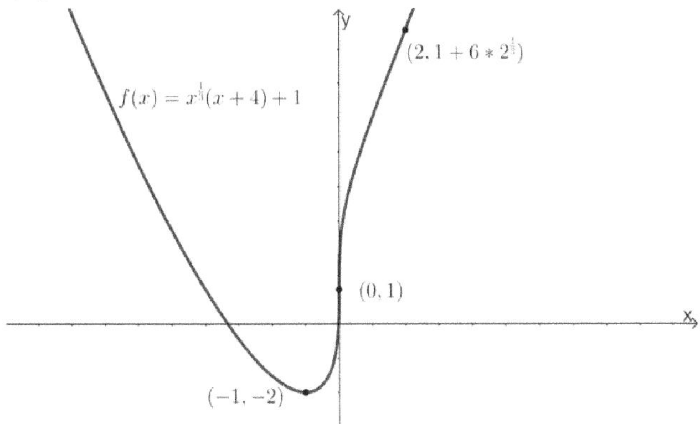

範例 14.

假設 $f(x) = e^{-\frac{(x-1)^2}{8}} + 1$ (1)求 f 的遞增與遞減區間 (2)求 f 極值

(3)求 f 的凹、凸性 (4)求 f 反曲點 (5) 試繪 $f(x)$

【解】

(1)

$$f'(x) = e^{-\frac{(x-1)^2}{8}}\left(-\frac{x-1}{4}\right), \ \ 令 f'(x) = 0 \ 則 x = 1$$

$\because f'(x) < 0, \ \forall x \in (1, \infty)$ 且 $f'(x) > 0, \ \forall x \in (-\infty, 1)$

$\therefore f$ 的遞增區域為 $(-\infty, 1)$, 遞減區域為 $(1, \infty)$

(2)

$\because f'(1) = 0, \ f'(x) > 0, \ \forall x \in \left(\frac{1}{2}, 1\right)$ 且 $f'(x) < 0, \ \forall x \in \left(1, \frac{3}{2}\right)$

$\therefore f(1) = 2$ 為相對極大值

(3)

$$\because f''(x) = e^{-\frac{(x-1)^2}{8}}\left(-\frac{x-1}{4}\right)^2 + e^{-\frac{(x-1)^2}{8}}\left(-\frac{1}{4}\right) = \frac{e^{-\frac{(x-1)^2}{8}}}{16}(x^2 - 2x + 1 - 4)$$

$$= \frac{e^{-\frac{(x-1)^2}{8}}}{16}(x^2 - 2x - 3) = \frac{e^{-\frac{(x-1)^2}{8}}}{16}(x-3)(x+1)$$

$\because f''(x) > 0, \ \forall x \in (3,\infty) \cup (-\infty,-1)$ 且 $f''(x) < 0, \ \forall x \in (-1,3)$

$\therefore f$ 的凹向上區域為 $(3,\infty) \cup (-\infty,-1)$, 凹向下區域為 $(-1,3)$

(4)

$\because f$ 於 $x = -1$ 連續且 $f''(x)f''(y) < 0, \ \forall x \in (-2,-1), y \in (-1,0)$

$\Rightarrow \left(-1, f(-1)\right) = (-1, e^{-\frac{1}{2}} + 1)$ 為反曲點

$\because f$ 於 $x = 3$ 連續 且 $f''(x)f''(y) < 0, \ \forall x \in (2,3), y \in (3,4)$

$\Rightarrow \left(3, f(3)\right) = (3, e^{-\frac{1}{2}} + 1)$ 為反曲點

(5)

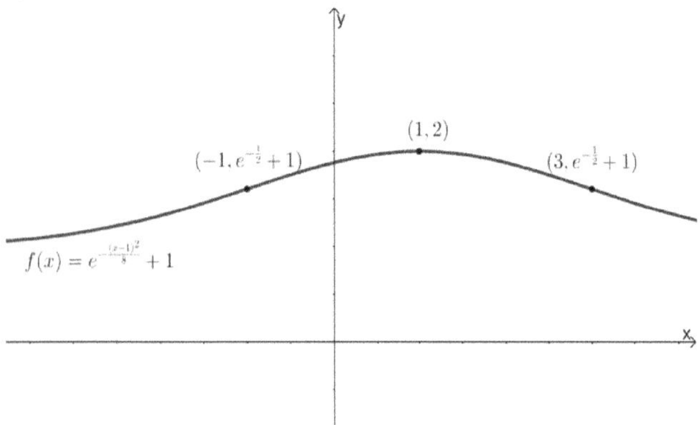

範例 15.

假設 $f(x) = x^{\frac{1}{3}}(x-3)^{\frac{2}{3}} + 1$ (1)求 f 的遞增與遞減區間 (2)求 f 極值

(3)求 f 的凹、凸性 (4)漸進線 (5)反曲點 (6)試繪 $f(x)$

【解】

$\because f'(x) = \frac{1}{3}x^{-\frac{2}{3}}(x-3)^{\frac{2}{3}} + \frac{2}{3}x^{\frac{1}{3}}(x-3)^{-\frac{1}{3}} = \frac{1}{3} \cdot \frac{x-3+2x}{x^{\frac{2}{3}}(x-3)^{\frac{1}{3}}} = \frac{x-1}{x^{\frac{2}{3}}(x-3)^{\frac{1}{3}}}$

$\therefore f''(x) = \frac{-2}{9}x^{-\frac{5}{3}}(x-3)^{\frac{2}{3}} + \frac{2}{9}x^{-\frac{2}{3}}(x-3)^{-\frac{1}{3}} + \frac{2}{9}x^{-\frac{2}{3}}(x-3)^{-\frac{1}{3}} - \frac{2}{9}x^{\frac{1}{3}}(x-3)^{-\frac{4}{3}}$

$= \frac{-2}{9}x^{-\frac{2}{3}}(x-3)^{\frac{2}{3}}\left(\frac{1}{x} - \frac{1}{x-3}\right) + \frac{2}{9}x^{\frac{1}{3}}(x-3)^{-\frac{1}{3}}\left(\frac{1}{x} - \frac{1}{x-3}\right)$

$= \frac{-2}{9}\left(\frac{-3}{x(x-3)}\right)\left(x^{-\frac{2}{3}}(x-3)^{\frac{2}{3}} - x^{\frac{1}{3}}(x-3)^{-\frac{1}{3}}\right)$

$$= \frac{-2}{9}\left(\frac{-3}{x(x-3)}\right)\left(\frac{x^{\frac{1}{3}}(x-3)^{\frac{5}{3}} - x^{\frac{4}{3}}(x-3)^{\frac{2}{3}}}{x(x-3)}\right)$$

$$= \frac{2}{3x(x-3)} \cdot \frac{x^{\frac{1}{3}}(x-3)^{\frac{2}{3}}(x-3-x)}{x(x-3)} = \frac{(-2)x^{\frac{1}{3}}(x-3)^{\frac{2}{3}}}{x^2(x-3)^2} = \frac{-2}{x^{\frac{5}{3}}(x-3)^{\frac{4}{3}}}$$

(1)

令 $f'(x) = 0$ 則 $x = 1$

$\because f'(x) < 0, \ \forall x \in (1,3)$ 且 $f'(x) > 0, \ \forall x \in (-\infty, 1) \cup (3, \infty)$

$\therefore f$ 的遞增區域為 $(-\infty, 1) \cup (3, \infty)$, 遞減區域為 $(1,3)$

(2)

$\because f(x)$ 於 $x = 3$ 連續且 $f(x) < 0, \ \forall x \in \left(\frac{5}{2}, 3\right), f(y) > 0, \ \forall x \in (3, \frac{7}{2})$

$\therefore \left(3, f(3)\right) = (3,1)$ 為相對極小值

$\because f'(1) = 0, f'(x) > 0, \ \forall x \in \left(\frac{1}{2}, 1\right)$ 且 $f'(x) < 0, \ \forall x \in \left(1, \frac{3}{2}\right)$

$\therefore \left(1, f(1)\right) = \left(1, 2^{\frac{2}{3}} + 1\right)$ 為相對極大值

(3)

$\because f''(x) > 0, \ \forall x \in (-\infty, 0)$ 且 $f''(x) < 0, \ \forall x \in (0,3) \cup (3, \infty)$

$\therefore f$ 的凹向上區域為 $(-\infty, 0)$, 凹向下區域為 $(0,3) \cup (3, \infty)$

(4)

令 $y = mx + b$ 為斜漸進線則 $\lim\limits_{x\to\infty} \frac{f(x)}{mx+b} = 1$ 且 $\lim\limits_{x\to\infty} f(x) - mx = b$

$\because \lim\limits_{x\to\infty} \frac{f(x)}{mx+b} = \lim\limits_{x\to\infty} \frac{x^{\frac{1}{3}}(x-3)^{\frac{2}{3}} + 1}{mx+b} = \lim\limits_{x\to\infty} \frac{\left(1-\frac{3}{x}\right)^{\frac{2}{3}} + \frac{1}{x}}{m + \frac{b}{x}} = 1 \qquad \therefore m = 1$

$\because \lim\limits_{x\to\infty} f(x) - x = \lim\limits_{x\to\infty} x^{\frac{1}{3}}(x-3)^{\frac{2}{3}} + 1 - x = \lim\limits_{x\to\infty} x^{\frac{1}{3}}\left((x-3)^{\frac{2}{3}} - x^{\frac{2}{3}}\right) + 1$

$$= \lim\limits_{x\to\infty} \frac{x^{\frac{1}{3}}\left((x-3)^2 - x^2\right)}{(x-3)^{\frac{4}{3}} + (x-3)^{\frac{2}{3}} \cdot x^{\frac{2}{3}} + x^{\frac{4}{3}}} + 1 = \lim\limits_{x\to\infty} \frac{-6 + \frac{9}{x}}{\left(1-\frac{3}{x}\right)^{\frac{4}{3}} + \left(1-\frac{3}{x}\right)^{\frac{2}{3}} + 1} + 1 = -1$$

$\therefore b = -1$ $\therefore y = x - 1$ 為斜漸進線

(5)

$\because f$ 於 $x = 0$ 連續 且 $f''(x)f''(y) < 0$, $\forall x \in (-1,0), y \in (0,1)$

$\Rightarrow \big(0, f(0)\big) = (0,1)$ 為反曲點

(6)

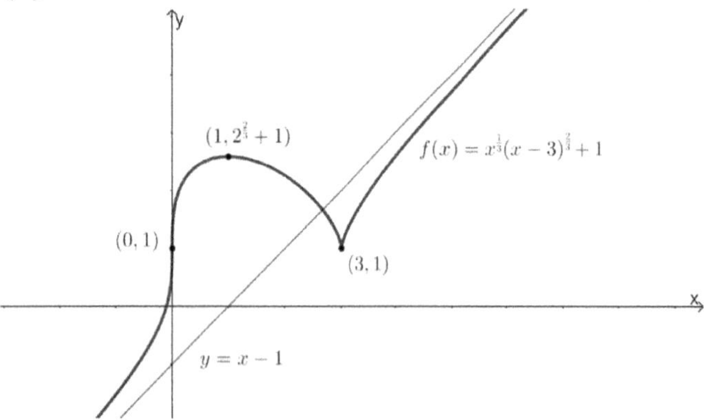

範例 16.

假設 $f(x) = x^{\frac{1}{3}}(x+3)^{\frac{2}{3}} + 1$ (1)求 f 的遞增與遞減區間 (2)求 f 極值

(3)求 f 的凹、凸性 (4)漸進線 (5)反曲點 (6)試繪 $f(x)$

【解】

$\because f'(x) = \dfrac{1}{3}x^{-\frac{2}{3}}(x+3)^{\frac{2}{3}} + \dfrac{2}{3}x^{\frac{1}{3}}(x+3)^{-\frac{1}{3}} = \dfrac{1}{3} \cdot \dfrac{x+3+2x}{x^{\frac{2}{3}}(x+3)^{\frac{1}{3}}} = \dfrac{x+1}{x^{\frac{2}{3}}(x+3)^{\frac{1}{3}}}$

$f''(x) = \dfrac{-2}{9}x^{-\frac{5}{3}}(x+3)^{\frac{2}{3}} + \dfrac{2}{9}x^{-\frac{2}{3}}(x+3)^{-\frac{1}{3}} + \dfrac{2}{9}x^{-\frac{2}{3}}(x+3)^{-\frac{1}{3}} - \dfrac{2}{9}x^{\frac{1}{3}}(x+3)^{-\frac{4}{3}}$

$= \dfrac{-2}{9}x^{-\frac{2}{3}}(x+3)^{\frac{2}{3}}\left(\dfrac{1}{x} - \dfrac{1}{x+3}\right) + \dfrac{2}{9}x^{\frac{1}{3}}(x+3)^{-\frac{1}{3}}\left(\dfrac{1}{x} - \dfrac{1}{x+3}\right)$

$= \dfrac{2}{9}\left(\dfrac{3}{x(x+3)}\right)\left(x^{\frac{1}{3}}(x+3)^{-\frac{1}{3}} - x^{-\frac{2}{3}}(x+3)^{\frac{2}{3}}\right)$

$= \dfrac{2}{9}\left(\dfrac{3}{x(x+3)}\right)\left(\dfrac{x^{\frac{4}{3}}(x+3)^{\frac{2}{3}} - x^{\frac{1}{3}}(x+3)^{\frac{5}{3}}}{x(x+3)}\right) = \dfrac{2}{3x(x+3)} \cdot \dfrac{x^{\frac{1}{3}}(x+3)^{\frac{2}{3}}(x - (x+3))}{x(x+3)}$

$= \dfrac{(-2)x^{\frac{1}{3}}(x+3)^{\frac{2}{3}}}{x^2(x+3)^2} = \dfrac{-2}{x^{\frac{5}{3}}(x+3)^{\frac{4}{3}}}$

(1)

令 $f'(x) = 0$ 則 $x = -1$

$\because f'(x) < 0, \ \forall x \in (-3,-1)$ 且 $f'(x) > 0, \ \forall x \in (-\infty,-3) \cup (-1,\infty)$

$\therefore f$ 的遞增區域為 $(-\infty,-3) \cup (-1,\infty)$, 遞減區域為 $(-3,-1)$

(2)

$\because f$ 於 $x = -3$ 連續, $f'(x) > 0, \ \forall x \in (-4,-3)$ 且 $f'(x) < 0, \ \forall x \in (-3,-2)$

$\therefore \big(-3, f(-3)\big) = (-3,1)$ 為相對極大值

$\because f'(-1) = 0, f'(x) < 0, \ \forall x \in \left(\dfrac{-3}{2},-1\right)$ 且 $f'(x) > 0, \ \forall x \in \left(-1,\dfrac{-1}{2}\right)$

$\because f(-1) = 1 - 2^{\frac{2}{3}} \qquad \therefore \left(-1, 1 - 2^{\frac{2}{3}}\right)$ 為相對極小值

(3)

$\because f''(x) > 0, \ \forall x \in (-\infty,-3) \cup (-3,0)$ 且 $f''(x) < 0, \ \forall x \in (0,\infty)$

$\therefore f$ 的凹向上區域為 $(-\infty,-3) \cup (-3,0)$, 凹向下區域為 $(0,\infty)$

(4)

令 $y = mx + b$ 為斜漸進線則 $\displaystyle\lim_{x\to\infty} \frac{f(x)}{mx+b} = 1$ 且 $\displaystyle\lim_{x\to\infty} f(x) - mx = b$

$\because \displaystyle\lim_{x\to\infty} \frac{f(x)}{mx+b} = \lim_{x\to\infty} \frac{x^{\frac{1}{3}}(x+3)^{\frac{2}{3}} + 1}{mx+b} = \lim_{x\to\infty} \frac{\left(1+\frac{3}{x}\right)^{\frac{2}{3}} + \frac{1}{x}}{m + \frac{b}{x}} = 1 \quad \therefore m = 1$

$\because \displaystyle\lim_{x\to\infty} f(x) - x = \lim_{x\to\infty} x^{\frac{1}{3}}(x+3)^{\frac{2}{3}} + 1 - x = \lim_{x\to\infty} x^{\frac{1}{3}}\left((x+3)^{\frac{2}{3}} - x^{\frac{2}{3}}\right) + 1$

$= \displaystyle\lim_{x\to\infty} \frac{x^{\frac{1}{3}}((x+3)^2 - x^2)}{(x+3)^{\frac{4}{3}} + \left((x+3)^{\frac{2}{3}} \cdot x^{\frac{2}{3}}\right) + x^{\frac{4}{3}}} + 1 = \lim_{x\to\infty} \frac{6 + \frac{9}{x}}{\left(1+\frac{3}{x}\right)^{\frac{4}{3}} + \left(1+\frac{3}{x}\right)^{\frac{2}{3}} + 1} + 1 = 3$

$\therefore b = 3 \ \therefore y = x + 3$ 為斜漸進線

(5)

$\because f$ 於 $x = 0$ 連續 且 $f''(x)f''(y) < 0, \ \forall x \in (-1,0), y \in (0,1)$

$\Rightarrow \big(0, f(0)\big) = (0,1)$ 為反曲點

(6)

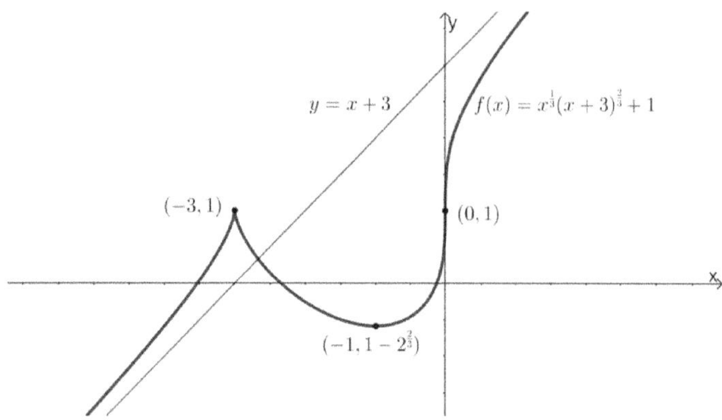

範例 17.

假設 $f(x) = \dfrac{x}{x^2+1} + 1$ (1)求 f 的遞增與遞減區間 (2)求 f 極值

(3)求 f 的凹、凸性 (4)反曲點 (5)試繪 $f(x)$

【解】

(1)

$\because f'(x) = \dfrac{x^2+1-2x^2}{(x^2+1)^2} = \dfrac{1-x^2}{(x^2+1)^2}$, 令 $f'(x) = 0$ 則 $x = \pm 1$

$\because f'(x) > 0, \ \forall x \in (-1,1)$ 且 $f'(x) < 0, \ \forall x \in (-\infty,-1) \cup (1,\infty)$

$\therefore f$ 的遞增區域為 $(-1,1)$, 遞減區域為 $(-\infty,-1) \cup (1,\infty)$

(2)

$\because f'(-1) = 0, f'(x) < 0, \ \forall x \in \left(-\dfrac{3}{2},-1\right)$ 且 $f'(x) > 0, \ \forall x \in \left(-1,-\dfrac{1}{2}\right)$

$\therefore \left(-1, f(-1)\right) = \left(-1, \dfrac{1}{2}\right)$ 為相對極小值

$\because f'(1) = 0, f'(x) > 0, \ \forall x \in \left(\dfrac{1}{2},1\right)$ 且 $f'(x) < 0, \ \forall x \in \left(1,\dfrac{3}{2}\right)$

$\therefore \left(1, f(1)\right) = \left(1, \dfrac{3}{2}\right)$ 為相對極大值

(3)

$\because f''(x) = \dfrac{-2x(x^2+1)^2 - 4x(1-x^2)(x^2+1)}{(x^2+1)^4}$

$= \dfrac{(x^2+1)(-2x^3-2x-4x+4x^3)}{(x^2+1)^4} = \dfrac{2x(x^2-3)}{(x^2+1)^3}$

$\because f''(x) > 0, \ \forall x \in (\sqrt{3}, \infty) \cup (-\sqrt{3}, 0)$ 且 $f''(x) < 0, \ \forall x \in (-\infty, -\sqrt{3}) \cup (0, \sqrt{3})$

$\therefore f$ 的凹向上區域為 $(\sqrt{3}, \infty) \cup (-\sqrt{3}, 0)$，凹向下區域為 $(-\infty, -\sqrt{3}) \cup (0, \sqrt{3})$

(4)

$\because f$ 於 $x = 0$ 連續且 $f''(x)f''(y) < 0, \ \forall x \in (-1, 0), y \in (0, 1)$

$\therefore \big(0, f(0)\big) = (0, 1)$ 為反曲點

$\because f$ 於 $x = \sqrt{3}$ 連續 且 $f''(x)f''(y) < 0, \ \forall x \in (1, \sqrt{3}), y \in (\sqrt{3}, 2)$

$\therefore \left(\sqrt{3}, f(\sqrt{3})\right) = \left(\sqrt{3}, \dfrac{4 + \sqrt{3}}{4}\right)$ 為反曲點

$\because f$ 於 $x = -\sqrt{3}$ 連續 且 $f''(x)f''(y) < 0, \ \forall x \in (-2, -\sqrt{3}), y \in (-\sqrt{3}, -1)$

$\therefore \left(-\sqrt{3}, f(-\sqrt{3})\right) = \left(-\sqrt{3}, \dfrac{4 - \sqrt{3}}{4}\right)$ 為反曲點

(5)

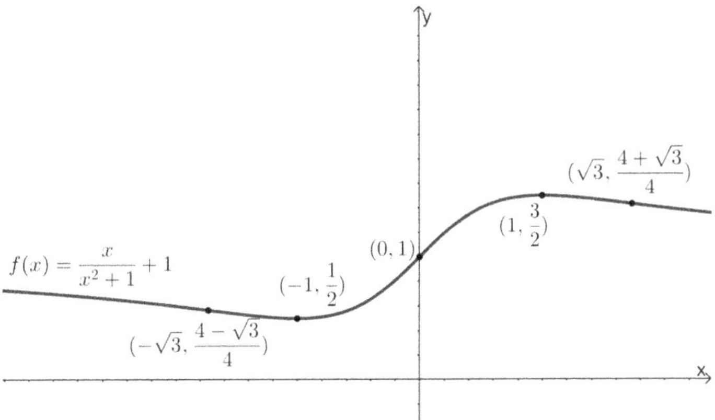

3.5 相關應用的極值問題

考試類型:

題型 1.　找出曲線上哪個座標與某定點距離最近

假設曲線為 $y = f(x)$，求在曲線上離 (x_0, y_0) 最近的座標，其中 $f(x_0) \neq y_0$

解題流程:

$$\text{曲線與} (x_0, y_0) \text{的距離} = \sqrt{(x - x_0)^2 + (y - y_0)^2} = \sqrt{(x - x_0)^2 + (f(x) - y_0)^2}$$

令 $g(x) = (x - x_0)^2 + (f(x) - y_0)^2$ 則 $g'(x) = 2(x - x_0) + 2(f(x) - y_0)f'(x)$

找 c 使得 $g'(c) = 0$ 且 $g'(x) > 0, \ \forall x \in (c, \infty)$ 且 $g'(x) < 0, \ \forall x \in (-\infty, c)$

$\therefore g(x)$ 於 $x = c$ 有最小值 $\Rightarrow$ 最近的座標 $= (c, f(c))$

題型 2.　求內接於橢圓的最大長方形面積

已知橢圓方程式為 $\dfrac{x^2}{a^2} + \dfrac{y^2}{b^2} = 1$，求內接於橢圓的長方形面積最大為何?

解題流程

$\because$ 內接於橢圓的長方形面積 $= 4xy$

$$= 4x\sqrt{b^2 - \dfrac{b^2 x^2}{a^2}} = 4\sqrt{b^2 x^2 - \dfrac{b^2 x^4}{a^2}} = 4\sqrt{\dfrac{a^2 b^2 x^2 - b^2 x^4}{a^2}}$$

令 $f(x) = a^2 b^2 x^2 - b^2 x^4$ 則 $f'(x) = 2b^2 x(a^2 - 2x^2)$

令 $f'(x) = 0$ 則 $x = \dfrac{a}{\sqrt{2}} \Rightarrow y = \sqrt{b^2 - \dfrac{b^2}{2}} = \dfrac{b}{\sqrt{2}}$

$\because f'(x) < 0, \ \forall x \in \left(\dfrac{a}{\sqrt{2}}, a\right)$ 且 $f'(x) > 0, \ \forall x \in \left(\dfrac{a}{\sqrt{3}}, \dfrac{a}{\sqrt{2}}\right)$

$\therefore f(x)$ 於 $x = \dfrac{a}{\sqrt{2}}$ 有最大值 $\Rightarrow$ 長方形面積最大 $= 2ab$

題型 3.　求內接於球體的最大圓柱體體積

假設某球體半徑為 R，求內接於球的圓柱體體積最大為何?

解題流程:

令圓柱體高 $= h$, 半徑 $= a$ 則 $R^2 = h^2 + a^2$

$\therefore$ 圓柱體體積 $= 2\pi a^2 h = 2\pi(R^2 - h^2)h$

令 $f(h) = (R^2 - h^2)h$ 則 $f'(h) = R^2 - 3h^2$

令 $f'(h) = 0$ 則 $h = \dfrac{R}{\sqrt{3}}$　$\therefore$ 最大圓柱體體積 $= 2\pi\left(R^2 - \dfrac{R^2}{3}\right)\dfrac{R}{\sqrt{3}} = \dfrac{4\pi R^3}{3\sqrt{3}}$

題型 4.　證明函數的不等式

Assume $\exists n \in N$ s.t. $f^{(k)}(0) = g^{(k)}(0), \ \forall 0 \leq k \leq n - 1$ and $f^{(n)}(x) \geq g^{(n)}(x), \forall x \geq 0.$

試證 $f(x) \geq g(x), \ \forall x \geq 0$

解題流程:

令 $x \geq 0$ and $h(x) = f(x) - g(x)$

假設 $\exists n \in N$ s.t. $h^{(n)}(x) \geq 0, \ \forall x \geq 0$ 且 $h(0) = h^{(1)}(0) = \cdots = h^{(n-1)}(0) = 0$

$\because h^{(n)}(x) \geq 0 \ \forall x \geq 0 \quad \therefore h^{(n-1)}(x) \geq h^{(n-1)}(0) = 0 \Rightarrow h^{(n-2)}(x) \geq h^{(n-2)}(0) = 0$

$\therefore h(x) \geq h(0) = 0 \Rightarrow f(x) \geq g(x), \ \forall x \geq 0$

題型 5.　求某點至空間中直線最近的距離

假設空間中直線為 $x = f_1(t), y = f_2(t), z = f_3(t)$,　求直線至$(x_0, y_0, z_0)$最近的距離

解題流程:

$$距離 = \sqrt{(x - x_0)^2 + (y - y_0)^2 + (z - z_0)^2}$$

$$= \sqrt{(f_1(t) - x_0)^2 + (f_2(t) - y_0)^2 + (f_3(t) - z_0)^2}$$

令$g(t) = (f_1(t) - x_0)^2 + (f_2(t) - y_0)^2 + (f_3(t) - z_0)^2$

找 t_0 使得 $g'(t_0) = 0, g'(t) > 0,\ \forall t \in (t_0, \infty)$ and $g'(t) < 0,\ \forall t \in (-\infty, t_0)$

則 $\sqrt{g(t_0)}$ 為最短距離

範例 1.

　　假設曲線為 $y = \sqrt{x}$, 求在曲線上與$(9,0)$最近的座標

【解】

曲線與$(9,0)$的距離

$$= d = \sqrt{(x - 9)^2 + y^2} = \sqrt{(x - 9)^2 + x} = \sqrt{x^2 - 17x + 81}$$

令$f(x) = x^2 - 17x + 81$ 則 $f'(x) = 2x - 17$

令 $f'(x) = 0$ 則 $x = \dfrac{17}{2}$

$\because f'(x) > 0,\ \forall x \in \left(\dfrac{17}{2}, \infty\right)$ 且 $f'(x) < 0,\ \forall x \in \left(-\infty, \dfrac{17}{2}\right)$

$\therefore f(x)$ 於 $x = \dfrac{17}{2}$ 有最小值 $\Rightarrow$ 最近的座標 $= \left(\dfrac{17}{2}, \sqrt{\dfrac{17}{2}}\right)$

範例 2.

　　假設曲線為$y = x^2$, 求在曲線上與$(18,0)$最近的座標

【解】

曲線與$(18,0)$的距離

$$= d = \sqrt{(x - 18)^2 + y^2} = \sqrt{(x - 18)^2 + x^4} = \sqrt{x^4 + x^2 - 36x + 18^2}$$

令 $f(x) = x^4 + x^2 - 36x + 18^2$ 則 $f'(x) = 4x^3 + 2x - 36$

令 $f'(x) = 0$ 則 $x = 2$

$\because f'(x) > 0, \ \forall x \in (2, \infty)$ 且 $f'(x) < 0, \ \forall x \in (-\infty, 2)$

$\therefore f(x)$ 於 $x = 2$ 有最小值 $\Rightarrow$ 最近的座標 $= (2, 4)$

範例 3.

假設曲線為 $y^2 = 2x$, 求在曲線上與 $\left(1, \dfrac{27}{2}\right)$ 最近的座標

【解】

曲線與 $\left(1, \dfrac{27}{2}\right)$ 的距離 $= d = \sqrt{(x-1)^2 + \left(y - \dfrac{27}{2}\right)^2} = \sqrt{\left(\dfrac{y^2}{2} - 1\right)^2 + \left(y - \dfrac{27}{2}\right)^2}$

$= \sqrt{\dfrac{y^4}{4} - y^2 + 1 + y^2 - 27y + \left(\dfrac{27}{2}\right)^2} = \sqrt{\dfrac{y^4}{4} - 27y + \left(\dfrac{27}{2}\right)^2 + 1}$

令 $f(y) = \dfrac{y^4}{4} - 27y + \left(\dfrac{27}{2}\right)^2 + 1$ 則 $f'(y) = y^3 - 27$

令 $f'(y) = 0$ 則 $y = 3$

$\because f'(y) > 0, \ \forall y \in (3, \infty)$ 且 $f'(y) < 0, \ \forall y \in (-\infty, 3)$

$\therefore f(y)$ 於 $y = 3$ 有最小值 $\Rightarrow$ 最近的座標 $= (\dfrac{9}{2}, 3)$

範例 4.

假設曲線為 $5x^2 + 6xy + 5y^2 = 4$, 求在曲線上與 $(0,0)$ 最近的座標

【解】

曲線與 $(0,0)$ 的距離 $= d = \sqrt{x^2 + y^2}$

令 $f(x, y) = x^2 + y^2$ 則 $\dfrac{\partial}{\partial x} f(x, y) = 2x + 2y\dfrac{dy}{dx}$

$\because 5x^2 + 6xy + 5y^2 = 4 \ \therefore 10x + 6y + 6x\dfrac{dy}{dx} + 10y\dfrac{dy}{dx} = 0 \Rightarrow \dfrac{dy}{dx} = -\dfrac{5x + 3y}{3x + 5y}$

令 $\dfrac{\partial}{\partial x} f(x, y) = 0$ 則 $2x + 2y\left(-\dfrac{5x + 3y}{3x + 5y}\right) = 0$

$$\Rightarrow \frac{2x(3x+5y)-2y(5x+3y)}{3x+5y} = 0 \Rightarrow x^2 = y^2 \Rightarrow x = \pm y$$

(1)As $x = y$,

$$5x^2 + 6xy + 5y^2 = 4 \Rightarrow 16x^2 = 4 \Rightarrow (x,y) = \left(\frac{1}{2}, \frac{1}{2}\right), \left(\frac{-1}{2}, \frac{-1}{2}\right) \Rightarrow d = \sqrt{\frac{1}{2}}$$

(2)As $x = -y$,

$$5x^2 + 6xy + 5y^2 = 4 \Rightarrow 4x^2 = 4 \Rightarrow (x,y) = (1,-1), (-1,1) \Rightarrow d = \sqrt{2}$$

$$\therefore \left(\frac{1}{2}, \frac{1}{2}\right), \left(\frac{-1}{2}, \frac{-1}{2}\right) \text{為最近的座標}$$

範例 5.

已知橢圓方程式為 $\dfrac{x^2}{a^2} + \dfrac{y^2}{b^2} = 1$，求內接於橢圓的長方形面積最大為何？

【解】

$\because$ 內接於橢圓的長方形面積 $= 4xy$

$$= 4x\sqrt{b^2 - \frac{b^2 x^2}{a^2}} = 4\sqrt{b^2 x^2 - \frac{b^2 x^4}{a^2}} = 4\sqrt{\frac{a^2 b^2 x^2 - b^2 x^4}{a^2}}$$

令 $f(x) = a^2 b^2 x^2 - b^2 x^4$ 則 $f'(x) = 2b^2 x(a^2 - 2x^2)$

令 $f'(x) = 0$ 則 $x = \dfrac{a}{\sqrt{2}} \Rightarrow y = \sqrt{b^2 - \dfrac{b^2}{2}} = \dfrac{b}{\sqrt{2}}$

$\because f'(x) < 0, \ \forall \in \left(\dfrac{a}{\sqrt{2}}, a\right)$ 且 $f'(x) > 0, \ \forall \in \left(\dfrac{a}{\sqrt{3}}, \dfrac{a}{\sqrt{2}}\right)$

$\therefore f(x)$ 於 $x = \dfrac{a}{\sqrt{2}}$ 有最大值 $\Rightarrow$ 長方形面積最大 $= 2ab$

範例 6.

已知半圓方程式為 $x^2 + y^2 = 16$，求內接於半圓的長方形面積最大為何？

【解】

長方形面積 $= 2xy = 2x\sqrt{16 - x^2} = 2\sqrt{16x^2 - x^4}$

令 $f(x) = 16x^2 - x^4$ 則 $f'(x) = 32x - 4x^3 = 4x(8 - x^2)$

令 $f'(x) = 0$ 則 $x = 0, \pm 2\sqrt{2}$, 取 $x = 2\sqrt{2} \Rightarrow y = 2\sqrt{2}$ ∴ 長方形面積最大 $= 2xy = 16$

範例 7.

假設某球體半徑為 R, 求內接於球的圓柱體體積最大為何?

【解】

令圓柱體高 $= h$, 半徑 $= a$ 則 $R^2 = h^2 + a^2$ ∴ 圓柱體體積 $= 2\pi a^2 h = 2\pi(R^2 - h^2)h$

令 $f(h) = (R^2 - h^2)h$ 則 $f'(h) = R^2 - 3h^2$

令 $f'(h) = 0$ 則 $h = \dfrac{R}{\sqrt{3}}$ ∴ 最大圓柱體體積 $= 2\pi\left(R^2 - \dfrac{R^2}{3}\right)\dfrac{R}{\sqrt{3}} = \dfrac{4\pi R^3}{3\sqrt{3}}$

範例 8.

試證 $\cos 2x \geq 1 - 2x^2$, $\forall x \geq 0$

【解】

令 $f(x) = \cos 2x - 1 + 2x^2$ 則 $f'(x) = -2\sin 2x + 4x$

∵ $f''(x) = -4\cos 2x + 4 \geq 0$, $\forall x \geq 0$ ∴ $f'(x) \geq f'(0) = 0 \Rightarrow f(x) > f(0) = 0$, $\forall x \geq 0$

∴ $\cos 2x - 1 + 2x^2 \geq 0$, $\forall x \geq 0$

範例 9.

試證 $\sin 2x \geq 2x - \dfrac{4x^3}{3}$, $\forall x \geq 0$

【解】

令 $x \geq 0$, 令 $f(x) = \sin 2x - 2x + \dfrac{4x^3}{3}$ 則 $f'(x) = 2\cos 2x - 2 + 4x^2$

∵ $f''(x) = -4\sin 2x + 8x$ ∴ $f'''(x) = -8\cos 2x + 8 \geq 0$

∴ $f''(x) \geq f''(0) = 0 \Rightarrow f'(x) \geq f'(0) = 0$

∴ $f(x) \geq f(0) = 0 \Rightarrow \sin 2x - 2x + \dfrac{4x^3}{3} \geq 0$, $\forall x \geq 0$

範例 10.

假設 $f(x) = \dfrac{\ln x}{x}$, $\forall x > 0$ 求 f 的極大值且試證 $\pi^e < e^\pi$

【解】

$$\text{令} x > 0, \quad \because f'(x) = \frac{\frac{1}{x} \cdot x - \ln x}{x^2} = \frac{1 - \ln x}{x^2}$$

$$\because f'(x) < 0, \ \forall x \in (e, \infty), \ f'(x) > 0, \ \forall x \in (0, e)$$

$$\therefore f(x) \text{在} x = e \text{有絕對極大值} \Rightarrow f(e) > f(x), \ \forall x \neq e \Rightarrow f(e) > f(\pi)$$

$$\therefore \frac{\ln e}{e} > \frac{\ln \pi}{\pi} \Rightarrow \pi^e < e^\pi$$

範例 11.

　　求原點至兩平面 $x + y + z = 2, x - y - z = 2$ 交線的最短距離

【解】

令 $x + y + z = 2, \ x - y - z = 2$ 則 $y + z = 0, \ x = 2$

$$\text{距離} = d = \sqrt{x^2 + y^2 + z^2} = \sqrt{4 + y^2 + y^2} = \sqrt{4 + 2y^2}$$

令 $f(y) = 4 + 2y^2$ 則 $f'(y) = 4y$

令 $f'(y) = 0$ 則 $y = 0 \Rightarrow z = 0 \Rightarrow \text{最短距離} = 2$

第四章　　不定積分

　　計算不定積分為求任何積分過程中最關鍵的步驟，這裡談到的任何積分包含：定積分、瑕積分、多重積分、線積分、面積分；這些不同種類積分之間的關聯性，均由下一章的微積分第二基本定理作展開，此定理告訴我們計算定積分時，相當於先求出不定積分接著於積分的上下界取值；此外，瑕積分為求出定積分後再取極限值的概念，多重積分藉由 Fubini's Theorem 將重積分轉為計算多次定積分的概念，線積分也是相當於計算單變數的定積分，曲面積分則是藉由投影的手法將曲面積分轉為重積分再計算多次定積分的概念；換句話說，無論是求何種積分，過程當中或最終皆需求得定積分的值或表示式，然而求定積分需找出不定積分的表示式，因此如何求出不定積分表示式最為關鍵，務必於此打下扎實的基礎，才能於後續相關積分的計算上游刃有餘

　　底下先介紹不定積分的定義與基本性質，接著介紹不定積分考試的類型與詳細解題流程，類型包含：變數代換法、分部積分法、有理式的不定積分、無理式的不定積分、半角代換法；如之前談到，除了有理式的不定積分之外，其餘類型的解題過程皆用到了函數的微分，更複雜的函數則可能用到合成函數的微分；使用變數代換法時，需能掌握如何藉由變數變換將被積分函數轉為較為乾淨且能計算其不定積分的樣貌；使用分部積分法時，需能觀察出哪個函數的微分後較易積分且哪個函數的反導函數較易積分，分部積分法在較複雜的題型也可能用到 Chain Rule；處理有理式的積分時，需能精確且迅速找出原函數如何拆解為數個分式表示式；處理無理式的積分時，主要藉由三角函數中的 $\sin x, \cos x, \tan x$ 作變數變換，此外，分母為二次多項式時也可嘗試做此變換；當被積分函數為有理式且分子分母只出現 $\sin x, \cos x$ 或常數時，嘗試使用半角代換法

　　之後在計算其它的積分類型時(定積分、瑕積分…、面積分)皆有可能用到以上這些求不定積分的手法

4.1 不定積分的定義

【定義】不定積分

If there exists a differentiable $F(x)$ s.t. $F'(x) = f(x)$ then

$F(x)$ is indefinite integral of $f(x)$, denoted by $F(x) = \int f(x)dx$

4.2 不定積分的基本性質

$$\int \alpha f(x) + \beta g(x)\,dx = \alpha \int f(x)\,dx + \beta \int g(x)\,dx,\ \ \forall \alpha, \beta \in R$$

Proof:

Let $\alpha, \beta \in R$ and assume $F(x) = \int f(x)\,dx$ and $G(x) = \int g(x)\,dx$

then $\big(\alpha F(x) + \beta G(x)\big)' = \alpha F'(x) + \beta G'(x) = \alpha f(x) + \beta g(x)$

$$\therefore \int \alpha f(x) + \beta g(x)\,dx = \alpha F(x) + \beta G(x) = \alpha \int f(x)\,dx + \beta \int g(x)\,dx$$

4.3 不定積分的考試類型

4.3.1　變數代換法

當被積分函數較為複雜, 嘗試用變數代換, 將原函數化為較乾淨且能積分的樣貌, 例如當函數式帶有 $\sqrt{f(x)}$, 嘗試令 $u = f(x)$, 接著觀察是否能化為較簡潔能夠積分的函數式

考試類型:

題型 1.　變數代換法

$$求 \int f\big(g(x)\big)g'(x)\,dx = ?$$

解題流程:

Step1.

$令 u = g(x) 則\ du = g'(x)dx$

Step2.

$$\because \int f(g(x))g'(x)\,dx = \int f(u)\,du \quad \therefore 求 \int f(u)\,du = ?$$

題型 2.　根號裡沒有根號

$$求 \int h(\alpha f(x) \pm \beta g(x) \sqrt[n]{cx + d})dx = ?,\ \ \forall\, \alpha, \beta \in R, c, d > 0$$

解題流程:

Step1.

$$令\, u = \sqrt[n]{cx + d} \,\,則\, u^n = cx + d, \,\, x = \frac{u^n - d}{c} \,\,且\, \frac{nu^{n-1}}{c} du = dx$$

Step2.

$$\int h(\alpha f(x) \pm \beta g(x)\sqrt[n]{cx + d})dx = \int \frac{nu^{n-1}h\left(\alpha f\left(\frac{u^n - d}{c}\right) \pm \beta g\left(\frac{u^n - d}{c}\right)u\right)}{c} du$$

Step3.

$$求 \int \frac{nu^{n-1}h\left(\alpha f\left(\frac{u^n - d}{c}\right) \pm \beta g\left(\frac{u^n - d}{c}\right)u\right)}{c} du =?$$

範例說明:

$$(I)如果\, h(x) = \frac{1}{x} \,\,則\,求 \int \frac{nu^{n-1}}{c\left(\alpha f\left(\frac{u^n - d}{c}\right) \pm \beta g\left(\frac{u^n - d}{c}\right)u\right)} du =?$$

$$(II)如果\, h(x) = x \,\,則\,求 \int \frac{nu^{n-1}\left(\alpha f\left(\frac{u^n - d}{c}\right) \pm \beta g\left(\frac{u^n - d}{c}\right)u\right)}{c} du =?$$

補充說明:

由上式觀察出, 如果$f(x)$、$g(x)$為常數, 被積分函數會是多項式函數, 如果$f(x)$、$g(x)$為多項式函數, 則被積分函數是有理函數式,可利用比較係數法將其拆成數個分式相加再積分, 詳細作法請參照此章的有理式積分

題型 3.　根號裡有根號

$$求 \int \frac{1}{\sqrt[n]{\alpha + \gamma \cdot \sqrt[n]{\beta + cx}}} dx =?, \,\, \forall\, \alpha, \beta, \gamma, c > 0$$

解題流程:

Step1.

$$令\, u = \alpha + \gamma \cdot \sqrt[n]{\beta + cx} \,\,則\, \frac{\gamma c}{n}(\beta + cx)^{\frac{1-n}{n}} dx = du \Rightarrow dx = \frac{n\left(\frac{u - \alpha}{\gamma}\right)^{n-1}}{\gamma c} du$$

Step2.

$$\because \int \frac{1}{\sqrt[n]{\alpha + \gamma \cdot \sqrt[n]{\beta + cx}}} dx = \int \frac{n(u-\alpha)^{n-1}}{c\gamma^n \sqrt[n]{u}} du \quad \therefore 求 \int \frac{n(u-\alpha)^{n-1}}{c\gamma^n \sqrt[n]{u}} du = ?$$

題型 4.

$$求 \int \left(三角函數\right)^n dx = ?$$

解題流程:

解題步驟較為發散, 請藉由範例多加練習

題型 5.

$$求 \int \frac{1}{\alpha x^2 + \beta x + \gamma} dx = ?, \quad 其中 \alpha > 0 \text{ and } \beta^2 - 4\alpha\gamma < 0$$

解題流程:

$$\because \frac{1}{\alpha x^2 + \beta x + \gamma} = \frac{1}{\alpha \left(x + \frac{\beta}{2\alpha}\right)^2 + \gamma - \frac{\beta^2}{4\alpha}} = \frac{1}{\gamma - \frac{\beta^2}{4\alpha}} \cdot \frac{1}{\alpha \left(\dfrac{x + \frac{\beta}{2\alpha}}{\sqrt{\gamma - \frac{\beta^2}{4\alpha}}}\right)^2 + 1}$$

$$= \frac{1}{\gamma - \frac{\beta^2}{4\alpha}} \cdot \frac{1}{\left(\dfrac{\sqrt{\alpha}x + \frac{\beta}{2\sqrt{\alpha}}}{\sqrt{\gamma - \frac{\beta^2}{4\alpha}}}\right)^2 + 1}$$

$$令 \ t = \frac{\sqrt{\alpha}x + \frac{\beta}{2\sqrt{\alpha}}}{\sqrt{\gamma - \frac{\beta^2}{4\alpha}}} \quad 則 \ dt = \frac{\sqrt{\alpha}}{\sqrt{\gamma - \frac{\beta^2}{4\alpha}}} dx, \ 藉由變數代換法$$

$$\text{則} \int \frac{1}{\alpha x^2 + \beta x + \gamma}\, dx = \frac{1}{\gamma - \frac{\beta^2}{4\alpha}} \int \frac{1}{\left(\dfrac{\sqrt{\alpha}x + \dfrac{\beta}{2\sqrt{\alpha}}}{\sqrt{\gamma - \dfrac{\beta^2}{4\alpha}}}\right)^2 + 1}\, dx = \frac{1}{\gamma - \frac{\beta^2}{4\alpha}} \cdot \frac{\sqrt{\gamma - \dfrac{\beta^2}{4\alpha}}}{\sqrt{\alpha}} \int \frac{1}{t^2 + 1}\, dt$$

$$= \frac{1}{\sqrt{\gamma - \dfrac{\beta^2}{4\alpha}}\,\sqrt{\alpha}} \tan^{-1} t + c = \frac{1}{\sqrt{\gamma - \dfrac{\beta^2}{4\alpha}}\,\sqrt{\alpha}} \tan^{-1}\left(\frac{\sqrt{\alpha}x + \dfrac{\beta}{2\sqrt{\alpha}}}{\sqrt{\gamma - \dfrac{\beta^2}{4\alpha}}}\right) + c$$

範例 1.

$$\text{求} \int x\sqrt{x+5}\, dx = ?$$

【解】

令 $u = x + 5$ 則 $du = dx$, 藉由變數代換法

$$\text{則} \int x\sqrt{x+5}\, dx = \int (u-5)\sqrt{u}\, du = \int u^{\frac{3}{2}} - 5u^{\frac{1}{2}}\, du = \frac{2u^{\frac{5}{2}}}{5} - \frac{10u^{\frac{3}{2}}}{3} + c$$

$$= \frac{2(x+5)^{\frac{5}{2}}}{5} - \frac{10(x+5)^{\frac{3}{2}}}{3} + c$$

範例 2.

$$\text{求} \int \frac{1}{\sqrt{x}(1+x)}\, dx = ?$$

【解】

令 $u = \sqrt{x}$ 則 $du = \dfrac{x^{-\frac{1}{2}}}{2}\, dx \Rightarrow 2u\,du = dx$, 藉由變數代換法

$$\text{則} \int \frac{1}{\sqrt{x}(1+x)}\, dx = \int \frac{2u\,du}{u(1+u^2)}\, du = 2 \int \frac{du}{1+u^2}\, du = 2\tan^{-1} u + c = 2\tan^{-1}\sqrt{x} + c$$

範例 3.

$$求 \int x\sqrt{2-x}\,dx = ?$$

【解】

令 $u = \sqrt{2-x}$ 則 $du = -\dfrac{(2-x)^{-\frac{1}{2}}}{2}dx \Rightarrow -2u\,du = dx$，藉由變數代換法

則 $\displaystyle\int x\sqrt{2-x}\,dx = \int (2-u^2)u(-2u)\,du = 2\int u^4 - 2u^2\,du = 2\left(\dfrac{u^5}{5} - \dfrac{2u^3}{3}\right) + c$

$= \dfrac{2(2-x)^{\frac{5}{2}}}{5} - \dfrac{4(2-x)^{\frac{3}{2}}}{3} + c$

範例 4.

$$求 \int x^2\sqrt{x-3}\,dx = ?$$

【解】

令 $u = \sqrt{x-3}$ 則 $du = \dfrac{(x-3)^{-\frac{1}{2}}}{2}dx \Rightarrow 2u\,du = dx$，藉由變數代換法

則 $\displaystyle\int x^2\sqrt{x-3}\,dx = \int (u^2+3)^2 2u^2\,du = 2\int u^6 + 6u^4 + 9u^2\,du$

$= 2\left(\dfrac{u^7}{7} + \dfrac{6u^5}{5} + 3u^3\right) + c = \dfrac{2(x-3)^{\frac{7}{2}}}{7} + \dfrac{6(x-3)^{\frac{5}{2}}}{5} + 3(x-3)^{\frac{3}{2}} + c$

範例 5.

$$求 \int \frac{\sqrt{1+\sqrt{x}}}{\sqrt{x}}\,dx = ?$$

【解】

令 $u = 1 + \sqrt{x}$ 則 $du = \dfrac{1}{2}x^{-\frac{1}{2}}dx$，藉由變數代換法

則 $\displaystyle\int \frac{\sqrt{1+\sqrt{x}}}{\sqrt{x}}\,dx = 2\int \sqrt{u}\,du = \dfrac{4}{3}u^{\frac{3}{2}} + c = \dfrac{4}{3}(1+\sqrt{x})^{\frac{3}{2}} + c$

範例 6.

$$\text{求} \int \frac{\sqrt{2-\sqrt{x}}}{\sqrt{x}}\, dx = ?$$

【解】

令 $u = 2 - \sqrt{x}$ 則 $du = \dfrac{-1}{2} x^{-\frac{1}{2}} dx$, 藉由變數代換法

則 $\displaystyle\int \frac{\sqrt{2-\sqrt{x}}}{\sqrt{x}}\, dx = -2 \int \sqrt{u}\, du = -\frac{4}{3} u^{\frac{3}{2}} + c = -\frac{4}{3}(2-\sqrt{x})^{\frac{3}{2}} + c$

範例 7.

$$\text{求} \int \frac{1}{x - \sqrt{x}}\, dx = ?$$

【解】

令 $u = \sqrt{x}$ 則 $du = \dfrac{1}{2} x^{-\frac{1}{2}} dx \Rightarrow 2u\,du = dx$, 藉由變數代換法

則 $\displaystyle\int \frac{1}{x - \sqrt{x}}\, dx = \int \frac{2u}{u^2 - u}\, du = \int \frac{2}{u - 1}\, du = 2\ln|u - 1| + c = 2\ln\left|\sqrt{x} - 1\right| + c$

範例 8.

$$\text{求} \int \frac{x}{\sqrt{9 - x^4}}\, dx = ?$$

【解】

令 $u = x^2$ 則 $du = 2x\,dx$, 藉由變數代換法

則 $\displaystyle\int \frac{x}{\sqrt{9 - x^4}}\, dx = \int \frac{du}{2\sqrt{9 - u^2}} = \int \frac{du}{6\sqrt{1 - \left(\frac{u}{3}\right)^2}} = \frac{1}{2}\sin^{-1}\frac{u}{3} + c = \frac{1}{2}\sin^{-1}\frac{x^2}{3} + c$

範例 9.

$$\text{求} \int \frac{x}{\sqrt{k^2 - x^4}}\, dx = ?, \quad \forall k \in N$$

【解】

令 $k \in N$, $u = x^2$ 則 $du = 2x\,dx$, 藉由變數代換法

則 $\displaystyle\int \frac{xdx}{\sqrt{k^2-x^4}} = \int \frac{du}{2\sqrt{k^2-u^2}} = \int \frac{du}{2k\sqrt{1-\left(\frac{u}{k}\right)^2}} = \frac{\sin^{-1}\frac{u}{k}}{2} + c = \frac{\sin^{-1}\frac{x^2}{k}}{2} + c$

範例 10.

$\displaystyle 求 \int \frac{x^3}{1+x^8}dx =?$

【解】

令 $u = x^4$ 則 $du = 4x^3 dx$, 藉由變數代換法

則 $\displaystyle\int \frac{x^3}{1+x^8}dx = \frac{1}{4}\int \frac{du}{1+u^2} = \frac{1}{4}\tan^{-1}u + c = \frac{1}{4}\tan^{-1}x^4 + c$

範例 11.

$\displaystyle 求 \int (1+\sqrt{x})^k dx =?, \quad \forall k \in N$

【解】

令 $k \in N, \ u = 1 + \sqrt{x}$ 則 $du = \dfrac{1}{2}x^{-\frac{1}{2}}dx$, 藉由變數代換法

則 $\displaystyle\int \left(1+\sqrt{x}\right)^k dx = \int 2(u-1)u^k dx = 2\left(\frac{u^{k+2}}{k+2} - \frac{u^{k+1}}{k+1}\right) + c$

$= \dfrac{2\left(1+\sqrt{x}\right)^{k+2}}{k+2} - \dfrac{2\left(1+\sqrt{x}\right)^{k+1}}{k+1} + c$

範例 12.

$\displaystyle 求 \int \frac{x+1}{\sqrt{x^2+2x+5}}dx =?$

【解】

令 $u = x^2 + 2x + 5$ 則 $du = 2x + 2\,dx \Rightarrow \dfrac{du}{2} = (x+1)dx$, 藉由變數代換法

則 $\displaystyle\int \frac{x+1}{\sqrt{x^2+2x+5}}dx = \int \frac{1}{2\sqrt{u}}du = u^{\frac{1}{2}} + c = (x^2+2x+5)^{\frac{1}{2}} + c$

範例 13.

$$求 \int \sqrt{x}\sqrt{1 + x\sqrt{x}}\,dx =?$$

【解】

令 $u = 1 + x\sqrt{x}$ 則 $du = \dfrac{3}{2}x^{\frac{1}{2}}\,dx$，藉由變數代換法

則 $\displaystyle\int \sqrt{x}\sqrt{1 + x\sqrt{x}}\,dx = \dfrac{2}{3}\int \sqrt{u}\,du = \dfrac{4u^{\frac{3}{2}}}{9} + c = \dfrac{4(1 + x\sqrt{x}\,)^{\frac{3}{2}}}{9} + c$

範例 14.

$$求 \int \frac{1}{\sqrt{x + 2} - \sqrt{x}}\,dx =?$$

【解】

$$\int \frac{1}{\sqrt{x + 2} - \sqrt{x}}\,dx = \int \frac{(\sqrt{x + 2} + \sqrt{x})}{(\sqrt{x + 2} - \sqrt{x})(\sqrt{x + 2} + \sqrt{x})}\,dx = \frac{1}{2}\int (\sqrt{x + 2} + \sqrt{x})\,dx$$

$$= \frac{1}{2}\left(\frac{2}{3}(x + 2)^{\frac{3}{2}} + \frac{2}{3}x^{\frac{3}{2}} + c\right) = \frac{1}{3}(x + 2)^{\frac{3}{2}} + \frac{1}{3}x^{\frac{3}{2}} + c$$

範例 15.

$$求 \int \frac{1}{\sqrt{x + 2} + \sqrt{x}}\,dx =?$$

【解】

$$\int \frac{1}{\sqrt{x + 2} + \sqrt{x}}\,dx = \int \frac{(\sqrt{x + 2} - \sqrt{x})}{(\sqrt{x + 2} - \sqrt{x})(\sqrt{x + 2} + \sqrt{x})}\,dx = \frac{1}{2}\int (\sqrt{x + 2} - \sqrt{x})\,dx$$

$$= \frac{1}{2}\left(\frac{2}{3}(x + 2)^{\frac{3}{2}} - \frac{2}{3}x^{\frac{3}{2}} + c\right) = \frac{1}{3}(x + 2)^{\frac{3}{2}} - \frac{1}{3}x^{\frac{3}{2}} + c$$

範例 16.

$$求 \int \frac{(x - x^3)^{\frac{1}{3}}}{x^4}\,dx =?$$

【解】

$$\because \frac{(x - x^3)^{\frac{1}{3}}}{x^4} = \frac{\frac{1}{x}(x - x^3)^{\frac{1}{3}}}{x^3} = \frac{\left(\frac{1}{x^2} - 1\right)^{\frac{1}{3}}}{x^3}$$

令 $u = \dfrac{1}{x^2} - 1$ 則 $du = -2x^{-3}\,dx \Rightarrow \dfrac{-du}{2} = x^{-3}\,dx$, 藉由變數代換法

$$則 \int \frac{(x - x^3)^{\frac{1}{3}}}{x^4}\,dx = \int \frac{\left(\frac{1}{x^2} - 1\right)^{\frac{1}{3}}}{x^3}\,dx = -\int \frac{u^{\frac{1}{3}}}{2}\,du = -\frac{3u^{\frac{4}{3}}}{8} + c = -\frac{3\left(\frac{1}{x^2} - 1\right)^{\frac{4}{3}}}{8} + c$$

範例 17.

$$求 \int \frac{1}{x - x^{\frac{1}{3}}}\,dx = ?$$

【解】

令 $u = x^{\frac{1}{3}}$ 則 $du = \dfrac{1}{3}x^{-\frac{2}{3}}\,dx \Rightarrow 3u^2\,du = dx$, 藉由變數代換法

$$則 \int \frac{1}{x - x^{\frac{1}{3}}}\,dx = \int \frac{3u^2}{u^3 - u}\,du = 3\int \frac{u}{u^2 - 1}\,du = \frac{3}{2}\ln|u^2 - 1| + c = \frac{3}{2}\ln\left|x^{\frac{2}{3}} - 1\right| + c$$

範例 18.

$$求 \int \frac{x^3}{\sqrt{x^2 + 2}}\,dx = ?$$

【解】

令 $u = x^2 + 2$ 則 $du = 2x\,dx$ 且 $x^2 = u - 2$, 藉由變數代換法

$$則 \int \frac{x^3}{\sqrt{x^2 + 2}}\,dx = \int \frac{u - 2}{2\sqrt{u}}\,du = \frac{1}{2}\int \left(\sqrt{u} - 2u^{-\frac{1}{2}}\right)\,du = \frac{1}{2}\left(\frac{2}{3}u^{\frac{3}{2}} - 4u^{\frac{1}{2}} + c\right)$$

$$= \frac{1}{3}(x^2 + 2)^{\frac{3}{2}} - 2(x^2 + 2)^{\frac{1}{2}} + c$$

範例 19.

$$求 \int \frac{\sqrt{x}}{\sqrt{x} + \sqrt[3]{x}}\,dx = ?$$

【解】

令 $u = x^{\frac{1}{6}}$ 則 $du = \dfrac{1}{6}x^{-\frac{5}{6}}\,dx \Rightarrow 6u^5\,du = dx$, 藉由變數代換法

則 $\displaystyle\int \frac{\sqrt{x}}{\sqrt{x} + \sqrt[3]{x}}\,dx = \int \frac{6u^8\,du}{u^3 + u^2} = \int \frac{6u^6\,du}{u + 1}$

$\displaystyle = 6\int \frac{u^5(u+1) - u^4(u+1) + u^3(u+1) - u^2(u+1) + u(u+1) - (u+1) + 1}{u + 1}\,du$

$\displaystyle = 6\int u^5 - u^4 + u^3 - u^2 + u - 1 + \frac{1}{u + 1}\,du$

$\displaystyle = 6\left(\frac{u^6}{6} - \frac{u^5}{5} + \frac{u^4}{4} - \frac{u^3}{3} + \frac{u^2}{2} - u + \ln|u + 1|\right)$

$\displaystyle = 6\left(\frac{x}{6} - \frac{x^{\frac{5}{6}}}{5} + \frac{x^{\frac{4}{6}}}{4} - \frac{x^{\frac{1}{2}}}{3} + \frac{x^{\frac{1}{3}}}{2} - x^{\frac{1}{6}} + \ln|x^{\frac{1}{6}} + 1|\right) + c$

範例 20.

$$\text{求} \int \frac{\sqrt{x}}{\sqrt[3]{x} + 1}\,dx = ?$$

【解】

令 $u = x^{\frac{1}{6}}$ 則 $du = \dfrac{1}{6}x^{-\frac{5}{6}}dx \Rightarrow 6u^5\,du = dx$, 藉由變數代換法

則 $\displaystyle\int \frac{\sqrt{x}}{1 + \sqrt[3]{x}}\,dx = \int \frac{6u^8\,du}{1 + u^2}$

$\displaystyle = 6\int \frac{u^6(u^2 + 1) - u^4(u^2 + 1) + u^2(u^2 + 1) - (u^2 + 1) + 1}{u^2 + 1}\,du$

$\displaystyle = 6\int u^6 - u^4 + u^2 - 1 + \frac{1}{u^2 + 1}\,du = 6\left(\frac{u^7}{7} - \frac{u^5}{5} + \frac{u^3}{3} - u + \tan^{-1}u\right) + c$

$\displaystyle = \frac{6x^{\frac{7}{6}}}{7} - \frac{6x^{\frac{5}{6}}}{5} + 2x^{\frac{1}{2}} - 6x^{\frac{1}{6}} + 6\tan^{-1}x^{\frac{1}{6}} + c$

範例 21.

$$\text{求} \int \frac{1}{x\sqrt{a + bx}}\,dx = ?, \quad \forall a, b > 0$$

【解】

令 $a, b > 0$ 且 $u = \sqrt{a + bx}$ 則 $du = \dfrac{b}{2}(a + bx)^{-\frac{1}{2}}dx$, 藉由變數代換法

$$\because u^2 = a + bx \qquad \therefore \frac{1}{x} = \frac{b}{u^2 - a}$$

$$\therefore \int \frac{1}{x\sqrt{a+bx}}\,dx = \frac{2}{b}\int \frac{b}{u^2-a}\,du = \int \frac{2}{u^2-a}\,du = \int \frac{2}{(u-\sqrt{a})(u+\sqrt{a})}\,du$$

$$= \int \frac{1}{\sqrt{a}}\left(\frac{1}{u-\sqrt{a}} - \frac{1}{u+\sqrt{a}}\right)du = \frac{1}{\sqrt{a}}\left(\ln|u-\sqrt{a}| - \ln|u+\sqrt{a}|\right) + c$$

$$= \frac{1}{\sqrt{a}}\left(\ln\left|\sqrt{a+bx}-\sqrt{a}\right| - \ln\left|\sqrt{a+bx}+\sqrt{a}\right|\right) + c$$

範例 22.
$$\text{求}\int \frac{1}{\sqrt{2+\sqrt{x}}}\,dx =?$$

【解】

令 $u = 2 + \sqrt{x}$ 則 $du = \frac{1}{2}x^{-\frac{1}{2}}dx$, 藉由變數代換法

則 $\int \frac{1}{\sqrt{2+\sqrt{x}}}\,dx = 2\int \frac{u-2}{\sqrt{u}}\,du = 2\int u^{\frac{1}{2}} - 2u^{-\frac{1}{2}}\,du = 2\left(\frac{2}{3}u^{\frac{3}{2}} - 4u^{\frac{1}{2}}\right) + c$

$$= \frac{4}{3}(2+\sqrt{x})^{\frac{3}{2}} - 8(2+\sqrt{x})^{\frac{1}{2}} + c$$

範例 23.
$$\text{求}\int \frac{1}{\sqrt{1+x^{\frac{1}{3}}}}\,dx =?$$

【解】

令 $u = 1 + x^{\frac{1}{3}}$ 則 $du = \frac{1}{3}x^{-\frac{2}{3}}dx$, 藉由變數代換法

則 $\int \frac{1}{\sqrt{1+x^{\frac{1}{3}}}}\,dx = 3\int \frac{(u-1)^2}{\sqrt{u}}\,du = 3\int u^{\frac{3}{2}} - 2u^{\frac{1}{2}} + u^{-\frac{1}{2}}\,du$

$$= 3\left(\frac{2}{5}u^{\frac{5}{2}} - \frac{4}{3}u^{\frac{3}{2}} + 2u^{\frac{1}{2}}\right) + c = 3\left(\frac{2}{5}\left(1+x^{\frac{1}{3}}\right)^{\frac{5}{2}} - \frac{4}{3}\left(1+x^{\frac{1}{3}}\right)^{\frac{3}{2}} + 2\left(1+x^{\frac{1}{3}}\right)^{\frac{1}{2}}\right) + c$$

$$= \frac{6}{5}\left(1 + x^{\frac{1}{3}}\right)^{\frac{5}{2}} - 4\left(1 + x^{\frac{1}{3}}\right)^{\frac{3}{2}} + 6\left(1 + x^{\frac{1}{3}}\right)^{\frac{1}{2}} + c$$

範例 24.

$$求 \int \frac{1}{\sqrt{1 - \sqrt{x}}}\,dx = ?$$

【解】

令 $u = 1 - \sqrt{x}$ 則 $du = \frac{-1}{2}x^{-\frac{1}{2}}dx$, 藉由變數代換法

則 $\displaystyle\int \frac{1}{\sqrt{1 - \sqrt{x}}}\,dx = 2\int \frac{u - 1}{\sqrt{u}}\,du = 2\int u^{\frac{1}{2}} - u^{-\frac{1}{2}}\,du = 2\left(\frac{2}{3}u^{\frac{3}{2}} - 2u^{\frac{1}{2}}\right)$

$$= \frac{4}{3}(1 - \sqrt{x})^{\frac{3}{2}} - 4\sqrt{1 - \sqrt{x}} + c$$

範例 25.

$$求 \int \frac{1}{\sqrt{2 + \sqrt{2 + \sqrt{x}}}}\,dx = ?$$

【解】

令 $u = 2 + \sqrt{2 + \sqrt{x}}$ 則 $du = \frac{1}{2}\left(2 + \sqrt{x}\right)^{-\frac{1}{2}}\left(\frac{1}{2}x^{-\frac{1}{2}}\right)dx$, 藉由變數代換法

$\because \left(2 + \sqrt{x}\right)^{\frac{1}{2}} = u - 2$ 且 $x^{\frac{1}{2}} = (u - 2)^2 - 2 = u^2 - 4u + 2$

$\therefore dx = 4(u - 2)(u^2 - 4u + 2)\,du \Rightarrow dx = 4(u^3 - 6u^2 + 10u - 4)\,du$

$\therefore \displaystyle\int \frac{1}{\sqrt{2 + \sqrt{2 + \sqrt{x}}}}\,dx = 4\int \frac{u^3 - 6u^2 + 10u - 4}{\sqrt{u}}\,du$

$= 4\displaystyle\int u^{\frac{5}{2}} - 6u^{\frac{3}{2}} + 10u^{\frac{1}{2}} - 4u^{-\frac{1}{2}}\,du = 4\left(\frac{2}{7}u^{\frac{7}{2}} - \frac{12}{5}u^{\frac{5}{2}} + \frac{20}{3}u^{\frac{3}{2}} - 8u^{\frac{1}{2}}\right) + c$

$$= 4\left(\frac{2}{7}\left(2 + \sqrt{2 + \sqrt{x}}\right)^{\frac{7}{2}} - \frac{12}{5}\left(2 + \sqrt{2 + \sqrt{x}}\right)^{\frac{5}{2}} + \frac{20}{3}\left(2 + \sqrt{2 + \sqrt{x}}\right)^{\frac{3}{2}}\right.$$

$$\left. - 8\left(2 + \sqrt{2 + \sqrt{x}}\right)^{\frac{1}{2}}\right) + c$$

範例 26.

$$求 \int \frac{\tan^{-1} x}{1 + x^2}\, dx = ?$$

【解】

令 $u = \tan^{-1} x$ 則 $du = \dfrac{dx}{1 + x^2}$，藉由變數代換法

則 $\displaystyle\int \frac{\tan^{-1} x}{1 + x^2}\, dx = \int u\, du = \frac{u^2}{2} + c = \frac{(\tan^{-1} x)^2}{2} + c$

範例 27.

$$求 \int \frac{1}{x(\ln 2x)^2}\, dx = ?$$

【解】

令 $u = \ln 2x$ 則 $du = \dfrac{dx}{x}$，藉由變數代換法

則 $\displaystyle\int \frac{1}{x(\ln 2x)^2}\, dx = \int u^{-2}\, du = -u^{-1} + c = -\frac{1}{\ln 2x} + c$

範例 28.

$$求 \int \frac{e^{\sqrt{x}}}{\sqrt{x}}\, dx = ?$$

【解】

令 $u = \sqrt{x}$ 則 $du = \dfrac{dx}{2\sqrt{x}}$，藉由變數代換法

則 $\displaystyle\int \frac{e^{\sqrt{x}}}{\sqrt{x}}\, dx = 2\int e^u\, du = 2e^u + c = 2e^{\sqrt{x}} + c$

範例 29.

$$\text{求} \int \frac{(\sin^{-1} 2x)^2}{\sqrt{1 - 4x^2}} \, dx = ?$$

【解】

令 $u = \sin^{-1} 2x$　則 $du = \dfrac{2dx}{\sqrt{1 - 4x^2}}$，藉由變數代換法

則 $\displaystyle\int \frac{(\sin^{-1} 2x)^2}{\sqrt{1 - 4x^2}} \, dx = \frac{1}{2} \int u^2 du = \frac{u^3}{6} + c = \frac{(\sin^{-1} 2x)^3}{6} + c$

範例 30.

$$\text{求} \int \frac{e^{\sqrt[3]{x}}}{\sqrt[3]{x^2}} \, dx = ?$$

【解】

令 $u = x^{\frac{1}{3}}$　則 $du = \dfrac{x^{\frac{-2}{3}}}{3} \, dx$，藉由變數代換法

$\displaystyle\int \frac{e^{\sqrt[3]{x}}}{\sqrt[3]{x^2}} \, dx = \int x^{\frac{-2}{3}} e^{x^{\frac{1}{3}}} \, dx = 3 \int e^u du = 3e^u + c = 3e^{x^{\frac{1}{3}}} + c$

範例 31.

$$\text{求} \int \frac{e^{3x}}{\sqrt{1 - e^{6x}}} \, dx = ?$$

【解】

令 $t = e^{3x}$　則 $dt = 3e^{3x} \, dx$，藉由變數代換法

則 $\displaystyle\int \frac{e^{3x}}{\sqrt{1 - e^{6x}}} \, dx = \frac{1}{3} \int \frac{1}{\sqrt{1 - t^2}} \, dt = \frac{1}{3} \sin^{-1} t + c = \frac{1}{3} \sin^{-1} e^{3x} + c$

範例 32.

$$\text{求} \int \frac{1}{x^2 + 2x + 10} \, dx = ?$$

【解】

$\displaystyle \because \int \frac{1}{x^2 + 2x + 10} \, dx = \int \frac{1}{(x + 1)^2 + 9} \, dx = \frac{1}{9} \int \frac{1}{\left(\dfrac{x + 1}{3}\right)^2 + 1} \, dx$

令 $t = \dfrac{x+1}{3}$ 則 $dt = \dfrac{dx}{3}$，藉由變數代換法

則 $\dfrac{1}{9} \displaystyle\int \dfrac{1}{\left(\frac{x+1}{3}\right)^2 + 1} dx = \dfrac{1}{3} \int \dfrac{1}{t^2+1} dt = \dfrac{1}{3}\tan^{-1} t + c = \dfrac{1}{3}\tan^{-1}\left(\dfrac{x+1}{3}\right) + c$

範例 33.

(1) 求 $\displaystyle\int \sin x \, dx = ?$ (2) 求 $\displaystyle\int \cos x \, dx = ?$ (3) 求 $\displaystyle\int \tan x \, dx = ?$

(4) 求 $\displaystyle\int \cot x \, dx = ?$ (5) 求 $\displaystyle\int \sec x \, dx = ?$ (6) 求 $\displaystyle\int \csc x \, dx = ?$

【解】

(1)

$$\int \sin x \, dx = -\cos x + c$$

(2)

$$\int \cos x \, dx = \sin x + c$$

(3)

$$\because \int \tan x \, dx = \int \frac{\sin x}{\cos x} dx$$

令 $u = \cos x$ 則 $du = -\sin x \, dx$，藉由變數代換法

則 $\displaystyle\int \tan x \, dx = \int \dfrac{\sin x}{\cos x} dx = -\int \dfrac{du}{u} = -\ln|u| + c = -\ln|\cos x| + c$

(4)

$$\because \int \cot x \, dx = \int \frac{\cos x}{\sin x} dx$$

令 $u = \sin x$ 則 $du = \cos x \, dx$，藉由變數代換法

則 $\displaystyle\int \cot x \, dx = \int \dfrac{\cos x}{\sin x} dx = \int \dfrac{du}{u} = \ln|u| + c = \ln|\sin x| + c$

(5)

$\because (\sec x)' = \tan x \sec x$ 且 $(\tan x)' = \sec^2 x$

$\therefore (\tan x + \sec x)' = (\tan x + \sec x)\sec x$

令 $u = \tan x + \sec x$ 則 $du = (\tan x + \sec x)\sec x\, dx$, 藉由變數代換法

則 $\displaystyle\int \sec x\, dx = \int \frac{(\tan x + \sec x)\sec x}{\tan x + \sec x}\, dx = \int \frac{du}{u} = \ln|u| = \ln|\tan x + \sec x| + c$

(6)

$\because (\csc x)' = -\cot x \csc x$ 且 $(\cot x)' = -\csc^2 x$

$\therefore (\cot x + \csc x)' = -(\cot x + \csc x)\csc x$

令 $u = \cot x + \csc x$ 則 $du = -(\cot x + \csc x)\csc x\, dx$, 藉由變數代換法

則 $\displaystyle\int \csc x\, dx = \int \frac{(\cot x + \csc x)\csc x}{\cot x + \csc x}\, dx = -\int \frac{du}{u} = -\ln|u|$

$= -\ln|\cot x + \csc x| + c$

範例 34.

(1)求 $\displaystyle\int \sin^3 x\, dx =?$ (2)求 $\displaystyle\int \cos^3 x\, dx =?$

(3)求 $\displaystyle\int \tan^3 x\, dx =?$ (4)求 $\displaystyle\int \cot^3 x\, dx =?$

【解】

(1)

$\because \displaystyle\int \sin^3 x\, dx = \int \sin x \sin^2 x\, dx = \int \sin x\,(1 - \cos^2 x)\, dx$

令 $u = \cos x$ 則 $du = -\sin x\, dx$, 藉由變數代換法

則 $\displaystyle\int \sin x\,(1 - \cos^2 x)\, dx = \int -(1 - u^2)\, du = -u + \frac{u^3}{3} + c = -\cos x + \frac{1}{3}\cos^3 x + c$

(2)

$\because \displaystyle\int \cos^3 x\, dx = \int \cos x \cos^2 x\, dx = \int \cos x\,(1 - \sin^2 x)\, dx = \int (1 - u^2)\, du$

$= u - \dfrac{u^3}{3} + c = \sin x - \dfrac{1}{3}\sin^3 x + c$

(3)

$\because \displaystyle\int \tan^3 x\, dx = \int \frac{\tan^2 x \tan x \sec x}{\sec x}\, dx = \int \frac{(\sec^2 x - 1)\tan x \sec x}{\sec x}\, dx$

令 $u = \sec x$ 則 $du = \tan x \sec x\, dx$, 藉由變數代換法

則 $\displaystyle\int \tan^3 x\, dx = \int \frac{(\sec^2 x - 1)\tan x \sec x}{\sec x}\, dx = \int u - \frac{1}{u}\, du = \frac{u^2}{2} - \ln|u| + c$

$$= \frac{\sec^2 x}{2} - \ln|\sec x| + c$$

(4)

$$\because \int \cot^3 x\, dx = \int \frac{\cot^2 x \cot x \csc x}{\csc x}\, dx = \int \frac{(\csc^2 x - 1)\cot x \csc x}{\csc x}\, dx$$

令 $u = \csc x$ 則 $du = -\cot x \csc x\, dx$, 藉由變數代換法

$$則 \int \cot^3 x\, dx = \int \frac{(\csc^2 x - 1)\cot x \csc x}{\csc x}\, dx = -\int u - \frac{1}{u}\, du = -\frac{u^2}{2} + \ln|u| + c$$

$$= -\frac{\csc^2 x}{2} + \ln|\csc x| + c$$

範例 35.

$$求 \int \sin^4 x\, dx =?$$

【解】

$$\int \sin^4 x\, dx = \int (\sin^2 x)^2 dx = \int \left(\frac{1 - \cos 2x}{2}\right)^2 dx = \int \frac{1 - 2\cos 2x + \cos^2 2x}{4}\, dx$$

$$= \int \frac{1 - 2\cos 2x + \dfrac{1 + \cos 4x}{2}}{4}\, dx = \frac{1}{4}\int \frac{3}{2} - 2\cos 2x + \frac{\cos 4x}{2}\, dx$$

$$= \frac{1}{4}\left(\frac{3x}{2} - \sin 2x + \frac{1}{8}\sin 4x\right) + c$$

範例 36.

$$求 \int \cos^4 x\, dx =?$$

【解】

$$\int \cos^4 x\, dx = \int (\cos^2 x)^2 dx = \int \left(\frac{1 + \cos 2x}{2}\right)^2 dx = \int \frac{1 + 2\cos 2x + \cos^2 2x}{4}\, dx$$

$$= \int \frac{1 + 2\cos 2x + \dfrac{1 + \cos 4x}{2}}{4}\, dx = \frac{1}{4}\int \frac{3}{2} + 2\cos 2x + \frac{\cos 4x}{2}\, dx$$

$$= \frac{1}{4}\left(\frac{3x}{2} + \sin 2x + \frac{1}{8}\sin 4x\right) + c$$

範例 37.

$$求 \int \sin^5 x \, dx =?$$

【解】

$$\because \int \sin^5 x \, dx = \int (\sin^2 x)^2 \sin x \, dx = \int (1 - \cos^2 x)^2 \sin x \, dx$$

令 $u = \cos x$ 則 $du = -\sin x \, dx$，藉由變數代換法

$$則 \int (1 - \cos^2 x)^2 \sin x \, dx = -\int (1 - u^2)^2 du = -\int u^4 - 2u^2 + 1 \, du$$

$$= -\left(\frac{u^5}{5} - \frac{2}{3} u^3 + u \right) + c = -\left(\frac{\cos^5 x}{5} - \frac{2}{3} \cos^3 x + \cos x \right) + c$$

範例 38.

$$求 \int \cos^5 x \, dx =?$$

【解】

$$\because \int \cos^5 x \, dx = \int (\cos^2 x)^2 \cos x \, dx = \int (1 - \sin^2 x)^2 \cos x \, dx$$

令 $u = \sin x$ 則 $du = \cos x \, dx$，藉由變數代換法

$$則 \int (1 - \sin^2 x)^2 \cos x \, dx = \int (1 - u^2)^2 du = \int u^4 - 2u^2 + 1 \, du$$

$$= \frac{u^5}{5} - \frac{2}{3} u^3 + u + c = \frac{\sin^5 x}{5} - \frac{2}{3} \sin^3 x + \sin x + c$$

範例 39.

$$求 \int \sin mx \sin nx \, dx =?$$

【解】

(1) 當 $m = n$，

$$\int \sin mx \sin nx \, dx = \int \sin mx \sin mx \, dx = \int \sin^2 mx \, dx = \int \frac{1 - \cos 2mx}{2} dx$$

$$= \frac{x}{2} - \frac{\sin 2mx}{4m} + c$$

(2) 當 $m \neq n$,

$$\int \sin mx \sin nx \, dx = \frac{1}{2} \int \cos(m-n)x - \cos(m+n)x \, dx$$

$$= \frac{1}{2} \left(\frac{\sin(m-n)x}{m-n} - \frac{\sin(m+n)x}{m+n} \right) + c$$

範例 40.

$$求 \int \sin mx \cos nx \, dx = ?$$

【解】

(1) 當 $m = n$,

$$\int \sin mx \cos nx \, dx = \int \sin mx \cos mx \, dx = \frac{1}{2} \int \sin 2mx \, dx = \frac{-\cos 2mx}{4m} + c$$

(2) 當 $m \neq n$,

$$\int \sin mx \cos nx \, dx = \frac{1}{2} \int \sin(m+n)x + \sin(m-n)x \, dx$$

$$= \frac{1}{2} \left(-\frac{\cos(m+n)x}{m+n} - \frac{\cos(m-n)x}{m-n} \right) + c$$

範例 41.

$$求 \int \cos mx \cos nx \, dx = ?$$

【解】

(1) 當 $m = n$,

$$\int \cos mx \cos nx \, dx = \int \cos mx \cos mx \, dx = \int \cos^2 mx \, dx = \int \frac{1 + \cos 2mx}{2} \, dx$$

$$= \frac{x}{2} + \frac{\sin 2mx}{4m} + c$$

(2) 當 $m \neq n$,

$$\int \sin mx \sin nx \, dx = \frac{1}{2} \int \cos(m-n)x + \cos(m+n)x \, dx$$

$$= \frac{1}{2} \left(\frac{\sin(m-n)x}{m-n} + \frac{\sin(m+n)x}{m+n} \right) + c$$

範例 42.

$$求 \int \frac{1}{1+e^{2x}} dx = ?$$

【解】

令 $t = 1 + e^{2x}$ 則 $dt = 2e^{2x}\, dx \Rightarrow dx = \dfrac{dt}{2(t-1)}$，藉由變數代換法

則 $\displaystyle\int \frac{1}{1+e^{2x}} dx = \frac{1}{2}\int \frac{1}{t(t-1)} dt = \frac{1}{2}\int \frac{1}{t-1} - \frac{1}{t} dt = \frac{1}{2}\ln\left(\frac{t-1}{t}\right) + c = \frac{1}{2}\ln\left(\frac{e^x}{1+e^x}\right) + c$

範例 43.

$$求 \int \frac{\tan^{-1}\sqrt{x}}{\sqrt{x}(1+x)} dx = ?$$

【解】

令 $u = \sqrt{x}$ 則 $du = \dfrac{1}{2}x^{-\frac{1}{2}}dx \Rightarrow dx = 2u\,du$，藉由變數代換法

則 $\displaystyle\int \frac{\tan^{-1}\sqrt{x}}{\sqrt{x}(1+x)} dx = \int \frac{(\tan^{-1} u)2u}{u(1+u^2)} du = 2\int \frac{\tan^{-1} u}{1+u^2} du$

令 $t = \tan^{-1} u$ 則 $dt = \dfrac{du}{1+u^2}$，藉由變數代換法

則 $\displaystyle 2\int \frac{\tan^{-1} u}{1+u^2} du = 2\int t\,dt = t^2 + c = (\tan^{-1} u)^2 + c = \left(\tan^{-1}\sqrt{x}\right)^2 + c$

範例 44.

$$求 \int \frac{1}{x(1+x^3)} dx = ?$$

【解】

令 $t = x^3$ 則 $dt = 3x^2 dx$，藉由變數代換法

則 $\displaystyle\int \frac{1}{x(1+x^3)} dx = \int \frac{x^2}{x^3(1+x^3)} dx = \frac{1}{3}\int \frac{1}{t(1+t)} dt = \frac{1}{3}\int \frac{1}{t} - \frac{1}{t+1} dt$

$\displaystyle = \frac{1}{3}\ln\left(\frac{t}{t+1}\right) + c = \frac{1}{3}\ln\left(\frac{x^3}{x^3+1}\right) + c$

範例 45.

$$\text{求} \int \frac{1}{x(1+x^2)}\, dx =?$$

【解】

令 $t = x^2$ 則 $dt = 2xdx$，藉由變數代換法

則 $\displaystyle\int \frac{dx}{x(1+x^2)} = \int \frac{xdx}{x^2(1+x^2)} = \int \frac{dt}{2t(1+t)} = \frac{\ln\left(\frac{t}{t+1}\right)}{2} + c = \frac{\ln\left(\frac{x^2}{x^2+1}\right)}{2} + c$

範例 46.

$$\text{求} \int \frac{1}{\sqrt{1+e^{2x}}}\, dx =?$$

【解】

令 $t = \sqrt{1+e^{2x}}$ 則 $dt = \dfrac{e^{2x}}{\sqrt{1+e^{2x}}}\, dx$，藉由變數代換法

則 $\displaystyle\int \frac{1}{\sqrt{1+e^{2x}}}\, dx = \int \frac{e^{2x}}{e^{2x}\sqrt{1+e^{2x}}}\, dx = \int \frac{1}{t^2-1}\, dt = \frac{1}{2}\int \frac{1}{t-1} - \frac{1}{t+1}\, dt$

$= \dfrac{1}{2}\ln\left(\dfrac{t-1}{t+1}\right) + c = \dfrac{1}{2}\ln\left(\dfrac{\sqrt{1+e^{2x}}-1}{\sqrt{1+e^{2x}}+1}\right) + c$

範例 47.

$$\text{求} \int \frac{1}{x\sqrt{x^6-1}}\, dx =?$$

【解】

令 $u = \sqrt{x^6-1}$ 則 $du = 3x^5(x^6-1)^{-\frac{1}{2}}\, dx$ 且 $u^2 = x^6-1$，藉由變數代換法

則 $\displaystyle\int \frac{1}{x\sqrt{x^6-1}}\, dx = \int \frac{x^5}{x^6\sqrt{x^6-1}}\, dx = \frac{1}{3}\int \frac{1}{u^2+1}\, du = \frac{1}{3}\tan^{-1} u + c$

$= \dfrac{1}{3}\tan^{-1}\left(\sqrt{x^6-1}\right) + c$

範例 48.

$$\text{求} \int \frac{1}{x\sqrt{3x^2-2x-1}}\, dx =?$$

【解】

$$\because \int \frac{1}{x\sqrt{3x^2 - 2x - 1}}\,dx = \int \frac{1}{x^2\sqrt{3 - \frac{2}{x} - \frac{1}{x^2}}}\,dx$$

令 $u = \dfrac{1}{x}$ 則 $du = -x^{-2}\,dx$, 藉由變數代換法

$$則 \int \frac{1}{x^2\sqrt{3 - \frac{2}{x} - \frac{1}{x^2}}}\,dx = -\int \frac{1}{\sqrt{3 - 2u - u^2}}\,du = -\int \frac{1}{\sqrt{4 - (u+1)^2}}\,du$$

$$= -\frac{1}{2}\int \frac{1}{\sqrt{1 - \left(\frac{u+1}{2}\right)^2}}\,du = -\sin^{-1}\left(\frac{u+1}{2}\right) + c = -\sin^{-1}\left(\frac{\frac{1}{x}+1}{2}\right) + c$$

4.3.2　分部積分法

$$\int u(x)v'(x)dx = u(x)v(x) - \int u'(x)v(x)dx$$

$u(x)$代表的是微分之後較容易計算其積分, $v'(x)$代表是其積分式$v(x)$較容易積分; 也可能與變數代換法合併解題, 先做變數代換再做分部積分, 也可能先做分部積分, 再做變數代換

考試類型:

題型 1.

求 $\displaystyle\int x^n \cdot e^{\alpha x}dx =$?

解題流程

Step1.

令$u = x^n$, $dv = e^{\alpha x}dx$ 則 $du = nx^{n-1}dx$, $v = \dfrac{e^{\alpha x}}{\alpha}$

Step2.

藉由分部積分法則 $\displaystyle\int x^n \cdot e^{\alpha x}dx = x^n \cdot \frac{e^{\alpha x}}{\alpha} - \frac{n}{\alpha}\int x^{n-1} \cdot e^{\alpha x}dx$

補充說明:

多數的題型是藉由分部積分法對x^n作降冪的動作並且重複做n次能求得積分值

題型 2.

求 $\int x^n \cdot \sin \alpha x \, dx =?$

解題流程:

Step1.

令$u = x^n, dv = \sin \alpha x \, dx$ 則 $du = nx^{n-1}dx, \quad v = -\dfrac{\cos \alpha x}{\alpha}$, 藉由分部積分法

則 $\int x^n \cdot \sin \alpha x \, dx = -\dfrac{x^n \cos \alpha x}{\alpha} + \dfrac{n}{\alpha}\int x^{n-1} \cdot \cos \alpha x \, dx$

Step2.

令 $u = x^{n-1}, \quad dv = \cos \alpha x \, dx$ 則 $du = (n-1)x^{n-2}dx, \quad v = \dfrac{\sin \alpha x}{\alpha}$

藉由分部積分法則$\int x^{n-1} \cdot \cos \alpha x \, dx = x^{n-1} \cdot \dfrac{\sin \alpha x}{\alpha} - \dfrac{n-1}{\alpha}\int x^{n-2} \cdot \sin \alpha x \, dx$

Step3.

$\int x^n \cdot \sin \alpha x \, dx = -\dfrac{x^n \cos \alpha x}{\alpha} + \dfrac{n}{\alpha}\left(x^{n-1} \cdot \dfrac{\sin \alpha x}{\alpha} - \dfrac{n-1}{\alpha}\int x^{n-2} \cdot \sin \alpha x \, dx\right)$

題型 3.

求 $\int x^n \cdot \cos \alpha x \, dx =?$

解題流程:

Step1.

令$u = x^n, dv = \cos \alpha x \, dx$ 則 $du = nx^{n-1}dx, v = \dfrac{\sin \alpha x}{\alpha}$,藉由分部積分法

則 $\int x^n \cdot \sin \alpha x \, dx = \dfrac{x^n \sin \alpha x}{\alpha} - \dfrac{n}{\alpha}\int x^{n-1} \cdot \sin \alpha x \, dx$

Step2.

令$u = x^{n-1}, \quad dv = \sin \alpha x \, dx$ 則 $du = (n-1)x^{n-2}dx, \quad v = -\dfrac{\cos \alpha x}{\alpha}$

Step3.

藉由分部積分法則 $\displaystyle\int x^{n-1}\sin\alpha x\,dx = -x^{n-1}\cdot\dfrac{\cos\alpha x}{\alpha} + \dfrac{n-1}{\alpha}\int x^{n-2}\cos\alpha x\,dx$

Step4.

$$\int x^{n}\cos\alpha x\,dx = \frac{x^{n}\sin\alpha x}{\alpha} - \frac{n}{\alpha}\left(-x^{n-1}\cdot\frac{\cos\alpha x}{\alpha} + \frac{n-1}{\alpha}\int x^{n-2}\cdot\cos\alpha x\,dx\right)$$

題型 4.

求 $\displaystyle\int x^{n}\cdot\ln^{m}x\,dx =?$

解題流程:

令 $u = \ln^{m}x,\ \ dv = x^{n}dx$ 則 $du = \dfrac{m\ln^{m-1}x\,dx}{x},\ \ v = \dfrac{x^{n+1}}{n+1}$，藉由分部積分法

則 $\displaystyle\int x^{n}\cdot\ln^{m}x\,dx = \frac{x^{n+1}\ln^{m}x}{n+1} - \frac{m}{n+1}\int x^{n}\ln^{m-1}x\,dx$

題型 5.

求 $\displaystyle\int x^{n}\cdot\sin^{-1}x\,dx =?$

解題流程:

Step1.

令 $u = \sin^{-1}x,\ \ dv = x^{n}dx$ 則 $du = \dfrac{1}{\sqrt{1-x^{2}}}dx,\ \ v = \dfrac{x^{n+1}}{n+1}$

藉由分部積分法則 $\displaystyle\int x^{n}\sin^{-1}x\,dx = \frac{x^{n+1}\sin^{-1}x}{n+1} - \frac{1}{n+1}\int \frac{x^{n+1}}{\sqrt{1-x^{2}}}dx$

Step2.

令 $x = \cos\theta,\ \ dx = -\sin\theta\,d\theta$，藉由變數代換法

則 $\displaystyle\int \frac{x^{n+1}}{\sqrt{1-x^{2}}}dx = -\int \frac{\sin\theta\cos^{n}\theta}{\sqrt{1-\cos^{2}\theta}}d\theta = -\int \cos^{n}\theta\,d\theta$

Step3.

$\therefore \displaystyle\int x^{n}\cdot\sin^{-1}x\,dx = \frac{x^{n+1}\sin^{-1}x}{n+1} - \frac{1}{n+1}\left(-\int \cos^{n}\theta\,d\theta\right)$

Step4.

By $\displaystyle\int \cos^{n}\theta\,d\theta = \frac{\sin\theta}{n}\cos^{n-1}\theta + \frac{n-1}{n}\int \cos^{n-2}\theta\,d\theta$

補充說明: 將問題轉換成求 $\displaystyle\int \cos^n \theta \, d\theta =?$

題型 6.

求 $\displaystyle\int x^n \cdot \tan^{-1} x \, dx =?$

解題流程:

Step1.

令 $u = \tan^{-1} x, \ dv = x^n dx$ 則 $du = \dfrac{1}{1+x^2} dx, \ v = \dfrac{x^{n+1}}{n+1}$

藉由分部積分法則 $\displaystyle\int x^n \cdot \tan^{-1} x \, dx = \dfrac{x^{n+1} \tan^{-1} x}{n+1} - \dfrac{1}{n+1} \int \dfrac{x^{n+1}}{1+x^2} dx$

Step2.

令 $x = \tan \theta$ 則 $dx = \sec^2 \theta$, 藉由變數代換法

則 $\displaystyle\int \dfrac{x^{n+1}}{1+x^2} dx = \int \dfrac{\tan^{n+1} \theta}{1 + \tan^2 \theta} \cdot \sec^2 \theta \, d\theta = \int \tan^{n+1} \theta \, d\theta$

Step3.

$\therefore \displaystyle\int x^n \cdot \tan^{-1} x \, dx = \dfrac{x^{n+1} \tan^{-1} x}{n+1} - \dfrac{1}{n+1} \int \tan^{n+1} \theta \, d\theta$

Step4.

By $\displaystyle\int \tan^{n+1} \theta \, d\theta = \dfrac{1}{n} \tan^n \theta - \int \tan^{n-1} \theta \, d\theta$

補充說明: 將問題轉換成 $\displaystyle\int \tan^{n+1} \theta \, d\theta =?$

題型 7.

求 $\displaystyle\int \ln P_n(x) \, dx =?$

解題流程:

Step1.

令 $u = \ln P_n(x), \ dv = dx$ 則 $du = \dfrac{P_n'(x)}{P_n(x)} dx, \ v = x$

Step2.

藉由分部積分法則 $\displaystyle\int \ln P_n(x)\,dx = x\ln P_n(x) - \int \frac{xP_n'(x)}{P_n(x)}\,dx$

Step3.

求 $\displaystyle\int \frac{xP_n'(x)}{P_n(x)}\,dx = ?$

範例 1.

$$(1)求 \int \ln x^2 dx = ? \quad (2)求 \int x\ln x^3\,dx = ?$$

【解】

(1)

$$\because \int \ln x^2 dx = 2\int \ln x\,dx$$

令 $u = \ln x,\ dv = dx$ 則 $du = \dfrac{dx}{x},\ v = x,$　藉由分部積分法

則 $\displaystyle 2\int \ln x\,dx = 2\left(x\ln x - \int x\frac{dx}{x}\right) = 2(x\ln x - x) + c$

(2)

$$\because \int x\ln x^3\,dx = 3\int x\ln x\,dx$$

令 $u = \ln x,\ dv = xdx$ 則 $du = \dfrac{dx}{x},\ v = \dfrac{x^2}{2},$　藉由分部積分法

則 $\displaystyle 3\int x\ln x\,dx = 3\left(\frac{x^2}{2}(\ln x) - \int \frac{x}{2}dx\right) = 3\left(\frac{x^2}{2}(\ln x) - \frac{x^2}{4}\right) + c$

範例 2.

$$\int xe^{2x}dx = ?$$

【解】

令 $u = x,\ dv = e^{2x}dx$ 則 $du = dx,\ v = \dfrac{e^{2x}}{2},$　藉由分部積分法

則 $\displaystyle \int xe^{2x}dx = \frac{xe^{2x}}{2} - \frac{1}{2}\int e^{2x}dx = \frac{xe^{2x}}{2} - \frac{e^{2x}}{4} + c$

範例 3.

(1)求 $\int x\sin x\ dx =?$

(2)求 $\int x\cos x\, dx\ =?$

(3)求 $\int x\sec^2 x\, dx\ =?$

【解】

(1)

令 $u = x,\ dv = \sin x\, dx$ 則 $du = dx,\ v = -\cos x$，藉由分部積分法

則 $\int x\sin x\ dx = -x\cos x + \int \cos x\, dx = -x\cos x + \sin x + c$

(2)

令 $u = x,\ dv = \cos x\, dx$ 則 $du = dx,\ v = \sin x$，藉由分部積分法

則 $\int x\cos x\, dx\ = x\sin x - \int \sin x\, dx = x\sin x + \cos x + c$

(3)

令 $u = x,\ dv = \sec^2 x\, dx$ 則 $du = dx,\ v = \tan x$，藉由分部積分法

則 $\int x\sec^2 x\, dx\ = x\tan x - \int \tan x\, dx = x\tan x - \ln\cos x + c$

範例 4.

(1)求 $\int x^2\cos x\ dx =?$

(2)求 $\int x^2\sin x\ dx =?$

【解】

(1)

令 $u = x^2,\ dv = \cos x\, dx$ 則 $du = 2x\, dx,\ v = \sin x$，藉由分部積分法

則 $\int x^2\cos x\ dx = x^2\sin x - 2\int x\sin x\, dx + c$

令 $s = x,\ dt = \sin x\, dx$ 則 $ds = dx,\ t = -\cos x$，藉由分部積分法

則 $\displaystyle\int x\sin x\,dx = -x\cos x + \int \cos x\,dx = -x\cos x + \sin x$

$\therefore \displaystyle\int x^2\cos x\,dx = x^2\sin x - 2\int x\sin x\,dx + c = x^2\sin x + 2x\cos x - 2\sin x + c$

(2)

令 $u = x^2,\ dv = \sin x\,dx$ 則 $du = 2x\,dx,\ v = -\cos x$，藉由分部積分法

則 $\displaystyle\int x^2\sin x\,dx = -x^2\cos x + 2\int x\cos x\,dx + c$

令 $s = x,\ dt = \cos x\,dx$ 則 $ds = dx,\ t = \sin x$，藉由分部積分法

則 $\displaystyle\int x\cos x\,dx = x\sin x - \int \sin x\,dx = x\sin x + \cos x$

$\therefore \displaystyle\int x^2\sin x\,dx = -x^2\cos x + 2\int x\cos x\,dx + c$

$= -x^2\cos x + 2(x\sin x + \cos x) + c$

範例 5.

$\qquad$ 求 $\displaystyle\int x^n\ln x^n\,dx = ?,\ \forall n \in N$

【解】

$\because \displaystyle\int x^n\ln x^n\,dx = n\int x^n\ln x\,dx,\ \forall n \in N$

令 $u = \ln x,\ dv = x^n dx$ 則 $du = \dfrac{dx}{x},\ v = \dfrac{x^{n+1}}{n+1}$，藉由分部積分法

則 $n\displaystyle\int x^n\ln x\,dx = n\left(\dfrac{x^{n+1}\ln x}{n+1} - \int \dfrac{1}{x}\cdot\dfrac{x^{n+1}}{n+1}\,dx\right) = n\left(\dfrac{x^{n+1}\ln x}{n+1} - \int \dfrac{x^n}{n+1}\,dx\right)$

$= n\left(\dfrac{x^{n+1}\ln x}{n+1} - \dfrac{x^{n+1}}{(n+1)^2}\right) + c$

範例 6.

$\qquad$ 求 $\displaystyle\int \dfrac{\ln x^2}{x^3}\,dx = ?$

【解】

$\because \displaystyle\int \dfrac{\ln x^2}{x^3}\,dx = 2\int \dfrac{\ln x}{x^3}\,dx$

令 $u = \ln x$, $dv = x^{-3}dx$ 則 $du = \dfrac{1}{x}dx$, $v = -\dfrac{x^{-2}}{2}$, 藉由分部積分法

則 $2\displaystyle\int \dfrac{\ln x}{x^3}dx = 2\left(-\dfrac{x^{-2}\ln x}{2} + \dfrac{1}{2}\int x^{-3}dx\right) = 2\left(-\dfrac{\ln x}{2x^2} - \dfrac{1}{4}x^{-2}\right) + c$

範例 7.

$$求 \int x \ln \sqrt[3]{x}\, dx = ?$$

【解】

令 $u = \ln \sqrt[3]{x}$, $dv = xdx$ 則 $du = \dfrac{1}{3x}dx$, $v = \dfrac{x^2}{2}$, 藉由分部積分法

則 $\displaystyle\int x \ln \sqrt[3]{x}\, dx = \dfrac{x^2 \ln \sqrt[3]{x}}{2} - \dfrac{1}{6}\int xdx = \dfrac{x^2 \ln \sqrt[3]{x}}{2} - \dfrac{x^2}{12} + c = \dfrac{x^2 \ln x}{6} - \dfrac{x^2}{12} + c$

範例 8.

$$求 \int \dfrac{\tan^{-1} ax}{x^3}dx = ?, \ \ \forall\, a \neq 0$$

【解】

令 $a \neq 0$, $u = \tan^{-1} ax$, $dv = x^{-3}dx$ 則 $du = \dfrac{adx}{1+(ax)^2}dx$, $v = -\dfrac{x^{-2}}{2}$

藉由分部積分法

則 $\displaystyle\int \dfrac{\tan^{-1} ax}{x^3}dx = -\dfrac{x^{-2}\tan^{-1} ax}{2} + \dfrac{1}{2}\int \dfrac{a^3\, dx}{(ax)^2(1+(ax)^2)}$

$= -\dfrac{x^{-2}\tan^{-1} ax}{2} + \dfrac{a^3}{2}\displaystyle\int \left(\dfrac{1}{(ax)^2} - \dfrac{1}{1+(ax)^2}\right)dx$

$= -\dfrac{x^{-2}\tan^{-1} ax}{2} + \dfrac{a^2}{2}\left(-\dfrac{x^{-1}}{a} - \tan^{-1} ax\right) + c$

範例 9.

$$求 \int \ln(x^5 e^x)\, dx = ?$$

【解】

$\because \displaystyle\int \ln(x^5 e^x)\, dx = \int x + 5\ln x\, dx = \dfrac{x^2}{2} + 5\int \ln x\, dx$

令 $u = \ln x,\ \ dv = dx$ 　則 $du = \dfrac{1}{x}dx,\ v = x,$ 　藉由分部積分法

則 $\displaystyle\int \ln x\, dx = x\ln x - \int dx = x\ln x - x$ 　$\therefore \displaystyle\int \ln(x^5 e^x)\, dx = \dfrac{x^2}{2} + 5(x\ln x - x) + c$

範例 10.

$$求 \int x^2 e^{-2x} dx = ?$$

【解】

令 $u = x^2,\ \ dv = e^{-2x}dx$ 　則 $du = 2xdx,\ v = -\dfrac{e^{-2x}}{2},$ 　藉由分部積分法

則 $\displaystyle\int x^2 e^{-2x} dx = -\dfrac{x^2 e^{-2x}}{2} + \int x e^{-2x} dx$

令 $s = x,\ \ dt = e^{-2x}dx$ 　則 $ds = dx,\ t = -\dfrac{e^{-2x}}{2},$ 　藉由分部積分法

則 $\displaystyle\int x e^{-2x} dx = -\dfrac{x e^{-2x}}{2} + \dfrac{1}{2}\int e^{-2x} dx = -\dfrac{x e^{-2x}}{2} - \dfrac{1}{4} e^{-2x}$

$\therefore \displaystyle\int x^2 e^{-2x} dx = -\dfrac{x^2 e^{-2x}}{2} + \int x e^{-2x} dx = -\dfrac{x^2 e^{-2x}}{2} - \dfrac{x e^{-2x}}{2} - \dfrac{1}{4} e^{-2x} + c$

範例 11.

$$(1) 求 \int x^2 e^{-3x} dx = ?$$

$$(2) 求 \int x 3^x dx = ?$$

$$(3) 求 \int x a^x dx = ?,\ \ \forall a > 0$$

【解】

(1)

令 $u = x^2,\ \ dv = e^{-3x}dx$ 　則 $du = 2xdx,\ v = \dfrac{-e^{-3x}}{3},$ 　藉由分部積分法

則 $\displaystyle\int x^2 e^{-3x} dx = \dfrac{-x^2 e^{-3x}}{3} + \dfrac{2}{3}\int x\, e^{-3x} dx + c$

令 $s = x,\ dt = e^{-3x}dx$ 則 $ds = dx,\ t = \dfrac{-e^{-3x}}{3}$，藉由分部積分法

則 $\displaystyle\int xe^{-3x}dx = \dfrac{-xe^{-3x}}{3} + \int \dfrac{e^{-3x}}{3}dx = \dfrac{-xe^{-3x}}{3} - \dfrac{e^{-3x}}{9} + c$

$\therefore \displaystyle\int x^2 e^{-3x}dx = \dfrac{-x^2 e^{-3x}}{3} + \dfrac{2}{3}\int x\,e^{-3x}dx = \dfrac{-x^2 e^{-3x}}{3} + \dfrac{2}{3}\left(\dfrac{-xe^{-3x}}{3} - \dfrac{e^{-3x}}{9}\right) + c$

(2)

令 $u = x,\ dv = 3^x dx$ 則 $du = dx,\ v = 3^x \cdot \dfrac{1}{\ln 3}$，藉由分部積分法

則 $\displaystyle\int x3^x dx = \dfrac{x3^x}{\ln 3} - \int \dfrac{3^x dx}{\ln 3} = \dfrac{x3^x}{\ln 3} - \dfrac{3^x}{(\ln 3)^2} + c$

(3)

令 $u = x,\ dv = a^x dx$ 則 $du = dx,\ v = a^x \cdot \dfrac{1}{\ln a}$，藉由分部積分法

則 $\displaystyle\int xa^x dx = \dfrac{xa^x}{\ln a} - \int \dfrac{a^x dx}{\ln a} = \dfrac{xa^x}{\ln a} - \dfrac{a^x}{(\ln a)^2} + c,\ \forall a > 0$

範例 12.

$\qquad$ 求 $\displaystyle\int e^{\sqrt{x}}dx = ?$

【解】

令 $u = \sqrt{x}$ 則 $du = \dfrac{1}{2}x^{-\frac{1}{2}}dx$ 且 $2udu = dx$，藉由變數代換法 $\therefore \displaystyle\int e^{\sqrt{x}}dx = \int 2ue^u du$

令 $s = u,\ dt = e^u du$ 則 $ds = du,\ t = e^u$，藉由分部積分法

則 $\displaystyle\int ue^u du = ue^u - \int e^u du = ue^u - e^u$

$\therefore \displaystyle\int e^{\sqrt{x}}dx = \int 2ue^u du = 2(ue^u - e^u) + c = 2\left(\sqrt{x}e^{\sqrt{x}} - e^{\sqrt{x}}\right) + c$

範例 13.

$\qquad$ (1) 求 $\displaystyle\int \ln(x^2 + 4x + 5)dx = ?$

$\qquad$ (2) 求 $\displaystyle\int \ln(4 + x^2)dx = ?$

【解】

(1)

令 $u = \ln(x^2 + 4x + 5)$, $dv = dx$ 則 $du = \dfrac{2x+4}{x^2+4x+5}dx$, $v = x$

藉由分部積分法

則 $\displaystyle\int \ln(x^2 + 4x + 5)dx = x\ln(x^2 + 4x + 5) - 2\int \dfrac{x(x+2)}{x^2+4x+5}dx$

$= x\ln(x^2 + 4x + 5) - 2\displaystyle\int \dfrac{(x^2+4x+5)-2(x+2)-1}{x^2+4x+5}dx$

$= x\ln(x^2 + 4x + 5) - 2\displaystyle\int 1 - 2\left(\dfrac{x+2}{x^2+4x+5}\right) - \dfrac{1}{(x+2)^2+1}dx$

$= x\ln(x^2 + 4x + 5) - 2x + 2\ln(x^2 + 4x + 5) + 2\tan^{-1}(x+2) + c$

(2)

令 $u = \ln(4 + x^2)$, $dv = dx$ 則 $du = \dfrac{2x}{4+x^2}dx$, $v = x$, 藉由分部積分法

則 $\displaystyle\int \ln(4 + x^2)dx = x\ln(4 + x^2) - \int \dfrac{2x^2}{4+x^2}dx$

$= x\ln(4 + x^2) - 2\displaystyle\int \dfrac{x^2+4-4}{4+x^2}dx = x\ln(4 + x^2) - 2x + 4\tan^{-1}\dfrac{x}{2} + c$

範例 14.

    (1)求 $\displaystyle\int x\ln^2 x\ dx =?$

    (2)求 $\displaystyle\int x^2\ln(x + 2)dx =?$

    (3)求 $\displaystyle\int x^3\ln^2 x\ dx =?$

【解】

(1)

令 $u = \ln^2 x$, $dv = xdx$ 則 $du = \dfrac{2}{x}\ln x\ dx$, $v = \dfrac{x^2}{2}$, 藉由分部積分法

則 $\displaystyle\int x\ln^2 x\ dx = \dfrac{x^2}{2}\ln^2 x - \int x\ln x\ dx$

令 $s = \ln x$, $dt = x\,dx$ 則 $ds = \dfrac{1}{x}dx$, $t = \dfrac{x^2}{2}$, 藉由分部積分法

則 $\displaystyle\int x\ln x\,dx = \dfrac{x^2}{2}\ln x - \dfrac{1}{2}\int x\,dx = \dfrac{x^2}{2}\ln x - \dfrac{x^2}{4}$

$\therefore \displaystyle\int x\ln^2 x\,dx = \dfrac{x^2}{2}\ln^2 x - \int x\ln x\,dx = \dfrac{x^2}{2}\ln^2 x - \left(\dfrac{x^2}{2}\ln x - \dfrac{x^2}{4}\right) + c$

(2)

令 $u = \ln(2+x)$, $dv = x^2 dx$ 則 $du = \dfrac{dx}{2+x}$, $v = \dfrac{x^3}{3}$, 藉由分部積分法

則 $\displaystyle\int x^2\ln(x+2)dx = \dfrac{x^3}{3}\ln(2+x) - \int \dfrac{x^3 dx}{3(2+x)}$

令 $t = 2+x$

則 $\displaystyle\int \dfrac{x^3 dx}{3(2+x)} = \int \dfrac{(t-2)^3 dt}{3t} = \int \dfrac{t^2 - 6t + 12 - \dfrac{8}{t}}{3}dt = \dfrac{\dfrac{t^3}{3} - 3t^2 + 12t - 8\ln|t|}{3} + c$

$= \dfrac{1}{3}\left(\dfrac{(2+x)^3}{3} - 3(2+x)^2 + 12(2+x) - 8\ln|x+2|\right) + c$

$\therefore \displaystyle\int x^2\ln(x+2)dx = \dfrac{x^3}{3}\ln(2+x) - \int \dfrac{x^3 dx}{3(2+x)}$

$= \dfrac{x^3}{3}\ln(2+x)) - \dfrac{1}{3}\left(\dfrac{(2+x)^3}{3} - 3(2+x)^2 + 12(2+x) - 8\ln|x+2|\right) + c$

(3)

令 $u = \ln^2 x$, $dv = x^3 dx$ 則 $du = \dfrac{2}{x}\ln x\,dx$, $v = \dfrac{x^4}{4}$, 藉由分部積分法

則 $\displaystyle\int x^3\ln^2 x\,dx = \dfrac{x^4}{4}\ln^2 x - \dfrac{1}{2}\int x^3\ln x\,dx$

令 $s = \ln x$, $dt = x^3 dx$ 則 $ds = \dfrac{1}{x}dx$, $t = \dfrac{x^4}{4}$, 藉由分部積分法

則 $\displaystyle\int x^3\ln x\,dx = \dfrac{x^4\ln x}{4} - \dfrac{1}{4}\int x^3 dx = \dfrac{x^4\ln x}{4} - \dfrac{x^4}{16}$

$\therefore \displaystyle\int x^3\ln^2 x\,dx = \dfrac{x^4}{4}\ln^2 x - \dfrac{1}{2}\int x^3\ln x\,dx = \dfrac{x^4}{4}\ln^2 x - \dfrac{1}{2}\left(\dfrac{x^4\ln x}{4} - \dfrac{x^4}{16}\right) + c$

範例 15.

(1) 求 $\displaystyle\int \sin^{-1} x \; dx =?$

(2) 求 $\displaystyle\int \tan^{-1} ax \; dx =?,\quad \forall a \neq 0$

【解】

(1)

令 $u = \sin^{-1} x,\; dv = dx$ 則 $du = \dfrac{dx}{\sqrt{1-x^2}},\; v = x,$ 藉由分部積分法

則 $\displaystyle\int \sin^{-1} x \; dx = x\sin^{-1} x - \int \dfrac{xdx}{\sqrt{1-x^2}}$

令 $t = 1 - x^2$ 則 $dt = -2xdx,$ 藉由變數代換法

$$\int \dfrac{xdx}{\sqrt{1-x^2}} = -\int \dfrac{dt}{2\sqrt{t}} = -\sqrt{t} + c = -\sqrt{1-x^2} + c$$

$$\therefore \int \sin^{-1} x \; dx = x\sin^{-1} x - \int \dfrac{xdx}{\sqrt{1-x^2}} = x\sin^{-1} x + \sqrt{1-x^2} + c$$

(2)

令 $a \neq 0,\; u = \tan^{-1} ax,\; dv = dx$ 則 $du = \dfrac{adx}{1+(ax)^2},\; v = x,$ 藉由分部積分法

$$\int \tan^{-1} ax \; dx = x\tan^{-1} ax - a\int \dfrac{xdx}{1+(ax)^2} = x\tan^{-1} ax - \dfrac{1}{2}\ln(1+(ax)^2) + c$$

範例 16.

(1) 求 $\displaystyle\int x\tan^{-1} ax \; dx =?,\quad \forall a \neq 0$

(2) 求 $\displaystyle\int x\sin^{-1} x \; dx =?$

【解】

(1)

令 $a \neq 0,\; u = \tan^{-1} ax,\; dv = xdx$ 則 $du = \dfrac{adx}{1+(ax)^2}, v = \dfrac{x^2}{2},$ 藉由分部積分法

則 $\displaystyle\int x\tan^{-1} ax \; dx = \dfrac{x^2}{2}\tan^{-1} ax - \dfrac{a}{2}\int \dfrac{x^2 dx}{1+(ax)^2}$

$$= \frac{x^2 \tan^{-1} ax}{2} - \frac{1}{2a} \int \frac{1 + (ax)^2 - 1 \, dx}{1 + (ax)^2} = \frac{x^2 \tan^{-1} ax}{2} - \frac{x}{2a} + \frac{1}{2a^2} \tan^{-1} ax + c$$

(2)

令 $u = \sin^{-1} x, \ dv = x dx$ 則 $du = \dfrac{dx}{\sqrt{1 - x^2}}, \ v = \dfrac{x^2}{2}$，藉由分部積分法

則 $\displaystyle \int x \sin^{-1} x \, dx = \frac{x^2}{2} \sin^{-1} x - \frac{1}{2} \int \frac{x^2 dx}{\sqrt{1 - x^2}}$

令 $x = \cos \theta$ 則 $dx = -\sin \theta d\theta$

$$\therefore \int \frac{x^2 dx}{\sqrt{1 - x^2}} = -\int \frac{\sin \theta \cos^2 \theta}{\sin \theta} d\theta = -\int \frac{1 + \cos 2\theta}{2} d\theta = \frac{-\theta}{2} - \frac{\sin 2\theta}{4}$$

$$= \frac{-\theta}{2} - \frac{\sin \theta \cos \theta}{2} = \frac{-\cos^{-1} x}{2} - \frac{x\sqrt{1 - x^2}}{2}$$

$$\therefore \int x \sin^{-1} x \, dx = \frac{x^2 \sin^{-1} x}{2} - \int \frac{x^2 dx}{2\sqrt{1 - x^2}} = \frac{x^2 \sin^{-1} x}{2} + \frac{\cos^{-1} x}{4} + \frac{x\sqrt{1 - x^2}}{4} + c$$

範例 17.

$\quad$ (1) 求 $\displaystyle \int \sin^{-1} \sqrt{x} \, dx =?$

$\quad$ (2) 求 $\displaystyle \int \tan^{-1} \sqrt{x} \, dx =?$

【解】

(1)

令 $u = \sin^{-1} \sqrt{x}, \ dv = dx$ 則 $du = \dfrac{\frac{1}{2} x^{-\frac{1}{2}} dx}{\sqrt{1 - x}}, \ v = x$，藉由分部積分法

則 $\displaystyle \int \sin^{-1} \sqrt{x} \, dx = x \sin^{-1} x - \int \frac{x^{\frac{1}{2}} dx}{2\sqrt{1 - x}} dx$

令 $x = \sin^2 \theta$，則 $dx = 2\sin \theta \cos \theta d\theta$，藉由變數代換法

$$\therefore \int \frac{x^{\frac{1}{2}} dx}{2\sqrt{1 - x}} dx = \int \frac{2 \sin^2 \theta \cos \theta}{2\sqrt{1 - \sin^2 \theta}} d\theta = \int \sin^2 \theta \, d\theta = \int \frac{1 - \cos 2\theta}{2} d\theta$$

$$= \frac{\theta}{2} - \frac{\sin 2\theta}{4} + c = \frac{1}{2} \sin^{-1} \sqrt{x} - \frac{\sqrt{x(1 - x)}}{2} + c$$

$$\therefore \int \sin^{-1}\sqrt{x}\,dx = x\sin^{-1}x - \int \frac{x^{\frac{1}{2}}dx}{2\sqrt{1-x}} = x\sin^{-1}x - \frac{\sin^{-1}\sqrt{x}}{2} + \frac{\sqrt{x(1-x)}}{2} + c$$

(2)

令 $u = \tan^{-1}\sqrt{x}$, $dv = dx$ 則 $du = \dfrac{\frac{1}{2}x^{-\frac{1}{2}}}{1+x}dx$, $v = x$ 藉由分部積分法

則 $\displaystyle\int \tan^{-1}\sqrt{x}\,dx = x\tan^{-1}x - \frac{1}{2}\int \frac{x^{\frac{1}{2}}}{1+x}dx$

令 $x = u^2$ 則 $dx = 2u\,du$, 藉由變數代換法

$$\int \frac{x^{\frac{1}{2}}dx}{1+x} = \int \frac{2u^2\,du}{1+u^2} = 2\int 1 - \frac{1}{1+u^2}\,du = 2u - 2\tan^{-1}u = 2\sqrt{x} - 2\tan^{-1}\sqrt{x}$$

$$\therefore \int \tan^{-1}\sqrt{x}\,dx = x\tan^{-1}x - \frac{1}{2}\int \frac{x^{\frac{1}{2}}}{1+x}dx = x\tan^{-1}x - \sqrt{x} + \tan^{-1}\sqrt{x} + c$$

範例 18.

  求 $\displaystyle\int \cos(\ln x)\,dx =?$

【解】

令 $u = \ln x$, 則 $e^u du = dx$, 藉由變數代換法與分部積分法

則 $\displaystyle\int \cos(\ln x)\,dx = \int e^u\cos u\,du = e^u\cos u + \int e^u\sin u\,du$

$= e^u\cos u + (e^u\sin u - \int e^u\cos u\,du) \Rightarrow \displaystyle\int \cos(\ln x)\,dx = \frac{1}{2}(e^u\sin u + e^u\cos u) + c$

範例 19.

  求 $\displaystyle\int \frac{\cos\frac{1}{x}}{x^3}dx = ?$

【解】

令 $u = \dfrac{1}{x}$ 則 $du = -x^{-2}dx$, 藉由變數代換法, $\displaystyle\int \dfrac{\cos\frac{1}{x}}{x^3}dx = -\int u\cos u\, du$

令 $s = u,\; dt = \cos u\, du$ 則 $ds = du,\; t = \sin u$, 藉由分部積分法

則 $\displaystyle\int u\cos u\, du = u\sin u - \int \sin u\, du = u\sin u + \cos u + c = \dfrac{1}{x}\sin\dfrac{1}{x} + \cos\dfrac{1}{x} + c$

$\therefore \displaystyle\int \dfrac{\cos\frac{1}{x}}{x^3}dx = -\dfrac{1}{x}\sin\dfrac{1}{x} - \cos\dfrac{1}{x} + c$

範例 20.

$\qquad$ 求 $\displaystyle\int x(\ln x)^3 dx = ?$

【解】

令 $u = \ln x$ 則 $du = \dfrac{dx}{x} \Rightarrow dx = e^u du$, 藉由變數代換法

$\therefore \displaystyle\int x(\ln x)^3 dx = \int u^3 e^{2u} du$, 藉由分部積分法

則 $\displaystyle\int u^3 e^{2u} du = \dfrac{u^3 e^{2u}}{2} - \dfrac{3}{2}\int u^2 e^{2u} du = \dfrac{u^3 e^{2u}}{2} - \dfrac{3}{2}\left(\dfrac{u^2 e^{2u}}{2} - \int u e^{2u} du\right)$

$= \dfrac{u^3 e^{2u}}{2} - \dfrac{3u^2 e^{2u}}{4} + \dfrac{3}{2}\left(\dfrac{u e^{2u}}{2} - \dfrac{e^{2u}}{4}\right) + c$

$= \dfrac{x^2(\ln x)^3}{2} - \dfrac{3x^2(\ln x)^2}{4} + \dfrac{3}{2}\left(\dfrac{x^2 \ln x}{2} - \dfrac{x^2}{4}\right) + c$

$\therefore \displaystyle\int x(\ln x)^3 dx = \dfrac{x^2(\ln x)^3}{2} - \dfrac{3x^2(\ln x)^2}{4} + \dfrac{3}{2}\left(\dfrac{x^2 \ln x}{2} - \dfrac{x^2}{4}\right) + c$

範例 21.

$\qquad$ 求 $\displaystyle\int (\ln x)^2 dx = ?$

【解】

令 $u = \ln x$ 則 $du = \dfrac{dx}{x} \Rightarrow dx = e^u du$, 藉由變數代換法

$$\int (\ln x)^2 dx = \int u^2 e^u du, \ \text{藉由分部積分法}$$

$$\text{則} \int u^2 e^u du = u^2 e^u - 2\int u e^u du = u^2 e^u - 2\left(u e^u - \int e^u du\right)$$

$$= u^2 e^u - 2(u e^u - e^u) = (\ln x)^2 x - 2(x \ln x - x) + c$$

$$\therefore \int (\ln x)^2 dx = (\ln x)^2 x - 2(x \ln x - x) + c$$

範例 22.

$$求 \int \frac{\ln(2+x)}{(2+x)^2} dx =?$$

【解】

$$令 \ u = \ln(2+x), \ dv = \frac{dx}{(2+x)^2} \ 則 \ du = \frac{dx}{2+x}, \ v = -(2+x)^{-1}$$

藉由分部積分法

$$則 \int \frac{\ln(2+x)}{(2+x)^2} dx = -(2+x)^{-1}\ln(2+x) + \int \frac{1}{(2+x)^2} dx$$

$$= -(2+x)^{-1}\ln(2+x) - (2+x)^{-1} + c$$

範例 23.

$$求 \int \frac{\ln(\tan^{-1}x)}{1+x^2} dx =?$$

【解】

$$令 \ u = \ln(\tan^{-1}x), \ dv = \frac{dx}{1+x^2} \ 則 \ du = \frac{dx}{(1+x^2)\tan^{-1}x}, \ v = \tan^{-1}x$$

藉由分部積分法

$$則 \int \frac{\ln(\tan^{-1}x)}{1+x^2} dx = (\tan^{-1}x)\ln(\tan^{-1}x) - \int \frac{1}{1+x^2} dx$$

$$= (\tan^{-1}x)\ln(\tan^{-1}x) - \tan^{-1}x + c$$

範例 24.

$$求 \int \frac{\ln x}{x^3} dx =?$$

【解】

令 $u = \ln x$,　$dv = x^{-3}dx$ 則 $du = \dfrac{dx}{x}$,　$v = -\dfrac{x^{-2}}{2}$,　藉由分部積分法

則 $\displaystyle\int \dfrac{\ln x}{x^3}dx = -\dfrac{x^{-2}\ln x}{2} + \int \dfrac{x^{-3}}{2}dx = -\dfrac{x^{-2}\ln x}{2} - \dfrac{x^{-2}}{4} + c$

範例 25.

$$\text{求} \int \sec^3 x\, dx = ?$$

【解】

令 $u = \sec x$,　$dv = \sec^2 x\, dx$ 則 $du = \sec x \tan x\, dx$, $v = \tan x$,　藉由分部積分法

$$\int \sec^3 x\, dx = \sec x \tan x - \int \sec x \tan^2 x\, dx$$

$$= \sec x \tan x - \int \sec x\,(\sec^2 x - 1)dx = \sec x \tan x - \int \sec^3 x\, dx + \int \sec x\, dx$$

$\because (\sec x)' = \tan x \sec x$ 且 $(\tan x)' = \sec^2 x$

$\therefore (\tan x + \sec x)' = (\tan x + \sec x)\sec x$

令 $u = \tan x + \sec x$ 則 $du = (\tan x + \sec x)\sec x\, dx$,　藉由變數代換法

則 $\displaystyle\int \sec x\, dx = \int \dfrac{(\tan x + \sec x)\sec x}{\tan x + \sec x}dx = \int \dfrac{du}{u} = \ln|u| = \ln|\tan x + \sec x| + c$

$\therefore \displaystyle\int \sec^3 x\, dx = \dfrac{\sec x \tan x + \ln|\tan x + \sec x|}{2} + c$

範例 26.

$$\text{求} \int \csc^3 x\, dx = ?$$

【解】

令 $u = \csc x$,　$dv = \csc^2 x\, dx$ 則 $du = -\csc x \cot x\, dx$,　$v = -\cot x$

藉由分部積分法

$$\int \csc^3 x\, dx = -\csc x \cot x - \int \csc x \cot^2 x\, dx$$

$$= -\csc x \cot x - \int \csc x\,(\csc^2 x - 1)dx = -\csc x \cot x - \int \csc^3 x\, dx + \int \csc x\, dx$$

$\because (\csc x)' = -\cot x \csc x$ 且 $(\cot x)' = -\csc^2 x$ $\therefore (\cot x + \csc x)' = -(\cot x + \csc x)\csc x$

令 $u = \cot x + \csc x$ 則 $du = -(\cot x + \csc x)\csc x\, dx$, 藉由變數代換法

則 $\displaystyle \int \csc x\, dx = \int \frac{(\cot x + \csc x)\csc x}{\cot x + \csc x}\, dx = -\int \frac{du}{u} = -\ln|u| = -\ln|\cot x + \csc x| + c$

$\therefore \displaystyle \int \csc^3 x\, dx = \frac{-\csc x \cot x - \ln|\cot x + \csc x|}{2} + c$

範例 27.

$$求 \int \ln\left(x + \sqrt{x^2 + a^2}\right) dx = ?$$

【解】

令 $u = \ln\left(x + \sqrt{x^2 + a^2}\right),\ dv = dx$

則 $\displaystyle du = \frac{1 + \dfrac{2x}{2\sqrt{x^2 + a^2}}}{x + \sqrt{x^2 + a^2}}\, dx = \frac{\dfrac{2\sqrt{x^2 + a^2} + 2x}{2\sqrt{x^2 + a^2}}}{x + \sqrt{x^2 + a^2}}\, dx = \frac{dx}{\sqrt{x^2 + a^2}},\ v = x$

藉由分部積分法

$\therefore \displaystyle \int \ln\left(x + \sqrt{x^2 + a^2}\right) dx = x\ln\left(x + \sqrt{x^2 + a^2}\right) - \int \frac{x}{\sqrt{x^2 + a^2}}\, dx$

$= x\ln\left(x + \sqrt{x^2 + a^2}\right) - \sqrt{x^2 + a^2} + c$

範例 28.

$$求 \int \sec^4 x\, dx = ?$$

【解】

令 $u = \sec^2 x,\ dv = \sec^2 x\, dx$ 則 $du = 2\sec^2 x \tan x\, dx,\ v = \tan x$

藉由分部積分法

$\displaystyle \int \sec^4 x\, dx = \tan x \sec^2 x - 2\int \sec^2 x \tan^2 x\, dx$

$= \tan x \sec^2 x - 2\int \sec^2 x (\sec^2 x - 1)dx = \tan x \sec^2 x - 2\int \sec^4 x\, dx + 2\tan x$

$\therefore \displaystyle \int \sec^4 x\, dx = \frac{\tan x \sec^2 x + 2\tan x}{3} + c$

範例 29.

$$\text{求} \int \csc^4 x \, dx =?$$

【解】

令 $u = \csc^2 x,\ dv = \csc^2 x \, dx$ 則 $du = -2 \csc^2 x \cot x \, dx,\ v = -\cot x$

藉由分部積分法

$$\int \csc^4 x \, dx = -\cot x \csc^2 x - 2 \int \csc^2 x \cot^2 x \, dx$$

$$= -\cot x \csc^2 x - 2 \int \csc^2 x \, (\csc^2 x - 1) dx = -\cot x \csc^2 x - 2 \int \csc^4 x \, dx - 2 \cot x$$

$$\therefore \int \sec^4 x \, dx = -\frac{\cot x \csc^2 x + 2 \cot x}{3} + c$$

範例 30.

$$\text{求} \int \tan^5 x \, dx =?$$

【解】

$$\because \int \tan^5 x \, dx = \int \tan^3 x \, (\sec^2 x - 1) dx = \frac{\tan^4 x}{4} - \int \tan^3 x \, dx$$

$$\because \int \tan^3 x \, dx = \int \frac{\tan^2 x \tan x \sec x}{\sec x} dx = \int \frac{(\sec^2 x - 1) \tan x \sec x}{\sec x} dx$$

令 $u = \sec x$ 則 $du = \tan x \sec x \, dx,\ $ 藉由變數代換法

$$\text{則} \int \tan^3 x \, dx = \int \frac{(\sec^2 x - 1) \tan x \sec x}{\sec x} dx = \int u - \frac{1}{u} du = \frac{u^2}{2} - \ln|u| + c$$

$$= \frac{\sec^2 x}{2} - \ln|\sec x| + c$$

$$\therefore \int \tan^5 x \, dx = \frac{\tan^4 x}{4} - \frac{\sec^2 x}{2} + \ln|\sec x| + c$$

範例 31.

$$\text{求} \int \cot^5 x \, dx =?$$

【解】

$$\because \int \cot^5 x \, dx = \int \cot^3 x \, (\csc^2 x - 1) dx = \frac{\cot^4 x}{4} - \int \cot^3 x \, dx$$

$$\because \int \cot^3 x \, dx = \int \frac{\cot^2 x \cot x \csc x}{\csc x} dx = \int \frac{(\csc^2 x - 1) \cot x \csc x}{\csc x} dx$$

令 $u = \csc x$ 則 $du = -\cot x \csc x \, dx$, 藉由變數代換法

$$則 \int \cot^3 x \, dx = \int \frac{(\csc^2 x - 1) \cot x \csc x}{\csc x} dx = -\int u - \frac{1}{u} du = -\frac{u^2}{2} + \ln|u| + c$$

$$= -\frac{\csc^2 x}{2} + \ln|\csc x| + c$$

$$\therefore \int \cot^5 x \, dx = \frac{\cot^4 x}{4} + \frac{\csc^2 x}{2} - \ln|\csc x| + c$$

4.3.3　有理式的不定積分

$$求 \int \frac{P(x)}{Q(x)} dx = ?$$

分子分母皆為多項式函數時, 需將被積分函數拆解為數個較易求得不定積分的有理式函數

考試類型:

題型 1.

$$求 \int \frac{P(x)}{Q(x)} dx = ?, \quad 其中 P(x) \cdot Q(x) 為多項式函數$$

可直接使用比較係數, 化為分式相加再積分

解題流程:

Step1.

找 $Q(x)$ 的根, 假設為 $\alpha \cdot \beta$, 即 $Q(x) = (x - \alpha)(x - \beta)$

Step2.

$$令 \frac{P(x)}{Q(x)} = \frac{a}{x - \alpha} + \frac{b}{x - \beta} \quad 則 \quad \frac{P(x)}{Q(x)} = \frac{a}{x - \alpha} + \frac{b}{x - \beta} = \frac{a(x - \beta) + b(x - \alpha)}{(x - \alpha)(x - \beta)}$$

$$\therefore P(x) = a(x - \beta) + b(x - \alpha)$$

Step3.

$\because P(x)$、α、β 已知, 藉由比較係數找 a、b 明確的值 s.t. $\dfrac{P(x)}{Q(x)} = \dfrac{a}{x - \alpha} + \dfrac{b}{x - \beta}$

Step4.

$$\therefore \int \frac{P(x)}{Q(x)}\,dx = \int \frac{a}{x - \alpha} + \frac{b}{x - \beta}\,dx = a\ln(x - \alpha) + b\ln(x - \beta)$$

題型 2.

$$求 \int \frac{P(x)}{(x - \alpha)(x^2 + \beta x + \gamma)}\,dx = ?, \quad 其中 \ \beta^2 - 4\gamma < 0$$

解題流程:

Step1.

$$令 \frac{P(x)}{(x - \alpha)(x^2 + \beta x + \gamma)} = \frac{a}{x - \alpha} + \frac{bx + c}{x^2 + \beta x + \gamma}$$

則 $P(x) = a(x^2 + \beta x + \gamma) + (x - \alpha)(bx + c)$

Step2.

找 a、b、c 使得 $P(x) = a(x^2 + \beta x + \gamma) + (x - \alpha)(bx + c)$

Step3.

$$因此 \int \frac{P(x)}{(x - \alpha)(x^2 + \beta x + \gamma)}\,dx = \int \frac{a}{x - \alpha} + \frac{bx + c}{x^2 + \beta x + \gamma}\,dx$$

$$= a\ln(x - \alpha) + \int \frac{bx + c}{x^2 + \beta x + \gamma}\,dx \quad \therefore 求 \int \frac{bx + c}{x^2 + \beta x + \gamma}\,dx = ?$$

題型 3.

$$求 \int \frac{P(x)}{(x - \alpha)^2(x^2 + \beta x + \gamma)}\,dx = ?, \quad 其中 \ \beta^2 - 4\gamma < 0$$

解題流程:

Step1.

$$令 \frac{P(x)}{(x - \alpha)^2(x^2 + \beta x + \gamma)} = \frac{a}{x - \alpha} + \frac{b}{(x - \alpha)^2} + \frac{cx + d}{x^2 + \beta x + \gamma}$$

則 $P(x) = a(x - \alpha)(x^2 + \beta x + \gamma) + b(x^2 + \beta x + \gamma) + (x - \alpha)^2(cx + d)$

Step2.

找 a、b、c 使得 $P(x) = a(x - \alpha)(x^2 + \beta x + \gamma) + b(x^2 + \beta x + \gamma) + (x - \alpha)^2(cx + d)$

Step3.

因此 $\displaystyle\int \frac{P(x)}{(x-\alpha)^2(x^2+\beta x+\gamma)}\,dx = \int \frac{a}{x-\alpha} + \frac{b}{(x-\alpha)^2} + \frac{cx+d}{x^2+\beta x+\gamma}\,dx$

求 $\displaystyle\int \frac{a}{x-\alpha} + \frac{b}{(x-\alpha)^2} + \frac{cx+d}{x^2+\beta x+\gamma}\,dx =?$

題型 4.

求 $\displaystyle\int \frac{P(x)}{(x-\alpha)(x-\beta)(x-\gamma)}\,dx =?$，其中 $\alpha\beta\gamma \neq 0$

解題流程:

Step1.

令 $\displaystyle\frac{P(x)}{(x-\alpha)(x-\beta)(x-\gamma)} = \frac{a}{x-\alpha} + \frac{b}{x-\beta} + \frac{c}{x-\gamma}$

則 $P(x) = a(x-\beta)(x-\gamma) + b(x-\alpha)(x-\gamma) + c(x-\alpha)(x-\beta)$

Step2.

找 a、b、c 使得 $P(x) = a(x-\beta)(x-\gamma) + b(x-\alpha)(x-\gamma) + c(x-\alpha)(x-\beta)$

Step3.

因此 $\displaystyle\int \frac{P(x)}{(x-\alpha)(x-\beta)(x-\gamma)}\,dx = \int \frac{a}{x-\alpha} + \frac{b}{x-\beta} + \frac{c}{x-\gamma}\,dx$

$= a\ln(x-\alpha) + b\ln(x-\beta) + c\ln(x-\gamma)$

題型 5.

求 $\displaystyle\int \frac{P(x)}{(x-\alpha)(x^2+\beta)^2}\,dx =?$，其中 $\alpha\beta \neq 0$

解題流程:

Step1.

令 $\displaystyle\frac{P(x)}{(x-\alpha)(x^2+\beta)^2} = \frac{a}{x-\alpha} + \frac{bx+c}{x^2+\beta} + \frac{dx+f}{(x^2+\beta)^2}$

則 $P(x) = a(x^2+\beta)^2 + (bx+c)(x-\alpha)(x^2+\beta) + (dx+f)(x-\alpha)$

Step2.

找 a、b、c、d、f 使得 $P(x) = a(x^2+\beta)^2 + (bx+c)(x-\alpha)(x^2+\beta) + (dx+f)(x-\alpha)$

Step3.

因此 $\displaystyle\int \frac{P(x)}{(x-\alpha)(x^2+\beta)^2}\,dx = \int \frac{a}{x-\alpha} + \frac{bx+c}{x^2+\beta} + \frac{dx+f}{(x^2+\beta)^2}\,dx$

$$= a \ln(x - \alpha) + \int \frac{bx + c}{x^2 + \beta} + \frac{dx + f}{(x^2 + \beta)^2} \, dx$$

Step4.

$$求 \int \frac{bx + c}{x^2 + \beta} + \frac{dx + f}{(x^2 + \beta)^2} \, dx = ?$$

題型 6.

$$求 \int \frac{P(x)}{x^4 - \alpha^4} \, dx = ?, \quad 其中 \alpha \neq 0$$

解題流程:

Step1.

$$令 \frac{P(x)}{x^4 - \alpha^4} = \frac{ax + b}{x^2 - \alpha^2} + \frac{cx + d}{x^2 + \alpha^2} \; 則 P(x) = (ax + b)(x^2 + \alpha^2) + (cx + d)(x^2 - \alpha^2)$$

Step2.

$$找 a \cdot b \cdot c \cdot d 使得 P(x) = (ax + b)(x^2 + \alpha^2) + (cx + d)(x^2 - \alpha^2)$$

Step3.

$$因此 \int \frac{P(x)}{x^4 - \alpha^4} \, dx = \int \frac{ax + b}{x^2 - \alpha^2} + \frac{cx + d}{x^2 + \alpha^2} \, dx, \; 求 \int \frac{ax + b}{x^2 - \alpha^2} + \frac{cx + d}{x^2 + \alpha^2} \, dx = ?$$

題型 7.

$$求 \int \frac{P(x)}{x^3 - \gamma^3} \, dx = ?$$

解題流程:

Step1.

$$\because x^3 - \gamma^3 = (x - \gamma)(x^2 + \gamma x + \gamma^2), \quad 令 \frac{P(x)}{x^3 - \gamma^3} = \frac{a}{x - \gamma} + \frac{bx + c}{x^2 + \gamma x + \gamma^2}$$

$$則 \frac{P(x)}{x^3 - \gamma^3} = \frac{a(x^2 + \gamma x + \gamma^2) + (bx + c)(x - \gamma)}{(x - \gamma)(x^2 + \gamma x + \gamma^2)}$$

Step2.

$$找 a \cdot b \cdot c \; 使得 P(x) = a(x^2 + \gamma x + \gamma^2) + (bx + c)(x - \gamma)$$

Step3.

$$\therefore \int \frac{P(x)}{x^3 - \gamma^3} \, dx = \int \frac{a}{x - \gamma} + \frac{bx + c}{x^2 + \gamma x + \gamma^2} \, dx, \; 求 \int \frac{a}{x - \gamma} + \frac{bx + c}{x^2 + \gamma x + \gamma^2} \, dx = ?$$

範例 1.

$$\text{求} \int \frac{x^2 + 7}{(x + 1)(x^2 - 2x + 5)} dx = ?$$

【解】

令 $\dfrac{x^2 + 7}{(x + 1)(x^2 - 2x + 5)} = \dfrac{a}{x + 1} + \dfrac{bx + c}{x^2 - 2x + 5}$

則 $\dfrac{x^2 + 7}{(x + 1)(x^2 - 2x + 5)} = \dfrac{a(x^2 - 2x + 5) + (bx + c)(x + 1)}{(x + 1)(x^2 - 2x + 5)}$

$\Rightarrow x^2 + 7 = a(x^2 - 2x + 5) + (bx + c)(x + 1)$

令 $x = -1$ 則 $a = 1$

令 $x = 0$ 則 $7 = 5 + c$ $\qquad \therefore c = 2$

令 $x = 1$ 則 $8 = 4a + 2b + 2c$ $\quad \therefore b = 0$

比較係數 $\Rightarrow a = 1, b = 0, \ c = 2$

$\therefore \displaystyle\int \frac{x^2 + 7}{(x + 1)(x^2 - 2x + 5)} dx = \int \frac{1}{x + 1} + \frac{2}{x^2 - 2x + 5} dx = \int \frac{1}{x + 1} + \frac{2}{(x - 1)^2 + 4} dx$

$= \displaystyle\int \frac{dx}{x + 1} + \frac{1}{2} \int \frac{dx}{\left(\frac{x - 1}{2}\right)^2 + 1} = \ln|x + 1| + \tan^{-1}\frac{x - 1}{2} + c$

範例 2.

$$\text{求} \int \frac{1}{x^4 - 81} dx = ?$$

【解】

$\because \dfrac{1}{x^4 - 81} = \dfrac{1}{(x^2 + 9)(x^2 - 9)}$

令 $\dfrac{1}{x^4 - 81} = \dfrac{ax + b}{x^2 - 9} + \dfrac{cx + d}{x^2 + 9}$ 則 $\dfrac{1}{x^4 - 81} = \dfrac{(ax + b)(x^2 + 9) + (cx + d)(x^2 - 9)}{(x^2 + 9)(x^2 - 9)}$

$\Rightarrow 1 = (ax + b)(x^2 + 9) + (cx + d)(x^2 - 9)$

令 $x = 0$ 則 $1 = 9b - 9d$

$\because (b + d)x^2 = 0, \ \forall x \in R$ $\qquad \therefore b = \dfrac{1}{18}, \ d = -\dfrac{1}{18}$

$\because (a+c)x^3 = 0$ 且 $(a-c)x = 0,\ \forall x \in R \quad \therefore a = c = 0$

$\therefore \dfrac{1}{x^4 - 81} = \dfrac{1}{18}\left(\dfrac{1}{x^2-9} - \dfrac{1}{x^2+9}\right) = \dfrac{1}{18}\left(\dfrac{1}{6}\left(\dfrac{1}{x-3} - \dfrac{1}{x+3}\right) - \dfrac{1}{x^2+9}\right)$

$= \dfrac{1}{108}\left(\dfrac{1}{x+3} - \dfrac{1}{x-3}\right) - \dfrac{1}{18}\cdot\dfrac{1}{9\left(\left(\frac{x}{3}\right)^2 + 1\right)}$

$\therefore \displaystyle\int \dfrac{1}{x^4 - 81}\,dx = \int \dfrac{1}{108}\left(\dfrac{1}{x+3} - \dfrac{1}{x-3}\right) - \dfrac{1}{18}\cdot\dfrac{1}{9\left(\left(\frac{x}{3}\right)^2 + 1\right)}\,dx$

$= \dfrac{1}{108}\left(\ln|x+3| - \ln|x-3|\right) - \dfrac{1}{54}\tan^{-1}\dfrac{x}{3} + c$

範例 3.

$\quad$ 求 $\displaystyle\int \dfrac{1}{x^3 + 1}\,dx = ?$

【解】

$\because x^3 + 1 = (x+1)(x^2 - x + 1)$

令 $\dfrac{1}{x^3+1} = \dfrac{a}{x+1} + \dfrac{bx+c}{x^2-x+1}$ 則 $\dfrac{1}{x^3+1} = \dfrac{a(x^2-x+1) + (bx+c)(x+1)}{(x+1)(x^2-x+1)}$

$\Rightarrow 1 = a(x^2 - x + 1) + (bx+c)(x+1)$

令 $x = -1$ 則 $1 = 3a \qquad \therefore a = \dfrac{1}{3}$

令 $x = 0$ 則 $1 = \dfrac{1}{3} + c \qquad \therefore c = \dfrac{2}{3}$

令 $x = 1$ 則 $1 = a + 2(b+c) \qquad \therefore b = \dfrac{-1}{3}$

$\therefore \dfrac{1}{x^3+1} = \dfrac{1}{3}\left(\dfrac{1}{x+1} - \dfrac{x-2}{x^2-x+1}\right) = \dfrac{1}{3}\left(\dfrac{1}{x+1} - \dfrac{\frac{1}{2}(2x-1) - \frac{3}{2}}{x^2-x+1}\right)$

$\therefore \displaystyle\int \dfrac{1}{x^3+1}\,dx = \dfrac{1}{3}\int \dfrac{1}{x+1} - \dfrac{\frac{1}{2}(2x-1) - \frac{3}{2}}{x^2-x+1}\,dx$

$= \dfrac{1}{3}\ln|x+1| - \dfrac{1}{6}\ln|x^2 - x + 1| + \dfrac{1}{2}\displaystyle\int \dfrac{dx}{x^2 - x + 1}$

$$\because \int \frac{dx}{x^2 - x + 1} = \int \frac{dx}{(x - \frac{1}{2})^2 + \frac{3}{4}} = \int \frac{dx}{\frac{3}{4}\left(\left(\frac{x - \frac{1}{2}}{\sqrt{\frac{3}{4}}}\right)^2 + 1\right)} = \frac{2}{\sqrt{3}} \tan^{-1} \frac{x - \frac{1}{2}}{\sqrt{\frac{3}{4}}} + c$$

$$\therefore \int \frac{1}{x^3 + 1} dx = \frac{1}{3}\ln|x + 1| - \frac{1}{6}\ln|x^2 - x + 1| + \frac{1}{\sqrt{3}}\tan^{-1}\left(\frac{x - \frac{1}{2}}{\sqrt{\frac{3}{4}}}\right) + c$$

範例 4.

$$求 \int \frac{1}{x^3 - 1} dx = ?$$

【解】

$\because x^3 - 1 = (x - 1)(x^2 + x + 1)$

$$令 \frac{1}{x^3 - 1} = \frac{a}{x - 1} + \frac{bx + c}{x^2 + x + 1} \quad 則 \quad \frac{1}{x^3 - 1} = \frac{a(x^2 + x + 1) + (bx + c)(x - 1)}{(x - 1)(x^2 + x + 1)}$$

$$\Rightarrow 1 = a(x^2 + x + 1) + (bx + c)(x - 1)$$

$$令 x = 1 \; 則 \; 1 = 3a \qquad \therefore a = \frac{1}{3}$$

$$令 x = 0 \; 則 \; 1 = \frac{1}{3} - c \qquad \therefore c = \frac{-2}{3}$$

$$令 x = -1 \; 則 \; 1 = a - 2(-b + c) \quad \therefore b = \frac{-1}{3}$$

$$\therefore \frac{1}{x^3 - 1} = \frac{1}{3}\left(\frac{1}{x - 1} - \frac{x + 2}{x^2 + x + 1}\right) = \frac{1}{3}\left(\frac{1}{x - 1} - \frac{\frac{1}{2}(2x + 1) + \frac{3}{2}}{x^2 + x + 1}\right)$$

$$\therefore \int \frac{1}{x^3 - 1} dx = \frac{1}{3}\int \frac{1}{x - 1} - \frac{\frac{1}{2}(2x + 1) + \frac{3}{2}}{x^2 + x + 1} dx$$

$$= \frac{1}{3}\ln|x - 1| - \frac{1}{6}\ln|x^2 + x + 1| - \frac{1}{2}\int \frac{dx}{x^2 + x + 1}$$

$$\because \int \frac{dx}{x^2 + x + 1} = \int \frac{dx}{\left(x + \frac{1}{2}\right)^2 + \frac{3}{4}} = \int \frac{dx}{\frac{3}{4}\left(\left(\dfrac{x + \frac{1}{2}}{\sqrt{\frac{3}{4}}}\right)^2 + 1\right)} = \frac{2}{\sqrt{3}}\tan^{-1}\frac{x + \frac{1}{2}}{\sqrt{\frac{3}{4}}} + c$$

$$\therefore \int \frac{1}{x^3 - 1}\, dx = \frac{1}{3}\ln|x - 1| - \frac{1}{6}\ln|x^2 + x + 1| - \frac{1}{\sqrt{3}}\tan^{-1}\left(\frac{x + \frac{1}{2}}{\sqrt{\frac{3}{4}}}\right) + c$$

範例 5.

$$求 \int \frac{11 - x - 2x^2}{(x - 1)^2(x^2 + x + 2)}\, dx = ?$$

【解】

令 $\dfrac{11 - x - 2x^2}{(x - 1)^2(x^2 + x + 2)} = \dfrac{a}{x - 1} + \dfrac{b}{(x - 1)^2} + \dfrac{cx + d}{x^2 + x + 2}$

則 $\dfrac{11 - x - 2x^2}{(x - 1)^2(x^2 + x + 2)}$

$$= \frac{a(x - 1)(x^2 + x + 2) + b(x^2 + x + 2) + (cx + d)(x - 1)^2}{(x - 1)^2(x^2 + x + 2)}$$

$\therefore 11 - x - 2x^2 = a(x - 1)(x^2 + x + 2) + b(x^2 + x + 2) + (cx + d)(x - 1)^2$

令 $x = 1$ 則 $8 = 4b$ $\qquad \therefore b = 2$

$\because 0 = (a + c)x^3,\ \forall x \in R \quad \therefore a + c = 0$

$\because -2x^2 = (b - 2c + d)x^2,\ \forall x \in R \quad \therefore b - 2c + d = -2 \quad \therefore -2c + d = -4$

$\because -x = (a + b + c - 2d)x,\ \forall x \in R \quad \therefore a + b + c - 2d = -1$

$\therefore b - 2d = -1 \Rightarrow d = \dfrac{3}{2} \Rightarrow c = \dfrac{11}{4} \Rightarrow a = -\dfrac{11}{4}$

比較係數則 $a = -\dfrac{11}{4},\ b = 2,\ c = \dfrac{11}{4},\ d = \dfrac{3}{2}$

$$\therefore \frac{11 - x - 2x^2}{(x - 1)^2(x^2 + x + 2)} = \frac{-\frac{11}{4}}{x - 1} + \frac{2}{(x - 1)^2} + \frac{\frac{11}{4}x + \frac{3}{2}}{x^2 + x + 2}$$

$$= \frac{-\dfrac{11}{4}}{x-1} + \frac{2}{(x-1)^2} + \frac{1}{8}\left(\frac{22x+11+1}{x^2+x+2}\right)$$

$$= \frac{-\dfrac{11}{4}}{x-1} + \frac{2}{(x-1)^2} + \frac{11}{8}\left(\frac{2x+1}{x^2+x+2}\right) + \frac{1}{8}\left(\frac{1}{x^2+x+2}\right)$$

$$= \frac{-\dfrac{11}{4}}{x-1} + \frac{2}{(x-1)^2} + \frac{11}{8}\left(\frac{2x+1}{x^2+x+2}\right) + \frac{1}{8}\left(\frac{1}{\left(x+\dfrac{1}{2}\right)^2 + \left(\sqrt{\dfrac{7}{4}}\right)^2}\right)$$

$$= \frac{-\dfrac{11}{4}}{x-1} + \frac{2}{(x-1)^2} + \frac{11}{8}\left(\frac{2x+1}{x^2+x+2}\right) + \frac{1}{14}\frac{1}{\left(\dfrac{x+\dfrac{1}{2}}{\sqrt{\dfrac{7}{4}}}\right)^2 + 1}$$

$$\therefore \int \frac{11-x-2x^2}{(x-1)^2(x^2+x+2)}\,dx$$

$$= \int \frac{-\dfrac{11}{4}}{x-1} + \frac{2}{(x-1)^2} + \frac{11}{8}\left(\frac{2x+1}{x^2+x+2}\right) + \frac{1}{14}\frac{1}{\left(\dfrac{x+\dfrac{1}{2}}{\sqrt{\dfrac{7}{4}}}\right)^2 + 1}\,dx$$

$$= -\frac{11}{4}\ln|x-1| - 2(x-1)^{-1} + \frac{11}{8}\ln|x^2+x+2| + \frac{\sqrt{7}}{28}\tan^{-1}\frac{x+\dfrac{1}{2}}{\sqrt{\dfrac{7}{4}}} + c$$

範例 6.

$$求 \int \frac{3-x+2x^2-x^3}{x(x^2+1)^2}\,dx = ?$$

【解】

$$令 \frac{3-x+2x^2-x^3}{x(x^2+1)^2} = \frac{a}{x} + \frac{bx+c}{x^2+1} + \frac{dx+e}{(x^2+1)^2}$$

則 $\dfrac{3 - x + 2x^2 - x^3}{x(x^2 + 1)^2} = \dfrac{a(x^2 + 1)^2 + (bx + c)x(x^2 + 1) + x(dx + e)}{x(x^2 + 1)^2}$

$\therefore 3 - x + 2x^2 - x^3 = a(x^2 + 1)^2 + (bx + c)x(x^2 + 1) + dx^2 + ex$

令 $x = 0$ 則 $a = 3$

令 $x^2 + 1 = 0$ 則 $3 - x + 2x^2 - x^3 = 3 - x - 2 + x = 1$

且 $a(x^2 + 1)^2 + (bx + c)x(x^2 + 1) + dx^2 + ex = -d + ex$ $\therefore d = -1,\ \ e = 0$

$\because 0 = (a + b)x^4,\ \ \forall x \in R$ 且 $a = 3$ $\therefore b = -3$

$\because -x^3 = cx^3,\ \ \forall x \in R$ $\therefore c = -1$

比較係數則 $a = 1, b = -3, c = -1, d = -1, e = 0$

$\therefore \displaystyle\int \dfrac{3 - x + 2x^2 - x^3}{x(x^2 + 1)^2}\, dx = \int \dfrac{3}{x} + \dfrac{-3x - 1}{x^2 + 1} + \dfrac{-x}{(x^2 + 1)^2}\, dx$

$= 3\ln x - \dfrac{3}{2}\ln|x^2 + 1| - \tan^{-1} x + \dfrac{1}{2}(x^2 + 1)^{-1} + c$

範例 7.

$$\displaystyle 求 \int \dfrac{2x + 2}{(x - 1)(x^2 + 1)^2}\, dx = ?$$

【解】

令 $\dfrac{2x + 2}{(x - 1)(x^2 + 1)^2} = \dfrac{a}{x - 1} + \dfrac{bx + c}{x^2 + 1} + \dfrac{dx + e}{(x^2 + 1)^2}$

則 $\dfrac{2x + 2}{(x - 1)(x^2 + 1)^2} = \dfrac{a(x^2 + 1)^2 + (bx + c)(x - 1)(x^2 + 1) + (dx + e)(x - 1)}{(x - 1)(x^2 + 1)^2}$

$\because a(x^2 + 1)^2 + (bx + c)(x - 1)(x^2 + 1) + (dx + e)(x - 1)$

$= x^4(a + b) + x^3(c - b) + x^2(2a + b - c + d) + x(c - b - d + e) + a + c - e$

$\therefore a = 1, b = -1, c = -1, d = -2, e = 0$

$\therefore \dfrac{2x + 2}{(x - 1)(x^2 + 1)^2} = \dfrac{1}{x - 1} + \dfrac{-x - 1}{x^2 + 1} + \dfrac{-2x}{(x^2 + 1)^2}$

$\displaystyle\int \dfrac{2x + 2}{(x - 1)(x^2 + 1)^2}\, dx = \int \dfrac{1}{x - 1} + \dfrac{-x - 1}{x^2 + 1} + \dfrac{-2x}{(x^2 + 1)^2}\, dx$

$= \ln(x - 1) - \dfrac{1}{2}\ln(x^2 + 1) - \tan x + (x^2 + 1)^{-1} + c$

範例 8.

$$求 \int \frac{2x^2 + 3}{(x + 1)(x^2 - 2x + 2)} dx = ?$$

【解】

令 $\dfrac{2x^2 + 3}{(x + 1)(x^2 - 2x + 2)} = \dfrac{a}{x + 1} + \dfrac{bx + c}{x^2 - 2x + 2}$

則 $\dfrac{2x^2 + 3}{(x + 1)(x^2 - 2x + 2)} = \dfrac{a(x^2 - 2x + 2) + (bx + c)(x + 1)}{(x + 1)(x^2 - 2x + 2)}$

令 $x = -1$ 則 $5 = 5a \Rightarrow a = 1$

令 $x = 0$ 則 $3 = 2a + c \Rightarrow c = 1$

令 $x = 1$ 則 $5 = a + 2b + 2c = 3 + 2b \Rightarrow b = 1$

$\therefore \dfrac{2x^2 + 3}{(x + 1)(x^2 - 2x + 2)} = \dfrac{1}{x + 1} + \dfrac{x + 1}{x^2 - 2x + 2}$

$\therefore \displaystyle\int \frac{2x^2 + 3}{(x + 1)(x^2 - 2x + 2)} dx = \int \frac{1}{x + 1} + \frac{x + 1}{x^2 - 2x + 2} dx$

$= \displaystyle\int \frac{1}{x + 1} + \frac{2x - 2 + 4}{2(x^2 - 2x + 2)} dx = \int \frac{1}{x + 1} + \frac{2x - 2}{2(x^2 - 2x + 2)} + \frac{2}{(x - 1)^2 + 1} dx$

$= \ln(x + 1) + \dfrac{1}{2}\ln(x^2 - 2x + 2) + 2\tan^{-1}(x - 1) + c$

範例 9.

$$求 \int \frac{3x^2 - 7x + 5}{(x - 1)(x^2 - 2x + 2)} dx = ?$$

【解】

令 $\dfrac{3x^2 - 7x + 5}{(x - 1)(x^2 - 2x + 2)} = \dfrac{a}{x - 1} + \dfrac{bx + c}{x^2 - 2x + 2}$

則 $\dfrac{3x^2 - 7x + 5}{(x - 1)(x^2 - 2x + 2)} = \dfrac{a(x^2 - 2x + 2) + (bx + c)(x - 1)}{(x - 1)(x^2 - 2x + 2)}$

令 $x = 1$ 則 $1 = a \Rightarrow a = 1$

令 $x = 0$ 則 $5 = 2a - c \Rightarrow c = -3$

令 $x = -1$ 則 $15 = 5a + 2b - 2c = 11 + 2b \Rightarrow b = 2$

$\therefore \dfrac{3x^2 - 7x + 5}{(x - 1)(x^2 - 2x + 2)} = \dfrac{1}{x - 1} + \dfrac{2x - 3}{x^2 - 2x + 2}$

$\therefore \displaystyle\int \frac{3x^2 - 7x + 5}{(x - 1)(x^2 - 2x + 2)} dx = \int \frac{1}{x - 1} + \frac{2x - 3}{x^2 - 2x + 2} dx$

$$= \int \frac{1}{x-1} + \frac{2x-2-1}{x^2-2x+2}\,dx = \int \frac{1}{x-1} + \frac{2x-2}{x^2-2x+2} - \frac{1}{(x-1)^2+1}\,dx$$

$$= \ln(x-1) + \ln(x^2-2x+2) - \tan^{-1}(x-1) + c$$

範例 10.

$$求 \int \frac{2x^3 + 5x^2 - 46x - 595}{(x^2+1)(x^2+25)}\,dx =?$$

【解】

$$令 \; \frac{2x^3 + 5x^2 - 46x - 595}{(x^2+1)(x^2+25)} = \frac{ax+b}{x^2+1} + \frac{cx+d}{x^2+25}$$

$$則 \; \frac{2x^3 + 5x^2 - 46x - 595}{(x^2+1)(x^2+25)} = \frac{(ax+b)(x^2+25) + (cx+d)(x^2+1)}{(x^2+1)(x^2+25)}$$

$$\because (ax+b)(x^2+25) + (cx+d)(x^2+1)$$

$$= (a+c)x^3 + (b+d)x^2 + (25a+c)x + 25b + d$$

$$\therefore a+c = 2, b+d = 5, 25a+c = -46, 25b+d = -595$$

$$\therefore a = -2, b = -25, c = 4, d = 30$$

$$\therefore \frac{2x^3 + 5x^2 - 46x - 595}{(x^2+1)(x^2+25)} = \frac{-2x-25}{x^2+1} + \frac{4x+30}{x^2+25}$$

$$\therefore \int \frac{2x^3 + 5x^2 - 46x - 595}{(x^2+1)(x^2+25)}\,dx = \int \frac{-2x-25}{x^2+1} + \frac{4x+30}{x^2+25}\,dx$$

$$= \int \frac{-2x-25}{x^2+1} + \frac{4x}{x^2+25} + \frac{6}{5\left(\left(\frac{x}{5}\right)^2 + 1\right)}\,dx$$

$$= -\ln(x^2+1) - 25\tan^{-1}x + 2\ln(x^2+25) + 6\tan^{-1}\frac{x}{5} + c$$

範例 11.

$$求 \int \frac{4x+2}{(x+2)^2(x^2+2)}\,dx =?$$

【解】

$$令 \; \frac{4x+2}{(x+2)^2(x^2+2)} = \frac{ax+b}{(x+2)^2} + \frac{cx+d}{(x^2+2)}$$

$$則 \; \frac{4x+2}{(x+2)^2(x^2+2)} = \frac{(ax+b)(x^2+2) + (cx+d)(x+2)^2}{(x+2)^2(x^2+2)}$$

$$\therefore 4x + 2 = (ax + b)(x^2 + 2) + (cx + d)(x + 2)^2$$

$$\because 0 = (a + c)x^3, \ \forall x \in R \qquad \therefore a + c = 0$$

$$\because 0 = (b + d + 4c)x^2, \ \forall x \in R \quad \therefore b + d + 4c = 0$$

$$\text{令} x = -2 \text{ 則} - 6 = (-2a + b)6 \quad \therefore -2a + b = -1$$

$$\because 4 = 2a + 4c + 4d \ \text{且} \ 2 = 2b + 4d$$

$$\therefore c = 0 \Rightarrow a = 0 \Rightarrow b = -1 \Rightarrow d = 1$$

$$\therefore \frac{4x + 2}{(x + 2)^2(x^2 + 2)} = \frac{-1}{(x + 2)^2} + \frac{1}{(x^2 + 2)}$$

$$\therefore \int \frac{4x + 2}{(x + 2)^2(x^2 + 2)} dx = \int \frac{-1}{(x + 2)^2} + \frac{1}{(x^2 + 2)} dx = (x + 2)^{-1} + \frac{\tan^{-1}\frac{x}{\sqrt{2}}}{\sqrt{2}} + c$$

範例 12.

$$\text{求} \int \frac{x + 2}{(x + 3)(x + 1)^2} dx =?$$

【解】

$$\text{令} \frac{x + 2}{(x + 3)(x + 1)^2} = \frac{a}{x + 3} + \frac{b}{x + 1} + \frac{c}{(x + 1)^2}$$

$$\text{則} \frac{x + 2}{(x + 3)(x + 1)^2} = \frac{a(x + 1)^2 + b(x + 3)(x + 1) + c(x + 3)}{(x + 3)(x + 1)^2}$$

$$\text{令} x = -3 \text{ 則} - 1 = 4a \Rightarrow a = -\frac{1}{4}$$

$$\text{令} x = -1 \text{ 則} 1 = 2c \Rightarrow c = \frac{1}{2}$$

$$\text{令} x = 0 \text{ 則} 2 = a + 3b + 3c = 3b + \frac{5}{4} \Rightarrow b = \frac{1}{4}$$

$$\therefore \frac{x + 2}{(x + 3)(x + 1)^2} = \frac{-1}{4(x + 3)} + \frac{1}{4(x + 1)} + \frac{1}{2(x + 1)^2}$$

$$\therefore \int \frac{x + 2}{(x + 3)(x + 1)^2} dx = \int \frac{-1}{4(x + 3)} + \frac{1}{4(x + 1)} + \frac{1}{2(x + 1)^2} dx$$

$$= \frac{-1}{4} \ln(x + 3) + \frac{1}{4} \ln(x + 1) - \frac{(x + 1)^{-1}}{2} + c$$

範例 13.

$$\text{求} \int \frac{4x^2 + 5x + 6}{(x+2)x^2}\, dx = ?$$

【解】

令 $\dfrac{4x^2 + 5x + 6}{(x+2)x^2} = \dfrac{a}{x} + \dfrac{b}{x^2} + \dfrac{c}{x+2}$

則 $\dfrac{4x^2 + 5x + 6}{(x+2)x^2} = \dfrac{ax(x+2) + b(x+2) + cx^2}{(x+2)x^2}$

令 $x = -2$ 則 $-12 = 4c \Rightarrow c = -3$

令 $x = 0$ 則 $6 = 2b \Rightarrow b = 3$

令 $x = 1$ 則 $15 = 3a + 3b + c = 3a + 6 \Rightarrow a = 3$

$\therefore \dfrac{4x^2 + 5x + 6}{(x+2)x^2} = \dfrac{3}{x} + \dfrac{3}{x^2} - \dfrac{3}{x+2}$

$\therefore \displaystyle\int \frac{4x^2 + 5x + 6}{(x+2)x^2}\, dx = \int \frac{3}{x} + \frac{3}{x^2} - \frac{3}{x+2}\, dx = 3\ln x - 3x^{-1} - 3\ln(x+2) + c$

範例 14.

$$\text{求} \int \frac{x^2 + 2x - 2}{2x^3 + 3x^2 - 2x}\, dx = ?$$

【解】

$\because 2x^3 + 3x^2 - 2x = x(2x-1)(x+2)$

令 $\dfrac{x^2 + 2x - 2}{2x^3 + 3x^2 - 2x} = \dfrac{a}{x} + \dfrac{b}{2x-1} + \dfrac{c}{x+2}$

則 $\dfrac{x^2 + 2x - 2}{2x^3 + 3x^2 - 2x} = \dfrac{a(2x-1)(x+2) + bx(x+2) + cx(2x-1)}{2x^3 + 3x^2 - 2x}$

$\therefore x^2 + 2x - 2 = a(2x-1)(x+2) + bx(x+2) + cx(2x-1)$

令 $x = 0$ 則 $-2 = -2a \quad \therefore a = 1$

令 $x = \dfrac{1}{2}$ 則 $-\dfrac{3}{4} = \dfrac{5b}{4} \quad \therefore b = \dfrac{-3}{5}$

令 $x = -2$ 則 $-2 = 10c \quad \therefore c = -\dfrac{1}{5}$

$\therefore \dfrac{x^2 + 2x - 2}{2x^3 + 3x^2 - 2x} = \dfrac{1}{x} + \dfrac{-\dfrac{3}{5}}{2x-1} + \dfrac{-\dfrac{1}{5}}{x+2}$

$$\therefore \int \frac{x^2 + 2x - 1}{2x^3 + 3x^2 - 2x}dx = \int \frac{1}{x} + \frac{-\frac{3}{5}}{2x - 1} + \frac{-\frac{1}{5}}{x + 2}dx$$

$$= \ln|x| - \frac{3}{10}\ln|2x - 1| - \frac{1}{5}\ln|x + 2| + c$$

範例 15.

$$求 \int \frac{2x^3 - 30x^2 + 2x + 450}{(x^2 + 1)(x^2 + 25)}dx =?$$

【解】

$$令 \frac{2x^3 - 30x^2 + 2x + 450}{(x^2 + 1)(x^2 + 25)} = \frac{ax + b}{x^2 + 1} + \frac{cx + d}{x^2 + 25}$$

$$則 \frac{2x^3 - 30x^2 + 2x + 450}{(x^2 + 1)(x^2 + 25)} = \frac{(ax + b)(x^2 + 25) + (cx + d)(x^2 + 1)}{(x^2 + 1)(x^2 + 25)}$$

$$\because (ax + b)(x^2 + 25) + (cx + d)(x^2 + 1)$$

$$= (a + c)x^3 + (b + d)x^2 + (25a + c)x + 25b + d$$

$$\therefore a + c = 2, b + d = -30, 25a + c = 2, 25b + d = 450$$

$$\therefore a = 0, b = 20, c = 2, d = -50$$

$$\therefore \frac{2x^3 - 30x^2 + 2x + 450}{(x^2 + 1)(x^2 + 25)} = \frac{20}{x^2 + 1} + \frac{2x - 50}{x^2 + 25}$$

$$\therefore \int \frac{2x^3 - 30x^2 + 2x + 450}{(x^2 + 1)(x^2 + 25)}dx = \int \frac{20}{x^2 + 1} + \frac{2x - 50}{x^2 + 25}dx$$

$$= \int \frac{20}{x^2 + 1} + \frac{2x}{x^2 + 25} - \frac{10}{5\left(\left(\frac{x}{5}\right)^2 + 1\right)}dx = 20\tan^{-1}x + \ln(x^2 + 25) - 10\tan^{-1}\frac{x}{5} + c$$

範例 16.

$$求 \int \frac{1}{x^4 - \alpha^4}dx =?, \ \forall \alpha \neq 0$$

【解】

Let $\alpha \neq 0$

$$\because \frac{1}{x^4 - \alpha^4} = \frac{1}{(x^2 + \alpha^2)(x^2 - \alpha^2)} = \frac{1}{2\alpha^2}\left(\frac{1}{x^2 - \alpha^2} - \frac{1}{x^2 + \alpha^2}\right)$$

$$= \frac{1}{2\alpha^2}\left(\frac{1}{2\alpha}\left(\frac{1}{x-\alpha} - \frac{1}{x+\alpha}\right) - \frac{1}{x^2+\alpha^2}\right) = \frac{1}{4\alpha^3}\left(\frac{1}{x-\alpha} - \frac{1}{x+\alpha}\right) - \frac{1}{2\alpha^2}\cdot\frac{1}{(x^2+\alpha^2)}$$

$$\therefore \int \frac{1}{x^4-\alpha^4}dx = \int \frac{1}{4\alpha^3}\left(\frac{1}{x-\alpha} - \frac{1}{x+\alpha}\right) - \frac{1}{2\alpha^2}\cdot\frac{1}{(x^2+\alpha^2)}dx$$

$$= \frac{1}{4\alpha^3}\left(\ln|x-\alpha| - \ln|x+\alpha|\right) - \frac{1}{2\alpha^3}\tan^{-1}\frac{x}{\alpha} + c$$

範例 17.

$$\text{求}\int \frac{x}{x^4-\alpha^4}dx =?, \quad \forall \alpha \neq 0$$

【解】

Let $\alpha \neq 0$, $\because x^4 - \alpha^4 = (x^2-\alpha^2)(x^2+\alpha^2)$

$$\text{令}\ \frac{x}{x^4-\alpha^4} = \frac{ax+b}{x^2-\alpha^2} + \frac{cx+d}{x^2+\alpha^2}$$

$$\text{則}\ \frac{x}{x^4-\alpha^4} = \frac{(ax+b)(x^2+\alpha^2) + (cx+d)(x^2-\alpha^2)}{(x^2-\alpha^2)(x^2+\alpha^2)}$$

$$\therefore x = (ax+b)(x^2+\alpha^2) + (cx+d)(x^2-\alpha^2)$$

令 $x = 0$ 則 $0 = b - d$

令 $x = \alpha$ 則 $\alpha = 2\alpha^2(a\alpha + b)$

$\because (a+c)x^3 = 0, \ \forall x \in R \qquad \therefore a + c = 0$

$\because (a-c)\alpha^2 x = x, \ \forall x \in R \quad \therefore a - c = \frac{1}{\alpha^2} \therefore a = \frac{1}{2\alpha^2} \Rightarrow c = -\frac{1}{2\alpha^2}, b = 0, d = 0$

$$\therefore \frac{x}{x^4-\alpha^4} = \frac{x}{2\alpha^2(x^2-\alpha^2)} - \frac{x}{2\alpha^2(x^2+\alpha^2)}$$

$$\therefore \int \frac{xdx}{x^4-\alpha^4} = \frac{1}{2\alpha^2}\int \frac{x}{x^2-\alpha^2} - \frac{x}{x^2+\alpha^2}dx = \frac{\ln(x^2-\alpha^2)}{4\alpha^2} - \frac{\ln(x^2+\alpha^2)}{4\alpha^2} + c$$

範例 18.

$$\text{求}\int \frac{x^2}{x^4-\alpha^4}dx =?, \quad \forall \alpha \neq 0$$

【解】

Let $\alpha \neq 0$, $\because x^4 - \alpha^4 = (x^2-\alpha^2)(x^2+\alpha^2)$

$$\text{令}\ \frac{x^2}{x^4-\alpha^4} = \frac{ax+b}{x^2-\alpha^2} + \frac{cx+d}{x^2+\alpha^2}$$

則 $\dfrac{x^2}{x^4 - \alpha^4} = \dfrac{(ax + b)(x^2 + \alpha^2) + (cx + d)(x^2 - \alpha^2)}{(x^2 - \alpha^2)(x^2 + \alpha^2)}$

$\therefore x^2 = (ax + b)(x^2 + \alpha^2) + (cx + d)(x^2 - \alpha^2)$

令 $x = 0$ 則 $0 = (b - d)\alpha^2$

令 $x = \alpha$ 則 $\alpha^2 = (a\alpha + b)2\alpha^2 \Rightarrow a\alpha + b = \dfrac{1}{2}$

$\because (a + c)x^3 = 0, \ \forall x \in R \quad \therefore a + c = 0$

$\because (a - c)x\alpha^2 = 0, \ \forall x \in R \ \therefore a - c = 0 \ \therefore a = 0 \Rightarrow c = 0, b = \dfrac{1}{2}, d = \dfrac{1}{2}$

$\therefore \dfrac{x^2}{x^4 - \alpha^4} = \dfrac{1}{2}\left(\dfrac{1}{x^2 - \alpha^2} + \dfrac{1}{x^2 + \alpha^2}\right) = \dfrac{1}{2}\left(\dfrac{1}{2\alpha}\left(\dfrac{1}{x - \alpha} - \dfrac{1}{x + \alpha}\right) + \dfrac{1}{x^2 + \alpha^2}\right)$

$\therefore \displaystyle\int \dfrac{x^2}{x^4 - \alpha^4} dx = \dfrac{1}{4\alpha}\ln|x - \alpha| - \dfrac{1}{4\alpha}\ln|x + \alpha| + \dfrac{1}{2\alpha}\tan^{-1}\dfrac{x}{\alpha} + c$

範例 19.

$$求 \int \dfrac{x^4}{x^4 - \alpha^4} dx =?, \ \ \forall \alpha \neq 0$$

【解】

Let $\alpha \neq 0, \ \because \dfrac{x^4}{x^4 - \alpha^4} = 1 + \dfrac{\alpha^4}{x^4 - \alpha^4}$

$\because \dfrac{1}{x^4 - \alpha^4} = \dfrac{1}{(x^2 + \alpha^2)(x^2 - \alpha^2)} = \dfrac{1}{2\alpha^2}\left(\dfrac{1}{x^2 - \alpha^2} - \dfrac{1}{x^2 + \alpha^2}\right)$

$= \dfrac{1}{2\alpha^2}\left(\dfrac{1}{2\alpha}\left(\dfrac{1}{x - \alpha} - \dfrac{1}{x + \alpha}\right) - \dfrac{1}{x^2 + \alpha^2}\right) = \dfrac{1}{4\alpha^3}\left(\dfrac{1}{x - \alpha} - \dfrac{1}{x + \alpha}\right) - \dfrac{1}{2\alpha^2} \cdot \dfrac{1}{(x^2 + \alpha^2)}$

$\therefore \displaystyle\int \dfrac{1}{x^4 - \alpha^4} dx = \int \dfrac{1}{4\alpha^3}\left(\dfrac{1}{x - \alpha} - \dfrac{1}{x + \alpha}\right) - \dfrac{1}{2\alpha^2} \cdot \dfrac{1}{(x^2 + \alpha^2)} dx$

$= \dfrac{1}{4\alpha^3}\left(\ln|x - \alpha| - \ln|x + \alpha|\right) - \dfrac{1}{2\alpha^3}\tan^{-1}\dfrac{x}{\alpha} + c$

$\therefore \displaystyle\int \dfrac{x^4}{x^4 - \alpha^4} dx = x + \alpha^4\left(\dfrac{1}{4\alpha^3}\left(\ln|x - \alpha| - \ln|x + \alpha|\right) - \dfrac{1}{2\alpha^3}\tan^{-1}\dfrac{x}{\alpha} + c\right)$

範例 20.

$$求 \int \dfrac{1}{x(x^4 - \alpha)} dx =?, \ \ \forall \alpha \neq 0$$

【解】

令 $\alpha \neq 0$ 且 $\dfrac{1}{x(x^4 - \alpha)} = \dfrac{ax^3 + bx^2 + cx + d}{x^4 - \alpha} + \dfrac{e}{x}$

則 $1 = x(ax^3 + bx^2 + cx + d) + e(x^4 - \alpha)$

$= (a + e)x^4 + bx^3 + cx^2 + dx - \alpha e \Rightarrow e = -\dfrac{1}{\alpha}, a = \dfrac{1}{\alpha}, b = c = d = 0$

$\therefore \dfrac{1}{x(x^4 - \alpha)} = \dfrac{1}{\alpha}\left(\dfrac{x^3}{x^4 - \alpha} - \dfrac{1}{x}\right)$

$\therefore \displaystyle\int \dfrac{1}{x(x^4 - \alpha)} dx = \dfrac{1}{\alpha}\int \dfrac{x^3}{x^4 - \alpha} - \dfrac{1}{x} dx = \dfrac{1}{\alpha}\left(\dfrac{1}{4}\ln|x^4 - \alpha| - \ln|x|\right) + c$

範例 21.

$\quad$ 求 $\displaystyle\int \dfrac{1}{x(x^2 - 7x - 8)} dx = ?$

【解】

令 $\dfrac{1}{x(x^2 - 7x - 8)} = \dfrac{a}{x} + \dfrac{b}{x - 8} + \dfrac{c}{x + 1}$

則 $\dfrac{1}{x(x^2 - 7x - 8)} = \dfrac{a(x - 8)(x + 1) + bx(x + 1) + cx(x - 8)}{x(x^2 - 7x - 8)}$

$\therefore 1 = a(x - 8)(x + 1) + bx(x + 1) + cx(x - 8)$

令 $x = 0$ 則 $1 = -8a \quad \therefore a = -\dfrac{1}{8}$

令 $x = 8$ 則 $1 = 72b \quad \therefore b = \dfrac{1}{72}$

令 $x = -1$ 則 $1 = 9c \quad \therefore c = \dfrac{1}{9}$

$\therefore \dfrac{1}{x(x^2 - 7x - 8)} = -\dfrac{1}{8x} + \dfrac{1}{72(x - 8)} + \dfrac{1}{9(x + 1)}$

$\therefore \displaystyle\int \dfrac{1}{x(x^2 - 7x - 8)} dx = \int -\dfrac{1}{8x} + \dfrac{1}{72(x - 8)} + \dfrac{1}{9(x + 1)} dx$

$= -\dfrac{1}{8}\ln|x| + \dfrac{1}{72}\ln|x - 8| + \dfrac{1}{9}\ln|x + 1| + c$

範例 22.

$$\text{求} \int \frac{1}{x^4 + 1}\, dx = ?$$

【解】

$\because x^4 + 1 = (x^2 + 1)^2 - 2x^2 = (x^2 + 1)^2 - (\sqrt{2}x)^2$

$= (x^2 + 1 + \sqrt{2}x)(x^2 + 1 - \sqrt{2}x)$

令 $\dfrac{1}{x^4 + 1} = \dfrac{ax + b}{(x^2 + 1 - \sqrt{2}x)} + \dfrac{cx + d}{(x^2 + 1 + \sqrt{2}x)}$

則 $\dfrac{1}{x^4 + 1} = \dfrac{(ax + b)(x^2 + 1 + \sqrt{2}x) + (cx + d)(x^2 + 1 - \sqrt{2}x)}{(x^2 + 1 - \sqrt{2}x)(x^2 + 1 + \sqrt{2}x)}$

$\therefore 1 = (ax + b)(x^2 + 1 + \sqrt{2}x) + (cx + d)(x^2 + 1 - \sqrt{2}x)$

令 $x = 0$ 則 $b + d = 1$

$\because (a + c)x^3 = 0, \ \forall x \in R \quad \therefore a + c = 0$

$\because (\sqrt{2}a + b - \sqrt{2}c + d)x^2 = 0, \ \forall x \in R \quad \therefore \sqrt{2}a + b - \sqrt{2}c + d = 0$

$\because (a + \sqrt{2}b + c - \sqrt{2}d)x = 0, \ \forall x \in R \quad \therefore a + \sqrt{2}b + c - \sqrt{2}d = 0$

$\therefore b - d = 0 \Rightarrow b = d = \dfrac{1}{2}, a = \dfrac{-1}{2\sqrt{2}}, c = \dfrac{1}{2\sqrt{2}}$

$\therefore \dfrac{1}{x^4 + 1} = \dfrac{-x + \sqrt{2}}{2\sqrt{2}(x^2 + 1 - \sqrt{2}x)} + \dfrac{x + \sqrt{2}}{2\sqrt{2}(x^2 + 1 + \sqrt{2}x)}$

$\therefore \int \dfrac{1}{x^4 + 1}\, dx = \dfrac{1}{2\sqrt{2}} \left(\int -\dfrac{x - \sqrt{2}}{(x^2 + 1 - \sqrt{2}x)} + \dfrac{x + \sqrt{2}}{(x^2 + 1 + \sqrt{2}x)} \right) dx$

$= \dfrac{1}{2\sqrt{2}} \left(-\int \dfrac{\frac{1}{2}(2x - \sqrt{2}) - \frac{\sqrt{2}}{2}}{(x^2 + 1 - \sqrt{2}x)} + \dfrac{\frac{1}{2}(2x + \sqrt{2}) + \frac{\sqrt{2}}{2}}{(x^2 + 1 + \sqrt{2}x)} \right) dx$

$= \dfrac{1}{4\sqrt{2}} (-\ln|x^2 + 1 - \sqrt{2}x| + \ln|x^2 + 1 + \sqrt{2}x|)$

$+ \dfrac{1}{4} \int \dfrac{dx}{(x^2 + 1 - \sqrt{2}x)} + \dfrac{1}{4} \int \dfrac{dx}{(x^2 + 1 + \sqrt{2}x)}$

$\because \int \dfrac{dx}{(x^2 + 1 - \sqrt{2}x)} + \dfrac{dx}{(x^2 + 1 + \sqrt{2}x)} = \int \dfrac{dx}{\left(x - \frac{1}{\sqrt{2}}\right)^2 + \left(\frac{1}{\sqrt{2}}\right)^2} + \int \dfrac{dx}{\left(x + \frac{1}{\sqrt{2}}\right)^2 + \left(\frac{1}{\sqrt{2}}\right)^2}$

$= \sqrt{2}(\tan^{-1}(\sqrt{2}x - 1) + \tan^{-1}(\sqrt{2}x + 1))$

$$\therefore \int \frac{1}{x^4+1}dx = \frac{1}{4\sqrt{2}}\left(-\ln\left|x^2+1-\sqrt{2}x\right|+\ln\left|x^2+1+\sqrt{2}x\right|\right)$$

$$+\frac{\sqrt{2}}{4}\left(\tan^{-1}(\sqrt{2}x+1)+\tan^{-1}(\sqrt{2}x-1)\right)+c$$

範例 23.

$$求 \int \frac{x}{x^4+\alpha^4}dx =?, \quad \forall \alpha \neq 0$$

【解】

$$令\ \alpha \neq 0, \quad \because \int \frac{x}{x^4+\alpha^4}dx = \frac{1}{2\alpha^4}\int \frac{2x}{(\frac{x^2}{\alpha^2})^2+1}dx = \frac{1}{2\alpha^2}\int \frac{\frac{2x}{\alpha^2}}{(\frac{x^2}{\alpha^2})^2+1}dx$$

$$令\ t = \frac{x^2}{\alpha^2} \quad 則\ dt = \frac{2x}{\alpha^2}dx, \quad 藉由變數代換法$$

$$\therefore \frac{1}{2\alpha^2}\int \frac{\frac{2x}{\alpha^2}}{(\frac{x^2}{\alpha^2})^2+1}dx = \frac{1}{2\alpha^2}\int \frac{dt}{t^2+1} = \frac{1}{2\alpha^2}\tan^{-1}t+c = \frac{1}{2\alpha^2}\tan^{-1}\frac{x^2}{\alpha^2}+c$$

範例 24.

$$求 \int \frac{x^3}{x^4+\alpha}dx =?, \quad \forall \alpha \neq 0$$

【解】

$$令\ \alpha \neq 0, \quad \int \frac{x^3}{x^4+\alpha}dx = \frac{1}{4}\int \frac{4x^3}{x^4+\alpha}dx = \frac{1}{4}\ln|x^4+\alpha|+c$$

範例 25.

$$求 \int \frac{x^4}{x^4+1}dx =?$$

【解】

$$\because \int \frac{x^4}{x^4+1}dx = \int \frac{x^4+1-1}{x^4+1}dx = x-\int \frac{1}{x^4+1}dx$$

$$且\ x^4+1 = (x^2+1)^2-2x^2 = (x^2+1)^2-(\sqrt{2}x)^2 = (x^2+1+\sqrt{2}x)(x^2+1-\sqrt{2}x)$$

$$令\ \frac{1}{x^4+1} = \frac{ax+b}{(x^2+1-\sqrt{2}x)}+\frac{cx+d}{(x^2+1+\sqrt{2}x)}$$

則 $\dfrac{1}{x^4+1} = \dfrac{(ax+b)(x^2+1+\sqrt{2}x)+(cx+d)(x^2+1-\sqrt{2}x)}{(x^2+1-\sqrt{2}x)(x^2+1+\sqrt{2}x)}$

$\therefore 1 = (ax+b)(x^2+1+\sqrt{2}x)+(cx+d)(x^2+1-\sqrt{2}x)$

令 $x=0$ 則 $b+d=1$

$\because (a+c)x^3 = 0,\ \forall x \in R \qquad\qquad \therefore a+c=0$

$\because (\sqrt{2}a+b-\sqrt{2}c+d)x^2 = 0,\ \forall x \in R \qquad \therefore \sqrt{2}a+b-\sqrt{2}c+d=0$

$\because (a+\sqrt{2}b+c-\sqrt{2}d)x = 0,\ \forall x \in R \qquad \therefore a+\sqrt{2}b+c-\sqrt{2}d=0$

$\therefore b-d=0 \Rightarrow b=d=\dfrac{1}{2},\, a=\dfrac{-1}{2\sqrt{2}},\, c=\dfrac{1}{2\sqrt{2}}$

$\therefore \dfrac{1}{x^4+1} = \dfrac{-x+\sqrt{2}}{2\sqrt{2}(x^2+1-\sqrt{2}x)} + \dfrac{x+\sqrt{2}}{2\sqrt{2}(x^2+1+\sqrt{2}x)}$

$\therefore \displaystyle\int \dfrac{1}{x^4+1}\,dx = \dfrac{1}{2\sqrt{2}}\left(\int -\dfrac{x-\sqrt{2}}{(x^2+1-\sqrt{2}x)} + \dfrac{x+\sqrt{2}}{(x^2+1+\sqrt{2}x)} \right)dx$

$= \dfrac{1}{2\sqrt{2}}\left(-\displaystyle\int \dfrac{\frac{1}{2}(2x-\sqrt{2})-\frac{\sqrt{2}}{2}}{(x^2+1-\sqrt{2}x)} + \dfrac{\frac{1}{2}(2x+\sqrt{2})+\frac{\sqrt{2}}{2}}{(x^2+1+\sqrt{2}x)} \right)dx$

$= \dfrac{1}{4\sqrt{2}}\left(-\ln\left|x^2+1-\sqrt{2}x\right| + \ln\left|x^2+1+\sqrt{2}x\right| \right)$

$+ \dfrac{1}{4}\displaystyle\int \dfrac{dx}{(x^2+1-\sqrt{2}x)} + \dfrac{1}{4}\int \dfrac{dx}{(x^2+1+\sqrt{2}x)}$

$\because \displaystyle\int \dfrac{dx}{(x^2+1-\sqrt{2}x)} + \int \dfrac{dx}{(x^2+1+\sqrt{2}x)} = \int \dfrac{dx}{\left(x-\frac{1}{\sqrt{2}}\right)^2 + \left(\frac{1}{\sqrt{2}}\right)^2} + \int \dfrac{dx}{\left(x+\frac{1}{\sqrt{2}}\right)^2 + \left(\frac{1}{\sqrt{2}}\right)^2}$

$= \sqrt{2}\left(\tan^{-1}(\sqrt{2}x-1) + \tan^{-1}(\sqrt{2}x+1)\right)$

$\therefore \displaystyle\int \dfrac{1}{x^4+1}\,dx = \dfrac{1}{4\sqrt{2}}\left(-\ln\left|x^2+1-\sqrt{2}x\right| + \ln\left|x^2+1+\sqrt{2}x\right| \right)$

$+ \dfrac{\sqrt{2}}{4}\left(\tan^{-1}(\sqrt{2}x+1) + \tan^{-1}(\sqrt{2}x-1)\right)$

$$= x - \left(\frac{1}{4\sqrt{2}} \left(-\ln|x^2 + 1 - \sqrt{2}x| + \ln|x^2 + 1 + \sqrt{2}x| \right) \right.$$

$$\left. + \frac{\sqrt{2}}{4} \left(\tan^{-1}(\sqrt{2}x + 1) + \tan^{-1}(\sqrt{2}x - 1) \right) \right) + c$$

範例 26.

$$求 \int \frac{1}{x(x^4 + \alpha)} dx =?, \quad \forall \alpha \neq 0$$

【解】

令 $\alpha \neq 0$, $\because \displaystyle\int \frac{1}{x(x^4 + \alpha)} dx = \int \frac{x^3}{x^4(x^4 + \alpha)} dx$

令 $t = x^4$ 則 $dt = 4x^3 dx$, 藉由變數代換法

$$\therefore \int \frac{1}{x(x^4 + \alpha)} dx = \int \frac{x^3}{x^4(x^4 + \alpha)} dx = \frac{1}{4} \int \frac{1}{t(t + \alpha)} dx = \frac{1}{4\alpha} \int \frac{1}{t} - \frac{1}{(t + \alpha)} dt$$

$$= \frac{1}{4\alpha} \left(\ln|t| - \ln|t + \alpha| \right) + c = \frac{1}{4\alpha} \left(\ln|x^4| - \ln|x^4 + \alpha| \right) + c$$

4.3.4　無理式的不定積分

$$求 \int f\left(\sqrt{g(x)}\right) dx =?$$

當被積分函數出現 $\sqrt{\alpha^2 - x^2}$, $\sqrt{\alpha^2 + x^2}$, 或 $\sqrt{x^2 - \alpha^2}$ 時, 需藉由三角函數的變換變數解題; 此外, 當分母出現二次多項式時, 也嘗試用三角函數的變換變數解題

考試類型:
題型 1.

$$求 \int f\left(\sqrt{\alpha^2 - x^2}\right) dx =?$$

解題流程:
Step1.

令 $x = \alpha\sin\theta$ 則 $\sqrt{\alpha^2 - x^2} = \sqrt{\alpha^2 - \alpha^2\sin^2\theta} = \alpha\cos\theta$ 且 $dx = \alpha\cos\theta\, d\theta$

Step2.

$\therefore \int f\left(\sqrt{\alpha^2 - x^2}\right) dx = \int f(\alpha\cos\theta)\,\alpha\cos\theta\, d\theta$, 求 $\int f(\alpha\cos\theta)\,\alpha\cos\theta\, d\theta = ?$

範例說明:

(I) 若 $f(x) = x$ 則求 $\int \alpha^2\cos^2\theta\, d\theta = ?$

(II) 若 $f(x) = \dfrac{1}{x}$ 則 $\int f(\alpha\cos\theta)\,\alpha\cos\theta\, d\theta = \int d\theta = \theta$

(III) 若 $f(x) = x^{-\frac{3}{2}}$ 則求 $\int (\alpha\cos\theta)^{-\frac{1}{2}} d\theta = ?$

題型 2.

求 $\int f\left(\sqrt{\alpha^2 + x^2}\right) dx = ?$

解題流程:

Step1.

令 $x = \alpha\tan\theta$ 則 $\sqrt{\alpha^2 + x^2} = \sqrt{\alpha^2 + (\alpha\tan\theta)^2} = \alpha\sec\theta$ 且 $dx = \alpha\sec^2\theta\, d\theta$

Step2.

$\therefore \int f\left(\sqrt{\alpha^2 + x^2}\right) dx = \int f(\alpha\sec\theta)\,\alpha\sec^2\theta\, d\theta$, 求 $\int f(\alpha\sec\theta)\,\alpha\sec^2\theta\, d\theta$

範例說明:

(I) 若 $f(x) = x$ 則求 $\int \alpha^2\sec^3\theta\, d\theta = ?$

(II) 若 $f(x) = x^2$ 則求 $\int \alpha^3\sec^4\theta\, d\theta = ?$

(III) 若 $f(x) = \dfrac{1}{x}$ 則求 $\int \sec\theta\, d\theta = ?$

題型 3.

求 $\int f\left(\sqrt{x^2 - \alpha^2}\right) dx = ?$

解題流程:

Step1.

令 $x = \alpha\sec\theta$ 則 $\sqrt{x^2 - \alpha^2} = \sqrt{\alpha^2\sec^2\theta - \alpha^2} = \alpha\tan\theta$ 且 $dx = \alpha\sec\theta\tan\theta\,d\theta$

Step2.

$$\int f\left(\sqrt{x^2 - \alpha^2}\right)dx = \int f(\alpha\tan\theta)\alpha\sec\theta\tan\theta\,d\theta,\ 求 \int f(\alpha\tan\theta)\alpha\sec\theta\tan\theta\,d\theta =?$$

範例說明:

(I)若 $f(x) = x$ 則求 $\int \alpha^2\sec\theta\tan^2\theta\,d\theta =?$

(II)若 $f(x) = x^2$ 則求 $\int \alpha^3\sec\theta\tan^3\theta\,d\theta =?$

(III)若 $f(x) = \dfrac{1}{x}$ 則求 $\int \sec\theta\,d\theta =?$

題型 4.

$$求 \int \frac{1}{(ax^2 + bx + c)^2}dx = ?,\ \text{where } b^2 - 4ac < 0 \text{ and } a > 0$$

解題流程:

$$\because \frac{1}{ax^2 + bx + c} = \frac{1}{a\left(x + \dfrac{b}{2a}\right)^2 + c - \dfrac{b^2}{4a}} = \frac{1}{c - \dfrac{b^2}{4a}} \cdot \frac{1}{a\left(\dfrac{x + \dfrac{b}{2a}}{\sqrt{c - \dfrac{b^2}{4a}}}\right)^2 + 1}$$

$$= \frac{1}{c - \dfrac{b^2}{4a}} \cdot \frac{1}{\left(\dfrac{\sqrt{a}\,x + \dfrac{b}{2\sqrt{a}}}{\sqrt{c - \dfrac{b^2}{4a}}}\right)^2 + 1}$$

$$令\ t = \frac{\sqrt{a}\,x + \dfrac{b}{2\sqrt{a}}}{\sqrt{c - \dfrac{b^2}{4a}}}\ 則\ dt = \frac{\sqrt{a}}{\sqrt{c - \dfrac{b^2}{4a}}}dx,\ 藉由變數代換法$$

則 $\displaystyle\int \frac{1}{(ax^2+bx+c)^2}\,dx = \frac{1}{\left(c-\frac{b^2}{4a}\right)^2}\int \frac{1}{\left(\left(\dfrac{\sqrt{a}x+\frac{b}{2\sqrt{a}}}{\sqrt{c-\frac{b^2}{4a}}}\right)^2+1\right)^2}\,dx$

$$= \frac{1}{\left(c-\frac{b^2}{4a}\right)^2}\cdot\frac{\sqrt{c-\frac{b^2}{4a}}}{\sqrt{a}}\int \frac{1}{(t^2+1)^2}\,dt = \frac{1}{\left(c-\frac{b^2}{4a}\right)^{\frac{3}{2}}\sqrt{a}}\int \frac{1}{(t^2+1)^2}\,dt$$

令 $t=\tan\theta$ 則 $dt=\sec^2\theta\,d\theta$

$$\therefore \frac{1}{\left(c-\frac{b^2}{4a}\right)^{\frac{3}{2}}\sqrt{a}}\int \frac{1}{(t^2+1)^2}\,dt = \frac{1}{\left(c-\frac{b^2}{4a}\right)^{\frac{3}{2}}\sqrt{a}}\int \frac{\sec^2\theta}{\sec^4\theta}\,dt$$

$$= \frac{1}{\left(c-\frac{b^2}{4a}\right)^{\frac{3}{2}}\sqrt{a}}\int \cos^2\theta\,dt = \frac{1}{\left(c-\frac{b^2}{4a}\right)^{\frac{3}{2}}\sqrt{a}}\left(\frac{\theta}{2}+\frac{\sin 2\theta}{4}\right)+constant$$

$$= \frac{1}{\left(c-\frac{b^2}{4a}\right)^{\frac{3}{2}}\sqrt{a}}\left(\frac{\theta}{2}+\frac{\sin\theta\cos\theta}{2}\right)+constant$$

$$= \frac{1}{\left(c-\frac{b^2}{4a}\right)^{\frac{3}{2}}\sqrt{a}}\left(\frac{\tan^{-1}t}{2}+\frac{t}{2(t^2+1)}\right)+constant$$

$$= \frac{1}{\left(c-\frac{b^2}{4a}\right)^{\frac{3}{2}}\sqrt{a}}\left(\frac{\tan^{-1}\dfrac{\sqrt{a}x+\frac{b}{2\sqrt{a}}}{\sqrt{c-\frac{b^2}{4a}}}}{2}+\frac{\dfrac{\sqrt{a}x+\frac{b}{2\sqrt{a}}}{\sqrt{c-\frac{b^2}{4a}}}}{2\left(\left(\dfrac{\sqrt{a}x+\frac{b}{2\sqrt{a}}}{\sqrt{c-\frac{b^2}{4a}}}\right)^2+1\right)}\right)+constant$$

題型 5.

求 $\displaystyle\int \frac{1}{(ax^2+bx+c)^{\frac{3}{2}}}\,dx =?,$ where $a>0$ and $b^2-4ac>0$

解題流程:

$$\because \frac{1}{ax^2 + bx + c} = \frac{1}{a\left(x + \frac{b}{2a}\right)^2 + c - \frac{b^2}{4a}} = \frac{1}{a\left(x + \frac{b}{2a}\right)^2 - \left(\frac{b^2}{4a} - c\right)}$$

$$= \frac{1}{\frac{b^2}{4a} - c} \cdot \frac{1}{a\left(\frac{x + \frac{b}{2a}}{\sqrt{\frac{b^2}{4a} - c}}\right)^2 - 1} = \frac{1}{\frac{b^2}{4a} - c} \cdot \frac{1}{\left(\frac{\sqrt{a}\,x + \frac{b}{2\sqrt{a}}}{\sqrt{\frac{b^2}{4a} - c}}\right)^2 - 1}$$

令 $t = \dfrac{\sqrt{a}\,x + \dfrac{b}{2\sqrt{a}}}{\sqrt{\dfrac{b^2}{4a} - c}}$ 則 $dt = \dfrac{\sqrt{a}}{\sqrt{\dfrac{b^2}{4a} - c}}\,dx$

藉由變數代換法

則 $\displaystyle \int \frac{1}{(ax^2 + bx + c)^{\frac{3}{2}}}\,dx = \frac{1}{\left(\frac{b^2}{4a} - c\right)^{\frac{3}{2}}} \int \frac{1}{\left(\left(\frac{\sqrt{a}\,x + \frac{b}{2\sqrt{a}}}{\sqrt{\frac{b^2}{4a} - c}}\right)^2 - 1\right)^{\frac{3}{2}}}\,dx$

$$= \frac{1}{\left(\frac{b^2}{4a} - c\right)^{\frac{3}{2}}} \cdot \frac{\sqrt{\frac{b^2}{4a} - c}}{\sqrt{a}} \int \frac{1}{(t^2 - 1)^{\frac{3}{2}}}\,dt = \frac{1}{\left(\frac{b^2}{4a} - c\right)\sqrt{a}} \int \frac{1}{(t^2 - 1)^{\frac{3}{2}}}\,dt$$

令 $t = \sec\theta$ 則 $dt = \sec\theta \tan\theta\,d\theta$

$$\therefore \frac{1}{\left(\frac{b^2}{4a} - c\right)\sqrt{a}} \int \frac{1}{(t^2 - 1)^{\frac{3}{2}}}\,dt = \frac{1}{\left(\frac{b^2}{4a} - c\right)\sqrt{a}} \int \frac{\sec\theta \tan\theta}{(\sec^2\theta - 1)^{\frac{3}{2}}}\,d\theta$$

$$= \frac{1}{\left(\frac{b^2}{4a} - c\right)\sqrt{a}} \int \frac{\sec\theta}{\tan^2\theta}\,d\theta = \frac{1}{\left(\frac{b^2}{4a} - c\right)\sqrt{a}} \int \frac{\cos\theta}{\sin^2\theta}\,d\theta = -\frac{1}{\left(\frac{b^2}{4a} - c\right)\sqrt{a}\,\sin\theta} + constant$$

$$= -\frac{t}{\left(\dfrac{b^2}{4a} - c\right)\sqrt{a}\sqrt{t^2 - 1}} + constant = -\frac{\dfrac{\sqrt{a}\,x + \dfrac{b}{2\sqrt{a}}}{\sqrt{\dfrac{b^2}{4a} - c}}}{\left(\dfrac{b^2}{4a} - c\right)\sqrt{a}\sqrt{\left(\dfrac{\sqrt{a}\,x + \dfrac{b}{2\sqrt{a}}}{\sqrt{\dfrac{b^2}{4a} - c}}\right)^2 - 1}} + constant$$

題型 6.

求 $\displaystyle\int \frac{1}{(-ax^2 + bx + c)^{\frac{3}{2}}}\, dx =?,\quad$ where $a > 0$ and $b^2 + 4ac > 0$

解題流程:

$$\because \frac{1}{-ax^2 + bx + c} = \frac{1}{c + \dfrac{b^2}{4a} - a\left(x - \dfrac{b}{2a}\right)^2} = \frac{1}{\left(c + \dfrac{b^2}{4a}\right)\left(1 - \left(\dfrac{\sqrt{a}\,x - \dfrac{b}{2\sqrt{a}}}{\sqrt{c + \dfrac{b^2}{4a}}}\right)^2\right)}$$

$$\int \frac{1}{(-ax^2 + bx + c)^{\frac{3}{2}}}\, dx = \frac{1}{\left(c + \dfrac{b^2}{4a}\right)^{\frac{3}{2}}}\int \frac{1}{\left(1 - \left(\dfrac{\sqrt{a}\,x - \dfrac{b}{2\sqrt{a}}}{\sqrt{c + \dfrac{b^2}{4a}}}\right)^2\right)^{\frac{3}{2}}}\, dx$$

令 $t = \dfrac{\sqrt{a}\,x - \dfrac{b}{2\sqrt{a}}}{\sqrt{c + \dfrac{b^2}{4a}}}$ 則 $dt = \dfrac{\sqrt{a}}{\sqrt{c + \dfrac{b^2}{4a}}}\, dx$

$$\therefore \frac{\dfrac{\sqrt{c + \dfrac{b^2}{4a}}}{\sqrt{a}}}{\left(c + \dfrac{b^2}{4a}\right)^{\frac{3}{2}}}\int \frac{1}{(1 - t^2)^{\frac{3}{2}}}\, dt = \frac{1}{\sqrt{a}\left(c + \dfrac{b^2}{4a}\right)}\int \frac{1}{(1 - t^2)^{\frac{3}{2}}}\, dt$$

令 $t = \sin\theta$ 則 $dt = \cos\theta\, d\theta$

$$\therefore \frac{1}{\sqrt{a}\left(c+\frac{b^2}{4a}\right)} \int \frac{1}{(1-t^2)^{\frac{3}{2}}}\, dt = \frac{1}{\sqrt{a}\left(c+\frac{b^2}{4a}\right)} \int \frac{\cos\theta}{(1-\sin^2\theta)^{\frac{3}{2}}}\, d\theta$$

$$= \frac{1}{\sqrt{a}\left(c+\frac{b^2}{4a}\right)} \int \frac{1}{\cos^2\theta}\, d\theta = \frac{1}{\sqrt{a}\left(c+\frac{b^2}{4a}\right)} \int \sec^2\theta\, d\theta$$

$$= \frac{\tan\theta}{\sqrt{a}\left(c+\frac{b^2}{4a}\right)} + constant = \frac{t}{\sqrt{a}\left(c+\frac{b^2}{4a}\right)\sqrt{1-t^2}} + constant$$

$$= \frac{\dfrac{\sqrt{a}\,x - \dfrac{b}{2\sqrt{a}}}{\sqrt{c+\dfrac{b^2}{4a}}}}{\sqrt{a}\left(c+\dfrac{b^2}{4a}\right)\sqrt{1-\left(\dfrac{\sqrt{a}\,x-\dfrac{b}{2\sqrt{a}}}{\sqrt{c+\dfrac{b^2}{4a}}}\right)^2}} + constant$$

範例 1.

(1) 求 $\displaystyle \int \frac{dx}{\sqrt{\alpha^2 - x^2}} = ?,\quad \forall \alpha > 0$

(2) 求 $\displaystyle \int \sqrt{\alpha^2 - x^2}\, dx = ?,\quad \forall \alpha > 0$

(3) 求 $\displaystyle \int \frac{1}{x\sqrt{\alpha^2 - x^2}}\, dx = ?,\quad \forall \alpha > 0$

(4) 求 $\displaystyle \int \frac{x}{\sqrt{\alpha^2 - x^2}}\, dx = ?,\quad \forall \alpha > 0$

(5) 求 $\displaystyle \int \frac{1}{(\alpha^2 - x^2)^{\frac{3}{2}}}\, dx = ?,\quad \forall \alpha > 0$

【解】

(1)

令 $\alpha > 0$, 令 $x = \alpha\sin\theta$ 則 $dx = \alpha\cos\theta d\theta$, 藉由變數代換法

$$\therefore \int \frac{dx}{\sqrt{\alpha^2 - x^2}} = \int \frac{\alpha\cos\theta d\theta}{\sqrt{\alpha^2 - (\alpha\sin\theta)^2}} = \int \frac{\alpha\cos\theta d\theta}{\alpha\cos\theta} = \theta + c = \sin^{-1}\frac{x}{\alpha} + c$$

(2)

令 $\alpha > 0$, 令 $x = \alpha\sin\theta$ 則 $dx = \alpha\cos\theta d\theta$, 藉由變數代換法

$$\therefore \int \sqrt{\alpha^2 - x^2}\,dx = \int \sqrt{\alpha^2 - (\alpha\sin\theta)^2} \cdot \alpha\cos\theta\,d\theta = \int (\alpha\cos\theta)^2\,d\theta$$

$$= \alpha^2 \int \frac{1 + \cos 2\theta\,d\theta}{2} = \frac{\alpha^2}{2}\left(\theta + \frac{\sin 2\theta}{2}\right) + c$$

$$= \frac{\alpha^2}{2}\sin^{-1}\frac{x}{\alpha} + \frac{\alpha^2}{4}\left(\frac{2x\sqrt{\alpha^2 - x^2}}{\alpha^2}\right) + c = \frac{\alpha^2}{2}\sin^{-1}\frac{x}{\alpha} + \left(\frac{x\sqrt{\alpha^2 - x^2}}{2}\right) + c$$

(3)

令 $\alpha > 0$, 令 $x = \alpha\sin\theta$ 則 $dx = \alpha\cos\theta d\theta$, 藉由變數代換法

$$\therefore \int \frac{1}{x\sqrt{\alpha^2 - x^2}}\,dx = \int \frac{\alpha\cos\theta d\theta}{\alpha\sin\theta\sqrt{\alpha^2 - (\alpha\sin\theta)^2}} = \int \frac{\alpha\cos\theta d\theta}{\alpha\sin\theta\,\alpha\cos\theta}$$

$$= \int \frac{d\theta}{\alpha\sin\theta} = \frac{1}{\alpha}\ln|\csc\theta - \cot\theta| + c = \frac{1}{\alpha}\ln\left|\frac{\alpha}{x} - \frac{\sqrt{\alpha^2 - x^2}}{x}\right| + c$$

(4)

令 $\alpha > 0$, 令 $x = \alpha\sin\theta$ 則 $dx = \alpha\cos\theta d\theta$, 藉由變數代換法

$$\therefore \int \frac{x}{\sqrt{\alpha^2 - x^2}}\,dx = \int \frac{\alpha\sin\theta\,\alpha\cos\theta d\theta}{\sqrt{\alpha^2 - (\alpha\sin\theta)^2}} = \int \frac{\alpha\sin\theta\,\alpha\cos\theta d\theta}{\alpha\cos\theta}$$

$$= \int \alpha\sin\theta\,d\theta = -\alpha\cos\theta + c = \frac{-\sqrt{\alpha^2 - x^2}}{\alpha} + c$$

(5)

令 $\alpha > 0$, 令 $x = \alpha\sin\theta$ 則 $dx = \alpha\cos\theta d\theta$, 藉由變數代換法

$$\therefore \int \frac{1}{(\alpha^2 - x^2)^{\frac{3}{2}}}\,dx = \int \frac{\alpha\cos\theta d\theta}{(\alpha^2 - \alpha^2\sin^2\theta)^{\frac{3}{2}}} = \int \frac{d\theta}{\alpha^2\cos^2\theta} = \frac{1}{\alpha^2}\int \sec^2\theta\,d\theta$$

$$= \frac{\tan\theta}{\alpha^2} + c = \frac{x}{\alpha^2\sqrt{\alpha^2 - x^2}} + c$$

範例 2.

$$(1)\,求 \int \frac{dx}{\sqrt{\alpha^2 + x^2}} = ?, \quad \forall \alpha > 0$$

(2) 求 $\int \sqrt{\alpha^2 + x^2}\,dx =?,\ \ \forall \alpha > 0$

(3) 求 $\int \dfrac{dx}{x\sqrt{\alpha^2 + x^2}} =?,\ \ \forall \alpha > 0$

(4) 求 $\int \dfrac{x\,dx}{\sqrt{\alpha^2 + x^2}} =?,\ \ \forall \alpha > 0$

【解】

(1)

令 $\alpha > 0,$ 令 $x = \alpha\tan\theta$ 則 $dx = \alpha\sec^2\theta\,d\theta,$ 藉由變數代換法

$$\therefore \int \frac{dx}{\sqrt{\alpha^2 + x^2}} = \int \frac{\alpha\sec^2\theta}{\sqrt{\alpha^2 + (\alpha\tan\theta)^2}}\,d\theta = \int \frac{\alpha\sec^2\theta}{\alpha\sec\theta}\,d\theta$$

$$= \ln|\tan\theta + \sec\theta| + c = \ln\left|\frac{x}{\alpha} + \frac{\sqrt{\alpha^2 + x^2}}{\alpha}\right| + c$$

(2)

令 $\alpha > 0,$ 令 $x = \alpha\tan\theta$ 則 $dx = \alpha\sec^2\theta\,d\theta,$ 藉由變數代換法

$$\therefore \int \sqrt{\alpha^2 + x^2}\,dx = \int \sqrt{\alpha^2 + (\alpha\tan\theta)^2}\,\alpha\sec^2\theta\,d\theta = \int \alpha^2\sec^3\theta\,d\theta$$

令 $u = \sec\theta,\ dv = \sec^2\theta\,d\theta$ 則 $du = \sec\theta\tan\theta\ d\theta, v = \tan\theta$

藉由分部積分法

$$\int \alpha^2\sec^3\theta\,d\theta = \alpha^2\left(\sec\theta\tan\theta - \int \sec\theta\tan^2\theta\,d\theta\right)$$

$$= \alpha^2\left(\sec\theta\tan\theta - \int \sec\theta\,(\sec^2\theta - 1)\,d\theta\right)$$

$$\Rightarrow 2\int \sec^3\theta\,d\theta = \sec\theta\tan\theta + \int \sec\theta\,d\theta = \sec\theta\tan\theta + \ln|\tan\theta + \sec\theta| + c$$

$$\therefore \int \sqrt{\alpha^2 + x^2}\,dx = \int \alpha^2\sec^3\theta\,d\theta = \frac{\alpha^2}{2}(\sec\theta\tan\theta + \ln|\tan\theta + \sec\theta|) + c$$

$$= \left(\frac{x\sqrt{\alpha^2 + x^2}}{2}\right) + \ln\left|\frac{x}{\alpha} + \frac{\sqrt{\alpha^2 + x^2}}{\alpha}\right| + c$$

(3)

令 $\alpha > 0,$ 令 $x = \alpha\tan\theta$ 則 $dx = \alpha\sec^2\theta\,d\theta,$ 藉由變數代換法

$$\therefore \int \frac{dx}{x\sqrt{\alpha^2 + x^2}} = \int \frac{\alpha\sec^2\theta\,d\theta}{\alpha\tan\theta\,\sqrt{\alpha^2 + (\alpha\tan\theta)^2}} = \int \frac{\sec\theta\,d\theta}{\alpha\tan\theta} = \int \frac{d\theta}{\alpha\sin\theta}$$

$$= \frac{1}{\alpha}\ln|\csc\theta - \cot\theta| + c = \frac{1}{\alpha}\ln\left|\frac{\sqrt{\alpha^2 + x^2}}{x} - \frac{\alpha}{x}\right| + c$$

(4)

令 $\alpha > 0$, 令 $x = \alpha\tan\theta$ 則 $dx = \alpha\sec^2\theta d\theta$, 藉由變數代換法

$$\therefore \int \frac{x dx}{\sqrt{\alpha^2 + x^2}} = \int \frac{\alpha\tan\theta\,\alpha\sec^2\theta d\theta}{\sqrt{\alpha^2 + (\alpha\tan\theta)^2}} = \alpha\int \sec\theta\tan\theta\,d\theta = \alpha\sec\theta + c = \frac{\sqrt{\alpha^2 + x^2}}{\alpha} + c$$

範例 3.

$$(1)求 \int \frac{1}{\sqrt{x^2 - \alpha^2}}dx = ?, \quad \forall \alpha > 0$$

$$(2)求 \int \sqrt{x^2 - \alpha^2}dx = ?, \quad \forall \alpha > 0$$

$$(3)求 \int \frac{1}{x\sqrt{x^2 - \alpha^2}}dx = ?, \quad \forall \alpha > 0$$

$$(4)求 \int \frac{\sqrt{x^2 - \alpha^2}}{x}dx = ?, \quad \forall \alpha > 0$$

【解】

(1)

令 $\alpha > 0$, 令 $x = \alpha\sec\theta$ 則 $dx = \alpha\sec\theta\tan\theta\,d\theta$, 藉由變數代換法

$$\int \frac{1}{\sqrt{x^2 - \alpha^2}}dx = \int \frac{\alpha\sec\theta\tan\theta}{\sqrt{(\alpha\sec\theta)^2 - \alpha^2}}d\theta = \int \frac{\alpha\sec\theta\tan\theta}{\sqrt{(\alpha\tan\theta)^2}}d\theta = \int \sec\theta d\theta$$

$$= \ln|\tan\theta + \sec\theta| + c = \ln\left|\frac{x}{\alpha} + \frac{\sqrt{x^2 - \alpha^2}}{\alpha}\right| + c$$

(2)

令 $\alpha > 0$, 令 $x = \alpha\sec\theta$ 則 $dx = \alpha\sec\theta\tan\theta d\theta$, 藉由變數代換法

$$\because \int \sqrt{x^2 - \alpha^2}dx = \int (\sqrt{(\alpha\sec\theta)^2 - \alpha^2})\,\alpha\sec\theta\tan\theta\,d\theta$$

$$= \int \alpha^2\sec\theta\tan^2\theta\,d\theta = \int \alpha^2\sec\theta(\sec^2\theta - 1)\,d\theta$$

$$\because 2\int \sec^3\theta d\theta = \sec\theta\tan\theta + \int \sec\theta\,d\theta \; 且 \int \sec\theta d\theta = \ln|\tan\theta + \sec\theta|$$

$$\therefore \int \sec^3\theta d\theta = \frac{1}{2}(\sec\theta\tan\theta + \ln|\tan\theta + \sec\theta|) + c$$

$$\therefore \int \sqrt{x^2 - \alpha^2}\,dx = \frac{\alpha^2}{2}\left(\sec\theta\tan\theta - \ln|\tan\theta + \sec\theta|\right) + c$$

$$= \frac{\alpha^2}{2}\left(\frac{x\sqrt{x^2 - \alpha^2}}{\alpha^2} - \ln\left|\frac{x}{\alpha} + \frac{\sqrt{x^2 - \alpha^2}}{\alpha}\right|\right) + c$$

(3)

令 $\alpha > 0$，令 $x = \alpha\sec\theta$ 則 $dx = \alpha\sec\theta\tan\theta\,d\theta$，藉由變數代換法

$$\therefore \int \frac{1}{x\sqrt{x^2 - \alpha^2}}\,dx = \int \frac{\alpha\sec\theta\tan\theta}{\alpha\sec\theta\sqrt{(\alpha\sec\theta)^2 - \alpha^2}}\,d\theta = \int \frac{\alpha\sec\theta\tan\theta}{\alpha\sec\theta\,\alpha\tan\theta}\,d\theta = \frac{\theta}{\alpha} + c$$

$$= \frac{1}{\alpha}\sec^{-1}\frac{x}{\alpha} + c$$

(4)

令 $\alpha > 0$，令 $x = \alpha\sec\theta$ 則 $dx = \alpha\sec\theta\tan\theta\,d\theta$，藉由變數代換法

$$\therefore \int \frac{\sqrt{x^2 - \alpha^2}}{x}\,dx = \int \frac{\sqrt{(\alpha\sec\theta)^2 - \alpha^2}\,\alpha\sec\theta\tan\theta}{\alpha\sec\theta}\,d\theta = \alpha\int \tan^2\theta\,d\theta$$

$$= \alpha\int \sec^2\theta - 1\,d\theta = \alpha(\tan\theta - \theta) + c = \alpha\left(\frac{\sqrt{x^2 - \alpha^2}}{\alpha} - \sec^{-1}\frac{x}{\alpha}\right) + c$$

範例 4.

$$求 \int \frac{1}{(x^2 + 2x + 10)^2}\,dx = ?$$

【解】

$$\therefore \frac{1}{(x^2 + 2x + 10)^2} = \frac{1}{((x+1)^2 + 9)^2} = \frac{1}{81\left(\left(\frac{x+1}{3}\right)^2 + 1\right)^2}$$

令 $t = \dfrac{x+1}{3}$ 則 $dt = \dfrac{dx}{3}$，藉由變數代換法

$$\therefore \int \frac{1}{(x^2 + 2x + 10)^2}\,dx = \int \frac{1}{81\left(\left(\frac{x+1}{3}\right)^2 + 1\right)^2}\,dx = \frac{1}{27}\int \frac{1}{(t^2 + 1)^2}\,dt$$

令 $t = \tan\theta$ 則 $dt = \sec^2\theta\,d\theta$，藉由變數代換法

$$\therefore \frac{1}{27}\int \frac{1}{(t^2 + 1)^2}\,dt = \frac{1}{27}\int \frac{\sec^2\theta}{\sec^4\theta}\,d\theta = \frac{1}{27}\int \cos^2\theta\,d\theta = \frac{1}{27}\int \frac{1 + \cos 2\theta}{2}\,d\theta$$

$$= \frac{1}{27}\left(\frac{\theta}{2} + \frac{\sin 2\theta}{4}\right) = \frac{1}{27}\left(\frac{\tan^{-1} t}{2} + \frac{\sin\theta\cos\theta}{2}\right) = \frac{1}{27}\left(\frac{\tan^{-1} t}{2} + \frac{t}{2(t^2 + 1)}\right)$$

$$= \frac{1}{27}\left(\frac{\tan^{-1}\left(\frac{x+1}{3}\right)}{2} + \frac{\frac{x+1}{3}}{2\left(\left(\frac{x+1}{3}\right)^2 + 1\right)} \right) + c$$

$$\therefore \int \frac{1}{(x^2+2x+10)^2}\,dx = \frac{1}{27}\left(\frac{\tan^{-1}\left(\frac{x+1}{3}\right)}{2} + \frac{\frac{x+1}{3}}{2\left(\left(\frac{x+1}{3}\right)^2 + 1\right)} \right) + c$$

範例 5.

$$\text{求} \int \frac{1}{e^x\sqrt{e^{2x}+9}}\,dx = ?$$

【解】

令 $t = e^x$ 則 $dt = e^x dx \Rightarrow dx = \frac{dt}{t}$ ∴ $\int \frac{1}{e^x\sqrt{e^{2x}+9}}\,dx = \int \frac{1}{t^2\sqrt{t^2+9}}\,dt$

令 $t = 3\tan\theta$ 則 $dt = 3\sec^2\theta\,d\theta$, 藉由變數代換法

$$\therefore \int \frac{1}{t^2\sqrt{t^2+9}}\,dt = \int \frac{3\sec^2\theta\,d\theta}{9\tan^2\theta\sqrt{9\tan^2\theta+9}} = \frac{1}{9}\int \frac{\sec\theta\,d\theta}{\tan^2\theta} = \frac{1}{9}\int \frac{\cos\theta\,d\theta}{\sin^2\theta}$$

$$= \frac{1}{9}\int \cot\theta\csc\theta\,d\theta = \frac{-1}{9}\csc\theta + c = \frac{-\sqrt{t^2+9}}{9t} + c = \frac{-\sqrt{e^{2x}+9}}{9e^x} + c$$

$$\therefore \int \frac{1}{e^x\sqrt{e^{2x}+9}}\,dx = \frac{-\sqrt{e^{2x}+9}}{9e^x} + c$$

範例 6.

$$\text{求} \int \frac{1}{(4x^2+12x+13)^2}\,dx = ?$$

【解】

$$\because \frac{1}{(4x^2+12x+13)^2} = \frac{1}{16\left(x^2+3x+\frac{13}{4}\right)^2} = \frac{1}{16\left(\left(x+\frac{3}{2}\right)^2+1\right)^2}$$

令 $t = x + \frac{3}{2}$ 則 $dt = dx$, 藉由變數代換法

$$\therefore \int \frac{1}{(4x^2 + 12x + 13)^2}\, dx = \int \frac{1}{16\left(\left(x+\frac{3}{2}\right)^2 + 1\right)^2}\, dx = \int \frac{1}{16(t^2+1)^2}\, dx$$

令 $t = \tan\theta$ 則 $dt = \sec^2\theta\, d\theta$, 藉由變數代換法

$$\therefore \frac{1}{16}\int \frac{1}{(t^2+1)^2}\, dt = \frac{1}{16}\int \frac{\sec^2\theta}{\sec^4\theta}\, d\theta = \frac{1}{16}\int \cos^2\theta\, d\theta = \frac{1}{16}\int \frac{1+\cos 2\theta}{2}\, d\theta$$

$$= \frac{1}{16}\left(\frac{\theta}{2} + \frac{\sin 2\theta}{4}\right) = \frac{1}{16}\left(\frac{\tan^{-1}t}{2} + \frac{\sin\theta\cos\theta}{2}\right) = \frac{1}{16}\left(\frac{\tan^{-1}t}{2} + \frac{t}{2(t^2+1)}\right)$$

$$= \frac{1}{16}\left(\frac{\tan^{-1}\left(x+\frac{3}{2}\right)}{2} + \frac{x+\frac{3}{2}}{2\left(\left(x+\frac{3}{2}\right)^2 + 1\right)}\right) + c$$

$$\therefore \int \frac{1}{(4x^2+12x+13)^2}\, dx = \frac{1}{16}\left(\frac{\tan^{-1}\left(x+\frac{3}{2}\right)}{2} + \frac{x+\frac{3}{2}}{2\left(\left(x+\frac{3}{2}\right)^2 + 1\right)}\right) + c$$

範例 7.

$$求 \int \frac{1}{(x^2 + 2x - 3)^{\frac{3}{2}}}\, dx = ?$$

【解】

$$\because \frac{1}{(x^2 + 2x - 3)^{\frac{3}{2}}} = \frac{1}{\left(4(\frac{x+1}{2})^2 - 4\right)^{\frac{3}{2}}} = \frac{1}{8\left((\frac{x+1}{2})^2 - 1\right)^{\frac{3}{2}}}$$

令 $t = \dfrac{x+1}{2}$ 則 $2\, dt = dx$, 藉由變數代換法

$$\therefore \int \frac{1}{(x^2+2x-3)^{\frac{3}{2}}}\, dx = \int \frac{1}{8\left((\frac{x+1}{2})^2 - 1\right)^{\frac{3}{2}}}\, dx = 2\int \frac{1}{8(t^2-1)^{\frac{3}{2}}}\, dt$$

令 $t = \sec\theta$ 則 $dt = \sec\theta\tan\theta\, d\theta$, 藉由變數代換法

$$\frac{1}{4}\int \frac{1}{(t^2-1)^{\frac{3}{2}}}\, dt = \frac{1}{4}\int \frac{\sec\theta\tan\theta}{(\sec^2\theta - 1)^{\frac{3}{2}}}\, d\theta = \frac{1}{4}\int \frac{\sec\theta}{\tan^2\theta}\, d\theta = \frac{1}{4}\int \frac{\cos\theta}{\sin^2\theta}\, d\theta$$

$$= -\frac{1}{4\sin\theta} + c = -\frac{t}{4\sqrt{t^2 - 1}} + c = -\frac{\dfrac{x+1}{2}}{4\sqrt{\left(\dfrac{x+1}{2}\right)^2 - 1}} + c$$

範例 8.

$$求 \int \frac{1}{(4x^2 + 12x + 5)^{\frac{3}{2}}}\, dx = ?$$

【解】

$$\because \frac{1}{(4x^2 + 12x + 5)^{\frac{3}{2}}} = \frac{1}{\left(4(x+\frac{3}{2})^2 - 4\right)^{\frac{3}{2}}} = \frac{1}{8\left((x+\frac{3}{2})^2 - 1\right)^{\frac{3}{2}}}$$

令 $t = x + \dfrac{3}{2}$ 則 $dt = dx$, 藉由變數代換法

$$\therefore \int \frac{1}{(4x^2 + 12x + 5)^{\frac{3}{2}}}\, dx = \int \frac{1}{8\left((x+\frac{3}{2})^2 - 1\right)^{\frac{3}{2}}}\, dx = \frac{1}{8}\int \frac{1}{(t^2 - 1)^{\frac{3}{2}}}\, dt$$

令 $t = \sec\theta$ 則 $dt = \sec\theta\tan\theta\, d\theta$, 藉由變數代換法

$$\frac{1}{8}\int \frac{1}{(t^2 - 1)^{\frac{3}{2}}}\, dt = \frac{1}{8}\int \frac{\sec\theta\tan\theta}{(\sec^2\theta - 1)^{\frac{3}{2}}}\, d\theta = \frac{1}{8}\int \frac{\sec\theta}{\tan^2\theta}\, d\theta$$

$$= \frac{1}{8}\int \frac{\cos\theta}{\sin^2\theta}\, d\theta = -\frac{1}{8\sin\theta} + c = -\frac{t}{8\sqrt{t^2 - 1}} + c = -\frac{x + \dfrac{3}{2}}{8\sqrt{\left(x+\dfrac{3}{2}\right)^2 - 1}} + c$$

範例 9.

$$求 \int \frac{1}{(3 - 4x^2 - 4x)^{\frac{3}{2}}}\, dx = ?$$

【解】

$$\because \frac{1}{(3 - 4x^2 - 4x)^{\frac{3}{2}}} = \frac{1}{\left(4 - 4(x+\frac{1}{2})^2\right)^{\frac{3}{2}}} = \frac{1}{8\left(1 - (x+\frac{1}{2})^2\right)^{\frac{3}{2}}}$$

令 $t = x + \dfrac{1}{2}$ 則 $dt = dx$, 藉由變數代換法

$$\int \frac{1}{(3-4x^2-4x)^{\frac{3}{2}}}\,dx = \int \frac{1}{8\left(1-(x+\frac{1}{2})^2\right)^{\frac{3}{2}}}\,dx = \int \frac{1}{8(1-t^2)^{\frac{3}{2}}}\,dt$$

令 $t=\sin\theta$ 則 $dt=\cos\theta\,d\theta$，藉由變數代換法

$$\int \frac{1}{8(1-t^2)^{\frac{3}{2}}}\,dt = \int \frac{\cos\theta}{8(1-\sin^2\theta)^{\frac{3}{2}}}\,d\theta = \int \frac{1}{8\cos^2\theta}\,d\theta$$

$$= \int \frac{\sec^2\theta}{8}\,d\theta = \frac{\tan\theta}{8}+c = \frac{t}{8\sqrt{1-t^2}}+c = \frac{x+\frac{1}{2}}{8\sqrt{1-(x+\frac{1}{2})^2}}+c$$

範例 10.

$$求 \int \frac{1}{(4x^2+4x-3)^{\frac{3}{2}}}\,dx = ?$$

【解】

$$\because \frac{1}{(4x^2+4x-3)^{\frac{3}{2}}} = \frac{1}{\left(4(x+\frac{1}{2})^2-4\right)^{\frac{3}{2}}} = \frac{1}{8\left((x+\frac{1}{2})^2-1\right)^{\frac{3}{2}}}$$

令 $t = x+\frac{1}{2}$ 則 $dt=dx$，藉由變數代換法

$$\int \frac{1}{(4x^2+4x-3)^{\frac{3}{2}}}\,dx = \int \frac{1}{8\left((x+\frac{1}{2})^2-1\right)^{\frac{3}{2}}}\,dx = \int \frac{1}{8(t^2-1)^{\frac{3}{2}}}\,dt$$

令 $t=\sec\theta$ 則 $dt=\sec\theta\tan\theta\,d\theta$，藉由變數代換法

$$\int \frac{1}{8(t^2-1)^{\frac{3}{2}}}\,dt = \int \frac{\sec\theta\tan\theta}{8(\sec^2\theta-1)^{\frac{3}{2}}}\,d\theta = \int \frac{\sec\theta\tan\theta}{8\tan^3\theta}\,d\theta = \int \frac{\sec\theta}{8\tan^2\theta}\,d\theta$$

$$= \int \frac{\cos\theta}{8\sin^2\theta}\,d\theta = -\frac{1}{8\sin\theta}+c = -\frac{t}{8\sqrt{t^2-1}}+c = -\frac{x+\frac{1}{2}}{8\sqrt{\left(x+\frac{1}{2}\right)^2-1}}+c$$

範例 11.

求 $\displaystyle\int \frac{x}{(3-2x-x^2)^{\frac{3}{2}}}\,dx = ?$

【解】

$\because \dfrac{x}{(3-2x-x^2)^{\frac{3}{2}}} = \dfrac{x}{(4-(x+1)^2)^{\frac{3}{2}}} = \dfrac{x}{8\left(1-(\frac{x+1}{2})^2\right)^{\frac{3}{2}}}$

令 $t = \dfrac{x+1}{2}$ 則 $2\,dt = dx$ 且 $x = 2t-1$, 藉由變數代換法

$\therefore \displaystyle\int \frac{x}{(3-2x-x^2)^{\frac{3}{2}}}\,dx = \int \frac{x}{8\left(1-(\frac{x+1}{2})^2\right)^{\frac{3}{2}}}\,dx = 2\int \frac{2t-1}{8(1-t^2)^{\frac{3}{2}}}\,dt$

令 $t = \sin\theta$ 則 $dt = \cos\theta\,d\theta$, 藉由變數代換法

$\therefore 2\displaystyle\int \frac{2t-1}{8(1-t^2)^{\frac{3}{2}}}\,dt = 2\int \frac{(2\sin\theta-1)\cos\theta}{8(1-\sin\theta^2)^{\frac{3}{2}}}\,d\theta = 2\int \frac{(2\sin\theta-1)\cos\theta}{8\cos^3\theta}\,d\theta$

$= \displaystyle\int \frac{\tan\theta\sec\theta}{2}\,d\theta - \int \frac{\sec^2\theta}{4}\,d\theta = \frac{\sec\theta}{2} - \frac{\tan\theta}{4} + c = \frac{1}{2\sqrt{1-t^2}} - \frac{t}{4\sqrt{1-t^2}} + c$

$= \dfrac{2-t}{4\sqrt{1-t^2}} + c = \dfrac{2-\frac{x+1}{2}}{4\sqrt{1-\left(\frac{x+1}{2}\right)^2}} + c = \dfrac{3-x}{4\sqrt{3-2x-x^2}} + c$

$\therefore \displaystyle\int \frac{x}{(3-2x-x^2)^{\frac{3}{2}}}\,dx = \frac{3-x}{4\sqrt{3-2x-x^2}} + c$

範例 12.

求 $\displaystyle\int \frac{1}{(3-2x-x^2)^{\frac{3}{2}}}\,dx = ?$

【解】

$\because \dfrac{1}{(3-2x-x^2)^{\frac{3}{2}}} = \dfrac{1}{\left(4-4(\frac{x+1}{2})^2\right)^{\frac{3}{2}}} = \dfrac{1}{8\left(1-(\frac{x+1}{2})^2\right)^{\frac{3}{2}}}$

令 $t = \dfrac{x+1}{2}$ 則 $2\,dt = dx$, 藉由變數代換法

$$\therefore \int \frac{1}{(3-2x-x^2)^{\frac{3}{2}}}dx = \int \frac{1}{8\left(1-(\frac{x+1}{2})^2\right)^{\frac{3}{2}}}dx = \int \frac{2}{8(1-t^2)^{\frac{3}{2}}}dt$$

令 $t = \sin\theta$ 則 $dt = \cos\theta\, d\theta$，藉由變數代換法

$$\therefore \int \frac{1}{4(1-t^2)^{\frac{3}{2}}}dt = \int \frac{\cos\theta}{4(1-\sin\theta^2)^{\frac{3}{2}}}d\theta = \frac{1}{4}\int \frac{\cos\theta}{\cos^3\theta}d\theta$$

$$= \frac{1}{4}\int \frac{1}{\cos^2\theta}d\theta = \frac{\tan\theta}{4} + c = \frac{t}{4\sqrt{1-t^2}} + c = \frac{\dfrac{x+1}{2}}{4\sqrt{1-(\dfrac{x+1}{2})^2}} + c$$

範例 13.

$$求 \int \frac{1}{(x^2+2x-8)^{\frac{3}{2}}}dx = ?$$

【解】

$$\because \frac{1}{(x^2+2x-8)^{\frac{3}{2}}} = \frac{1}{\left(9\left(\dfrac{x+1}{3}\right)^2 - 9\right)^{\frac{3}{2}}} = \frac{1}{27\left(\left(\dfrac{x+1}{3}\right)^2 - 1\right)^{\frac{3}{2}}}$$

令 $t = \dfrac{x+1}{3}$ 則 $dt = \dfrac{dx}{3}$，藉由變數代換法

$$\therefore \int \frac{1}{(x^2+2x-8)^{\frac{3}{2}}}dx = \int \frac{1}{27\left(\left(\dfrac{x+1}{3}\right)^2 - 1\right)^{\frac{3}{2}}}dx = \frac{1}{27}\int \frac{3}{(t^2-1)^{\frac{3}{2}}}dt$$

令 $t = \sec\theta$ 則 $dt = \sec\theta\tan\theta\, d\theta$

$$\frac{1}{9}\int \frac{1}{(t^2-1)^{\frac{3}{2}}}dt = \frac{1}{9}\int \frac{\sec\theta\tan\theta}{(\sec^2\theta - 1)^{\frac{3}{2}}}d\theta = \frac{1}{9}\int \frac{\sec\theta}{\tan^2\theta}d\theta = \frac{1}{9}\int \frac{\cos\theta}{\sin^2\theta}d\theta$$

$$= -\frac{1}{9\sin\theta} + c = -\frac{t}{9\sqrt{t^2-1}} + c = -\frac{\dfrac{x+1}{3}}{9\sqrt{\left(\dfrac{x+1}{3}\right)^2 - 1}} + c$$

4.3.5　半角代換法

$$\text{求} \int \frac{f(\sin nx , \cos nx)}{g(\sin nx , \cos nx)} dx =?$$

當被積分函數為有理式且分子分母只出現 $\sin x , \cos x$ 或常數時, 嘗試使用半角代換法

考試類型:

題型 1.

使用半角代換法,　求 $\displaystyle\int \frac{f(\sin nx , \cos nx)}{g(\sin nx , \cos nx)} dx =?$

解題流程:

Step1.

當分子分母出現 $\sin x$ 或 $\cos x$, 令 $t = \tan\dfrac{nx}{2}$ 則 $x = \dfrac{2\tan^{-1} t}{n} \Rightarrow dx = \dfrac{2}{n(1 + t^2)} dt$

Step2.

$$\because t = \tan\frac{nx}{2} \quad \therefore \sin\frac{nx}{2} = \frac{t}{\sqrt{1 + t^2}} \quad \text{且} \quad \cos\frac{nx}{2} = \frac{1}{\sqrt{1 + t^2}}$$

Step3.

藉由兩倍角公式 $\sin nx = 2\sin\dfrac{nx}{2}\cos\dfrac{nx}{2} = 2 \cdot \dfrac{t}{\sqrt{1+t^2}} \cdot \dfrac{1}{\sqrt{1+t^2}} = \dfrac{2t}{1+t^2}$

且 $\cos nx = \cos^2\dfrac{nx}{2} - \sin^2\dfrac{nx}{2} = \dfrac{1}{1+t^2} - \dfrac{t^2}{1+t^2} = \dfrac{1-t^2}{1+t^2}$

Step4.

$$\therefore \int \frac{f(\sin nx , \cos nx)}{g(\sin nx , \cos nx)} dx = \int \frac{f\left(\dfrac{2t}{1+t^2}, \dfrac{1-t^2}{1+t^2}\right)}{g\left(\dfrac{2t}{1+t^2}, \dfrac{1-t^2}{1+t^2}\right)} \cdot \frac{2}{n(1+t^2)} dt$$

範例說明:

(I) 當 $f(x) = 1, \ g(x,y) = ax + by + c, \ n = 1$

則 $\displaystyle\int \frac{1}{a\sin nx + \cos nx + c} dx = \int \frac{f\left(\dfrac{2t}{1+t^2}, \dfrac{1-t^2}{1+t^2}\right)}{g\left(\dfrac{2t}{1+t^2}, \dfrac{1-t^2}{1+t^2}\right)} \cdot \frac{2}{n(1+t^2)} dt$

$$= \int \frac{1}{\dfrac{2at + b(1 - t^2) + c(1 + t^2)}{1 + t^2}} \cdot \frac{2}{n(1 + t^2)} \, dt = \int \frac{2}{t^2(c - b) + 2at + b + c} \, dt$$

因此 $\displaystyle\int \frac{1}{a \sin x + b \cos x + c} \, dx = \int \frac{2}{t^2(c - b) + 2at + b + c} \, dt$

(II) 當 $f(x, y) = \dfrac{1}{y}$, $g(x, y) = \dfrac{2x}{y} + \dfrac{1}{y} - 1$, $n = 1$

則 $\displaystyle\int \frac{\sec x \, dx}{2 \tan x + \sec x - 1} = \int \frac{f\left(\dfrac{2t}{1 + t^2}, \dfrac{1 - t^2}{1 + t^2}\right)}{g\left(\dfrac{2t}{1 + t^2}, \dfrac{1 - t^2}{1 + t^2}\right)} \cdot \frac{2}{n(1 + t^2)} \, dt$

$$= \int \frac{\dfrac{1 + t^2}{1 - t^2}}{\dfrac{4t + 1 + t^2 - 1 + t^2}{1 - t^2}} \cdot \frac{2}{(1 + t^2)} \, dt = \int \frac{1}{t(2 + t)} \, dt$$

補充說明:

相當於藉由半角代換法轉換成求有理式積分的問題

$$\int \frac{f(\sin nx, \cos nx)}{g(\sin nx, \cos nx)} \, dx = ? \overset{\text{半角代換法}}{\Longleftrightarrow} \int \frac{P(t)}{Q(t)} \, dt = ?$$

範例 1.

$$求 \int \frac{dx}{\sin x + \cos x} = ?$$

【解】

令 $t = \tan\dfrac{x}{2}$ 則 $dx = \dfrac{2}{1 + t^2} \, dt$, $\sin x = \dfrac{2t}{1 + t^2}$ 且 $\cos x = \dfrac{1 - t^2}{1 + t^2}$,

藉由變數代換法

$$\therefore \int \frac{dx}{\sin x + \cos x} = \int \frac{1}{\left(\dfrac{2t}{1 + t^2} + \dfrac{1 - t^2}{1 + t^2}\right)} \cdot \frac{2}{1 + t^2} \, dt = \int \frac{2dt}{2t + (1 - t^2)}$$

$$= \int \frac{2dt}{(\sqrt{2})^2 - (t - 1)^2} = 2 \int \frac{1}{\sqrt{2} + (t - 1)} \cdot \frac{1}{\sqrt{2} - (t - 1)} \, dt$$

$$= \frac{2}{2\sqrt{2}} \int \frac{1}{\sqrt{2} + (t-1)} + \frac{1}{\sqrt{2} - (t-1)} \, dt = \frac{1}{\sqrt{2}} \ln \left| \frac{\sqrt{2} + (t-1)}{\sqrt{2} - (t-1)} \right| + c$$

$$= \frac{1}{\sqrt{2}} \ln \left| \frac{\sqrt{2} + (\tan\frac{x}{2} - 1)}{\sqrt{2} - (\tan\frac{x}{2} - 1)} \right| + c$$

範例 2.

$$求 \int \frac{dx}{2 + \sin x - 2\cos x} = ?$$

【解】

令 $t = \tan\dfrac{x}{2}$ 則 $dx = \dfrac{2}{1+t^2} dt$, $\sin x = \dfrac{2t}{1+t^2}$ 且 $\cos x = \dfrac{1-t^2}{1+t^2}$,

藉由變數代換法

$$\int \frac{dx}{2 + \sin x - \cos x} = \int \frac{1}{\left(2 + \dfrac{2t}{1+t^2} - \dfrac{2-2t^2}{1+t^2} \right)} \cdot \frac{2}{1+t^2} \, dt$$

$$= \int \frac{2dt}{2 + 2t^2 + 2t - 2 + 2t^2} = \int \frac{2dt}{4t^2 + 2t} = \int \frac{dt}{t(2t+1)} = \int \frac{1}{t} - \frac{2}{2t+1} \, dt$$

$$= \ln t - \ln(2t+1) = \ln \left| \frac{t}{2t+1} \right| + c = \ln \left| \frac{\tan\frac{x}{2}}{1 + 2\tan\frac{x}{2}} \right| + c$$

範例 3.

$$求 \int \frac{dx}{3 + \cos x} = ?$$

【解】

令 $t = \tan\dfrac{x}{2}$ 則 $dx = \dfrac{2}{1+t^2} dt$ 且 $\cos x = \dfrac{1-t^2}{1+t^2}$,

藉由變數代換法

$$\int \frac{dx}{3 + \cos x} = \int \frac{1}{3 + \dfrac{1-t^2}{1+t^2}} \cdot \frac{2}{1+t^2} \, dt = \int \frac{2dt}{3(1+t^2) + 1 - t^2} = \int \frac{2dt}{2t^2 + 4}$$

$$= \int \frac{dt}{t^2 + 2} = \frac{1}{2} \int \frac{dt}{\left(\frac{t}{\sqrt{2}}\right)^2 + 1} = \frac{\sqrt{2}}{2} \tan^{-1} \frac{t}{\sqrt{2}} + c = \frac{\sqrt{2}}{2} \tan^{-1} \left(\frac{\tan \frac{x}{2}}{\sqrt{2}} \right) + c$$

範例 4.

$$求 \int \frac{x + 2\sin x}{1 + \cos x} dx = ?$$

【解】

$$\because \int \frac{x + 2\sin x}{1 + \cos x} dx = \int \frac{x}{1 + \cos x} dx + 2 \int \frac{\sin x}{1 + \cos x} dx$$

$$\because \int \frac{x}{1 + \cos x} dx = \int \frac{x\,dx}{2\cos^2 \frac{x}{2}} = \int \frac{x}{2} \sec^2 \frac{x}{2} dx$$

令 $u = x, dv = \sec^2 \frac{x}{2} dx$ 則 $du = dx, v = 2\tan \frac{x}{2},$

藉由 Integration by parts

$$\therefore \int \frac{x}{1 + \cos x} dx = \int \frac{x}{2} \sec^2 \frac{x}{2} dx = \frac{1}{2} \left(2x\tan \frac{x}{2} - \int 2\tan \frac{x}{2} dx \right)$$

$$\because \int \frac{\sin x}{1 + \cos x} dx = \int \frac{2\sin \frac{x}{2} \cos \frac{x}{2} dx}{2\cos^2 \frac{x}{2}} = \int \frac{\sin \frac{x}{2} dx}{\cos \frac{x}{2}} = \int \tan \frac{x}{2} dx + c$$

$$\therefore \int \frac{x + 2\sin x}{1 + \cos x} dx = x\tan \frac{x}{2} + \int \tan \frac{x}{2} dx + c$$

$$\because \int \tan \frac{x}{2} dx = -2\ln \cos \frac{x}{2} + c \quad \therefore \int \frac{x + 2\sin x}{1 + \cos x} dx = x\tan \frac{x}{2} - 2\ln \cos \frac{x}{2} + c$$

範例 5.

$$求 \int \frac{dx}{2 - \sin x + \cos x} = ?$$

【解】

令 $t = \tan \frac{x}{2}$ 則 $dx = \frac{2}{1 + t^2} dt, \quad \sin x = \frac{2t}{1 + t^2}$ 且 $\cos x = \frac{1 - t^2}{1 + t^2}$

藉由變數代換法

$$\int \frac{dx}{2 - \sin x + \cos x} = \int \frac{1}{\left(2 - \dfrac{2t}{1+t^2} + \dfrac{1-t^2}{1+t^2}\right)} \cdot \frac{2}{1+t^2}\, dt$$

$$= \int \frac{2dt}{2 + 2t^2 - 2t + 1 - t^2} = \int \frac{2dt}{t^2 - 2t + 3} = \int \frac{2dt}{(t-1)^2 + (\sqrt{2})^2}$$

$$= \frac{1}{2}\int \frac{2dt}{\left(\dfrac{t-1}{\sqrt{2}}\right)^2 + 1} = \sqrt{2}\tan^{-1}\frac{t-1}{\sqrt{2}} + c = \sqrt{2}\tan^{-1}\left(\frac{\tan\dfrac{x}{2} - 1}{\sqrt{2}}\right) + c$$

範例 6.

$$求 \int \frac{dx}{4 + 3\cos x + \sin x} = ?$$

【解】

令 $t = \tan\dfrac{x}{2}$ 則 $dx = \dfrac{2}{1+t^2}dt,\ \ \sin x = \dfrac{2t}{1+t^2}$ 且 $\cos x = \dfrac{1-t^2}{1+t^2}$

藉由變數代換法

$$\therefore \int \frac{dx}{4 + 3\cos x + \sin x} = \int \frac{1}{4 + 3\left(\dfrac{1-t^2}{1+t^2}\right) + \dfrac{2t}{1+t^2}} \cdot \frac{2}{1+t^2}\, dt$$

$$= \int \frac{2dt}{4(1+t^2) + 3(1-t^2) + 2t} = \int \frac{2dt}{t^2 + 2t + 7} = \int \frac{2dt}{(t+1)^2 + 6}$$

$$= \frac{1}{3}\int \frac{dt}{\left(\dfrac{t+1}{\sqrt{6}}\right)^2 + 1} = \frac{\sqrt{6}}{3}\tan^{-1}\frac{t+1}{\sqrt{6}} + c = \frac{\sqrt{6}}{3}\tan^{-1}\left(\frac{\tan\dfrac{x}{2} + 1}{\sqrt{6}}\right) + c$$

範例 7.

$$求 \int \frac{dx}{5 + \cos 2x} = ?$$

【解】

令 $t = \tan x$ 則 $dx = \dfrac{1}{1+t^2}dt$ 且 $\cos 2x = \dfrac{1-t^2}{1+t^2}$，藉由變數代換法

$$\int \frac{dx}{5 + \cos 2x} = \int \frac{1}{5 + \dfrac{1 - t^2}{1 + t^2}} \cdot \frac{1}{1 + t^2} \, dt = \int \frac{dt}{5(1 + t^2) + 1 - t^2} = \int \frac{dt}{4t^2 + 6}$$

$$= \frac{1}{6} \int \frac{dt}{\left(\sqrt{\dfrac{2}{3}}\,t\right)^2 + 1} = \frac{\sqrt{3}}{6\sqrt{2}} \tan^{-1}\left(\sqrt{\dfrac{2}{3}}\,t\right) + c = \frac{\sqrt{3}}{6\sqrt{2}} \tan^{-1}\left(\sqrt{\dfrac{2}{3}}\,\tan x\right) + c$$

範例 8.

$$求 \int \frac{dx}{\cos^4 x + \sin^4 x} = ?$$

【解】

$$\because \cos^4 x + \sin^4 x = (\cos^2 x + \sin^2 x)^2 - 2\sin^2 x \cos^2 x$$

$$= 1 - 2\sin^2 x \cos^2 x = 1 - 2\left(\frac{\sin 2x}{2}\right)^2 = 1 - \frac{1 - \cos^2 2x}{2} = \frac{1}{2} + \frac{1}{2}\left(\frac{1 + \cos 4x}{2}\right)$$

$$\therefore \int \frac{dx}{\cos^4 x + \sin^4 x} = \int \frac{dx}{\dfrac{1}{2} + \dfrac{1}{4}(1 + \cos 4x)}$$

令 $t = \tan 2x$ 則 $dx = \dfrac{1}{2(1 + t^2)} dt$ 且 $\cos 4x = \dfrac{1 - t^2}{1 + t^2}$，**藉由變數代換法**

$$\therefore \int \frac{dx}{\dfrac{1}{2} + \dfrac{1}{4}(1 + \cos 4x)} = \int \frac{\dfrac{1}{2(1 + t^2)} dt}{\dfrac{1}{2} + \dfrac{1}{4}\left(1 + \dfrac{1 - t^2}{1 + t^2}\right)} = \int \frac{2dt}{3(1 + t^2) + 1 - t^2}$$

$$= \int \frac{dt}{t^2 + 2} = \frac{1}{2} \int \frac{dt}{\left(\dfrac{t}{\sqrt{2}}\right)^2 + 1} = \frac{\sqrt{2}}{2} \tan^{-1}\frac{t}{\sqrt{2}} + c = \frac{\sqrt{2}}{2} \tan^{-1}\left(\frac{\tan 2x}{\sqrt{2}}\right) + c$$

範例 9.

$$求 \int \frac{dx}{2 + \sin x} = ?$$

【解】

令 $t = \tan \dfrac{x}{2}$ 則 $dx = \dfrac{2}{1 + t^2} dt$, $\sin x = \dfrac{2t}{1 + t^2}$，**藉由變數代換法**

$$\int \frac{dx}{2+\sin x} = \int \frac{1}{2+\dfrac{2t}{1+t^2}} \cdot \frac{2}{1+t^2}\,dt = \int \frac{1}{(1+t^2)+t}\,dt = \int \frac{1}{\left(t+\dfrac{1}{2}\right)^2 + \left(\dfrac{\sqrt{3}}{2}\right)^2}\,dt$$

$$= \frac{4}{3}\left(\int \frac{1}{\left(\dfrac{t+\dfrac{1}{2}}{\dfrac{\sqrt{3}}{2}}\right)^2 + 1}\,dt\right) = \frac{2}{\sqrt{3}}\tan^{-1}\frac{t+\dfrac{1}{2}}{\dfrac{\sqrt{3}}{2}} + c = \frac{2}{\sqrt{3}}\tan^{-1}\frac{\tan\dfrac{x}{2}+\dfrac{1}{2}}{\dfrac{\sqrt{3}}{2}} + c$$

範例 10.

$$求 \int \frac{dx}{3\cos x - 4\sin x} =?$$

【解】

令 $t = \tan\dfrac{x}{2}$ 則 $dx = \dfrac{2}{1+t^2}\,dt$, $\sin x = \dfrac{2t}{1+t^2}$ 且 $\cos x = \dfrac{1-t^2}{1+t^2}$

藉由變數代換法

$$\therefore \int \frac{dx}{3\cos x - 4\sin x} = \int \frac{1}{3\left(\dfrac{1-t^2}{1+t^2}\right) - \dfrac{8t}{1+t^2}} \cdot \frac{2}{1+t^2}\,dt = \int \frac{2dt}{3(1-t^2)-8t}$$

$$= -\int \frac{2dt}{3t^2+8t-3} = -2\int \frac{dt}{(3t-1)(t+3)} = \frac{-1}{5}\int \frac{3}{(3t-1)} - \frac{1}{t+3}\,dt$$

$$= \frac{1}{5}\ln(t+3) - \frac{1}{5}\ln(3t-1) + c = \frac{1}{5}\ln\left(\tan\frac{x}{2}+3\right) - \frac{1}{5}\ln\left(3\tan\frac{x}{2}-1\right) + c$$

範例 11.

$$求 \int \frac{\sec x \, dx}{2\tan x + \sec x - 1} =?$$

【解】

$$\because \frac{\sec x}{2\tan x + \sec x - 1} = \frac{\dfrac{1}{\cos x}}{\dfrac{2\sin x + 1 - \cos x}{\cos x}} = \frac{1}{2\sin x + 1 - \cos x}$$

令 $t = \tan\dfrac{x}{2}$ 則 $dx = \dfrac{2}{1+t^2}\,dt,\quad \sin x = \dfrac{2t}{1+t^2}$ 且 $\cos x = \dfrac{1-t^2}{1+t^2}$

藉由變數代換法

$$\int \frac{\sec x\,dx}{2\tan x + \sec x - 1} = \int \frac{1}{\dfrac{4t + 1 + t^2 - 1 + t^2}{1+t^2}} \cdot \frac{2}{1+t^2}\,dt$$

$$= \int \frac{1}{t(2+t)}\,dt = \frac{1}{2}\int \frac{1}{t} - \frac{1}{t+2}\,dt = \frac{1}{2}\left(\ln\frac{t}{t+2}\right) + c = \frac{1}{2}\left(\ln\frac{\tan\dfrac{x}{2}}{2 + \tan\dfrac{x}{2}}\right) + c$$